ÉLÉMENS

D'ALGÈBRE.

ÉLÉMENS D'ALGÈBRE,

PAR LÉONARD EULER,

TRADUITS DE L'ALLEMAND.

NOUVELLE ÉDITION,

REVUE ET AUGMENTÉE DE NOTES,

PAR J. G. GARNIER,

Ex-Professeur à l'École Polytechnique, et Instituteur.

TOME PREMIER.

ANALYSE DÉTERMINÉE.

PARIS,

BACHELIER, LIBRAIRE POUR LES MATHÉMATIQUES,
QUAI DES AUGUSTINS, N° 55.

1807.

AVERTISSEMENT.

LES moindres productions échappées à la plume d'un homme tel qu'*Euler*, doivent inspirer le plus vif intérêt, même lorsqu'il existe des ouvrages plus complets dans le même genre. Son Algèbre, que nous offrons aujourd'hui, est et restera toujours un excellent modèle à suivre dans la composition des ouvrages élémentaires.

Ce géomètre multiplie les questions; il les choisit telles qu'elles offrent toujours quelques particularités instructives; souvent à une solution laborieuse, mais qui se présente naturellement, en succède une très-briève, mais fondée sur quelques considérations fines, ou sur quelques expédiens heureux de calcul.

Avant de s'élever au cas général, *Euler* parcourt successivement tous les cas particuliers, en commençant par le plus simple, et il conduit ainsi, comme par degrés, le lecteur à la méthode qu'il pressent déjà, parcequ'il en a découvert le germe dans tout ce qui précède. *On aime toujours,* dit *Lagrange, Calcul des Fonctions, à voir comment les méthodes simples et générales naissent des questions particulières et des procédés les plus compliqués.* On peut dire que dans ce livre, l'élève voit faire l'instrument de toutes pièces, tandis que dans les autres il le reçoit tout fait, et on se borne à lui en montrer l'usage. Cette marche devait bien être celle de l'homme qui, pour me servir de l'expression de *Lagrange*, a *façonné le calcul algébrique.*

Il y a toujours dans les productions de ces grands maîtres, divers genres de mérite qui ne passent pas dans les ouvrages de ceux qui les exploitent: on peut bien trouver ailleurs ce qu'ils ont fait, mais dans leurs livres on trouve toujours beaucoup plus. C'est ce qu'on reconnaîtra dans cette Algèbre, toute insuffisante qu'elle est, en ce sens au moins qu'elle ne comprend pas tout ce qui doit entrer aujourd'hui dans un Traité sur cette branche de la science : c'est peut-être le seul ouvrage élémentaire que pourrait entendre sans secours, un jeune homme d'une intelligence commune; et cette tâche n'était pas au-dessous d'*Euler.*

Nous avons eu sous les yeux les deux traductions françaises de ce Traité, celle de *Bernoulli,* publiée à Lyon en 1774, et celle donnée à Pétersbourg en 1788, et qui nous a paru plus correcte que la précédente. L'édition que nous offrons aujourd'hui l'emporte incontestablement sur celle-là, du côté de la typographie, et nous osons assurer qu'elle partage avec la seconde le mérite de la correction : nous avons supprimé les Notes des deux traducteurs, qui ne peuvent plus trouver place ici ; celles que nous avons données à la suite du texte, sont appropriées à l'état présent de cette branche de la science ; elles auraient été plus étendues, si nous n'eussions pas craint de grossir outre mesure un volume déjà très-considérable : ces Notes sont extraites littéralement de la seconde édition du Traité d'Algèbre que nous venons de faire paraître.

Nous avons cru qu'on ne serait pas fâché de trouver ici l'Avis et l'Avertissement qui sont en tête de la traduction de Pétersbourg, ainsi que la Lettre dédicatoire de l'Editeur de Lyon, relatée par celui de Pétersbourg.

J. G. GARNIER.

AVIS

SUR

L'ÉDITION DE PÉTERSBOURG.

L A *Traduction française des Elémens d'Algèbre d'Euler, parut pour la première fois en 1774, et fut accueillie avec tout l'empressement que pouvait promettre la célébrité de son illustre Auteur* (*).

(*) Elle parut sous les auspices de *D'Alembert*, à qui elle fut dédiée ; notre respect pour sa mémoire nous porte à rappeler ici la Dédicace placée alors à la tête de cette Edition.

A M. D'ALEMBERT.

« Il ne nous appartient ni de prononcer sur le mérite de
» l'Ouvrage dont vous nous avez permis de faire paraître la
» première édition française sous vos auspices, ni d'ajouter
» aux éloges qu'il a reçus, soit dans sa langue originale, soit
» dans la traduction russe qu'on en a donnée. Le nom seul
» de M. *Euler,* en le rendant précieux aux mathématiciens,

La clarté et la profondeur qui y règnent devaient fixer l'attention de tous ceux qui s'appliquent à l'étude du calcul : plus l'Ouvrage fut connu et apprécié, plus il fut recherché, et les exemplaires de la première édition devinrent bientôt extrêmement rares. Il était cependant à desirer, pour l'utilité publique, que l'Ouvrage pût être mis entre les mains de jeunes Elèves auxquels il avait essentiellement été destiné. C'est dans

» annonce à ceux qui travaillent à le devenir, tout ce qu'ils
» peuvent s'en promettre.

» M. *Bernoulli*, digne héritier de ce nom si grand dans
» les sciences, et directeur de l'Observatoire de Berlin,
» s'est chargé de rendre en notre langue le texte de M. *Euler*,
» et de l'enrichir de quelques Notes historiques. M. *Lagrange*,
» dont le rare génie et les nombreux succès fixent depuis long-
» temps l'attention de toute l'Europe savante, a ajouté au
» mérite de l'Ouvrage, en y joignant un morceau destiné à
» compléter le Traité de l'Analyse indéterminée.

» Tout concourt à établir vos droits à l'hommage que nous
» prenons la liberté de vous offrir. C'est au philosophe, au
» mathématicien qui honore son siècle, que nous devions pré-
» senter l'Ouvrage d'un homme également destiné à l'illustrer.
» L'ambition s'attacha souvent au rang pour s'appuyer de la
» faveur de la protection; un motif plus cher nous porte à
» vous offrir le témoignage public de reconnaissance que nous
» devons aux bontés dont vous nous avez honorés. En plaçant
» votre nom à la tête de ce Livre, nos sentimens pour vous
» nous ont suggéré le choix qu'aurait pu faire le discernement
» le plus juste, et nous nous applaudirons dans notre hommage,
» d'avoir l'Europe entière pour témoin et pour approbateur ».

la vue de concourir à la sagesse de ce vœu, que nous reproduisons, dans une nouvelle édition, cet Ouvrage si utile. La plus grande partie des calculs a été refaite par nous-même ; et nous avons l'avantage d'avoir fait disparaître nombre de fautes d'impression échappées aux premiers Editeurs de la Traduction française. Cette considération, importante pour un Ouvrage de ce genre, nous donne lieu de penser que le Public saura l'accueillir d'une manière distinguée, et nous tenir compte ainsi des peines que nous avons prises pour le lui présenter, avec un degré de perfectionnement sensible dans la partie typographique.

AVERTISSEMENT

DES ÉDITEURS DE L'ORIGINAL.

Nous mettons entre les mains des amateur. de l'Algèbre, un Ouvrage dont il a déjà paru une traduction russe il y a deux ans.

Les vues du célèbre Auteur étaient de composer un Livre élémentaire, au moyen duquel on pût apprendre, sans aucun autre secours, l'Algèbre à fond. La perte de sa vue lui avait suggéré cette idée; l'activité de son génie ne lui permit pas de différer long-temps à la mettre à exécution. M. *Euler* choisit ponr cet effet un jeune homme qu'il avait pris à son service en quittant Berlin, qui possédait assez bien l'Arithmétique, mais qui n'avait d'ailleurs aucune teinture des Mathématiques; il avait appris le métier de tailleur, et ne pouvait être mis, quant à sa capacité, qu'au rang des esprits ordinaires. Non-seulement ce jeune homme a très-bien saisi tout ce que son illustre maître lui enseignait et lui dictait, mais il s'est même trouvé en peu de temps en état d'achever tout seul les calculs algébriques les plus difficiles, et de résoudre promptement toutes les questions analytiques qu'on lui proposait.

Le fait que nous citons doit donner une idée d'autant plus avantageuse de la méthode qui règne dans cet Ouvrage, que le jeune homme qui l'a écrit, qui en a développé les calculs, et dont les progrès ont été si marqués, n'a reçu absolument d'instruction que de ce maître, supérieur à la vérité, mais privé de la vue.

Indépendamment d'un avantage aussi grand, les connaisseurs verront, avec autant de plaisir que d'admiration, l'exposition de la doctrine des logarithmes et de sa liaison avec d'autres calculs, ainsi que la méthode qu'on donne pour la résolution des équations du troisième et du quatrième degré.

Ceux enfin que les problèmes de *Diophante* peuvent intéresser, seront charmés de trouver, dans la dernière section de la seconde Partie, tous ces problèmes présentés d'une manière suivie, et l'explication de tous les procédés de calcul nécessaires pour les résoudre.

TABLE

DES SECTIONS ET CHAPITRES CONTENUS DANS L'ALGÈBRE D'EULER.

SECTION PREMIÈRE.

Des différentes Méthodes de calcul pour les grandeurs simples ou incomplexes.

SECTION SECONDE.

Des différentes Méthodes de calcul pour les grandeurs composées ou complexes.

SECTION TROISIÈME.

Des Rapports et des Proportions.

SECTION QUATRIÈME.

Des Équations algébriques, et de la résolution de ces Equations.

NOTES.

F I N   D E   L A   T A B L E.

ÉLÉMENS D'ALGÈBRE.

SECTION PREMIÈRE.

Des différentes méthodes de calcul pour les grandeurs simples et incomplexes.

CHAPITRE PREMIER.

DES MATHÉMATIQUES EN GÉNÉRAL.

1. ON nomme *grandeur* ou *quantité*, tout ce qui est susceptible d'augmentation et de diminution.

Une somme d'argent est donc une quantité, puisqu'on peut y ajouter et qu'on peut en ôter.

Il en est de même d'un poids et d'autres choses de cette nature.

2. On voit donc facilement qu'il doit y avoir tant de différentes espèces de grandeurs, qu'il serait même difficile d'en faire l'énumération : et voilà l'origine des différentes parties des Mathématiques, chacune d'elles s'occupant d'une espèce par-

ticulière de grandeurs. Les Mathématiques en général ne sont
autre chose que la *science des quantités*, ou la science qui
cherche les moyens de les mesurer.

3. Or nous ne pouvons mesurer ou déterminer une quantité, qu'en regardant une autre quantité de la même espèce
comme connue, et en indiquant le rapport de celle-ci à celle-là.

Qu'il s'agisse, par exemple, de déterminer la quantité
d'une somme d'argent, on regardera comme connu un louis,
un écu, un ducat ou quelqu'autre monnoie, et on indiquera
combien de ces pièces sont contenues dans ladite somme.

De même, s'il était question de déterminer la quantité
d'un poids, on regarderait un certain poids comme connu;
par exemple, une livre, un quintal, une once, et on indiquerait combien de fois il est contenu dans celui dont il
s'agit.

Veut-on mesurer une longueur ou une étendue; on se
servira d'une certaine longueur connue, telle qu'est un pied.

4. Ainsi les déterminations ou les mesures de grandeurs
de toute espèce, reviennent à ceci : Qu'on fixe d'abord à
volonté une certaine grandeur de la même espèce que celle
qu'on veut déterminer, afin de la prendre pour *mesure* ou
unité; ensuite, que l'on détermine le rapport qu'a la grandeur
prescrite avec cette mesure connue. Ce rapport s'exprime
toujours par des nombres, d'où il s'ensuit qu'un nombre n'est
autre chose que le rapport d'une grandeur à une autre prise
arbitrairement pour l'unité.

5. Il est évident par-là que toutes les grandeurs peuvent
être exprimées par des nombres, et qu'on doit faire consister
ce fondement de toutes les Sciences Mathématiques, dans
un traité complet de la science des Nombres et un examen
soigneux des différentes manières de calculer, qui peuvent se
présenter.

On nomme cette partie fondamentale des Mathématiques, l'*Analyse* ou l'*Algèbre*.

6. On ne considère donc dans l'Analyse, que des nombres qui représentent des quantités, sans s'embarrasser des espèces particulières des quantités. C'est dans les autres parties des Mathématiques qu'on s'occupe de ces espèces.

7. On traite des Nombres en particulier dans l'*Arithmétique*, qui est la *science des nombres proprement dite;* mais cette science ne s'étend qu'à de certaines façons de calculer qui se présentent ordinairement dans la vie commune. L'Analyse, au contraire, comprend généralement tous les cas qui peuvent avoir lieu dans la doctrine et le calcul des Nombres.

CHAPITRE II.

Explication des Signes +(Plus) et —(Moins).

8. QUAND il s'agit d'ajouter à un nombre donné un **autre** nombre, cela s'indique par le signe $+$ qu'on met devant ce second nombre, et qu'on prononce *plus*. Ainsi $5+3$ signifie qu'on doit ajouter 3 au nombre 5, et tout le monde sait qu'il en résultera 8; de même $12+7$ font 19; $25+16$ font 41; la somme de $25+41$ est 66, etc.

9. On a coutume aussi de se servir du même signe $+$ *plus*, pour lier ensemble plusieurs nombres; par exemple : $7+5+9$ signifie qu'au nombre 7 il faut ajouter 5 et de plus encore 9, ce qui fait 21. On comprend donc ce que signifie la **formule** suivante :

$$8+5+13+11+1+3+10,$$

c'est-à-dire, 51.

10. Tout cela ne peut qu'être clair, **et il reste à faire** observer que, dans l'Analyse, on indique les nombres d'une manière générale par des lettres, comme a, b, c, d, etc. Ainsi, quand on écrit $a+b$, cela signifie la somme des deux nombres qu'on a exprimés par a et b, et ces nombres peuvent être très-grands ou très-petits. De même $f+m+b+x$, signifie la somme des nombres indiqués par ces quatre lettres.

Il suffira donc toujours de savoir quels nombres ont été indiqués par de telles lettres pour trouver aussitôt, par l'Arithmétique, les sommes ou les valeurs de pareilles formules.

11. Quand il est question, au contraire, d'ôter ou de

soustraire un nombre d'un autre nombre, on indique cette opération par le signe —, qui signifie *moins*, et qu'on met devant le nombre à soustraire : ainsi

$$8 - 5$$

signifie que le nombre 5 doit être ôté du nombre 8 ; ce qui étant fait, il reste 3, comme personne ne l'ignore. De même 12—7 est autant que 5, et 20—14 est autant que 6, etc.

12. Il peut arriver aussi qu'on ait plusieurs nombres à soustraire d'un seul nombre. C'est le cas de cet exemple :

$$50 - 1 - 3 - 5 - 7 - 9.$$

Cela signifie : ôtez d'abord 1 de 50, il reste 49 ; ôtez 3 de ce reste, il restera 46 ; ôtez-en encore 5, reste 41 ; ôtez ensuite 7, il reste 34 ; ôtez-en enfin 9, reste 25 ; et ce dernier reste est la valeur de la formule proposée. Mais comme les nombres 1, 3, 5, 7, 9 sont tous à soustraire, il revient au même de soustraire leur somme, qui est 25, tout à-la-fois de 50 ; le reste sera 25, comme auparavant.

13. Il est de même très-facile de déterminer la valeur de pareilles formules, où les deux signes +*plus* et —*moins* se rencontrent ; par exemple,

$$12 - 3 - 5 + 2 - 1 \text{ est autant que } 5.$$

Il n'y a qu'à prendre séparément la somme des nombres précédés du signe +, et en ôter celles des nombres précédés de —. La somme de 12 et de 2 est 14, celle de 3, 5 et 1, est 9 ; or 9 étant ôté de 14, il reste 5.

14. On s'apercevra bien par ces exemples, que l'ordre des nombres qu'on écrit est très-indifférent et tout-à-fait arbitraire, pourvu qu'on conserve à chacun son signe. Rien n'empêcherait de mettre à la place de la formule du n° précédent celles-ci :

$$12 + 2 - 5 - 3 - 1 ; \text{ ou } 2 - 1 - 3 - 5 + 12 ; \text{ ou } 2 + 12 - 3 - 1 - 5 ;$$

ou encore d'autres ; et il faut remarquer que dans la proposée, le signe $+$ est censé être mis avant le premier nombre 12.

15. On n'aura plus de difficultés non plus quand, pour
généraliser ces procédés, on voudra se servir de lettres à la
place de nombres effectifs. Il est clair, par exemple, que

$$a - b - c + d - e$$

signifie qu'on a des nombres exprimés par a et d, et que de ces
nombres, ou de leur somme, il faut ôter les nombres exprimés par les lettres b, c, e, opérations indiquées par le
signe $-$ qui les précède.

16. Il importe donc principalement ici de savoir quel signe
se trouve devant chaque nombre. De là vient que dans
l'Algèbre, les quantités simples sont les nombres considérés
avec les signes qui les précèdent ou qui les *affectent*. On
nomme *quantités positives*, celles devant lesquelles se trouve
le signe $+$; et *quantités négatives*, celles qui sont affectées
ou précédées du signe $-$.

17. La manière dont on a coutume d'indiquer les biens
d'une personne, est très-propre à éclaircir ce que nous venons
de dire. On désigne par des nombres positifs, et moyennant
le signe $+$, ce qu'un homme possède réellement ; au lieu
que ses dettes se représentent par des nombres négatifs,
ou par le moyen du signe $-$. Ainsi dire de quelqu'un
qu'il a 100 écus, mais qu'il en doit 50, c'est dire que son
bien se monte à $100 - 50$; ou, ce qui est la même chose, à
$+ 100 - 50$, c'est-à-dire, 50.

18. Puisque les nombres négatifs peuvent être considérés
comme des dettes, en tant que les nombres positifs indiquent des biens effectifs, on peut dire que les nombres négatifs sont moins que rien. Ainsi quand un homme ne possède
rien, et qu'il doit même 50 écus, il est certain qu'il a 50 écus
de moins que rien ; car si quelqu'un lui faisait présent de 50
écus pour payer ses dettes, il ne serait encore qu'au point

de n'avoir rien, quoiqu'il fût devenu plus riche qu'il n'était.

19. De même donc que les nombres positifs sont incontestablement plus grands que rien, les nombres négatifs sont plus petits que rien. Or on obtient des nombres positifs en ajoutant 1 à o, c'est-à-dire à rien, et en continuant d'augmenter ainsi toujours de l'unité. C'est là l'origine de la suite des nombres qu'on nomme *nombres naturels;* en voici les premiers termes :

$$0, +1, +2, +3, +4, +5, +6, +7, +8, +9, +10,$$

et ainsi de suite à l'infini.

Mais si au lieu de continuer ainsi cette suite par des additions successives, on la contiuuait dans le sens contraire, en retranchant perpétuellement l'unité, on aurait la suite, ou série suivante, des nombres négatifs :

$$0, -1, -2, -3, -4, -5, -6, -7, -8, -9, -10,$$

et ainsi de suite jusqu'à l'infini.

20. Tous ces nombres tant positifs que négatifs ont le nom connu de *nombres entiers ;* lesquels parconséquent sont ou plus grands ou plus petits que rien. On les nomme *nombres entiers*, pour les distinguer des nombres rompus, et de plusieurs autres espèces de nombres dont nous parlerons dans la suite. Car 5o, par exemple, étant plus grand d'une unité entière que 49, on comprend facilement qu'il peut y avoir entre 49 et 5o une infinité de nombres intermédiaires, tous plus grands que 49, et pourtant tous plus petits que 5o. On n'a qu'à se représenter deux lignes, l'une longue de 5o pieds, l'autre longue de 49 pieds, on conçoit aisément qu'on peut tirer un nombre infini de lignes toutes plus longues que 49 pieds, et plus courtes cependant que 5o pieds.

21. Il importe extrêmement dans toute l'Algèbre, que l'on se fasse une idée nette de ces quantités négatives dont il a été question. Je me contenterai de faire remarquer ici

d'avance que toutes ces formules, par exemple,

$$+1-1, +2-2, +3-3, +4-4, \text{ etc.}$$

valent 0 ou rien. Ensuite que

$$+2-5 \text{ vaut} -3.$$

Car si quelqu'un a 2 écus et qu'il en doive 5, non-seulement il n'a rien, mais il doit encore 3 écus : de même

$$\left.\begin{array}{l} 7-12 \\ 25-40 \end{array}\right\} \text{ est autant que } \left\{\begin{array}{l} -\ 5. \\ -15. \end{array}\right.$$

22. Les mêmes choses doivent s'observer, quand on emploie d'une manière plus générale des lettres au lieu de nombres; on aura toujours 0 ou rien pour la valeur de $+a-a$. Veut-on savoir ensuite ce que signifie, par exemple, $+a-b$, l'on considérera deux cas :

Le premier a lieu quand a est plus grand que b; il faut alors soustraire b de a et le reste devant lequel on mettra ou l'on supposera le signe $+$, indique la valeur cherchée.

Le second cas est celui où a est plus petit que b; on soustraira dans ce cas a de b, et on prendra le reste négatif, en lui donnant le signe $-$.

CHAPITRE III.

De la multiplication des Quantités simples.

23. Quand on a deux ou plusieurs nombres égaux à ajouter ensemble, on peut exprimer cette somme d'une manière abrégée, par exemple :

$$\left.\begin{array}{l} a+a \\ a+a+a \\ a+a+a+a \end{array}\right\} \text{ est autant que} \left\{\begin{array}{l} 2.a \\ 3.a, \\ 4.a, \end{array}\right.$$

et ainsi de suite.

C'est ainsi qu'on peut prendre une idée de la multiplication, et il faut remarquer que

$$\left.\begin{array}{l} 2.a \\ 3.a \\ 4.a \end{array}\right\} \text{signifie} \left\{\begin{array}{l} 2 \text{ fois } a \\ 3 \text{ fois } a \\ 4 \text{ fois } a. \end{array}\right.$$

24. S'il s'agit donc de multiplier un nombre exprimé par une lettre, par un nombre quelconque, il faut simplement écrire ce nombre devant la lettre; ainsi

$$\left.\begin{array}{l} a \text{ multiplié par } 20 \\ b \text{ multiplié par } 30 \end{array}\right\} \text{fait} \left\{\begin{array}{l} 20\,a, \\ 30\,b, \end{array}\right.$$

$$\text{etc.}$$

On voit aussi que c pris une fois, ou $1\,c$ est autant que c.

25. Il est de plus facile de multiplier de semblables produits encore par d'autres nombres; par exemple :

$$
\begin{array}{l}
2 \text{ fois } 3\,a \\
3 \text{ fois } 4\,b \\
5 \text{ fois } 7\,x
\end{array}
\left. \right\} \text{font} \left\{
\begin{array}{l}
6\,a \\
12\,b \\
35\,x.
\end{array}
\right.
$$

Et ces produits peuvent se multiplier encore par d'autres nombres à volonté.

26. Quand le nombre par lequel on doit multiplier, est aussi représenté par une lettre, on la met immédiatement devant l'autre lettre ; ainsi quand il s'agit de multiplier b par a, le produit doit s'écrire ab ; et pq sera le produit de la multiplication du nombre q par p. Si l'on multipliait ce pq encore par a, on obtiendrait apq.

27. Il faut bien remarquer qu'ici l'ordre des lettres jointes ensemble est indifférent ; que ab est la même chose que ba ; car b multiplié par a fait autant que a multiplié par b. Pour comprendre ceci on n'a qu'à prendre pour a et b des nombres connus, comme 3 et 4 ; la chose sera claire par elle-même : 3 fois 4 font autant que 4 fois 3.

28. On n'aura pas de peine à voir que quand il s'agit de mettre des nombres à la place des lettres jointes ensemble de la manière qu'on a vu, on ne peut pas les écrire de la même manière l'un à côté de l'autre. Car si l'on voulait écrire 34 pour 3 fois 4, ce serait dire 34 et non pas 12. On a donc soin, quand il s'agit d'une multiplication de nombres ordinaires, de les séparer par des points : ainsi 3.4 signifie 3 fois 4, c'est-à-dire 12. De même 1.2 est autant que 2 ; et 1.2.3 fait 6. Pareillement 1.2.3.4.56 fait 1344 ; et 1.2.3.4.5.6.7.8.9.10 vaut 3628800, etc.

29. On peut aussi conclure de là ce que signifie une quantité de cette forme 5.7.8. $abcd$. Elle montre que 5 doit se multiplier par 7, et qu'il faut encore multiplier ce produit par 8 ; ensuite qu'il faut multiplier ce produit des trois nombres, par a, par b, par c et enfin par d. On remarquera de plus qu'on peut écrire à la place de 5.7.8 sa valeur, laquelle

est 280; car c'est ce qui vient, quand on multiplie par 8 le produit de 5 par 7, ou 35.

30. On aura remarqué que nous avons nommé PRODUITS les formules qui naissent de la multiplication de deux ou plusieurs nombres. Il faut observer aussi qu'on nomme *facteurs* les nombres ou les lettres isolées.

31. Jusqu'ici nous n'avons considéré que des nombres positifs, et il n'y a pas lieu de douter que les produits que nous avons vu se former ne soient aussi positifs, savoir : $+a$ par $+b$ doit donner nécessairement $+ab$. Mais il faudra examiner à part ce qui doit provenir de la multiplication de $+a$ par $-b$, et de $-a$ par $-b$.

32. Commençons par multiplier $-a$ par 3 ou $+3$; or puisque $-a$ peut être considéré comme une dette, il est clair que si l'on prend trois fois cette dette, elle doit aussi devenir trois fois plus grande, et parconséquent le produit cherché est $-3a$. De même, s'il s'agit de multiplier $-a$ par $+b$, on obtiendra $-ba$, ou, ce qui est la même chose, $-ab$. Nous tirons de là la conséquence, qu'une quantité positive étant multipliée par une quantité négative, le produit est négatif; et nous prenons pour règle, que $+$ par $+$ fait $+$ ou *plus*, et qu'au contraire $+$ par $-$, ou $-$ par $+$ donne $-$ ou *moins*.

33. Il nous reste à résoudre encore ce cas où $-$ est multiplié par $-$, ou, par exemple, $-a$ par $-b$. Il est évident d'abord que, quant aux lettres, le produit sera ab; mais il est incertain encore si c'est le signe $+$, ou bien le signe $-$ qu'il faut mettre devant ce produit; tout ce qu'on sait, c'est que ce sera l'un ou l'autre de ces signes. Or je dis que ce ne peut être le signe $-$; car $-a$ par $+b$ donne $-ab$, et $-a$ par $-b$ ne peut produire le même résultat, mais bien l'opposé, c'est-à-dire, $+ab$; parconséquent nous avons cette règle : $-$ multiplié par $-$ fait $+$, de même que $+$ multiplié par $+$.

34. Les règles que nous venons de développer s'expriment plus brièvement de la manière qui suit :

Deux signes égaux ou semblables, multipliés l'un par l'autre, donnent $+$ *; deux signes dissemblables, ou contraires, donnent* $-$. Ainsi quand il s'agit de multiplier ensemble ces nombres $+a$, $-b$, $-c$, $+d$; on a d'abord $+a$ multiplié par $-b$, fait $-ab$; ce produit par $-c$, fait $+abc$, et enfin ce dernier multiplié par $+d$, donne $+abcd$.

35. Les difficultés à l'égard des signes étant levées, nous n'avons plus qu'à faire voir comment on doit multiplier ensemble des nombres qui sont déjà des produits eux-mêmes. S'il s'agit, par exemple, de multiplier le nombre ab par le nombre cd, le produit sera $abcd$, et il provient de ce qu'on multiplie d'abord ab par c, et ensuite le résultat de cette multiplication encore par d. Ou bien, s'il s'agissait de multiplier 36 par 12 : puisque 12 est autant que 3 fois 4, on n'aurait qu'à multiplier 36 d'abord par 3, et ensuite le produit 108 encore par 4, pour avoir le produit total de la multiplication de 12 par 36, lequel est parconséquent 432.

36. Mais si l'on voulait multiplier $5ab$ par $3cd$, on pourrait à la vérité écrire $3cd\,5ab$; cependant comme il ne s'agit pas ici de l'ordre des nombres à multiplier ensemble, on fera mieux de placer, comme c'est aussi la coutume, les nombres ordinaires devant les lettres, et d'exprimer le produit de cette manière : $5.3abcd$; ou $15\,abcd$; parceque 5 fois 3 est autant que 15.

De même, si l'on avait à multiplier $12pqr$ par $7xy$, on obtiendrait $12.7pqrxy$, ou $84pqrxy$.

CHAPITRE IV.

De la nature des Nombres entiers, eu égard à leurs facteurs.

37. Nous avons remarqué qu'un produit tire son origine de la multiplication de deux ou de plusieurs nombres les uns par les autres, et qu'on nomme ces nombres des *facteurs*.

Ainsi ce sont les nombres a, b, c, d, qui sont les facteurs du produit $a\,b\,c\,d$.

38. Si l'on considère donc tous les nombres entiers en tant qu'ils peuvent provenir de la multiplication de deux ou de plusieurs nombres entr'eux, on trouvera bientôt que quelques-uns ne sauraient résulter d'une pareille multiplication, et n'ont parconséquent point de facteurs, tandis que d'autres peuvent être les produits de deux ou de plusieurs nombres multipliés ensemble, et peuvent parconséquent avoir deux ou plusieurs facteurs. C'est ainsi que 4 est autant que 2.2; que 6 est autant que 2.3; que 8 est autant que 2.2.2; 27 autant que 3.3.3; et 10 autant que 2.5, etc.

39. Mais d'un autre côté les nombres 2, 3, 5, 7, 11, 13, 17, etc., ne peuvent être représentés de la même façon par des facteurs, à moins qu'on ne veuille employer pour cet effet l'unité, et représenter 2, par exemple, par 1.2. Or les nombres qui sont multipliés par 1, restant les mêmes, on n'a pas jugé à propos de compter l'unité parmi les facteurs.

Tous ces nombres donc, 2, 3, 5, 7, 11, 13, 17, etc. qui ne

peuvent pas s'indiquer par des facteurs ; ont été nommés *nombres simples* ou *nombres premiers* ; au lieu que les autres, comme 4, 6, 8, 9, 10, 12, 14, 15, 16, 18, etc. qui peuvent être représentés par des facteurs, s'appellent des *nombres composés*.

40. Les nombres *simples* ou *premiers* méritent donc une attention particulière, par la raison qu'ils ne proviennent pas de la multiplication de deux ou de plusieurs nombres. Il est surtout digne de remarque, que si l'on écrit ces nombres dans leur ordre naturel comme ils se suivent :

$$2, 3, 5, 7, 11, 13, 17, 19, 23, 29, 31, 37, 41, 43, 47, \text{etc.}$$

on n'y remarque point d'ordre régulier ; leurs différences sont tantôt plus grandes, tantôt moindres ; et jusqu'à présent on n'a pu découvrir si elles sont soumises ou non à une certaine loi.

41. Les nombres composés qui peuvent être représentés par des facteurs, proviennent tous des nombres premiers susdits, c'est-à-dire, que tous leurs facteurs sont des nombres premiers ; car si l'on trouve un facteur qui ne soit pas un nombre premier, on peut toujours le décomposer et le représenter par deux ou plusieurs nombres premiers. Quand on a indiqué, par exemple, le nombre 30 par 5.6, on voit que 6 n'étant pas un nombre premier, mais valant 2.3, on aurait pu indiquer 30 par 5.2.3, ou par 2.3.5 ; c'est-à-dire par des facteurs qui sont tous des nombres premiers.

42. Si l'on réfléchit maintenant sur ces nombres composés résolubles en nombres premiers, on y remarquera une grande différence ; on verra que les uns n'ont que deux de ces facteurs, que d'autres en ont trois, et que d'autres encore en ont un plus grand nombre. Nous avons déjà vu, par exemple, que

$$4 \atop 8 \atop 10 \atop 14 \atop 16 \Bigg\rbrace \text{ est autant que } \Bigg\lbrace {2.2, \atop 2.2.2, \atop 2.5, \atop 2.7, \atop 2.2.2.2,} \quad \Bigg| \quad {6 \atop 9 \atop 12 \atop 15} \Bigg\rbrace \text{ autant que } \Bigg\lbrace {2.3, \atop 3.3, \atop 2.3.2, \atop 3.5,}$$

etc.   etc.

43. On conclura aisément de là comment on doit déterminer les facteurs simples d'un nombre quelconque.

Soit proposé pour exemple le nombre 360, on le représentera d'abord par 2.180. Or

$$180 \atop 90 \atop 45 \atop 15 \Bigg\rbrace \text{ est autant que } \Bigg\lbrace {2.90, \atop 2.45, \atop 3.15, \atop 3.5.}$$

etc.

Parconséquent le nombre 360 peut être représenté par les facteurs simples que voici :

$$2.2.2.3.3.5,$$

puisque tous ces nombres multipliés ensemble produisent 360

44. Nous voyons donc par tout cela, que les nombres premiers ne peuvent pas être divisés par d'autres nombres, et que d'un autre côté on trouve les facteurs simples des nombres composés, le plus commodément et le plus sûrement, en cherchant les nombres simples, ou premiers, par lesquels ces nombres composés sont divisibles. Mais on a besoin pour cela de la *division* ; nous allons donc expliquer, dans le chapitre suivant, les règles de cette opération.

CHAPITRE V.

De la division des Quantités simples.

45. Quand il s'agit de décomposer un nombre en deux, trois ou plusieurs parties égales, on le fait par le moyen de la *division*, laquelle nous apprend à déterminer la grandeur d'une de ces parties. Quand on veut, par exemple, décomposer le nombre 12 en trois parties égales, on trouve par la division que chacune de ces parties est égale à 4.

Voici quelques expressions dont on se sert dans cette opéra-tion. Le nombre qu'on doit décomposer ou diviser, s'appelle le *dividende*; le nombre des parties égales qu'on cherche se nomme le *diviseur*; la grandeur d'une de ces parties, détermi-née par la division, s'appelle le *quotient*; ainsi dans l'exemple cité :

$$12 \text{ est le } \textit{dividende},$$
$$3 \text{ est le } \textit{diviseur},$$
$$4 \text{ est le } \textit{quotient}.$$

46. Il suit de là, que si l'on divise un nombre par 2 ou en deux parties égales, il faut qu'une de ces parties, ou le quotient, pris deux fois, fasse exactement le nombre proposé; et pareillement, que si l'on a un nombre à diviser par 3, le quotient pris trois fois redonne le même nombre. Il faut, en général, que la multiplication du quotient par le diviseur reproduise toujours le dividende.

47. C'est aussi pourquoi on prescrit pour la division la règle,

de chercher un nombre ou quotient tel, qu'étant multiplié par le diviseur, il en résulte précisément le dividende. Par exemple, s'il s'agit de diviser 35 par 5, on cherche un nombre qui, multiplié par 5, produise 35. Or ce nombre est 7, puisque cinq fois 7 font 35. La façon de parler dont on fait usage dans ce raisonnement, est celle-ci : 5 est 7 fois en 35 ; et 5 fois 7 font 35.

48. On se représente donc le dividende comme un produit, duquel un des facteurs est égal au diviseur, l'autre facteur indiquant ensuite le quotient. Ainsi en supposant qu'on ait 63 à diviser par 7, on cherchera un produit tel, qu'en prenant 7 pour un de ses facteurs, l'autre facteur multiplié par celui-ci donne exactement 63. Or 7.9 est un tel produit, et par-conséquent 9 est le quotient qu'on obtient en divisant 63 par 7.

49. S'il est question à présent de diviser en général un produit ab par a, il est évident que le quotient sera b ; parce que a multiplié par b redonne le dividende ab. Il est clair aussi que si l'on avait à diviser ab par b, le quotient serait a.

Ainsi en général dans tous les exemples de division qu'on peut avoir faits, si l'on divise le dividende par le quotient, on obtiendra de nouveau le diviseur : de même que 24 divisé par 4 donne 6, 24 divisé par 6 donnera 4.

50. Comme tout se réduit à représenter le dividende par deux facteurs, dont l'un soit égal au diviseur, l'autre au quotient, on comprendra facilement les exemples qui suivent. Je dis d'abord que le dividende abc, divisé par a, donne bc ; car a multiplié par bc, fait abc ; pareillement abc, étant divisé par b, on aura ac ; et abc, divisé par ac, donne b. Je dis aussi que 12 mn, divisé par 3 m, fait 4 n ; car 3 m multiplié par 4 n, fait 12 mn. Mais si ce même nombre 12 mn avait dû être divisé par 12, on aurait obtenu le quotient mn.

51. Puisque tout nombre a peut-être exprimé par 1 a ou un a, il est évident que si l'on avait à diviser a ou 1 a par 1, le quotient serait le même nombre a. Mais au contraire, si

le même nombre a ou $1 \cdot a$ doit se diviser par a, le quotient sera 1.

52. Il n'arrive pas toujours qu'on puisse considérer le dividende comme le produit de deux facteurs dont l'un soit égal au diviseur, et la division alors ne peut pas se faire ainsi que nous venons de le prescrire.

Quand on a, par exemple, 24 à diviser par 7, on voit d'abord que le nombre 7 n'est pas un facteur de 24; car 7.3 ne fait que 21, et parconséquent trop peu, et 7.4 fait 28, qui est déjà plus grand que 24. Mais on voit du moins par-là que le quotient doit être plus grand que 3, et plus petit que 4. Afin donc de le déterminer exactement, on emploie une autre espèce de nombres, qu'on nomme les *fractions*, et de laquelle nous traiterons dans un des chapitres suivans.

53. Avant qu'on passe à l'usage des fractions, on a coutume de se contenter du nombre entier qui approche le plus du quotient véritable, mais en faisant attention au *reste* : ainsi l'on dit, 7 en 24 est 3 fois, et le reste est 3, parceque 3 fois 7 ne font que 21, et parconséquent 3 de moins que 24. On considérera de la même manière les exemples suivans :

$$
\begin{array}{c|c}
34 & 6 \\
30 & 5 \\
\hline
4 &
\end{array}
\qquad
\text{c'est-à-dire que le}
\left\{
\begin{array}{lr}
\text{diviseur est} & 6, \\
\text{dividende est} & 34, \\
\text{quotient est} & 5, \\
\text{reste est} & 4, \\
\text{diviseur est} & 9, \\
\text{dividende est} & 41, \\
\text{quotient est} & 4, \\
\text{reste est} & 5.
\end{array}
\right.
$$

$$
\begin{array}{c|c}
41 & 9 \\
36 & 4 \\
\hline
5 &
\end{array}
$$

Il faut observer la règle suivante dans les exemples où il y a un reste.

54. Quand on multiplie le diviseur par le quotient, et qu'au produit l'on ajoute le reste, il faut qu'on obtienne le divi-

dende ; c'est la manière de vérifier la division, et de voir si l'on a bien calculé ou non. C'est ainsi que dans le premier des deux derniers exemples, si l'on multiplie 6 par 5, et qu'au produit 30 on ajoute le reste 4, il vient 34 ou le dividende.

De même dans le dernier exemple, si l'on multiplie le diviseur 9 par le quotient 4, et qu'au produit 36 on ajoute le reste 5, on obtient le dividende 41.

55. Il est enfin nécessaire aussi de faire remarquer ici à l'égard des signes $+$ *plus*, et $-$ *moins*, que si l'on divise $+ab$ par $+a$, le quotient sera $+b$, ce qui est évident.

Mais que s'il s'agit de diviser $+ab$, par $-a$, le quotient sera $-b$; parceque $-a$ multiplié par $-b$, fait $+ab$.

Que si le dividende est $-ab$, et qu'il s'agisse de le diviser par le diviseur $+a$, le quotient sera $-b$; parceque c'est $-b$, qui, multiplié par $+a$, fait $-ab$. Enfin, que s'il est question de diviser le dividende $-ab$ par le diviseur $-b$, le quotient sera $+a$; parceque le dividende $-ab$ est le produit de $-a$ par $+b$.

56. La division admet donc quant aux signes $+$ et $-$ les mêmes règles que nous avons vu avoir lieu pour la multiplication ; à savoir :

$$+ \text{ par } + \text{ fait } + ; \quad + \text{ par } - \text{ fait } - ;$$
$$- \text{ par } + \text{ fait } - ; \quad - \text{ par } - \text{ fait } + ;$$

ou, en peu de mots, les mêmes signes donnent *plus*, les signes contraires donnent *moins*.

57. Ainsi quand on divise $18\,pq$ par $-3p$, le quotient est $-6q$.

De plus

$$\left.\begin{array}{l} -30xy \\ -54abc \end{array}\right\} \text{ divisé par } \left\{\begin{array}{l} 6y \\ -9b \end{array}\right\} \text{ donne } \left\{\begin{array}{l} -5x \\ +6ac ; \end{array}\right.$$

car, dans ce dernier exemple, $-9b$ multiplié par $+6ac$ fait $-6 \cdot 9\, abc$, ou $-54\, abc$; mais nous croyons à présent en avoir assez dit sur la division en quantités simples; nous ne tarderons donc pas à passer à l'explication des fractions, après avoir ajouté encore quelques remarques sur la nature des nombres, eu égard à leurs diviseurs.

CHAPITRE VI.

Des propriétés des nombres entiers par rapport à leurs diviseurs.

58. Comme nous avons vu que quelques nombres sont divisibles par de certains diviseurs, pendant que d'autres ne le sont pas, il est nécessaire, pour parvenir à une connaissance plus particulière des nombres, de bien faire attention à cette différence, tant en distinguant les nombres divisibles par des diviseurs de ceux qui ne le sont pas, qu'en considérant le reste dans la division de ces derniers. Pour cet effet, examinons les diviseurs

$$2, 3, 4, 5, 6, 7, 8, 9, 10, \text{ etc.}$$

59. Soit d'abord le diviseur 2 ; les nombres qui peuvent être divisés par celui-là, sont

$$2, 4, 6, 8, 10, 12, 14, 16, 18, 20, \text{ etc.}$$

lesquels, comme on voit, croissent toujours de deux unités. On appelle ces nombres, quelque loin qu'ils puissent se continuer, des *nombres pairs*.

Mais il est d'autres nombres tels que

$$1, 3, 5, 7, 9, 11, 13, 15, 17, 19, \text{ etc.}$$

qui sont toujours d'une unité plus petits ou plus grands que ceux-là, et qu'on ne peut diviser par 2, sans qu'il reste 1 ; on nomme ceux-ci les *nombres impairs*.

Les nombres pairs sont tous compris dans la formule générale $2a$; car on les obtient tous en mettant successivement à la place de a les nombres entiers 1 , 2 ; 3 , 4 , 5 , 6 , 7 , etc. et de là il suit que les nombres impairs sont tous compris dans la formule $2a+1$, parceque $2a+1$ est d'une unité plus grand que le nombre pair $2a$.

60. En second lieu , soit pour diviseur le nombre 3 : les nombres divisibles par ce diviseur , sont

$$3 , 6, 9, 12, 15 , 18 , 21 , 24, \text{ etc.}$$

Et ces nombres peuvent se représenter par la formule $3a$; car $3a$ divisé par 3 donne le quotient a sans reste. Tous les autres nombres, au contraire, qu'on voudrait diviser par 3, donneront 1 ou 2 pour reste , et sont parconséquent de deux sortes. Ceux qui après la division, laissent le reste 1, sont

$$1 , 4, 7, 10, 13 , 16 , 19, \text{ etc.}$$

et sont contenus dans la formule $3a+1$; mais l'autre espèce, ou les nombres qui donnent le reste 2, sont

$$2, 5 , 8, 11 , 14 , 17 , 20 , \text{ etc.}$$

et la formule qui les exprime généralement est $3a+2$; de façon donc que tous les nombres peuvent s'indiquer ou par $3a$, ou par $3a+1$, ou par $3a+2$.

61. Supposons maintenant que 4 soit le diviseur en question ; les nombres qu'il divise, sont

$$4, 8, 12 , 16 , 20, 24, \text{ etc.}$$

lesquels augmentent régulièrement par 4, et sont contenus dans la formule $4a$. Les autres nombres , c'est-à-dire ceux qui ne sont pas divisibles par 4, peuvent laisser le reste 1 , ou être de 1 plus grands que ceux-là : comme

$$1 , 5 , 9, 13 , 17 , 21 , 25, \text{ etc.}$$

et être parconséquent compris dans la formule $4a+1$: ou bien ils peuvent donner le reste 2 ; comme

$$2, 6, 10, 14, 18, 22, 26, \text{ etc.}$$

et s'exprimer par la formule $4a+2$; ou enfin ils donneront le reste 3 ; comme

$$3, 7, 11, 15, 19, 23, 27, \text{ etc.}$$

et seront indiqués par la formule $4a+3$.

Tous les nombres entiers possibles sont donc contenus dans l'une ou l'autre de ces quatre expressions :

$$4a, \; 4a+1, \; 4a+2, \; 4a+3.$$

62. Il en est à peu près de même quand le diviseur est 5 ; car tous les nombres divisibles par celui-là, sont contenus dans la formule $5a$, et ceux qu'on ne peut diviser par 5, reviennent à une des formules qui suivent :

$$5a+1, \; 5a+2, \; 5a+3, \; 5a+4;$$

et c'est de la même manière qu'on pourra continuer et considérer de plus grands diviseurs.

63. Il est à propos de se rappeler ici ce qui a été dit plus haut de la résolution des nombres en leurs facteurs simples ; car tout nombre parmi les facteurs duquel se trouve

$$2 \text{ ou } 3 \text{ ou } 4 \text{ ou } 5 \text{ ou } 7,$$

ou un autre nombre quelconque, sera divisible par ces nombres. Par exemple :

$$60 \text{ étant autant que } 2.2.3.5,$$

il est clair que 60 est divisible par 2 et par 3 et par 5.

64. De plus, comme la formule générale $abcd$ est non-seu-

lement divisible par a, par b, par c et par d, mais aussi par

$$ab,\ ac,\ ad,\ bc,\ bd,\ cd,$$

et par

$$abc,\ abd,\ acd,\ bcd,$$

et enfin par $abcd$, c'est-à-dire, par sa propre valeur ; il s'en-suit que 60, ou 2.2.3.5, peut se diviser non-seulement par ces nombres simples, mais aussi par ceux qui sont composés de deux nombres simples, c'est-à-dire, par 4, 6, 10, 15.

Et pareillement par ceux qui sont composés de trois facteurs simples, c'est-à-dire par 12, 20, 30, et enfin aussi par 60 même.

65. Quand on aura donc décomposé un nombre pris à vo-lonté en tous ses facteurs nombres premiers, il sera très-facile d'indiquer tous les nombres per lesquels celui-là pourra être di-visé. Car on n'a qu'à prendre d'abord les facteurs simples un à un, et ensuite les multiplier ensemble deux à deux, trois à trois, quatre à quatre, etc. jusqu'à ce qu'on arrive au nombre proposé.

66. Il faut dabord remarquer ici que tout nombre est di-visible par 1 ; et de même que tout nombre est divisible par lui-même ; de sorte donc que chaque nombre a, au moins, deux facteurs ou diviseurs qui sont ce nombre même et l'unité ; mais tout nombre qui n'a pas d'autre diviseur que ces deux, appartient à la classe des nombres que nous avons nommés plus haut *nombres simples* ou *premiers*.

Hors ceux-là tous les autres nombres composés ont, outre l'unité et ce nombre lui-même, d'autres diviseurs, comme on peut le voir par la table suivante, dans laquelle on a mis sous chaque nombre tous ses diviseurs.

TABLE.

1	2	3	4	5	6	7	8	9	10	11	12	13	14	15	16	17	18	19	20
1	1	1	1	1	1	1	1	1	1	1	1	1	1	1	1	1	1	1	1
	2	3	2	5	2	7	2	3	2	11	2	13	2	3	2	17	2	19	2
			4		3		4	9	5		3		7	5	4		3		4
					6		8		10		4		14	15	8		6		5
											6				16		9		10
											12						18		20
1	2	2	3	2	4	2	4	3	4	2	6	2	4	4	5	2	6	2	6
p.	p.	p.		p.		p.				p.		p.				p.		p.	

Les nombres compris dans l'avant-dernière ligne de ce tableau, comptent les diviseurs, et la lettre *p* désigne les nombres premiers.

67. Enfin l'on doit observer que o, ou *zéro*, peut-être regardé comme un nombre qui a la propriété d'être divisible par tous les nombres possibles ; parceque par quelque nombre *a* que l'on ait à diviser o, le quotient se trouve toujours être o ; car il faut bien remarquer que la multiplication d'un nombre quelconque par *zéro* ne produit rien, et qu'ainsi o fois *a*, ou o *a*, est o.

CHAPITRE VII.

Des fractions en général.

68. Quand un nombre, comme 7, par exemple, est dit n'être pas divisible par un autre nombre, supposons par 3, cela signifie que le quotient ne peut pas être exprimé par un nombre entier, et il ne faut point du tout croire qu'on ne puisse pas se faire une idée de ce quotient.

On n'a qu'à s'imaginer une ligne longue de 7 pieds; personne ne doutera qu'il ne soit possible de diviser cette ligne en 3 parties égales, et de se faire ainsi une idée de la longueur d'une de ces parties.

69. Puisqu'on peut se faire une idée nette du quotient qu'on obtient dans des cas semblables, quoique ce quotient ne soit pas un nombre entier, on est conduit à considérer une espèce particulière de nombres qu'on nomme *fractions*, ou *nombres rompus*.

L'exemple allégué en fournit une preuve. S'il s'agit de diviser 7 par 3, on se représente facilement le quotient qui doit en résulter, et on l'exprime par $\frac{7}{3}$; en mettant le diviseur sous le dividende, et en séparant les deux nombres par un trait.

70. Ainsi quand, en général, le nombre a doit être divisé par le nombre b, on indique le quotient par $\frac{a}{b}$, et on appelle cette façon de s'exprimer, une *fraction*. On ne peut donc donner une idée plus exacte d'une fraction $\frac{a}{b}$, qu'en disant qu'on indique de cette manière le quotient qui provient de la division du

nombre supérieur par le nombre inférieur. Il faut se souvenir aussi que, dans toutes ces fractions, le nombre inférieur se nomme le *dénominateur*, et que celui qui est au-dessus du trait s'appelle le *numérateur*.

71. Dans la fraction citée, $\frac{7}{3}$, qu'on prononce *sept tiers*, 7 est donc le numérateur, et 3 est le dénominateur.

Il faut de même prononcer

$\frac{2}{3}$, *deux tiers;* $\frac{3}{4}$, *trois quarts;* $\frac{3}{8}$, *trois huitièmes;* $\frac{12}{100}$, *douze centièmes;* mais $\frac{1}{2}$ se prononce *un demi*, non pas *un deuxième*.

72. Afin de parvenir à une connaissance plus parfaite de la nature des fractions, nous commencerons par considérer le cas où le numérateur est égal au dénominateur, comme dans $\frac{a}{a}$.

Or puisqu'on indique par-là le quotient qu'on obtient quand on divise a par a, il est clair que ce quotient est exactement l'unité, et que parconséquent cette fraction $\frac{a}{a}$ vaut autant que 1, ou un entier; il s'ensuit de plus que toutes les fractions qui suivent :

$$\frac{2}{2}, \; \frac{3}{3}, \; \frac{4}{4}, \; \frac{5}{5}, \; \frac{6}{6}, \; \frac{7}{7}, \; \frac{8}{8}, \text{ etc.}$$

sont toutes égales entre elles, c'est-à-dire qu'elles valent chacune 1, ou un entier.

73. Nous venons de voir qu'une fraction qui a le numérateur égal au dénominateur, vaut l'unité. Il faut donc que toutes les fractions dont les numérateurs sont plus petits que les dénominateurs, aient une valeur moindre que l'unité. Car si j'ai un nombre à diviser par un autre qui est plus grand, il me vient nécessairement moins que 1 : une ligne, par exemple, de deux pieds de long, devant être coupée en trois parties, une seule de ces parties sera sans contredit plus courte qu'un pied; il est donc évident que $\frac{2}{3}$ sont plus petits que 1, et cela

par la même raison que le numérateur 2 est plus petit que le dénominateur 3.

74. Si le numérateur est au contraire plus grand que le dénominateur, la valeur de la fraction est plus grande que l'unité. C'est ainsi que $\frac{3}{2}$ vaut plus que 1 ; car $\frac{3}{2}$ est autant que $\frac{2}{2}$ et encore $\frac{1}{2}$. Or $\frac{2}{2}$ est autant que 1, parconséquent $\frac{3}{2}$ vaut 1 plus $\frac{1}{2}$, c'est-à-dire, un entier et encore un demi. De même $\frac{4}{3}$ valent 1 plus $\frac{1}{3}$, $\frac{5}{3}$ valent 1 plus $\frac{2}{3}$, et $\frac{7}{3}$ valent 2 plus $\frac{1}{3}$. Et en général il suffit dans ces cas, de diviser le nombre supérieur par l'inférieur, et de joindre au quotient une fraction qui ait le reste pour numérateur, et le diviseur pour dénominateur. Si la fraction donnée était, par exemple, $\frac{43}{12}$, on aurait au quotient 3, et 7 pour reste ; d'où l'on conclurait que $\frac{43}{12}$ est la même chose que 3 plus $\frac{7}{12}$.

75. On voit par là comment les fractions, dont les numérateurs surpassent les dénominateurs, se résolvent en deux nombres, l'un desquels est un nombre entier, et l'autre un nombre rompu dont le numérateur est plus petit que le dénominateur. On nomme ces fractions, qui contiennent un ou plusieurs entiers, *des fractions impropres* par opposition aux fractions réelles ou proprement dites, qui ayant le numérateur plus petit que le dénominateur, sont moindres que l'unité ou qu'un entier.

76. On a coutume de se faire une idée de la nature des fractions encore d'une autre manière qui éclaircit assez bien la chose. Si l'on considère, par exemple, la fraction $\frac{3}{4}$, il est évidènt qu'elle est trois fois plus grande que $\frac{1}{4}$. Or cette fraction $\frac{1}{4}$ indique une des parties d'une ligne divisée en quatre parties égales : il est donc clair qu'en prenant 3 de ces parties, on aura la valeur de la fraction $\frac{3}{4}$.

On peut considérer de la même manière toute autre fraction, par exemple $\frac{7}{12}$; si l'on partage l'unité en 12 parties égales, 7 de ces parties équivaudront à la fraction proposée.

77. C'est aussi à cette manière de représenter les fractions, que les dénominations susdites de numérateur et de dénominateur doivent leur origine. En effet, dans la fraction précédente $\frac{7}{12}$, le nombre qui est sous le trait indiquant que c'est en 12 parties que l'unité doit être divisée; ce nombre désigne ou *nomme* ces parties, et c'est pour cette raison qu'on l'a nommé *dénominateur*.

De plus, comme le nombre supérieur, savoir 7, indique que pour avoir la valeur de la fraction, il faut prendre ou rassembler 7 de ces parties, et que parconséquent il les compte pour ainsi dire, on a jugé à propos de nommer ce nombre qui est au-dessus du trait, le *numérateur*.

78. Puisqu'il est aisé de comprendre ce que c'est que $\frac{3}{4}$, quand on sait ce que signifie $\frac{1}{4}$, nous pouvons considérer les fractions dont le numérateur est l'unité, comme faisant le fondement de toutes les autres. Telles sont les fractions

$$\frac{1}{2}, \frac{1}{3}, \frac{1}{4}, \frac{1}{5}, \frac{1}{6}, \frac{1}{7}, \frac{1}{8}, \frac{1}{9}, \frac{1}{10}, \frac{1}{11}, \frac{1}{12}, \text{ etc.}$$

et il faut remarquer que ces fractions vont toujours en diminuant; car plus vous divisez un entier, ou plus le nombre des parties égales dans lesquelles on le divise, est grand, plus au contraire chacune de ces parties devient petite. C'est ainsi que $\frac{1}{100}$ est plus petit que $\frac{1}{10}$; que $\frac{1}{1000}$ est plus petit que $\frac{1}{100}$; et $\frac{1}{10000}$ plus petit que $\frac{1}{1000}$.

79. On a vu que plus on augmente le dénominateur de pareilles fractions, et plus leurs valeurs deviennent petites. On pourrait donc demander s'il ne serait pas possible de faire ce dénominateur si grand, que la fraction se réduisît à rien? Nous répondrons que non; car en quelque nombre de parties, innombrables même, que vous divisiez l'unité, par exemple, la longueur d'un pied, ces parties ne laisseront pas de conserver une certaine grandeur, et ne seront parconséquent jamais absolument rien.

80. Il est vrai que si l'on divise la longueur d'un pied en

1000 parties, par exemple, ces parties ne tomberont plus facilement sous nos sens. Mais regardez-les par un bon microscope, elles paraîtront assez grandes pour que chacune puisse être encore divisée en 100 parties et davantage.

Il ne s'agit cependant pas du tout ici de ce qu'il dépend de nous de faire, ou de ce que nous sommes capables d'exécuter réellement, et de ce que nos yeux peuvent appercevoir ; il est question plutôt de ce qui est possible en soi. Or il est certain, même dans ce sens, que quelque grand qu'on veuille supposer le dénominateur, la fraction pourtant ne s'évanouira jamais entièrement, ou ne deviendra jamais tout-à-fait égale à 0.

81. On n'arrive donc jamais entièrement à rien, quelque grand qu'on fasse le dénominateur ; et ces fractions conservant toujours une certaine grandeur, on peut continuer, sans jamais cesser, la suite de fractions de l'article 78. Cette propriété a fait dire qu'il faudrait que le dénominateur fût *infini* ou infiniment grand, pour que la fraction se réduisît enfin à 0, ou à rien ; et ce mot d'*infini* signifie en effet ici qu'on ne parviendrait jamais à une telle fraction dans la suite des fractions précédentes.

82. On se sert pour représenter cette idée, qui est très-fondée, du signe ∞, lequel parconséquent signifie un nombre infiniment grand ; on peut donc dire que cette fraction $\frac{1}{\infty}$ est un rien réel, par la raison même qu'une fraction ne saurait se réduire à rien, aussi long-temps que le dénominateur n'a pas été augmenté à l'infini.

83. Il est d'autant plus nécessaire de faire attention à cette idée de l'infini, qu'elle est déduite des premiers fondemens de nos connaissances, et qu'elle sera de la plus grande importance dans ce qui suivra.

Nous pouvons ici déjà en tirer des conséquences aussi belles que dignes de notre attention.

La fraction $\frac{1}{\infty}$ indique le quotient de la division du dividende 1 par le diviseur ∞. Or nous savons qu'en divisant le dividende 1 par le quotient $\frac{1}{\infty}$, qui est, comme nous avons vu, autant que o, on retrouve le diviseur ∞ : voici donc une nouvelle notion de l'infini que nous acquérons ; nous apprenons qu'il provient de la division de 1 par o ; et l'on est parconséquent fondé à dire, que 1, divisé par o, indique un nombre infiniment grand ou ∞.

84. Il est nécessaire encore ici de dissiper l'erreur assez commune de ceux qui prétendent qu'un infiniment grand n'est pas susceptible d'augmentation.

Cette opinion ne saurait subsister avec les principes solides que nous venons d'établir, car $\frac{1}{o}$ signifiant un nombre infiniment grand, et $\frac{2}{o}$ étant incontestablement le double de $\frac{1}{o}$, il est clair qu'un nombre, quoique infiniment grand, peut devenir encore deux ou plusieurs fois plus grand.

CHAPITRE VIII.

Des propriétés des fractions.

85. Nous avons vu plus haut que chacune des fractions

$$\frac{2}{2}, \ \frac{3}{3}, \ \frac{4}{4}, \ \frac{5}{5}, \ \frac{6}{6}, \ \frac{7}{7}, \ \frac{8}{8}, \ \text{etc.}$$

fait un entier, et que parconséquent elles sont toutes égales entr'elles. La même égalité règne dans les fractions qui suivent,

$$\frac{2}{1}, \ \frac{4}{2}, \ \frac{6}{3}, \ \frac{8}{4}, \ \frac{10}{5}, \ \frac{12}{6}, \ \text{etc.}$$

chacune d'elles faisant deux entiers; car le numérateur de chacune, divisé par son dénominateur, donne 2. De même toutes ces fractions

$$\frac{3}{1}, \ \frac{6}{2}, \ \frac{9}{3}, \ \frac{12}{4}, \ \frac{15}{5}, \ \frac{18}{6}, \ \text{etc.}$$

sont égales entr'elles, puisqu'elles ont 3 pour valeur commune.

86. On peut pareillement représenter la valeur d'une fraction quelconque, d'une infinité de manières. Car si l'on multiplie tant le numérateur que le dénominateur d'une fraction par un même nombre, que l'on peut prendre à volonté, cette fraction n'en conservera pas moins la même valeur. C'est par çette raison que toutes ces fractions

$$\frac{1}{2}, \ \frac{2}{4}, \ \frac{3}{6}, \ \frac{4}{8}, \ \frac{5}{10}, \ \frac{6}{12}, \ \frac{7}{14}, \ \frac{8}{16}, \ \frac{9}{18} \cdot \frac{10}{20}, \ \text{etc.}$$

sont égales entr'elles, chacune valant $\frac{1}{2}$. De même

$$\frac{1}{3}, \ \frac{2}{6}, \ \frac{3}{9}, \ \frac{4}{12}, \ \frac{5}{15}, \ \frac{6}{18}, \ \frac{7}{21}, \ \frac{8}{24}, \ \frac{9}{27}, \ \frac{10}{30}, \ \text{etc.}$$

sont

sont des fractions égales, dont chacune vaut $\frac{2}{3}$. Les fractions

$$\tfrac{2}{3},\ \tfrac{4}{6},\ \tfrac{8}{12},\ \tfrac{10}{15},\ \tfrac{12}{18},\ \tfrac{14}{21},\ \tfrac{16}{24},\ \text{etc.}$$

ont pareillement toutes une même valeur ; et on peut conclure enfin, en général, que la fraction $\frac{a}{b}$ peut être représentée par les expressions suivantes dont chacune équivaut à $\frac{a}{b}$; savoir :

$$\frac{a}{b},\ \frac{2a}{2b},\ \frac{3a}{3b},\ \frac{4a}{4b},\ \frac{5a}{5b},\ \frac{6a}{6b},\ \text{etc.}$$

87. Pour s'en convaincre on n'a qu'à écrire pour la valeur de la fraction $\frac{a}{b}$ une certaine lettre c, en entendant par cette lettre c le quotient de la division de a par b ; et se rappeler que la multiplication du quotient c par le diviseur b, doit donner le dividende. Car puisque c multiplié par b donne a, il est clair que c multiplié par $2b$ donnera $2a$, que c multiplié par $3b$ dondera $3a$, et qu'ainsi en général c multiplié par mb doit donner ma. Or changeant maintenant ceci en un exemple de division, et divisant le produit ma par mb l'un des facteurs, il faut que le quotient soit égal à l'autre facteur c ; mais ma divisé par mb donne aussi la fraction $\frac{ma}{mb}$, laquelle est par-conséquent égale à c ; et voilà ce qu'il s'agissait de prouver ; car c ayant été adopté pour la valeur de la fraction $\frac{a}{b}$, il est évident que cette fraction est égale à la fraction $\frac{ma}{mb}$, quelque valeur que l'on donne à m.

88. Nous avons vu que toute fraction peut être écrite sous une infinité de formes, sans cesser d'avoir la même valeur ; et il est indubitable que de toutes ces formes, c'est celle qui sera entre les plus petits nombres, dont on sai-

sira le mieux la signification. Par exemple, on pourrait mettre au lieu de $\frac{2}{3}$, les fractions suivantes,

$$\frac{4}{6}, \quad \frac{6}{9}, \quad \frac{8}{12}, \quad \frac{10}{15}, \quad \frac{12}{18}, \quad \text{etc} \; ;$$

mais il n'est pas douteux que $\frac{2}{3}$ ne soit toujours de outes ces expressions celle dont il est le plus facile de se faire une idée. Il se présente donc ici la question de réduire une fraction, comme $\frac{8}{12}$, qui n'est pas exprimée par les plus petits nombres possibles, à sa forme la plus simple ou à *ses moindres termes*, c'est-à-dire dans notre exemple, à $\frac{2}{3}$.

89. Il sera facile de résoudre cette question, si l'on considère qu'une fraction ne laisse pas de conserver sa valeur, quand on multiplie ses deux termes, ou son numérateur et son dénominateur, par un même nombre. Car de là il suit qu'aussi en divisant le numérateur et le dénominateur d'une fraction par un même nombre, cette fraction doit conserver la même valeur. Cela se voit encore plus clairement par le moyen de la formule générale $\frac{m\,a}{m\,b}$; car si l'on divise tant le numérateur $m\,a$ que le dénominateur $m\,b$ par le nombre m, on obtient la fraction $\frac{a}{b}$, laquelle, comme on l'a prouvé ci-dessus, est égale à $\frac{m\,a}{m\,b}$.

90. Afin donc de réduire une fraction proposée à ses moindres termes, il s'agit de trouver un nombre par lequel le numérateur et le dénominateur puissent être divisés. Un nombre de cette espèce se nomme un *commun diviseur*, et aussi long-temps qu'on peut indiquer un commun diviseur entre le numérateur et le dénominateur, il est certain que la fraction peut être réduite à une expression plus petite ; mais quand on voit au contraire qu'à l'exception de l'unité, aucun autre commun diviseur ne saurait avoir lieu, c'est signe que

la fraction se trouve déjà sous la forme la plus simple qu'il est possible.

91. Pour rendre ceci plus clair, considérons la fraction $\frac{48}{120}$. Nous voyons d'abord que les deux termes se divisent par 2, et qu'il en résulte la fraction $\frac{24}{60}$: ensuite, qu'on peut de nouveau diviser par 2, et réduire la fraction à $\frac{12}{30}$; et celle-ci ayant encore 2 pour commun diviseur, il est clair qu'on peut la réduire à $\frac{6}{15}$. Mais à présent l'on s'apperçoit facilement que le numérateur et le dénominateur sont encore divisibles par 3 ; faisant donc cette division on obtient la fraction $\frac{2}{5}$, laquelle est égale à la fraction proposée, en même temps qu'elle en est l'expression la plus simple ; car 2 et 5 n'ont que le commun diviseur 1 , qui ne peut réduire les deux termes.

92. Cette propriété qu'ont les fractions de garder une valeur invariable, soit qu'on divise ou qu'on multiplie le numérateur et le dénominateur par un même nombre ; cette propriété, dis-je, est de la plus grande importance et fait le principe fondamental de tout ce qu'on enseigne sur les fractions. On ne peut guère, par exemple, ajouter ensemble deux fractions, ou les soustraire l'une de l'autre, avant que, moyennant cette propriété, on les ait réduites à une commune dénomination. C'est de quoi nous parlerons dans le chapitre suivant.

93. Nous finirons celui-ci par la remarque, qu'on peut aussi représenter tous les nombres entiers par des fractions. Par exemple, 6 est autant que $\frac{6}{1}$, parceque 6 divisé par 1 fait 6 ; et on peut de la même manière exprimer ce nombre 6 par les fraction $\frac{12}{2}$, $\frac{18}{3}$, $\frac{24}{4}$, $\frac{16}{6}$, et une infinité d'autres qui ont la même valeur.

CHAPITRE IX.

De l'addition et de la soustraction des fractions.

94. LORSQUE les fractions ont des dénominateurs égaux, il n'y a aucune difficulté à les ajouter et à les soustraire ; car $\frac{2}{7} +$ $\frac{3}{7}$ valent $\frac{5}{7}$, et $\frac{4}{7} - \frac{2}{7}$ valent $\frac{2}{7}$. On n'opère dans ce cas, soit pour l'addition, soit pour la soustraction, que sur les numérateurs, et on met sous le trait le dénominateur commun ; ainsi

$$\frac{2}{100} + \frac{9}{100} - \frac{17}{100} - \frac{15}{100} + \frac{20}{100} \text{ font } \frac{1}{100} ;$$

$$\frac{24}{50} - \frac{7}{50} - \frac{12}{50} + \frac{31}{50} \text{ font } \frac{36}{50} \text{ ou } \frac{18}{25} ;$$

$$\frac{16}{20} - \frac{3}{20} - \frac{11}{20} + \frac{14}{20} \text{ font } \frac{16}{20} \text{ ou } \frac{4}{5} ;$$

de même

$$\frac{1}{3} + \frac{2}{3} \text{ font } \frac{3}{3} \text{ ou } 1$$

c'est-à-dire un entier ; et

$$\frac{2}{4} - \frac{3}{4} + \frac{1}{4} \text{ font } \frac{0}{4} ,$$

c'est-à-dire rien, ou o.

95. Mais quand les fractions n'ont pas même dénominateur, il est toujours possible de les transformer en d'autres fractions qui, sous les mêmes valeurs, aient une commune dénomination. Par exemple, quand on propose d'ajouter ensemble les fractions $\frac{1}{2}$ et $\frac{1}{3}$, il faut considérer que $\frac{1}{2}$ est autant que $\frac{3}{6}$, et que $\frac{1}{3}$ équivaut à $\frac{2}{6}$; nous avons donc à la place des deux fractions proposées ces deux autres $\frac{3}{6} + \frac{2}{6}$, dont la somme fait $\frac{5}{6}$

Si les deux fractions étaient jointes par le signe *moins*, comme $\frac{1}{2} - \frac{1}{3}$, on aurait $\frac{3}{6} - \frac{2}{6}$ ou $\frac{1}{6}$.

Autre exemple : Soient les fractions proposées $\frac{3}{4} + \frac{5}{8}$; puisque $\frac{3}{4}$ est la même chose que $\frac{6}{8}$, on peut lui substituer cette valeur, et dire $\frac{6}{8} + \frac{5}{8}$ font $\frac{11}{8}$ ou $1\frac{3}{8}$.

Supposez qu'on demande encore ce que donnent $\frac{1}{3}$ et $\frac{1}{4}$ ajoutés ensemble, je dis que c'est $\frac{7}{12}$; car $\frac{1}{3}$ fait $\frac{4}{12}$, et $\frac{1}{4}$ fait $\frac{3}{12}$.

96. Il peut arriver qu'on ait un plus grand nombre de fractions à réduire à un même dénominateur ; par exemple, $\frac{1}{2}, \frac{2}{3}, \frac{3}{4}, \frac{4}{5}, \frac{5}{6}$: tout se réduit alors à trouver un nombre qui soit divisible par tous les dénominateurs de ces fractions. 60 est ici le nombre qui a cette propriété, et qui devient parconséquent le dénominateur commun. Nous aurons donc $\frac{30}{60}$ au lieu de $\frac{1}{2}$; $\frac{40}{60}$ au lieu de $\frac{2}{3}$; $\frac{45}{60}$ au lieu de $\frac{3}{4}$; $\frac{48}{60}$ au lieu de $\frac{4}{5}$, et $\frac{50}{60}$ au lieu de $\frac{5}{6}$. S'il s'agit à présent d'ajouter ensemble toutes ces fractions $\frac{30}{60}, \frac{40}{60}, \frac{45}{60}, \frac{48}{60}, \frac{50}{60}$; on ne fait qu'ajouter tous les numérateurs, et on donne à la somme le dénominateur commun 60 ; c'est-à-dire qu'on aura $\frac{213}{60}$, ou 3 entiers et $\frac{33}{60}$, ou $3\frac{11}{20}$.

97. Tout se réduit ici, nous le répétons, à transformer deux fractions dont les dénominateurs sont inégaux, en deux autres dont les dénominateurs sont égaux. Pour faire donc cette opération d'une manière générale, soient $\frac{a}{b}$ et $\frac{c}{d}$ les fractions proposées. Qu'on multiplie d'abord les deux termes de la première par d, on aura la fraction $\frac{ad}{bd}$ égale à $\frac{a}{b}$; qu'on multiplie ensuite les deux termes de la seconde fraction par b, on en aura une valeur équivalente exprimée par $\frac{bc}{bd}$; et voilà les deux dénominateurs devenus égaux. Maintenant si l'on demande quelle est la somme des deux fractions proposées, on peut répondre aussitôt que c'est $\frac{ad + bc}{bd}$; et s'il est question de la différence

on dit qu'elle est $\dfrac{ad-bc}{bd}$. S'il s'agissait, par exemple, des fractions $\frac{5}{8}$ et $\frac{7}{9}$, on obtiendrait à leur place $\frac{45}{72}$ et $\frac{56}{72}$, dont la somme est $\frac{101}{72}$, et dont la différence est $\frac{11}{72}$.

98. C'est par cette préparation qu'on peut découvrir entre deux fractions proposées la plus grande ou la plus petite ; car on n'a qu'à réduire ces deux fractions au même dénominateur. Prenons pour exemple les deux fractions $\frac{2}{3}$ et $\frac{5}{7}$; si on les réduit au même dénominateur, la première devient $\frac{14}{21}$, et la seconde $\frac{15}{21}$, et il est évident à présent que c'est la seconde, ou $\frac{5}{7}$, qui est la plus grande, et que c'est de $\frac{1}{21}$ qu'elle surpasse la première.

Soient proposées encore les deux fractions $\frac{3}{5}$ et $\frac{5}{8}$, on aura à leur place celles-ci, $\frac{24}{40}$ et $\frac{25}{40}$; d'où l'on peut inférer que $\frac{5}{8}$ surpasse $\frac{3}{5}$; mais seulement de $\frac{1}{40}$.

99. Lorsqu'il est question de soustraire une fraction d'un nombre entier, il suffit de convertir une des unités de ce nombre entier en une fraction qui ait même dénominateur que celle qu'il faut soustraire, le reste se fait sans difficulté. Qu'il s'agisse, par exemple, de soustraire $\frac{2}{3}$ de 1, on écrira $\frac{3}{3}$ au lieu de 1, et on dira $\frac{2}{3}$ ôté de $\frac{3}{3}$ reste $\frac{1}{3}$. De même $\frac{5}{12}$ soustrait de 1, reste $\frac{7}{12}$.

S'il s'agissait de soustraire $\frac{3}{4}$ de deux, on écrirait 1 et $\frac{4}{4}$ au lieu de 2, et on verrait d'abord qu'il doit rester après la soustraction 1 $\frac{1}{4}$.

100. Il arrive aussi quelquefois qu'ayant ajouté ensemble deux ou plusieurs fractions, on obtient plus d'un entier, c'est-à-dire, un numérateur plus grand que le dénominateur ; c'est un cas qui s'est même déjà présenté et auquel il faut faire attention.

Nous avons trouvé, par exemple, (n°. 96) que la somme des cinq fractions $\frac{1}{2}$, $\frac{2}{3}$, $\frac{3}{4}$, $\frac{4}{5}$ et $\frac{5}{6}$ était $\frac{213}{60}$, et nous avons fait observer que cette somme signifiait 3 entiers et $\frac{33}{60}$ ou $\frac{11}{20}$. De même $\frac{2}{3} + \frac{3}{4}$ ou $\frac{8}{12} + \frac{9}{12}$ font $\frac{17}{12}$ ou 1 $\frac{5}{12}$. Il n'y a qu'à faire la division réelle du numérateur par le dénominateur, voir combien d'entiers viennent au quotient, et tenir compte du reste.

On fera de même à peu près pour ajouter ensemble des quantités composées de nombres entiers et de fractions ; on ajoutera d'abord les fractions, et si leur somme fait un ou plusieurs entiers, on les ajoute aux autres entiers. Qu'il soit question, par exemple, d'ajouter $3 \frac{1}{2}$ et $2 \frac{2}{3}$, on prend d'abord la somme de $\frac{1}{2}$ et $\frac{2}{3}$, ou de $\frac{3}{6}$ et $\frac{4}{6}$. Elle est $\frac{7}{6}$ ou $1 \frac{1}{6}$; donc la somme totale est $6 \frac{1}{6}$.

CHAPITRE X.

De la multiplication et de la division des fractions.

101. La règle pour la multiplication d'une fraction par un nombre entier, est de ne multiplier par ce nombre que le numérateur, et de ne rien changer au dénominateur; ainsi

$$
\left.\begin{array}{r} 2 \\ 2 \\ 3 \\ 4 \end{array}\right\} \text{fois} \left\{\begin{array}{l} \frac{1}{2} \\ \frac{1}{3} \\ \frac{1}{6} \\ \frac{5}{12} \end{array}\right. \left.\right\} \text{font} \left\{\begin{array}{l} \frac{2}{2}\ \text{ou 1 entier;} \\ \frac{2}{3}; \\ \frac{3}{6}\ \text{ou}\ \frac{1}{2}; \\ \frac{20}{12}\ \text{ou}\ 1\frac{8}{12}\ \text{ou}\ 1\frac{2}{3}. \end{array}\right.
$$

On peut cependant, au lieu de cette règle, employer aussi celle de diviser le dénominateur par le nombre entier donné ; et il est bon de s'en servir, quand cela se peut, parcequ'on abrège par-là le calcul. Qu'il s'agisse, par exemple, de multiplier $\frac{8}{9}$ par 3 ; si l'on multiplie le numérateur par le nombre entier, on obtient $\frac{24}{9}$, lequel produit se réduit à $\frac{8}{3}$. Mais si au lieu de multiplier le numérateur, on divise le dénominateur par le nombre entier, on trouve immédiatement $\frac{8}{3}$ ou $2\frac{2}{3}$ pour le produit cherché. De même $\frac{13}{24}$, multipliés par 6, donnent $\frac{13}{4}$ ou $3\frac{1}{4}$.

102. En général donc, le produit de la multiplication d'une fraction $\frac{a}{b}$ par c est $\frac{ac}{b}$, et on peut remarquer que quand le nombre entier est précisément égal au dénominateur, le produit doit être égal au numérateur.

. En effet

$$\left.\begin{matrix} 2 \\ 3 \\ 4 \end{matrix}\right\} \text{ fois } \left\{\begin{matrix} \frac{1}{2} \\ \frac{2}{3} \\ \frac{3}{4} \end{matrix}\right\} \text{ font } \left\{\begin{matrix} 1\,; \\ 2\,; \\ 3. \end{matrix}\right.$$

Et en général, si l'on multiplie la fraction $\frac{a}{b}$ par le nombre b ; le produit doit être a, comme on l'a déjà fait sentir plus haut ; car puisque $\frac{a}{b}$ indique le quotient de la division du dividende a par le diviseur b, et qu'on a démontré que le quotient multiplié par le diviseur, doit donner le dividende, il est clair que $\frac{a}{b}$ multiplié par b, doit produire a.

103. Nous avons vu comment on doit multiplier une fraction par un nombre entier, voyons à présent aussi comment il faut diviser une fraction par un nombre entier ; cette recherche est nécessaire avant que nous passions à la multiplication des fractions par des fractions. Or il est clair que si j'ai à diviser la fraction $\frac{2}{3}$ par 2, il doit me venir $\frac{1}{3}$; et que le quotient de $\frac{6}{7}$ divisé par 3 est $\frac{2}{7}$. On doit donc diviser le numérateur par le nombre entier, sans changer le dénominateur. Ainsi les fractions

$$\left.\begin{matrix} \frac{12}{25} \\ \frac{12}{25} \\ \frac{12}{25} \end{matrix}\right\} \text{ divisées par } \left\{\begin{matrix} 2 \\ 3 \\ 4 \end{matrix}\right\} \text{ font } \left\{\begin{matrix} \frac{6}{25}\,; \\ \frac{4}{25}\,; \\ \frac{3}{25}\,, \end{matrix}\right.$$

etc.

104. Cette règle peut être pratiquée sans difficulté, lorsque le numérateur est divisible par le nombre proposé ; mais fort souvent il ne l'est pas ; il faut donc observer qu'on peut transformer une fraction en un nombre infini d'autres fractions ayant même valeur, et que dans ce nombre il ne peut manquer d'y en avoir de telles que le numérateur puisse être divisé par le nombre entier donné. S'il s'agissait, par exemple, de diviser $\frac{1}{4}$ par 2, on

42 É L É M E N S

changerait la fraction en $\frac{6}{8}$, et divisant maintenant le numérateur par 2, on aurait aussitôt $\frac{3}{8}$ pour le quotient cherché.

En général, s'il est question de diviser la fraction $\frac{a}{b}$ par c, on la transformera en celle-ci $\frac{ac}{bc}$, et divisant ensuite le numérateur ac par c, on écrira $\frac{a}{bc}$ pour le quotient cherché.

105. Nous voyons donc que dans le cas où une fraction $\frac{a}{b}$ doit être divisée par un nombre entier c, on n'a qu'à multiplier le dénominateur par ce nombre, et laisser le numérateur tel qu'il est. C'est ainsi que $\frac{5}{8}$ divisé par 3 fait $\frac{5}{24}$, et que $\frac{9}{16}$ divisé par 5 fait $\frac{9}{80}$.

Ce calcul devient cependant plus facile quand le numérateur lui-même est divisible par le nombre entier, comme nous l'avons supposé à l'article 103. Par exemple $\frac{9}{16}$ divisé par 3 serait, suivant notre règle, $\frac{9}{48}$; mais par la première règle, qui est applicable ici, on a $\frac{3}{16}$, expression qui équivaut à $\frac{9}{48}$, mais qui est plus simple.

106. On sera maintenant en état de comprendre comment il faut multiplier une fraction $\frac{a}{b}$ par une autre fraction $\frac{c}{d}$. On n'a qu'à considérer que $\frac{c}{d}$ signifie que c est divisé par d; et en partant de là, on multipliera d'abord la fraction $\frac{a}{b}$ par c, ce qui produit le résultat $\frac{ac}{b}$; après quoi on divisera par d ce qui donne $\frac{ac}{bd}$. Nous tirons de là la règle suivante : que pour multiplier deux fractions, on n'a besoin que de multiplier séparément les numérateurs et les dénominateurs. Ainsi les fractions

$$\left.\begin{array}{c}\frac{1}{2}\\[2pt]\frac{2}{3}\\[2pt]\frac{3}{4}\end{array}\right\} \text{multipliées par} \left.\begin{array}{c}\frac{2}{3}\\[2pt]\frac{4}{5}\\[2pt]\frac{5}{12}\end{array}\right\} \text{font} \left\{\begin{array}{l}\frac{2}{6} \text{ ou } \frac{1}{3}.\\[2pt]\frac{8}{15}.\\[2pt]\frac{15}{48} \text{ ou } \frac{5}{16}.\end{array}\right.$$

etc.

107. Il nous reste à montrer comment on doit diviser une fraction par une autre. Il faut remarquer d'abord que si les deux fractions ont le même nombre pour dénominateur, la division n'a lieu qu'à l'égard des numérateurs ; car il est évident, par exemple, que $\frac{3}{12}$ sont contenus autant de fois dans $\frac{9}{12}$, que 3 l'est dans 9, c'est-à-dire, 3 fois ; et pareillement pour diviser $\frac{8}{12}$ par $\frac{9}{12}$, on n'a qu'à diviser 8 par 9, ce qui donne $\frac{8}{9}$. On aura de même $\frac{6}{20}$ en $\frac{18}{20}$, 3 fois ; $\frac{7}{100}$ en $\frac{49}{100}$, 7 fois ; $\frac{7}{25}$ en $\frac{6}{25}$, $\frac{6}{7}$ fois ; etc.

108. Mais quand les fractions n'ont pas leurs dénominateurs égaux, il faut avoir recours à la manière dont nous avons dit qu'on les réduisait au même dénominateur. Qu'on ait, par exemple, la fraction $\frac{a}{b}$ à diviser par la fraction $\frac{c}{d}$, on les réduira d'abord au même dénominateur, et l'on aura $\frac{ad}{bd}$ à diviser par $\frac{bc}{bd}$; et il est clair à présent que le quotient doit être indiqué simplement par la division de ad par bc ; ce qui donne $\frac{ad}{bc}$.

Voici donc la règle : il faut multiplier le numérateur du dividende par le dénominateur du diviseur, et le dénominateur du dividende par le numérateur du diviseur ; le premier produit sera le numérateur du quotient, et le second produit sera son dénominateur.

109. Ainsi, en suivant cette règle pour diviser $\frac{5}{8}$ par $\frac{2}{3}$, on aura le quotient $\frac{15}{16}$; la division de $\frac{3}{4}$ par $\frac{1}{2}$ produira $\frac{6}{4}$ ou $\frac{3}{2}$, ou 1 et $\frac{1}{2}$; et celle de $\frac{25}{48}$ par $\frac{5}{6}$ donnera $\frac{150}{240}$ ou $\frac{5}{8}$.

110. On a coutume aussi d'énoncer comme il suit la règle de division de deux fractions : Si l'on renverse la fraction par laquelle il s'agit de diviser, de façon que le dénominateur se mette à la place du numérateur, et que celui-ci s'écrive sous le trait, et qu'ensuite on multiplie la fraction qui est le dividende, par cette fraction renversée, le produit

sera le quotient cherché. Ainsi $\frac{3}{4}$ divisé par $\frac{1}{2}$ est autant que $\frac{3}{4}$ multiplié par $\frac{2}{1}$, ce qui fait $\frac{6}{4}$ ou $1\frac{1}{2}$. De même $\frac{1}{3}$ divisé par $\frac{2}{3}$ est autant que $\frac{5}{8}$ multiplié par $\frac{3}{2}$, ce qui produit $\frac{15}{15}$; $\frac{25}{48}$ divisé par $\frac{5}{6}$ fait autant que $\frac{25}{48}$ multiplié par $\frac{6}{5}$, dont le produit est $\frac{150}{240}$ ou $\frac{5}{8}$.

On voit donc en général que diviser par la fraction $\frac{1}{2}$, revient à' multiplier par $\frac{2}{1}$ ou 2 ; que la division par $\frac{1}{3}$ revient à la multiplication par $\frac{3}{1}$ ou par 3, etc.

111. Le nombre 100 divisé par $\frac{1}{2}$ donnera donc 200 ; et 1000 divisé par $\frac{1}{3}$ fait 3000. De plus, s'il s'agit de diviser 1 par $\frac{1}{1000}$, le quotient est 1000 ; et en divisant 1 par $\frac{1}{100000}$, il vient 100000. Cela aide à comprendre qu'en divisant par 0, il doit en résulter un nombre infiniment grand; car la division de 1 par la petite fraction $\frac{1}{1000000000}$ produit déjà le nombre très-grand 1000000000.

112. Tout nombre divisé par lui-même donnant l'unité, on sent bien qu'une fraction divisée par elle-même doit aussi donner le quotient 1 ; la même vérité suit de notre règle ; car pour diviser $\frac{3}{4}$ par $\frac{3}{4}$, il faut multiplier $\frac{3}{4}$ par $\frac{4}{3}$, et on obtient $\frac{12}{12}$ ou 1 ; et s'il s'agit de diviser $\frac{a}{b}$ par $\frac{a}{b}$, on multiplie $\frac{a}{b}$ par $\frac{b}{a}$; or le le produit $\frac{ab}{ab}$ est égal à 1.

113. Nous avons aussi à expliquer encore une expression dont l'usage est fréquent. On demande, par exemple, ce que c'est que la moitié de $\frac{3}{4}$; cela veut dire qu'on doit multiplier $\frac{3}{4}$ par $\frac{1}{2}$. De même si l'on demande ce que sont les $\frac{2}{3}$ de $\frac{5}{8}$, on multipliera $\frac{5}{8}$ par $\frac{2}{3}$, ce qui produit $\frac{10}{24}$; et $\frac{3}{4}$ de $\frac{9}{16}$ ou $\frac{9}{16}$ de $\frac{3}{4}$ font $\frac{27}{64}$.

114. Enfin il faut observer ici à l'égard des signes $+$ et $-$, les mêmes principes que nous avons établis plus haut pour les nombres entiers. Ainsi les fractions

$$\left.\begin{array}{c} +\frac{1}{2} \\ -\frac{2}{3} \\ -\frac{5}{8} \\ -\frac{3}{4} \end{array}\right\} \text{multipliées par} \left\{\begin{array}{c} -\frac{1}{3} \\ -\frac{4}{5} \\ +\frac{1}{3} \\ -\frac{4}{4} \end{array}\right\} \text{donnent} \left\{\begin{array}{c} -\frac{1}{6} \\ +\frac{8}{15} \\ -\frac{5}{24} \\ +\frac{12}{12} \text{ ou } 1. \end{array}\right.$$

CHAPITRE XI.

Des nombres quarrés.

115. Le produit d'un nombre multiplié par le même nombre, se nomme un *quarré* ; et par cette raison on appelle *racine quarrée* ce nombre considéré relativement à un tel produit.

Par exemple, quand on multiplie 12 par 12, le produit est un quarré dont la racine est 12.

Le fondement de cette dénomination est pris dans la Géométrie, où l'on trouve le contenu d'un quarré en multipliant son côté par lui-même.

116. Tous les nombres quarrés se trouvent donc par la multiplication, c'est-à-dire, en multipliant la racine par elle-même.

C'est ainsi que 1 est le quarré de 1, parce que 1, multiplié par 1 fait 1 ; et pareillement, que 4 est le quarré de 2 ; et 9 le quarré de 3 ; que 2 est la racine de 4, et 3 celle de 9.

Nous considérerons en premier lieu les quarrés des nombres naturels, et nous donnerons d'abord la petite table qui suit, dans laquelle plusieurs nombres ou racines se trouvent sur la première ligne, et leurs quarrés sur la seconde.

Nombres	1	2	3	4	5	6	7	8	9	10	11	12	13
Quarrés	1	4	9	16	25	36	49	64	81	100	121	144	169

117. On remarquera d'abord sans peine dans ces nombres quarrés rangés ainsi par ordre, une belle propriété ; à savoir

que, si l'on soustrait chacun de ces quarrés de celui qui suit immédiatement, les restes augmentent toujours de 2, et forment la suite que voici :

$$3, 5, 7, 9, 11, 13, 15, 17, 19, 21, \text{etc.}$$

qui est celle des nombres impairs.

118. Les quarrés des fractions se trouvent pareillement, en multipliant une fraction donnée par elle-même. Par exemple, le quarré de

$$\left.\begin{array}{c} \frac{1}{2} \\ \frac{1}{3} \\ \frac{2}{3} \\ \frac{1}{4} \\ \frac{3}{4} \end{array}\right\} \text{ est } \left\{\begin{array}{c} \frac{1}{4} \\ \frac{1}{9} \\ \frac{4}{9} \\ \frac{1}{16} \\ \frac{9}{16} \end{array}\right.$$

etc.

On voit assez qu'il suffit de diviser le quarré du numérateur par le quarré du dénominateur, et que la fraction qui exprime cette division doit être le quarré de la fraction donnée. C'est ainsi encore que $\frac{25}{64}$ est le quarré de $\frac{5}{8}$; et réciproquement que $\frac{5}{8}$ est la racine de $\frac{25}{64}$.

119. Quand on veut trouver le quarré d'un nombre mixte, ou composé d'un nombre entier et d'une fraction, on n'a qu'à le réduire à une seule fraction, et prendre ensuite le quarré de cette fraction. Qu'il s'agisse, par exemple, de trouver le quarré de $2\frac{1}{2}$; on exprimera d'abord ce nombre par $\frac{5}{2}$, et prenant le quarré de cette fraction, on a $\frac{25}{4}$ ou $6\frac{1}{4}$ pour la valeur du quarré de $2\frac{1}{2}$. De meme pour prendre le quarré de $3\frac{1}{4}$, on dira $3\frac{1}{4}$ est autant que $\frac{13}{4}$; donc le quarré est égal à $\frac{169}{16}$, ou à 10 et $\frac{9}{16}$. Voici pour chaque quart d'augmentation les quarrés des nombres compris entre 3 et 4.

Nombres	3	$3\frac{1}{4}$	$3\frac{1}{2}$	$3\frac{3}{4}$	4
Quarrés.	9	$10\frac{9}{16}$	$12\frac{1}{4}$	$14\frac{1}{16}$	16

On peut conclure de cette petite table, que si une racine

contient une fraction, son quarré ne manque pas d'en contenir une aussi. Soit, par exemple, la racine $1\frac{1}{12}$; son quarré est $\frac{289}{144}$, ou $2\frac{1}{144}$; c'est-à-dire un peu plus grand que le nombre entier 2.

120. Passons aux expressions générales. Quand la racine est a, le quarré doit être aa; si la racine est $2a$, le quarré est $4aa$; ce qui donne à connaître qu'en doublant la racine, le quarré devient 4 fois plus grand. De même, si la racine est $3a$, le quarré est $9aa$; et si la racine est $4a$, le quarré est $16aa$. Mais si la racine est ab, le quarré est $aabb$; et si la racine est abc, le quarré est $aabbcc$.

121. Ainsi, quand la racine est composée de deux ou de plusieurs facteurs, il faut multiplier ensemble leurs quarrés; et réciproquement, si un quarré est composé de deux ou de plusieurs facteurs, dont chacun est un quarré, on n'a qu'à multiplier ensemble les racines de ces quarrés, pour avoir la racine complète du quarré proposé. Ainsi, comme 2304 est autant que 4.16.36, la racine quarrée en est 2.4.6 ou 48; et en effet 48 se trouve être la racine quarrée de 2304, parceque 48.48 fait 2304.

122. Voyons aussi ce qu'il faut observer dans cette matière à l'égard des signes $+$ et $-$. Et d'abord il est clair que si la racine a le signe $+$, c'est-à-dire, si elle est un nombre positif, son quarré doit nécessairement être de même un nombre positif, parceque $+$ par $+$ fait $+$: le quarré de $+a$ fera $+aa$. Mais si la racine est un nombre négatif, comme $-a$, le quarré n'en devient pas moins positif, puisqu'il est $+aa$; nous pouvons donc conclure que $+aa$ est le quarré tant de $+a$ que de $-a$, et que parconséquent on peut indiquer pour tout quarré deux racines, l'une positive et l'autre négative. La racine quarrée de 25, par exemple, est également $+5$ et -5, parceque -5 multiplié par -5 donne 25 aussi bien que $+5$ par $+5$.

CHAPITRE XII.

Des racines quarrées et des nombres irration-nels qui en résultent.

123. CE que nous avons dit dans le chapitre précédent revient principalement à ceci : Que la racine quarrée d'un nombre proposé n'est autre chose qu'un nombre tel que son quarré soit égal au nombre proposé, et qu'on peut mettre devant ces racines tant le signe positif que le signe négatif.

124. Ainsi quand un nombre proposé est quarré, et qu'on a retenu dans la mémoire un nombre suffisant de nombres quarrés, il est facile de trouver la racine de celui qui est donné. Si c'est 196, par exemple, qui soit ce nombre proposé, on sait que sa racine quarrée est 14.

On traite de même avec facilité les fractions ; il est clair, par exemple, que $\frac{5}{7}$ est la racine quarrée de $\frac{25}{49}$; on n'a, pour s'en convaincre qu'à prendre la racine quarrée du numérateur, et celle du dénominateur.

Si le nombre proposé est un nombre mixte, comme $12\frac{1}{4}$, on le réduira à une seule fraction, laquelle est ici $\frac{49}{4}$, et on verra sur-le-champ que c'est $\frac{7}{2}$ ou $3\frac{1}{2}$, qui doit être la racine quarrée de $12\frac{1}{4}$.

125. Mais quand le nombre proposé n'est pas un quarré, comme 12 par exemple, il n'est pas possible non plus d'en extraire la racine quarrée, ou d'indiquer un nombre tel que multiplié par lui-même, il donne le produit 12. Ce que nous savons cependant, c'est que la racine quarrée de 12 doit être plus grande que 3 , parceque 3.3 ne font que 9; et plus petite
que

que 4 ; parceque 4.4 font 16, c'est-à-dire plus de 12. Nous savons même aussi que cette racine est plus petite que $3\frac{1}{2}$; car nous avons vu que le quarré de $3\frac{1}{2}$ ou $\frac{7}{2}$ est $12\frac{1}{4}$. Enfin nous pouvons déterminer cette racine d'une manière encore plus approchée, en la comparant avec $3\frac{7}{15}$; car le quarré de $3\frac{7}{15}$ ou de $\frac{52}{15}$ est $\frac{2704}{225}$ ou 12 et $\frac{4}{225}$, parconséquent cette fraction est encore un peu plus grande que la racine qu'on demande ; mais de très-peu, puisque les deux quarrés ne diffèrent entr'eux que de $\frac{4}{225}$.

126. On pourrait soupçonner que puisque $3\frac{1}{2}$ et $3\frac{7}{15}$ sont des nombres plus grands que la racine de 12, il serait possible d'ajouter à 3 une fraction un peu plus petite que $\frac{1}{15}$, et précisément telle que le quarré de la somme fût égal à 12.

Essayons donc $3\frac{3}{7}$, puisque $\frac{1}{7}$ est un peu moindre que $\frac{2}{15}$. Or $3\frac{3}{7}$ est autant que $\frac{24}{7}$, dont le quarré est $\frac{576}{49}$, et parconséquent plus petit de $\frac{12}{49}$ que le quarré de 12, qu'on peut exprimer par $\frac{588}{49}$. Il est donc prouvé que $3\frac{3}{7}$ est plus petit, et que $3\frac{7}{15}$ est plus grand que la racine cherchée. Essayons donc un nombre un peu plus grand que $3\frac{3}{7}$, mais pourtant plus petit que $3\frac{7}{15}$, par exemple $3\frac{5}{11}$. Ce nombre qui vaut $\frac{38}{11}$, a pour quarré $\frac{1444}{121}$. Or en réduisant 12 à ce dénominateur, on trouve $\frac{1452}{121}$ plus grand que $\frac{1444}{121}$ de $\frac{8}{121}$; il s'ensuit donc que $3\frac{5}{11}$ est encore trop petit. Substituons donc à $\frac{5}{11}$ la fraction $\frac{6}{13}$, qui est un peu plus grande, et voyons encore ce qui résulte de la comparaison du quarré de $3\frac{6}{13}$ avec le nombre 12 proposé : le quarré de $3\frac{6}{13}$ est $\frac{2025}{169}$, or 12 réduit à la même dénomination, fait $\frac{2028}{169}$; ainsi $3\frac{6}{13}$ est encore trop petit, tandis que $3\frac{7}{15}$ s'est trouvé trop grand.

127. On peut comprendre facilement que quelque fraction que l'on joigne à 3, le quarré de cette somme doit toujours contenir une fraction, et ne peut jamais devenir exactement égal au nombre entier 12. Ainsi, quoique nous sachions que la racine quarrée de 12 est plus grande que $3\frac{6}{13}$ et moindre que $3\frac{7}{15}$, nous sommes cependant forcés de convenir que nous ne sommes pas en état d'assigner une fraction intermédiaire entre ces deux-là, et telle en même temps qu'ajoutée à 3, elle exprime exac-

Tome I.   D

tement la racine quarrée de 12. Avec tout cela cependant on ne peut pas dire que la racine quarrée de 12 soit indéterminée par elle-même et inassignable ; il suit seulement de ce que nous avons rapporté, que cette racine, quoiqu'elle ait nécessairement une grandeur déterminée, ne saurait être exprimée par des fractions.

128. Il est donc une espèce de nombres qui ne sont aucunement assignables par des fractions, et qui sont cependant des quantités déterminées ; la racine quarrée de 12 nous en a offert un exemple. On nomme cette nouvelle espèce de nombres, des *nombres irrationnels ;* ils se présentent toutes les fois qu'on cherche la racine quarrée d'un nombre qui n'est pas un quarré. C'est ainsi que 2 n'étant pas un quarré parfait, la racine quarrée de 2, ou le nombre qui multiplié par lui-même, produit 2, est une quantité irrationnelle. On nomme aussi ces nombres des *quantités sourdes* ou *des incommensurables.*

129. Ces quantités irrationnelles, quoiqu'elles ne puissent pas s'exprimer par des fractions, sont cependant des grandeurs dont on peut se faire une idée juste. Car quelque cachée que nous paraisse, par exemple, la racine de 12, nous n'ignorons pas cependant que c'est un nombre qui, multiplié par lui-même, produit exactement 12 ; et cette propriété est suffisante pour nous donner une idée de ce nombre, d'autant qu'il dépend de nous d'approcher de plus en plus de sa valeur.

130. Comme on est suffisamment au fait de la signification des nombres irrationnels dont il est question, on est convenu d'un certain signe, pour indiquer les racines quarrées des nombres qui ne sont pas des quarrés parfaits. Ce signe a cette figure $\sqrt{\ }$, et se prononce ainsi : *racine quarrée.* Ainsi $\sqrt{12}$ signifie la racine quarrée de 12, ou le nombre qui multiplié par lui-même, fait 12. De même $\sqrt{2}$ indique la racine quarrée de 2 ; $\sqrt{3}$ celle de 3 ; $\sqrt{\frac{2}{3}}$ la racine quarrée de $\frac{2}{3}$; et en générale $\sqrt{a}$ indique la racine quarrée du nombre a. Toutes les fois qu'on voudra indiquer la racine quarrée d'un

nombre qui n'est pas un quarré, on n'aura qu'à se servir du signe $\sqrt{}$ mis en avant de ce nombre.

131. L'explication que nous avons donnée des nombres irrationnels, nous met aussitôt sur la voie pour appliquer à ces nombres les calculs usités. Car sachant, par exemple, que la racine quarrée de 2, multipliée par elle-même, doit produire 2; nous savons aussi que la multiplication de $\sqrt{2}$ par $\sqrt{2}$ doit produire nécessairement 2; que de même celle de $\sqrt{3}$ par $\sqrt{3}$ doit donner 3; que $\sqrt{5}$ par $\sqrt{5}$ fait 5; que $\sqrt{\frac{2}{3}}$ par $\sqrt{\frac{2}{3}}$ fait $\frac{2}{3}$; et que généralement $\sqrt{a}$ multiplié par $\sqrt{a}$ produit a.

132. Mais quand il s'agit de multiplier $\sqrt{a}$ par $\sqrt{b}$, le produit est $\sqrt{ab}$; parce que nous avons montré plus haut que si un quarré a des facteurs, sa racine doit être composée des racines de ces facteurs. C'est pourquoi l'on trouve la racine quarrée du produit ab, laquelle est $\sqrt{ab}$, en multipliant la racine quarrée de a ou $\sqrt{a}$, par la racine quarrée de b, ou par $\sqrt{b}$. Il est clair par là que si b était égal à a, on aurait $\sqrt{aa}$ pour le produit de $\sqrt{a}$ par $\sqrt{b}$. Or $\sqrt{aa}$ est évidemment a, parceque aa est le quarré de a.

133. S'il s'agit de la division, et qu'on ait $\sqrt{a}$, par exemple, à diviser par $\sqrt{b}$, on obtient $\sqrt{\frac{a}{b}}$; et il peut arriver ici que dans le quotient l'irrationnalité s'évanouisse. C'est ainsi qu'ayant à diviser $\sqrt{18}$ par $\sqrt{8}$, on obtient le quotient $\sqrt{\frac{18}{8}}$, lequel se réduit à $\sqrt{\frac{9}{4}}$, et parconséquent à $\frac{3}{2}$, parceque $\frac{9}{4}$ est le quarré de $\frac{3}{2}$.

134. Quand le nombre devant lequel on a mis le signe radical $\sqrt{}$, est lui-même un quarré, on en exprime la racine de la manière accoutumée. Ainsi $\sqrt{4}$ est autant que 2, $\sqrt{9}$ autant que 3, $\sqrt{36}$ autant que 6, et $\sqrt{12\frac{1}{4}}$ autant que $\frac{7}{2}$ ou $3\frac{1}{2}$. On voit que, dans ces cas, l'irrationnalité n'est qu'apparente, et qu'elle disparaît d'elle-même.

135. Il est facile aussi de multiplier nos nombres irrationnels par les nombres ordinaires. Par exemple, 2 multiplié par $\sqrt{5}$ fait $2\sqrt{5}$, et 3 fois $\sqrt{2}$ fait $3\sqrt{2}$. Dans ce second exemple

cependant comme 3 est autant que $\sqrt{9}$, on peut exprimer aussi 3 fois $\sqrt{2}$ par $\sqrt{9}$ multipliant $\sqrt{2}$, ou par $\sqrt{18}$. De même $2\sqrt{a}$ est autant que $\sqrt{4a}$, et $3\sqrt{a}$ autant que $\sqrt{9a}$. Et en général $b\sqrt{a}$ a la même valeur que la racine quarrée de bba ou $\sqrt{abb}$; d'où l'on infère réciproquement, que quand le nombre qui est précédé du signe radical contient un quarré, on peut prendre la racine de ce quarré et la mettre en avant du signe, comme on ferait en écrivant $b\sqrt{a}$ au lieu de $\sqrt{bba}$. On comprendra aisément d'après cela les réductions qui suivent :

$$
\left.\begin{array}{l}\sqrt{8}\\ \sqrt{12}\\ \sqrt{18}\\ \sqrt{24}\\ \sqrt{32}\\ \sqrt{75}\end{array}\right\} \text{ou} \left\{\begin{array}{l}\sqrt{2.4}\\ \sqrt{3.4}\\ \sqrt{2.9}\\ \sqrt{6.4}\\ \sqrt{2.16}\\ \sqrt{3.25}\end{array}\right\} \text{est autant que} \left\{\begin{array}{l}2\sqrt{2}\;;\\ 2\sqrt{3}\;;\\ 3\sqrt{2}\;;\\ 2\sqrt{6}\;;\\ 4\sqrt{2}\;;\\ 5\sqrt{3}.\end{array}\right.
$$

136. La division est fondée sur les mêmes principes. $\sqrt{a}$ divisé par $\sqrt{b}$, fait $\dfrac{\sqrt{a}}{\sqrt{b}}$ ou $\sqrt{\dfrac{a}{b}}$. Et pareillement

$$
\left.\begin{array}{l}\dfrac{\sqrt{8}}{\sqrt{2}}\\[2mm] \dfrac{\sqrt{18}}{\sqrt{2}}\\[2mm] \dfrac{\sqrt{12}}{\sqrt{3}}\end{array}\right\} \text{est autant que} \left\{\begin{array}{l}\sqrt{\tfrac{8}{2}}\\[1mm] \sqrt{\tfrac{18}{2}}\\[1mm] \sqrt{\tfrac{12}{3}}\end{array}\right\} \text{ou} \left\{\begin{array}{l}\sqrt{4}\\ \sqrt{9}\\ \sqrt{4}\end{array}\right\} \text{ou} \left\{\begin{array}{l}2\;;\\ 3\;;\\ 2,\end{array}\right.
$$

De plus

$$
\left.\begin{array}{l}\dfrac{2}{\sqrt{2}}\\[2mm] \dfrac{3}{\sqrt{3}}\\[2mm] \dfrac{12}{\sqrt{6}}\end{array}\right\} \text{est autant que} \left\{\begin{array}{l}\dfrac{\sqrt{4}}{\sqrt{2}}\\[1mm] \dfrac{\sqrt{9}}{\sqrt{3}}\\[1mm] \dfrac{\sqrt{144}}{\sqrt{6}}\end{array}\right\} \text{ou} \left\{\begin{array}{l}\sqrt{\tfrac{4}{2}}\\[1mm] \sqrt{\tfrac{9}{3}}\\[1mm] \sqrt{\tfrac{144}{6}}\end{array}\right\} \text{ou} \left\{\begin{array}{l}\sqrt{2}\;;\\ \sqrt{3}\;;\\ \sqrt{24}=\sqrt{6.4}=2\sqrt{6};\end{array}\right.
$$

et ainsi de suite.

137. Il n'y a rien à remarquer de particulier à l'égard de l'addition et de la soustraction, parcequ'on ne fait que lier les nombres par les signes $+$ et $-$. Par exemple, $\sqrt{2}$ ajouté à $\sqrt{3}$ s'écrit $\sqrt{2} + \sqrt{3}$; et $\sqrt{3}$ soustrait de $\sqrt{5}$ s'écrit $\sqrt{5} - \sqrt{3}$.

138. Enfin nous ferons observer que, par opposition à ces nombres irrationnels, on nomme les autres nombres, tant entiers que fractionnaires, des *nombres rationnels*.

Ainsi toutes les fois qu'on parle de nombres rationnels, on entend par là des nombres entiers, ou bien aussi des fractions.

CHAPITRE XIII.

Des Quantités impossibles ou imaginaires , qui dérivent de la même source.

139. Nous avons déjà vu plus haut que les quarrés des nombres tant positifs que négatifs , sont toujours positifs ou affectés du signe $+$; ayant fait observer que $-a$ multiplié par $-a$ fait $+aa$, tout comme le produit de $+a$ par $+a$. C'est pourquoi , dans le chapitre précédent , nous avons supposé que tous les nombres dont il s'agissait d'extraire les racines quarrées, étaient positifs.

140. Lors donc qu'on a à extraire la racine d'un nombre négatif, on ne peut que se trouver fort embarrassé , puisqu'il n'existe aucun nombre assignable dont le quarré soit un nombre négatif. Car proposez, par exemple, d'extraire la racine de -4, c'est demander un nombre tel que, multiplié par lui-même , le produit soit -4; or ce nombre cherché n'est ni $+2$ ni -2, parceque le quarré tant de $+2$ que de -2, est $+4$ et non pas -4.

141. Il faut donc conclure que la racine quarrée d'un nombre négatif, ne peut être ni un nombre positif, ni un nombre négatif, puisqu'aussi les quarrés des nombres négatifs prennent le signe *plus*. Parconséquent il faut que la racine en question appartienne à une espèce tout-à-fait particulière de nombres ; puisqu'elle ne peut être comptée ni parmi les nombres positifs , ni parmi les nombres négatifs.

142. Or nous avons remarqué plus haut que les nombres po-

sitifs sont tous plus grands que rien ou o, et que les nombres négatifs sont tous plus petits que rien ou o; de façon que tout ce qui surpasse o s'exprime par des nombres positifs, et que tout ce qui est moindre que o s'exprime par des nombres négatifs. Nous voyons donc que les racines quarrées de nombres négatifs ne sont ni plus grandes ni plus petites que rien. Cependant on ne peut pas dire qu'elles soient o; car o multiplié par o fait o, et parconséquent ne donne pas un nombre négatif.

143. Or puisque tous les nombres qu'il est possible de s'imaginer, sont ou plus grands ou plus petits que o, ou sont o meme, il est clair qu'on ne peut pas meme compter la racine quarrée d'un nombre négatif parmi les nombres possibles, il faut donc dire que c'est un nombre impossible. C'est de cette façon que nous sommes conduits à l'idée de nombres qui, par leur nature, sont impossibles. On nomme ordinairement ces nombres des *quantités imaginaires*, parcequ'elles existent purement dans l'imagination.

144. Toutes les expressions, comme $\sqrt{-1}$, $\sqrt{-2}$, $\sqrt{-3}$, $\sqrt{-4}$, etc. sont parconséquent des nombres impossibles ou imaginaires, puisqu'ils indiquent des racines de quantités négatives. Et c'est de pareils nombres qu'on soutient avec raison qu'ils ne sont ni rien, ni plus que rien, ni moins que rien; ce qui fait principalement qu'on est obligé de les déclarer impossibles.

145. Avec tout cela cependant ces nombres se présentent à l'esprit, ils ont lieu dans notre imagination, et nous ne laissons pas d'en avoir une idée suffisante; puisque nous savons que par $\sqrt{-4}$, par exemple, on entend un nombre qui, multiplié par lui-même, fait -4. C'est aussi pourquoi rien ne nous empêche d'appliquer le calcul à ces nombres imaginaires, et de les employer.

146. Notre première notion dans la matière que nous traitons, est que le quarré de $\sqrt{-3}$, par exemple, ou le produit de $\sqrt{-3}$ par $\sqrt{-3}$, est -3; que celui de $\sqrt{-1}$ par $\sqrt{-1}$, fait

—1 ; et en général qu'en multipliant $\sqrt{-a}$ par $\sqrt{-a}$, ou en prenant le quarré de $\sqrt{-a}$, on obtient —a.

147. Maintenant, comme —a signifie autant que $+a$ multiplié par —1, et que la racine quarrée d'un produit se trouve en multipliant ensemble les racines des facteurs, nécessairement la racine de a multipliée par —1, ou $\sqrt{-a}$, est autant que $\sqrt{a}$ multipliée par $\sqrt{-1}$. Or $\sqrt{a}$ est un nombre possible ou réel, parconséquent ce qu'il y a d'impossible dans une quantité imaginaire, peut toujours se réduire à $\sqrt{-1}$. Par cette raison donc $\sqrt{-4}$ est autant que $\sqrt{4}$ multipliée par $\sqrt{-1}$, et autant que $2\sqrt{-1}$, à cause de $\sqrt{4}$ égal à 2. Par la même raison $\sqrt{-9}$ se réduit à $\sqrt{9}.\sqrt{-1}$, ou à $3\sqrt{-1}$; et $\sqrt{-16}$ signifie $4\sqrt{-1}$.

148. De plus, comme $\sqrt{a}$ multipliée par $\sqrt{b}$ fait $\sqrt{ab}$, l'on aura —$\sqrt{6}$ pour la valeur de $\sqrt{-2}$ multipliée par $\sqrt{-3}$; et —$\sqrt{4}$ ou —2, pour la valeur du produit de $\sqrt{-1}$ par $\sqrt{-4}$. On voit donc que deux nombres imaginaires, multipliés l'un par l'autre, en produisent un réel ou possible.

Mais au contraire un nombre possible multiplié par un nombre impossible, donne toujours de l'imaginaire : $\sqrt{-3}$ par $\sqrt{+5}$ fait $\sqrt{-15}$.

149. Il en est de même à l'égard de la division ; car $\sqrt{a}$ divisé par $\sqrt{b}$ faisant $\sqrt{\dfrac{a}{b}}$, il est clair que $\sqrt{-4}$ divisé par $\sqrt{-1}$ fera $\sqrt{+4}$ ou 2 ; que $\sqrt{-3}$ divisé par $\sqrt{+3}$ fera $\sqrt{-1}$; et que 1 divisé par $\sqrt{-1}$ donne $\dfrac{1}{\sqrt{-1}}$, ou $\dfrac{\sqrt{1}}{\sqrt{-1}}$, ou $\dfrac{\sqrt{1}.\sqrt{-1}}{-1}$, ou enfin —$\sqrt{-1}$, parceque 1 est autant que $\sqrt{+1}$.

150. Nous avons observé plus haut que la racine quarrée d'un nombre quelconque a toujours deux valeurs, l'une positive, et l'autre négative ; que $\sqrt{4}$, par exemple, est également $+2$ et —2, et qu'en général on peut adopter —$\sqrt{a}$ comme $+\sqrt{a}$ pour la racine quarrée de a. Cette remarque a lieu aussi, quand il s'agit de nombres imaginaires : la racine quarrée de —a est éga-

lement $+\sqrt{-a}$ et $-\sqrt{-a}$; mais il faut se garder de confondre les signes $+$ et $-$ qui sont devant le signe radical $\sqrt{}$, et le signe qui ne vient qu'après le signe radical $\sqrt{}$.

151. Il nous reste enfin à lever le doute qu'on pourrait avoir sur l'utilité des nombres dont nous venons de parler ; car en effet ces nombres étant impossibles, il ne serait pas étonnant qu'on les crût tout-à-fait inutiles et l'objet seulement d'une vaine spéculation. On se tromperait cependant ; le calcul des imaginaires est de la plus grande importance ; souvent il se présente des questions desquelles on ne saurait dire sur-le-champ si elles renferment quelque chose de réel et de possible ou non. Or quand la solution d'une pareille question nous conduit à des nombres imaginaires, nous sommes certains que ce qu'on demande est impossible.

Afin d'éclaircir ce que nous venons de dire par un exemple, supposons qu'on propose la question de diviser le nombre 12 en deux parties, telles que le produit de ces parties fasse 40. Si l'on résout cette question par les règles ordinaires, on trouve pour les parties cherchées $6+\sqrt{-4}$ et $6-\sqrt{-4}$; mais ces nombres sont imaginaires : on conclut donc par cela même qu'il est impossible de résoudre la question.

On saisira facilement la différence, en supposant que la question ait été de diviser 12 en deux parties qui, multipliées ensemble, fassent 35 ; car il est évident que ces parties sont 7 et 5.

CHAPITRE XIV.

Des nombres Cubiques.

QUAND un nombre a été multiplié deux fois par lui-même, ou qu'il est trois fois facteur dans le produit, ou, ce qui revient au même, que le quarré d'un nombre a été multiplié encore une fois par ce nombre, on a un produit qui se nomme un *cube* ou un *nombre cubique*. C'est ainsi que le cube de a est aaa, vu que c'est ce qu'on obtient en multipliant a par soi-même, ou par a, et ensuite ce quarré aa encore par a.

On voit par là que les cubes des nombres naturels doivent se suivre dans l'ordre que voici :

Nombres	1	2	3	4	5	6	7	8	9	10
Cubes	1	8	27	64	125	216	343	512	729	1000

153. Si nous considérons les différences de ces nombres cubiques, comme nous l'avons fait pour les quarrés, en soustrayant chaque cube de celui qui le suit, nous obtenons la suite de nombres que voici :

$$7, \ 19 \ 37, \ 61, \ 91, \ 127, \ 169, \ 217, \ 271 ;$$

nous ne remarquons d'abord aucune régularité dans cette suite ; mais si nous prenons les différences de ces nombres, nous voyons se former la série suivante :

$$12, \ 18, \ 24, \ 30, \ 36, \ 42, \ 48, \ 54 ;$$

dans laquelle les termes augmentent toujours évidemment de 6

154. Après la définition que nous avons donnée du cube, il ne sera pas difficile de trouver les cubes des nombres fractionnaires ; on verra que $\frac{1}{8}$ est le cube de $\frac{1}{2}$; que $\frac{1}{27}$ est le cube de $\frac{1}{3}$, et et que $\frac{8}{27}$ est celui de $\frac{2}{3}$. En effet on n'a qu'à prendre séparément le cube du numérateur et celui du dénominateur, on aura $\frac{27}{64}$ pour le cube de la fraction $\frac{3}{4}$.

155. Si c'est d'un nombre mixte qu'il s'agit de trouver le cube, il faut d'abord le réduire en une seule fraction, et procéder ensuite comme il a été dit. Pour trouver, par exemple, le cube de $1\frac{1}{2}$, il faut prendre celui de $\frac{3}{2}$, qui est $\frac{27}{8}$, ou 3 et $\frac{3}{8}$. De même le cube de $1\frac{1}{4}$, ou de la fraction seule $\frac{5}{4}$, est $\frac{125}{64}$ ou 1 et $\frac{61}{64}$, et le cube de $3\frac{1}{4}$ ou de $\frac{13}{4}$ est $\frac{2197}{64}$, ou $34\frac{21}{64}$.

156. Puisque aaa est le cube de a, celui du nombre ab sera $aaabbb$; d'où l'on voit que si un nombre a deux ou plusieurs facteurs, on peut trouver son cube en multipliant ensemble les cubes de ces facteurs. Par exemple, comme 12 est autant que 3.4, on multiplie le cube de 3, qui est 27, par le cube de 4 qui est 64, et on obtient 1728, cube de 12. On voit de plus que le cube de $2a$ est $8aaa$, et parconséquent 8 fois plus grand que le cube de a ; et de même, que le cube de $3a$ est $27aaa$, c'est-à-dire qu'il est 27 fois plus grand que le cube de a.

157. Faisons attention aussi aux signes $+$ et $-$. Il est clair d'abord que le cube d'un nombre positif $+a$, ne peut qu'être positif de même, c'est-à-dire $+aaa$. Mais s'il s'agit de prendre le cube d'un nombre négatif $-a$, on verra qu'en prenant d'abord le quarré, lequel est $+aa$, et multipliant ensuite, selon la règle, ce quarré par $-a$, le cube cherché devient $-aaa$. Il n'en est donc pas, à cet égard, des nombres cubiques comme des nombres quarrés, puisque ceux-ci se trouvent toujours positifs. Le cube de -1 est -1, celui de -2 est -8, celui de -3 est -27, et ainsi de suite.

CHAPITRE XV.

Des Racines cubiques et des Nombres irration-
nels qui en dérivent.

158. De même qu'on peut, comme on a vu, trouver le cube d'un nombre donné , on peut réciproquement aussi , étant donné un nombre quelconque, trouver le nombre qui, multiplié deux fois par lui-même , produit le nombre proposé. Ce nombre cherché s'appelle relativement à l'autre, *la racine cubique.* Ainsi la racine cubique d'un nombre donné est le nombre dont le cube est égal à ce nombre donné.

159. Il est donc facile de déterminer la racine cubique, quand le nombre proposé est réellement un cube , comme nous en avons vu des exemples dans le chapitre précédent. On sait bien que la racine cubique de 1 est 1 ; que celle de 8 est 2 ; que celle de 27 est 3 ; que celle de 64 est 4 , et ainsi de suite. Et pareillement que la racine cubique de —27 est —3 ; et que celle de —125 est —5.

De plus, que si le nombre proposé est rompu , comme $\frac{8}{27}$, la racine cubique doit être $\frac{2}{3}$; et que celle de $\frac{64}{343}$ est $\frac{4}{7}$. Enfin , que la racine cubique d'un nombre mixte $2\frac{10}{27}$ doit être $\frac{4}{3}$ ou $1\frac{1}{3}$; parceque $2\frac{10}{17}$ est autant que $\frac{64}{27}$.

160. Mais si le nombre proposé n'est pas réellement un cube , sa racine cubique ne pourra pas non plus s'exprimer ni en nombre entier ni en nombre fractionnaire. Par exemple , 43 n'est pas un nombre cubique ; je dis donc qu'il est impossible d'assigner un nombre , soit entier soit fractionnaire , dont le cube fasse exactement 43. Ce qu'on peut assurer cependant, c'est que la racine cubique de ce nombre est plus grande que 3 , vu que le

cube de 3 ne fait que 27, et que cette racine est plus petite que
4, parceque le cube de 4 est 64. Nous savons donc que la racine
cubique cherchée est nécessairement contenue entre les nombres
3 et 4.

161. Si l'on veut donc, puisque la racine cubique de 43 surpasse 3, ajouter à 3 une fraction ; il est sûr qu'on pourra de plus
en plus approcher de la vraie valeur de cette racine ; mais on ne
pourra cependant jamais assigner un nombre qui exprime exactement cette valeur ; parceque le cube d'un nombre mixte ne
peut jamais être parfaitement égal à un nombre entier, tel qu'est
43. Si l'on supposait, par exemple, que $3\frac{1}{2}$ ou $\frac{7}{2}$ fût la racine cubique cherchée de 43, on se tromperait de $\frac{1}{8}$; car le cube de $\frac{7}{2}$
ne fait que $\frac{343}{8}$ ou $42\frac{7}{8}$.

162. Il est donc clair par là que la racine cubique de 43 ne
peut en aucune manière s'exprimer soit par des nombres entiers,
soit par des fractions. Cependant on a une idée distincte de la
grandeur de cette racine ; cela engage à se servir, pour l'indiquer, du signe $\sqrt[3]{}$, qu'on écrit en avant du nombre proposé, et
qu'on prononce *racine cubique*, afin de la distinguer de la racine
quarrée, qu'on nomme simplement racine. Ainsi $\sqrt[3]{43}$ signifie
la racine cubique de 43, c'est-à-dire, le nombre dont le cube
est 43, ou qui multiplié deux fois par lui-même ; fait 43.

163. Il est clair aussi que de telles expressions ne peuvent appartenir aux quantités rationnelles, et qu'elles constituent plutôt
une espèce particulière de quantités irrationnelles. Elles n'ont
même rien de commun avec les racines quarrées, et il n'est pas
possible d'exprimer une telle racine cubique par une racine
quarrée, comme par exemple par $\sqrt{12}$; car le quarré de $\sqrt{12}$
étant 12, son cube sera $12\sqrt{12}$, parconséquent encore irrationnel et tel qu'il ne peut être égal à 43.

164. Que si le nombre proposé est effectivement un cube, nos
expressions deviennent rationnelles : $\sqrt[3]{1}$ est autant que 1 ;

$\sqrt[3]{8}$ est autant que 2 ; $\sqrt[3]{27}$ autant que 3; et en général $\sqrt[3]{aaa}$ est autant que a

165. S'il est question de multiplier une racine cubique comme $\sqrt[3]{a}$ par une autre telle que $\sqrt[3]{b}$, le produit doit être $\sqrt[3]{ab}$; car nous savons que la racine cubique d'un produit ab se trouve en multipliant ensemble les racines cubiques des facteurs. On voit par cela meme que s'il s'agissait de la division de $\sqrt[3]{a}$ par $\sqrt[3]{b}$, le quotient serait $\sqrt[3]{\dfrac{a}{b}}$.

166. On comprend aussi que $2\sqrt[3]{a}$ est autant que $\sqrt[3]{8a}$, parceque 2 équivaut à $\sqrt[3]{8}$; que $3\sqrt[3]{a}$ est autant que $\sqrt[3]{27a}$, et $b\sqrt[3]{a}$ autant que $\sqrt[3]{abbb}$. Ainsi réciproquement, si le nombre qui suit le signe radical a un facteur qui soit un cube, on peut le faire disparaître en mettant sa racine cubique devant le signe. Par exemple, au lieu de $\sqrt[3]{64a}$ on peut écrire $4\sqrt[3]{a}$; et $5\sqrt[3]{a}$ au lieu de $\sqrt[3]{125a}$. Il suit de là que $\sqrt[3]{16}$ est autant que $2\sqrt[3]{2}$, parceque 16 est autant que 8.2.

167. Quand un nombre proposé est négatif, sa racine cubique n'est pas sujette aux difficultés que nous avons rencontrées en traitant des racines quarrées. Car puisque les cubes de nombres négatifs sont négatifs, réciproquement aussi les racines cubiques de nombres négatifs, sont négatives. Ainsi $\sqrt[3]{-8}$ signifie -2, et $\sqrt[3]{-27}$, est autant que -3. Donc aussi $\sqrt[3]{-12}$ est la même chose que $-\sqrt[3]{12}$, et $\sqrt[3]{-a}$ peut s'exprimer par $-\sqrt[3]{a}$. D'où l'on voit que le signe —, s'il se trouve en avant du signe de la racine cubique, peut se mettre sous ce signe et reciproquement. Nous ne sommes donc pas conduits ici à des nombres impossibles ou imaginaires, comme cela nous est arrivé en considérant les racines quarrées des nombres négatifs.

CHAPITRE XVI.

Des Puissances en général.

168. Le produit qu'on obtient en multipliant un nombre plusieurs fois par lui-même, se nomme *une puissance*. Ainsi un quarré qui provient de la multiplication d'un nombre par lui-même, et un cube qu'on obtient en multipliant un nombre deux fois par lui-même, sont des puissances. On dit aussi dans le premier cas, que le nombre est élevé au second degré, ou à la seconde puissance; et dans l'autre cas, que le nombre est élevé au troisième degré ou à la troisième puissance.

169. C'est qu'on distingue ces puissances l'une de l'autre par le nombre de fois que le nombre proposé est facteur dans le produit. Par exemple, un quarré se nomme la seconde puissance, parcequ'un certain nombre donné a été pris deux fois en facteur; si un nombre a été multiplié deux fois par lui-même, ou s'il est trois fois facteur, on nomme le produit la troisième puissance, laquelle signifie donc la même chose qu'un cube. Multipliez un nombre trois fois par lui-même, vous aurez sa quatrième puissance, ou bien ce qu'on nomme communément *le quarré-quarré* ou *le bi-quarré*; et il n'est pas difficile à présent de comprendre ce qu'on entend par la cinquième, sixième, septième, etc. puissance d'un nombre. J'ajoute seulement que ces puissances cessent après le quatrième degré d'avoir d'autres noms particuliers.

170. Pour éclaircir tout cela encore mieux, nous remarquerons d'abord que les puissances de 1 restent constamment les mêmes; parceque, quelque nombre de fois qu'on multiplie ce

nombre 1 par lui-même, le produit se trouve toujours être 1.
Nous commencerons donc ici par indiquer les puissances de 2 et
de 3. Voici l'ordre qu'elles suivent.

Puissances	du nombre 2,	du nombre 3.
1	2	3
2	4	9
3	8	27
4	16	81
5	32	243
6	64	729
7	128	2187
8	256	6561
9	512	19683
10	1024	59049
11	2048	177147
12	4096	531441
13	8192	1594323
14	16384	4782969
15	32768	14348907
16	65536	43046721
17	131072	129140163
18	262144	387420489

Mais ce sont surtout les puissances du nombre 10 qui sont remarquables; car sur ces puissances se fonde toute notre arithmétique. En voici quelques-unes rangées par ordre, en commençant par la première puissance :

$$1^{ere} \quad 2^{me} \quad 3^{me} \quad 4^{me} \quad 5^{me} \quad 6^{me}.$$

$$10, \ 100, \ 1000, \ 10000, \ 100000, \ 1000000, \ \text{etc.}$$

171. Si l'on veut maintenant envisager la chose d'une manière plus générale, on verra que les puissances d'un nombre
quelconque a se suivent dans cet ordre :

$$1^{re} \quad 2^{me} \quad 3^{me} \quad 4^{me} \quad 5^{me} \quad 6^{me}.$$

$$aa, \ aa, \ aaa, \ aaaa, \ aaaaa, \ aaaaaa, \ \text{etc.}$$

Mais

Mais on ne tardera pas à s'appercevoir de l'inconvénient qui accompagne cette façon d'écrire les puissances , et qui consiste en ce qu'il faudrait, pour exprimer de grandes puissances, écrire la même lettre très-souvent; le lecteur même n'aurait pas moins de peine, s'il était obligé de compter toutes ces lettres pour savoir quelle puissance on a voulu indiquer. La centième puissance , par exemple, ne s'écrirait pas commodément de cette façon-là , et il serait encore plus difficile de la reconnaître.

172. Afin d'éviter cet inconvénient, on a imaginé un moyen bien plus commode d'exprimer de telles puissances, et qui mérite , à cause de son usage étendu , d'être expliqué soigneusement : savoir , pour exprimer , par exemple, la centième puissance, on écrit simplement le nombre 100 au-dessus de celui dont on veut exprimer la centième puissance, et un peu vers la droite. Ainsi a^{100}, qui signifie a élevé à 100 , indique la centième puissance de a. Il ne faut pas oublier qu'on donne le nom d'*exposant* au nombre écrit au-dessus de celui dont il indique la puissance ou le degré, et qui est 100 dans le cas que nous avons supposé.

173. D'après cette convention , a^2 signifie donc a élevé à 2 , ou la seconde puissance de a , ce qu'on indique aussi quelquefois par aa, parceque ces deux expressions s'écrivent et se comprennent avec la même facilité. Mais déjà, pour exprimer le cube ou la troisième puissance aaa , on écrit a^3 conformément à la nouvelle règle, afin de gagner de la place. De même a^4 signifie la quatrième , a^5 la cinquième, et a^6 la sixième puissance de a.

174. En un mot toutes les puissances de a se représenteront par

$$a, \ a^2, \ a^3, \ a^4, \ a^5, \ a^6, \ a^7, \ a^8, \ a^9, \ a^{10}, \ \text{etc.}$$

d'où l'on voit que, suivant cette notation, on aurait très-bien pu écrire a^1 au lieu de a pour le premier terme de la série, afin d'en mieux faire appercevoir l'ordre. En effet a^1 n'est autre chose que a, vu que cette unité indique que la lettre a ne doit s'écrire qu'une fois. Une pareille suite de puissances se nomme aussi une progression géométrique, parceque chaque terme est égal au précédent multiplié par le facteur constant a.

175. Comme dans cette même suite de puissances, chaque terme se trouve en multipliant par a celui qui le précède, ce qui augmente l'exposant de 1, on peut aussi, au moyen d'un terme donné, trouver celui qui le précède, en divisant par a, parceque c'est diminuer l'exposant d'une unité. Cela nous apprend que le terme qui précède le premier terme a^1, doit être nécessairement $\dfrac{a}{a}$ ou 1; or de la loi des exposans on conclura sans peine que ce terme qui précède le premier, doit être a^0. On peut donc déduire de là la propriété remarquable que a^0 est constamment égal à 1, quelque valeur, grande ou petite, qu'ait le nombre a, et même quand a n'est rien, c'est-à-dire que même 0^0 fait 1.

176. Nous pouvons continuer encore notre suite de puissances en rétrogradant, et même de deux manières différentes : l'une en divisant toujours par a; l'autre en diminuant l'exposant d'une unité. Et nous ne pouvons douter que suivant l'une ou l'autre façon, les termes ne soient parfaitement égaux. Nous allons présenter cette série rétrograde sous l'une et l'autre forme, en avertissant que c'est aussi à rebours, c'est-à-dire, en allant de la droite vers la gauche, que l'on doit la lire.

$\dfrac{1}{aaaaaa}$	$\dfrac{1}{aaaaa}$	$\dfrac{1}{aaaa}$	$\dfrac{1}{aaa}$	$\dfrac{1}{aa}$	$\dfrac{1}{a}$	1	a
1°. $\dfrac{1}{a^6}$	$\dfrac{1}{a^5}$	$\dfrac{1}{a^4}$	$\dfrac{1}{a^3}$	$\dfrac{1}{a^2}$	$\dfrac{1}{a^1}$		
2°. a^{-6}	a^{-5}	a^{-4}	a^{-3}	a^{-2}	a^{-1}	a^0	a^1

177. Nous voici parvenus à connaître des puissances dont les exposans sont négatifs, et à pouvoir assigner exactement les

valeurs de ces puissances. Nous résumerons ce qui précède, dans le tableau suivant ,

$$
\left.\begin{array}{l}
a^0 \\[4pt]
a^{-1} \\[4pt]
a^{-2} \\[4pt]
a^{-3} \\[4pt]
a^{-4}
\end{array}\right\} \text{est autant que} \left\{\begin{array}{l}
1 \,; \\[4pt]
\dfrac{1}{a}\,; \\[4pt]
\dfrac{1}{aa} \text{ ou } \dfrac{1}{a^2}\,; \\[4pt]
\dfrac{1}{a^3} \\[4pt]
\dfrac{1}{a^4}
\end{array}\right.
$$

et ainsi de suite.

178. Il est clair aussi par ce qu'on vient de dire, que les puissances successives , entières et positives de ab , seront

$$a^1 b^1,\ a^2 b^2,\ a^3 b^3,\ a^4 b^4,\ a^5 b^5,\ \text{etc.}$$

Et on trouvera de même les puissances des fractions : par exemple , celles de $\dfrac{a}{b}$ sont

$$\frac{a^1}{b^1},\ \frac{a^2}{b^2},\ \frac{a^3}{b^3};\ \frac{a^4}{b^4},\ \frac{a^5}{b^5},\ \frac{a^6}{b^6},\ \frac{a^7}{b^7}, \text{etc.}$$

179. Enfin nous avons à considérer aussi les puissances des nombres négatifs. Or supposons donné le nombre $-a$; ses puissances se suivront dans cet ordre :

$$-a,\ +aa,\ -a^3,\ +a^4,\ -a^5,\ +a^6, \text{etc.}$$

On voit donc qu'il n'y a que les puissances dont les exposans sont des nombres impairs , qui deviennent négatives, et qu'au contraire toutes les puissances qui ont un nombre pair pour exposant , sont positives. En effet les puissances troisième, cinquième , septième , neuvième , etc. ont toutes le signe— ; et les puissances seconde , quatrième , sixième , huitième , etc. sont affectées du signe +.

CHAPITRE XVII.

Du calcul des Puissances.

180. Nous n'avons rien à observer de particulier par rapport à l'addition et à la soustraction des puissances ; car on ne fait qu'indiquer ces opérations moyennant les signes $+$ et $-$, quand les puissances sont différentes entr'elles. Par exemple, $a^2 + a^3$ est la somme de la seconde et de la troisième puissance de a ; et $a^5 - a^4$ est ce qui reste en soustrayant la quatrième puissance de a de la cinquième ; et l'on ne peut indiquer plus briévement ni l'un ni l'autre résultat. Que s'il s'agit de puissances de la même espèce ou du même degré, il est clair qu'il n'est pas nécessaire de les lier par des signes : $a^3 + a^3$ fait $2a^3$, etc.

181. Mais la multiplication des puissances exige qu'on fasse attention à différentes choses.

D'abord quand il s'agit de multiplier par a une puissance quelconque de a, on obtient la puissance suivante, c'est-à-dire celle dont l'exposant est d'une unité plus grand. Ainsi a^2 multiplié par a, fait a^3 ; et a^3 multiplié par a, fait a^4. Et de même, quand il s'agit de multiplier par a les puissances de ce nombre, qui ont des exposans négatifs, on ne fait qu'ajouter 1 à l'exposant. Ainsi a^{-1} multiplié par a, produit a^0 ou 1 ; ce qui est d'autant plus évident que a^{-1} est égal à $\frac{1}{a}$, et que le produit de a par $\frac{1}{a}$ étant $\frac{a}{a}$, il est par conséquent égal à 1. Par des raisons semblables a^{-2} multiplié par a, fait a^{-1} ou $\frac{1}{a}$; et a^{-3} multiplié par a, donne a^{-2}, et ainsi de suite.

182. Ensuite, s'il est question de multiplier une puissance de a par aa ou par la deuxième puissance, je dis que l'exposant devient plus grand de 2. Ainsi le produit de a^2 par a^2 est a^4; celui de a^2 par a^3 est a^5; celui de a^4 par a^2 est a^6 ; et plus généralement encore, a^n multiplié par a^2 fait a^{n+2}. Pour ce qui est dés exposans négatifs, on aura a^1 ou a pour le produit de a^{-1} par a^2; car a^{-1} étant égal à $\frac{1}{a}$, c'est comme si l'on avait à diviser aa par a; parconséquent le produit cherché est $\frac{aa}{a}$ ou a. De même a^{-2} multiplié par a^2, fait a^0 ou 1 ; et a^{-3} multiplié par a^2, fait a^{-1}.

183. Il n'est pas moins évident que, pour multiplier une puissance quelconque de a par a^3, il faut en augmenter l'exposant de trois unités; et que, parconséquent, le produit de a^n par a^3 est a^{n+3}. Toutes les fois donc qu'il s'agit de multiplier ensemble deux puissances de a, on voit que le produit sera de même une puissance de a, et tel que son exposant sera la somme de ceux des deux puissances données. Par exemple, a^4 multiplié par a^9 fera a^{13}, et a^{12} multiplié par a^7 fera a^{19}, etc.

184. En partant de là, on peut déterminer assez facilement des puissances très-élevées. Pour trouver, par exemple, la vingt-quatrième puissance de 2, je multiplie la douzième puissance par la douzième puissance, parceque 2^{24} est autant que 2^{12} multiplié par 2^{12}. Or nous avons vu plus haut que 2^{12} fait 4096 ; je dis donc que c'est le nombre 16777216, ou le produit de 4096, qui exprime la puissance cherchée 2^{24}.

185. Passons à la division. Nous remarquerons, en premier lieu, que pour diviser une puissance de a par a, il faut soustraire 1 de l'exposant, ou le diminuer de l'unité. Ainsi a^5 divisé par a, fait a^4; a^0 ou 1 divisé par a est autant que a^{-1} ou $\frac{1}{a}$; a^{-3} divisé par a, fait a^{-4}.

186. Si c'est par a^2 qu'il faut diviser une puissance donnée de a, il faudra diminuer l'exposant de 2 ; et si c'est par a^3, il faut soustraire trois unités de l'exposant de la puissance proposée. Ainsi, en général, quelque puissance de a que ce soit qu'il s'agisse de diviser par une autre puissance quelconque de a, la règle est toujours de soustraire l'exposant de la seconde de l'exposant de la première de ces puissances. C'est ainsi que a^{15} divisé par a^7, donnera a^8 ; que a^6 divisé par a^7, donnera a^{-1} ; et que a^{-3} divisé par a^4, donnera a^{-7}.

187. Par ce que nous avons dit plus haut, il est facile de comprendre comment on doit trouver les puissances des puissances, et de voir que cela se fait par la multiplication. Quand on cherche, par exemple, le quarré ou la seconde puissance de a^3, on trouve a^6 ; et de la même manière on trouve a^{12} pour la troisième puissance, ou le cube de a^4 ; on voit que pour prendre le quarré d'une puissance, il n'y a qu'à doubler son exposant ; que pour en prendre le cube, il faut tripler cet exposant, et ainsi de suite. Le quarré de a^n est a^{2n} ; le cube de a^n est a^{3n} ; la septième puissance de a^n est a^{7n}, etc.

188. Le quarré de a^2, ou le quarré du quarré de a étant a^4, on voit pourquoi on nomme la quatrième puissance, le *bi-quarré* ou le *quarré-quarré*.

Le quarré de a^3 est a^6, c'est ce qui a fait donner à la sixième puissance le nom de *quarré-cube*.

Enfin le cube de a^3 étant a^9, on appelle les neuvièmes puissances *cubes-cubes*. On n'a pas introduit d'autres dénominations de cette espèce pour les puissances, et même les deux dernières ne sont pas fort en usage.

CHAPITRE XVIII.

Des Racines relativement à toutes les Puissances en général.

189. De ce que la racine quarrée d'un nombre donné est un nombre tel que son quarré est égal à ce nombre donné, et que la racine cubique d'un nombre donné est un nombre tel que son cube est égal à ce nombre donné ; il suit qu'étant donné un nombre quelconque, on peut toujours en indiquer des racines telles que leur quatrième ou leur cinquième puissance, ou quelqu'autre à volonté, soit égale au nombre donné. Afin de distinguer mieux ces différentes espèces de racines, nous nommerons la racine quarrée, *racine deuxième ;* la racine cubique, *racine troisième ;* parceque, d'après cette dénomination, on peut nommer *racine quatrième*, celle dont le quarré-quarré est égal à un nombre donné ; et *racine cinquième*, celle dont la cinquième puissance est égale à un nombre donné , etc.

190. De même que la racine quarrée ou deuxième s'indique par le signe $\sqrt{\ }$, et la racine cubique ou troisième, par le signe $\sqrt[3]{\ }$, on représente la racine quatrième par le signe $\sqrt[4]{\ }$; la racine cinquième par le signe $\sqrt[5]{\ }$ et ainsi de suite. Il est clair que, suivant cette notation, le signe de la racine quarrée devrait être $\sqrt[2]{\ }$. Mais comme de toutes les racines, c'est celle-ci qui se présente le plus souvent, on est convenu, pour abréger, d'omettre le nombre 2 du signe de cette racine. Ainsi, quand dans un signe radical il ne se trouve pas de nombre, il faut toujours supposer que c'est la racine quarrée qu'on a voulu indiquer.

4

191. Nous allons , pour nous expliquer encore mieux , mettre sous les yeux les différentes racines du nombre a, avec leurs
significations.

$$
\left.\begin{array}{l}\sqrt{a}\\ \sqrt[3]{a}\\ \sqrt[4]{a}\\ \sqrt[5]{a}\\ \sqrt[6]{a}\end{array}\right\}\ \text{est la}\ \left\{\begin{array}{l}2^{me}\\ 3^{me}\\ 4^{me}\\ 5^{me}\\ 6^{me}\end{array}\right\}\ \text{racine de}\ \left\{\begin{array}{l}a,\\ a,\\ a,\\ a,\\ a,\end{array}\right.
$$

et ainsi de suite.

De sorte que , réciproquement ,

$$
\text{la}\ \left\{\begin{array}{l}2^{me}\\ 3^{me}\\ 4^{me}\\ 5^{me}\\ 6^{me}\end{array}\right\}\text{puissance de}\left\{\begin{array}{l}\sqrt{a}\\ \sqrt[3]{a}\\ \sqrt[4]{a}\\ \sqrt[5]{a}\\ \sqrt[6]{a}\end{array}\right\}\ \text{est égale à}\ \left\{\begin{array}{l}a,\\ a,\\ a,\\ a,\\ a,\end{array}\right.
$$

et ainsi de suite.

192. Que le nombre a soit donc grand ou petit , on comprend
quel sens on doit attacher à toutes ces racines de différens
degrés.

Il faut remarquer aussi que si l'on prend pour a l'unité ,
toutes ces racines restent constamment 1 , parceque toutes les
puissances de 1 ont pour valeur l'unité. Que si le nombre a est
plus grand que 1 , toutes ses racines aussi surpasseront l'unité.
Enfin, que si ce nombre est plus petit que 1 , toutes ses racines
aussi seront moindres que l'unité.

193. Quand le nombre a est positif, on comprend , par ce
qui a été dit plus haut des racines quarrées et cubiques, que
toutes les autres racines aussi pourront être indiquées réellement , et seront des nombres réels et possibles.

Mais si le nombre a est négatif, il faut que ses racines deuxième, quatrième, sixième, et en général toutes celles d'un degré pair, deviennent des nombres impossibles ou imaginaires; parceque toutes les puissances d'un degré pair, tant des nombres positifs que des nombres négatifs, sont toujours affectées du signe *plus*. Au lieu que les racines troisième, cinquième, septième, et, en général, toutes les racines impaires, deviennent négatives, mais rationnelles; parceque les puissances impaires de nombres négatifs, sont aussi négatives.

194. **Enfin** nous avons là aussi une source inépuisable de nouvelles espèces de quantités *sourdes ou irrationnelles;* car toutes les fois que le nombre a n'est pas réellement une puissance telle que le signe radical en indique une, ou semble en acquérir une, il est impossible d'exprimer cette racine soit en nombres entiers, soit par des fractions, et parconséquent cette racine doit alors être rangée dans la classe des nombres qu'on nomme *irrationnels.*

CHAPITRE XIX.

De la manière d'indiquer les Nombres irrationnels par des exposans fractionnaires.

195. Nous venons de faire voir dans le chapitre précédent, que le quarré d'une puissance quelconque se trouve en doublant l'exposant de cette puissance, et qu'en général le quarré ou la seconde puissance de a^n est a^{2n}. De la résulte cette inverse : savoir, que la racine quarrée de la puissance a^{2n} est a^n, et qu'on la trouve en prenant la moitié de l'exposant de cette puissance, ou en divisant cet exposant par 2.

196. Ainsi la racine quarrée de a^2 est a^1 ; celle de a^4 est a^2 ; celle de a^6 est a^3 ; et ainsi de suite. Et comme c'est là une vérité générale, on voit que la racine quarrée de a^3 doit nécessairement être $a^{\frac{3}{2}}$, et que celle de a^5 est $a^{\frac{5}{2}}$. Parconséquent on aura de même $a^{\frac{1}{2}}$ pour la racine quarrée de a^1 ; d'où l'on voit que $a^{\frac{1}{2}}$ est autant que $\sqrt{a}$; et cette nouvelle manière d'indiquer la racine quarrée, demande qu'on y fasse attention.

197. Nous avons montré aussi que, pour trouver le cube d'une puissance comme a^n, il fallait multiplier son exposant par 3, et que parconséquent ce cube était a^{3n}.

Ainsi quand il s'agit de trouver, en rétrogradant, la racine troisième, ou cubique, de la puissance a^{3n}, ou ne fait que diviser cet exposant par 3, et on conclut que la racine cherchée est a^n. Par conséquent a^1, ou a, est la racine cubique de a^3 ; a^2 est celle de a^6 ; a^3 est celle de a^9, et ainsi de suite.

198. Rien n'empêche d'appliquer ces principes aux cas où l'ex-

posant ne serait pas divisible par 3, et de conclure que la racine cubique de a^2 est $a^{\frac{2}{3}}$, et que celle de a^4 est $a^{\frac{4}{3}}$ ou $a^{1+\frac{1}{3}}$. Parconséquent aussi la racine 3me, ou cubique, de a, ou bien de a^1, doit être $a^{\frac{1}{3}}$. D'où l'on voit que $a^{\frac{1}{3}}$ est la même chose que $\sqrt[3]{a}$.

199. Il en est de même des racines d'un degré plus élevé. La racine quatrième de a sera $a^{\frac{1}{4}}$, laquelle expression a donc même signification que $\sqrt[4]{a}$. La racine cinquième de a sera $a^{\frac{1}{5}}$, ce qui est parconséquent l'équivalent de $\sqrt[5]{a}$; et ces vérités s'étendent sans difficulté à toutes les racines d'un degré plus élevé.

200. On pourrait donc se passer entièrement des signes radicaux usités, et employer à leur place les exposans fractionnaires que nous venons d'expliquer; cependant comme on est accoutumé à ces signes depuis long-temps, et qu'on les rencontre dans tous les écrits analytiques, on aurait tort de vouloir les bannir tout-à-fait du calcul. Mais on a raison aussi de se servir beaucoup, comme l'on fait aujourd'hui, de l'autre notation, parcequ'elle répond avec évidence à la nature de la chose. En effet on voit, sur-le-champ, que $a^{\frac{1}{2}}$ est la racine quarrée de a, parcequ'on sait que le quarré de $a^{\frac{1}{2}}$, c'est-à-dire, $a^{\frac{1}{2}}$ multiplié par $a^{\frac{1}{2}}$ est égal à a^1 ou a.

201. On voit par ce qui a précédé, comment on doit interpréter tous les autres exposans rompus qui peuvent se présenter. Que si l'on a, par exemple, $a^{\frac{4}{3}}$, cela signifie qu'il faut prendre d'abord la quatrième puissance de a, et en extraire ensuite la racine cubique ou troisième; de sorte que $a^{\frac{4}{3}}$ est, dans la notation radicale, $\sqrt[3]{a^4}$. Que pour trouver la valeur de $a^{\frac{3}{4}}$, il faut prendre d'abord le cube ou la troisième puissance de a, qui est a^3, et en extraire après cela la racine quatrième; de façon que $a^{\frac{3}{4}}$ est la même chose que $\sqrt[4]{a^3}$. De même $a^{\frac{4}{5}}$ est autant que $\sqrt[5]{a^4}$; etc.

202. Quand la fraction qui représente l'exposant surpasse l'unité, on peut indiquer encore d'une autre manière la valeur de la quantité proposée. Supposez que ce soit $a^{\frac{5}{2}}$; cette quantité équivaut à $a^{2+\frac{1}{2}}$, qui est le produit de a^2 par $a^{\frac{1}{2}}$. Or $a^{\frac{1}{2}}$ étant égal à $\sqrt{a}$, on voit que $a^{\frac{5}{2}}$ est autant que $a^2\sqrt{a}$. De même $a^{\frac{10}{3}}$ ou $a^{3+\frac{1}{3}}$ est autant que $a^3\sqrt[3]{a}$; et $a^{\frac{15}{4}}$, c'est-à-dire, $a^{3+\frac{3}{4}}$, signifie $a^3\sqrt[4]{a^3}$. Ces exemples suffisent pour faire concevoir la grande utilité des exposans fractionnaires.

203. Leur usage s'étend aussi aux nombres rompus. Qu'on ait $\dfrac{1}{\sqrt{a}}$, on sait que cette quantité est égale à $\dfrac{1}{a^{\frac{1}{2}}}$; or nous avons vu plus haut qu'une fraction de la forme $\dfrac{1}{a^n}$ peut s'exprimer par a^{-n}; ainsi pour $\dfrac{1}{\sqrt{a}}$ on peut se servir de l'expression $a^{-\frac{1}{2}}$. De même $\dfrac{1}{\sqrt[3]{a}}$ est autant que $a^{-\frac{1}{3}}$. Soit proposée encore la quantité $\dfrac{a^2}{\sqrt[4]{a^3}}$; qu'on la transforme en celle-ci : $\dfrac{a^2}{a^{\frac{3}{4}}}$, qui est le produit de a^2 par $a^{-\frac{3}{4}}$; or ce produit équivaut à $a^{\frac{5}{4}}$, ou enfin à $a\sqrt[4]{a}$. L'usage rendra faciles de semblables réductions.

204. Enfin nous observerons que chaque racine peut se représenter d'un grand nombre de manières. Car $\sqrt{a}$ étant la même chose que $a^{\frac{1}{2}}$, et $\frac{1}{2}$ pouvant être transformé en toutes ces fractions, $\frac{2}{4}$, $\frac{3}{6}$, $\frac{4}{8}$, $\frac{5}{10}$, $\frac{6}{12}$ etc., il est clair que $\sqrt{a}$ est autant que $\sqrt[4]{a^2}$, et que $\sqrt[6]{a^3}$, et que $\sqrt[8]{a^4}$, et ainsi de suite. Pareillement, $\sqrt[3]{a}$ qui signifie $a^{\frac{1}{3}}$, sera égale à $\sqrt[6]{a^2}$ et à $\sqrt[9]{a^3}$, et à $\sqrt[12]{a^4}$. Et l'on voit de même que le nombre a, ou a^1, pourrait s'indiquer par les expressions radicales qui suivent :

$$\sqrt[2]{a^2},\ \sqrt[3]{a^3},\ \sqrt[4]{a^4},\ \sqrt[5]{a^5},\ \text{etc.}$$

205. Cette propriété est d'un bon usage dans la multiplication et dans la division. Car si l'on a, par exemple, à multiplier $\sqrt[2]{a}$ par $\sqrt[3]{a}$, on écrit $\sqrt[6]{a^3}$ pour $\sqrt[2]{a}$, et $\sqrt[6]{a^2}$ au lieu de $\sqrt[3]{a}$; de cette façon on obtient de part et d'autre le même signe radical, et la multiplication se faisant maintenant, donne le produit $\sqrt[6]{a^5}$. Le même résultat se déduit de ce que $a^{\frac{1}{2}}$ multiplié par $a^{\frac{1}{3}}$ fait $a^{\frac{1}{2}+\frac{1}{3}}$; car $\frac{1}{2}+\frac{1}{3}$ est $\frac{5}{6}$, et parconséquent le produit est, en effet, $a^{\frac{5}{6}}$ ou $\sqrt[6]{a^5}$.

S'il s'agissait de diviser $\sqrt[2]{a}$ ou $a^{\frac{1}{2}}$ par $\sqrt[3]{a}$ ou $a^{\frac{1}{3}}$, on aurait pour quotient $a^{\frac{1}{2}-\frac{1}{3}}$, ou $a^{\frac{3}{6}-\frac{2}{6}}$, c'est-à-dire, $a^{\frac{1}{6}}$ ou $\sqrt[6]{a}$.

CHAPITRE XX,

Qui traite en général des différentes manières de calculer et de leur liaison.

206. Nous avons exposé jusqu'ici différentes opérations de calcul: l'addition, la soustraction, la multiplication et la division, l'élévation des puissances, et enfin l'extraction des racines. Il ne sera donc pas hors de propos de remonter à l'origine de ces différentes manières de calculer et d'expliquer la liaison qui est entr'elles, afin qu'on puisse s'assurer s'il est possible ou non qu'il existe encore d'autres opérations de cette espèce. Cette recherche ne pourra que répandre plus de jour sur les matières que nous avons traitées.

Nous nous servirons, dans ce dessein, d'un nouveau signe qu'on peut employer à la place de l'expression si souvent répétée, *est autant que;* ce signe est celui-ci $=$, et se prononce *est égal.* Ainsi quand j'écris $a = b$, cela signifie que a est autant que b, ou que a est égal à b : de même, par exemple,

$$35 = 35.$$

207. La première façon de calculer qui se présente à notre esprit, est sans contredit l'addition, par laquelle on ajoute deux nombres ensemble pour en trouver la somme. Soient donc a et b ces deux nombres proposés, et qu'on indique leur somme par la lettre c, on aura

$$a + b = c.$$

Ainsi quand on connaît les deux nombres a et b, l'addition enseigne à trouver le nombre c.

208. Conservons cette relation

$$a + b = c,$$

mais renversons la question en demandant comment, les nombres a et c étant connus, on doit trouver le nombre b.

Il s'agit donc de savoir quel nombre il faut ajouter au nombre a, pour qu'il en résulte ce nombre c. Soit, par exemple, $a = 3$ et $c = 8$; de sorte qu'il faudrait que l'on eût

$$3 + b = 8;$$

il est clair qu'on trouvera b en soustrayant 3 de 8. Ainsi, en général, pour trouver b, il faudra soustraire a de c, d'où provient

$$b = c - a;$$

car en ajoutant de nouveau a de part et d'autre, on a

$$b + a = c - a + a,$$

c'est - à - dire $= c$, comme en l'avait supposé. Telle est donc l'origine de la soustraction.

209. Ainsi la soustraction a lieu, quand on renverse la question qui donne lieu à l'addition. Or il peut arriver que le nombre qu'il s'agit de soustraire, soit plus grand que celui duquel il faut le soustraire; comme, par exemple, s'il s'agissait de soustraire 9 de 5; ce cas est donc propre à nous fournir l'idée d'une nouvelle espèce de nombres qu'on nomme nombres négatifs, parceque

$$5 - 9 = - 4.$$

210. Quand plusieurs nombres qui doivent être ajoutés ensemble, sont égaux entr'eux, leur somme se trouve par la multiplication, et se nomme un produit. Ainsi ab signifie le produit qui provient de la multiplication de a par b, ou bien de ce qu'on a ajouté ensemble un nombre a de nombres b. Si nous indiquons à présent ce produit par la lettre c, nous aurons

$$ab = c,$$

et la multiplication nous apprend comment, les nombres a et b étant connus, l'on doit déterminer le nombre c.

211. Proposons-nous maintenant la question suivante : Les nombres a et c étant connus, trouver le nombre b. Soit, par exemple, $a = 3$ et $c = 15$, de façon que

$$3b = 15,$$

et qu'on demande par quel nombre il faut multiplier 3, pour qu'il nous vienne 15 ; c'est à quoi revient la question proposée. Or c'est ici le cas de la division : le nombre qu'on demande se trouve en divisant 15 par 3, et en général le nombre b se trouve donc en divisant c par a ; d'où résulte parconséquent l'équation

$$b = \frac{c}{a}.$$

212. Or comme il arrive souvent que le nombre c ne peut être divisé réellement par le nombre a, et que cependant la lettre b doit avoir une valeur déterminée, il se présente encore ici une nouvelle espèce de nombres, ce sont les fractions. Par exemple, en supposant $a = 4$, $c = 3$, de façon que

$$4b = 3 ;$$

on voit bien que b ne saurait être un nombre entier, mais que ce sera une fraction, et qu'on aura

$$b = \tfrac{3}{4}.$$

213. Nous avons vu que la multiplication provient de l'addition, c'est-à-dire, de ce qu'on ajoute ensemble plusieurs quantités égales. Si nous allons à présent plus loin, nous voyons que c'est à la multiplication de plusieurs quantités égales entr'elles que les puissances doivent leur origine. Ces puissances se représentent d'une manière générale par la formule a^b, laquelle indique que le nombre a doit être multiplié autant de fois

par

par lui-même que le nombre b l'indique. Et l'on sait, par ce qui a précédé, qu'ici a est ce qu'on nomme la racine, b l'exposant et a^b la puissance.

214. Si nous indiquons maintenant cette puissance même par la lettre c, nous avons

$$a^b = c,$$

équation dans laquelle se présentent trois lettres a, b, c. Or on montre dans la théorie des puissances, comment une racine a avec l'exposant b étant donnés, on doit trouver la puissance elle-même, c'est-à-dire, la lettre c. Soit, par exemple, $a = 5$, et $b = 3$, ensorte que $c = 5^3$: on voit qu'il faut prendre la troisième puissance de 5, qui est 125, et qu'ainsi
$$c = 125.$$

215. On a vu comment, par le moyen de la racine a et de l'exposant b, on doit déterminer la puissance c ; mais si l'on veut à présent changer ou inverser la question, comme on a déjà fait, on verra que cela peut se faire de deux manières, et qu'on a deux cas différens à considérer. En effet, si deux de ces trois nombres a, b, c étant donnés, il s'agit de trouver le troisième, on voit aussitôt que cette question admet trois sup-positions différentes, et parconséquent trois solutions. Nous venons de considérer le cas où a et b étaient les données ; nous pouvons donc supposer encore que c et a, ou bien que c et b soient connus et qu'il faille déterminer la troi-sième lettre. Remarquons donc, avant d'aller plus loin, une différence assez essentielle entre l'élévation des puissances et les deux opérations qui conduisent à celle-là. Lorsque, dans l'addi-tion, nous avons inversé la question, nous n'avons pu le faire que d'une seule manière ; il était indifférent de prendre c et a ou c et b pour données, parcequ'il est indifférent d'écrire $a+b$ ou d'écrire $b+a$. Il en était de même de la multiplication ; on pouvait pareillement prendre les lettres a et b l'une pour l'autre, l'équation $ab = c$ étant exactement la même que $ba = c$.

Dans e calcul des puissances, au contraire, la même chose
n'a pas lieu, et on ne peut point du tout écrire b^a au lieu de a^b
Un seul exemple suffit pour s'en convaincre : Soit $a=5$, e
$b=3$; on a

$$a^b=5^3=125.$$

Mais

$$b^a=3^5=243$$

deux résultats très-différens.

216. Il est donc clair qu'on peut réellement se proposer encore deux questions : l'une, de trouver la racine a par le moye
de la puissance donnée c ; et de l'exposant b. L'autre, de trou
ver l'exposant b, en supposant connues la puissance c et la racine a.

217. On peut dire que la première de ces questions a été ré
solue dans le chapitre de l'extraction des racines. Car, pa
exemple, si $b=2$ et que $a^2=c$, nous savons que cela signifi
que a est un nombre tel que son quarré soit égal à c, et parcon
séquent que $a=\sqrt[2]{c}$. De même si $b=3$ et $a^3=c$, on sait qu'i
faut que le cube de a soit égal au nombre donné c, et consé
quemment $a=\sqrt[3]{c}$. Il est donc aisé de conclure généralemen
de là comment on doit déterminer la lettre a par le moyen de
lettres c et b : il faut nécessairement que $a=\sqrt[b]{c}$.

218. Nous avons aussi déjà fait remarquer la conséquenc
qui suit du cas très-fréquent où le nombre donné c n'est pa
réellement une puissance ; savoir qu'alors la racine cherchée
ne peut s'exprimer ni par des nombres entiers, ni pa
des fractions. Et comme cette racine admet nécessairemen
une valeur déterminée, la même remarque nous a con
duits à une nouvelle espèce de nombres que nous avons dit qu'o
nommait nombres *sourds* ou *irrationnels*, et que nous avon
vus se diviser en une infinité d'espèces à cause de la grand

diversité des racines. Enfin la même considération nous a appris à connaître l'espèce particulière de nombres qu'on a nommés *nombres imaginaires*.

219. Il nous reste à considérer la seconde question qui a pour objet de déterminer l'exposant par le moyen de la puissance c et de la racine a, toutes deux connues. Cette question, qui ne s'était pas encore présentée, nous conduira à l'importante théorie des *Logarithmes*, dont l'usage est si étendu dans toutes les Mathématiques, qu'il y a peu de long calcul dont on puisse venir à bout sans son secours. On verra dans le chapitre suivant, pour lequel nous réservons cette théorie, qu'elle nous fait parvenir à une espèce de nombres que nous n'avons pas encore rencontrés jusqu'ici, et qu'on ne peut pas même compter parmi les nombres irrationnels dont nous avons parlé.

CHAPITRE XXI.

Des Logarithmes en général.

220. En reprenant l'équation

$$a^b = c,$$

nous commencerons par remarquer que, dans la doctrine des logarithmes, on adopte pour la racine a un certain nombre pris à volonté, et qu'on suppose que cette racine conserve invariablement la valeur adoptée. Cela posé, on prend l'exposant b tel que la puissance a^b devienne égale à un nombre donné c, et c'est alors cet exposant b qu'on dit être le *logarithme* du nombre c. Nous nous servirons, pour exprimer cette signification, de la lettre L ou des lettres initiales *log*. Ainsi en écrivant $b = Lc$, ou $b = log.c$, on indique que b est égale au logarithme du nombre c, ou bien que le logarithme de c est b.

221. On voit donc que la valeur de la racine a une fois établie, le logarithme d'un nombre quelconque c n'est autre chose que l'exposant de la puissance de a, qui est égale à c. C'est ainsi que c étant $= a^b$, b est le logarithme de la puissance a^b. Si l'on suppose à présent que $b = 1$, on a 1 pour le logarithme de a^1, et parconséquent

$$L.a = 1.$$

Si l'on suppose $b = 2$, on a 2 pour le logarithme de a^2; c'est-à-dire,

$$L.a^2 = 2.$$

On aura de la même manière,

$$L.a^3 = 3; \quad L.a^4 = 4; \quad L.a^5 = 5,$$

et ainsi de suite.

222. Si l'on fait $b = 0$, on voit que 0 sera le logarithme de a^0 : or $a^0 = 1$; parconséquent $L.1 = 0$, pour tout nombre pris en place de la racine a.

Que si l'on suppose

$$b = -1,$$

ce sera -1 qui sera le logarithme de a^{-1}. Or

$$a^{-1} = \frac{1}{a};$$

on a donc

$$L.\frac{1}{a} = -1.$$

On aura pareillement

$$L.\frac{1}{a^2} = -2; \quad L.\frac{1}{a^3} = -3; \quad L.\frac{1}{a^4} = -4, \text{ etc}$$

223. On conçoit donc comment on peut indiquer les logarithmes de toutes les puissances de la racine a, et même ceux de fractions qui ont pour numérateur l'unité, et pour dénominateur une puissance de a. On voit aussi que, dans tous ces cas, les logarithmes sont des nombres entiers; mais il faut observer que si b était une fraction, elle serait, généralement, le logarithme d'un nombre irrationnel. Car si l'on suppose, par exemple, $b = \frac{1}{2}$, il suit que $\frac{1}{2}$ est le logarithme de $a^{\frac{1}{2}}$ ou de $\sqrt{a}$; parconséquent on a

$$L.\sqrt{a} = \frac{1}{2}.$$

On trouvera de même

$$L.\sqrt[3]{a}=\tfrac{1}{3};\ L.\sqrt[4]{a}=\tfrac{1}{4},\ \text{etc.}$$

224. Mais s'il s'agit de trouver le logarithme d'un autre nombre c, on voit aisément qu'il ne peut être ni un nombre entier, ni une fraction. Cependant il faut qu'il existe un exposant b tel que la puissance a^b devienne égale au nombre proposé : on a donc $b = L.c$. Donc généralement

$$a^{L.c} = c.$$

225. Considérons à présent un autre nombre d, dont le logarithme ait été indiqué d'une manière semblable par $L.d$; de façon que

$$a^{L.d} = d.$$

Si nous multiplions cette formule par la précédente

$$a^{L.c} = c,$$

nous aurons

$$a^{L.c + L.d} = cd;$$

or l'exposant est toujours le logarithme de la puissance; par-conséquent

$$L.c + L.d = L.cd.$$

Que si au lieu de multiplier, nous divisions la première formule par la seconde, nous obtiendrions

$$a^{L.c - L.d} = \frac{c}{d}$$

et parconséquent

$$L.c - L.d = L.\frac{c}{d}.$$

226. C'est ainsi que nous avons été conduits à la découverte des deux principales propriétés des logarithmes, qui consis-

tout dans les équations

$$L.c + L.d = L.cd \quad \text{et} \quad L.c - L.d = L.\frac{c}{d}.$$

La première de ces équations nous apprend que le logarithme d'un produit, comme cd, se trouve en ajoutant ensemble les logarithmes des facteurs. La seconde nous enseigne que le logarithme d'une fraction, s'obtient en soustrayant le logarithme du dénominateur de celui du numérateur.

227. Il suit donc de là, que quand il s'agit de multiplier ou de diviser deux nombres l'un par l'autre, on n'a besoin que d'ajouter ou de soustraire leurs logarithmes. Et c'est là precisément en quoi consiste l'utilité insigne des logarithmes dans le calcul. Car qui ne voit qu'il est incomparablement plus aisé d'ajouter ou de soustraire des nombres, que de les multiplier ou de les diviser, surtout quand la question roule sur de grands nombres.

228. Les logarithmes offrent des avantages encore plus grands dans le calcul des puissances et dans l'extraction des racines. Car si $d = c$, on a par la première propriété

$$L.c + L.c = L.cc\,;$$

parconséquent

$$L.cc = 2\,L.c.$$

On obtient pareillement

$$L.c^3 = 3\,L.c\,; \quad L.c^4 = 4\,L.c\,;$$

et en général

$$L.c^n = n\,L.c.$$

Si l'on substitue maintenant à n des nombres rompus, on aura par exemple, $L.c^{\frac{1}{2}}$ c'est-à-dire,

$$L.\sqrt{c} = \tfrac{1}{2}L.c.$$

Enfin, si l'on suppose que n représente des nombres négatifs, on aura $\mathrm{L}.c^{-1}$ ou

$$\mathrm{L}.\frac{1}{c} = -\mathrm{L}.c\,; \quad \mathrm{L}.c^{-2} = \mathrm{L}.\frac{1}{cc} = -2\,\mathrm{L}.c,$$

et ainsi de suite. Cela suit non–seulement de l'équation

$$\mathrm{L}.c^n = n\,\mathrm{L}.c,$$

mais aussi de ce que, comme nous l'avons vu plus haut,

$$\mathrm{L}.1 = 0.$$

229. Ainsi des tables dans lesquelles les logarithmes se trouveraient calculés pour tous les nombres, offriraient un puissant secours pour venir facilement à bout de calculs très-prolixes qui exigeraient beaucoup de multiplications, de divisions, d'élévations de puissances et d'extractions de racines. Car on trouverait dans ces tables non–seulement les logarithmes pour tous les nombres, mais aussi les nombres pour tous les logarithmes. Par exemple, s'il est question de calculer la racine quarrée du nombre c, on cherche d'abord le logarithme de c, qui est $\mathrm{L}.c.$, et prenant ensuite la moitié de de ce logarithme, ou $\frac{1}{2}\,\mathrm{L}.c$, on sait qu'on a le logarithme de la racine quarrée qu'on cherche. On n'a donc qu'à voir dans les tables quel nombre répond à ce logarithme, et on est assuré qu'il exprime la racine cherchée.

230. Nous avons vu plus haut que les nombres 1, 2, 3, 4, 5, 6, etc., c'est-à-dire, tous les nombres positifs, sont des logarithmes de la racine a et de. ses puissances positives, et parconséquent des logarithmes de nombres plus grands que l'unité : et que les nombres négatifs, comme -1, -2, etc. sont les logarithmes des fractions $\frac{1}{a}$, $\frac{1}{aa}$, etc. qui sont plus petites que l'unité, mais cependant encore plus grandes que rien.

Il suit de là que si le logarithme est positif, le nombre est toujours plus grand que l'unité; mais que si le logarithme est négatif, le nombre est toujours plus petit que 1, et pourtant plus grand que zéro. Parconséquent on ne saurait indiquer les logarithmes de nombres négatifs, et il faut en conclure que les logarithmes des nombres négatifs sont impossibles, et qu'ils appartiennent à la classe des quantités imaginaires.

231. Il sera bon, afin d'éclaircir tout cela encore mieux, d'adopter un nombre déterminé pour la racine a, et nous choisirons celui-là même sur lequel on a fondé les tables logarithmiques ordinaires. C'est le nombre 10: on lui a donné la préférence, parcequ'il sert déjà de base à toute notre Arithmétique. Mais on voit facilement que tout autre nombre, pourvu qu'il fût plus grand que l'unité, pourrait être pris pour base. Mais il est facile de saisir la raison pour laquelle on ne peut supposer $a = 1$, puisqu'alors toutes les puissances a^b seraient constamment égales à l'unité, et ne pourraient jamais devenir égales à un nombre donné c.

CHAPITRE XXII.

Des Tables de Logarithmes, usitées.

232. Dans ces tables on part de la supposition, comme nous venons de le dire, que la base $a = 10$. Ainsi le logarithme d'un nombre quelconque c est l'exposant de la puissance à laquelle il faut élever le nombre 10, pour qu'il en résulte le nombre c. Ou bien, si l'on désigne le logarithme de c par L.c, on aura toujours

$$10^{L.c} = c.$$

233. Nous avons déjà fait remarquer que le logarithme du nombre 1 est toujours 0; et en effet on a $10^0 = 1$; par-conséquent :

$$L.1 = 0 ; L.10 = 1 ; L.100 = 2 ; L.1000 = 3 ;$$

$$L.10000 = 4 ; L.100000 = 5 ; L.1000000 = 6.$$

De plus

$$L.\tfrac{1}{10} = -1 ; L.\tfrac{1}{100} = -2 ; L.\tfrac{1}{1000} = -3 ;$$

$$L.\tfrac{1}{10000} = -4 ; L.\tfrac{1}{100000} = -5 ;$$

$$L.\tfrac{1}{1000000} = -6.$$

234. Ces logarithmes des nombres principaux se déterminent, comme on voit, sans aucune peine. Mais il est difficile de trouver les logarithmes de tous les autres nombres, et cependant il est nécessaire qu'on les insère dans les tables. Ce n'est pas ici encore le lieu de donner toutes les instruc-

tions requises pour cette recherche ; nous nous contenterons pour le présent de voir en général ce qu'elle exige.

235. D'abord, puisque

$$L.1 = 0 \text{ et } L.10 = 1,$$

il est évident que les logarithmes de tous les nombres entre 1 et 10 doivent être compris entre 0 et 1, et être parconséquent plus grands que 0 et plus petits que 1.

Nous n'avons qu'à considérer le seul nombre 2 ; il est certain que son logarithme est plus grand que 0, et cependant plus petit que l'unité ; et si nous désignons ce logarithme par la lettre x, ensorte que

$$L.2 = x,$$

il faut que la valeur de cette lettre soit telle qu'on ait exactement

$$10^x = 2.$$

Il est facile aussi de se convaincre que x doit être beaucoup plus petit que $\frac{1}{2}$, ou, ce qui revient au même, que $10^{\frac{1}{2}}$ est plus grand que 2. Car si nous prenons de part et d'autre les quarrés, on trouve

$$\left(10^{\frac{1}{2}}\right)^2 = 10^1$$

tandis que celui de $2 = 4$; or ce dernier est de beaucoup moindre que le premier. De même $\frac{1}{3}$ est encore une valeur trop grande pour x, c'est-à-dire que $10^{\frac{1}{3}}$ est plus grand que 2. Car le cube de $10^{\frac{1}{3}}$ est 10, et celui de 2 ne fait que 8. Mais au contraire en faisant $x = \frac{1}{4}$, on lui donnerait une valeur trop petite, parceque la quatrième puissance de $10^{\frac{1}{4}}$ étant 10 et celle de 2 étant 16, il est clair que $10^{\frac{1}{4}}$ est moindre que 2.

On voit que x ou le L.2 est plus petit que $\frac{1}{3}$ et cependant plus grand que $\frac{1}{4}$. On peut déterminer de la même manière à l'égard de toute fraction contenue entre $\frac{1}{4}$ et $\frac{1}{3}$, si elle est trop grande ou si est elle trop petite. Si l'on essayait, par exemple, la fraction $\frac{2}{7}$ qui est moindre que $\frac{1}{3}$, et plus grande que $\frac{1}{4}$, on aurait à satisfaire à la condition que 10^x, $10^{\frac{2}{7}}$, ou fût $= 2$; ou bien que la septième puissance de $10^{\frac{2}{7}}$, c'est-à-dire, 10^2 ou 100, fût égale à la septième puissance de 2; or celle-ci est $= 128$, et parconséquent plus grande que celle-là. Nous concluons donc de là que $10^{\frac{2}{7}}$ est aussi moindre que 2, et qu'ainsi $\frac{2}{7}$ est moindre que L.2, et que L.2 qui s'était trouvé plus petit que $\frac{1}{3}$ est cependant plus grand que $\frac{2}{7}$,

Essayons encore une autre fraction qui soit, en conséquence de ce que nous venons de trouver, comprise entre $\frac{2}{7}$ et $\frac{1}{3}$. Une telle fraction est $\frac{3}{10}$: il s'agit donc de voir si $10^{\frac{3}{10}} = 2$; si cela est, les dixièmes puissances de ces deux nombres sont aussi égales entr'elles ; or la dixième puissance de $10^{\frac{3}{10}}$ est

$$10^3 = 1000,$$

et la dixième puissance de 2 est $= 1024$; il faut donc conclure que $10^{\frac{3}{10}}$ n'est pas $= 2$, que $\frac{3}{10}$ est une fraction trop petite pour produire cette égalité, et que L.2, quoique plus petit que $\frac{1}{3}$ est cependant plus grand que $\frac{3}{10}$.

236. Cette considération sert à nous faire voir que L.2 a une grandeur déterminée, puisque nous savons que ce logarithme est certainement plus grand que $\frac{3}{10}$ et plus petit que $\frac{1}{3}$. Nous ne pouvons pas aller plus loin pour le présent, et puisque nous ignorons encore la vraie valeur de ce logarithme, nous l'indiquerons par x, ensorte que

$$L.2 = x;$$

et nous montrerons comment , si elle était connue, on pourrait en déduire les logarithmes d'une infinité d'autres nombres. Nous nous servirons pour cet effet de l'équation rapportée plus haut

$$L.cd = L.c + L.d,$$

qui exprime que le logarithme d'un produit se trouve en ajoutant ensemble les logarithmes des facteurs.

237. D'abord, comme

$$L.2 = x, \text{ et } L.10 = 1,$$

nous aurons

$$L.20 = x + 1 \,;\, L.200 = x + 2 \,;\, L.2000 = x + 3 \,;$$

$$L.20000 = x + 4 \,;\, \text{ et } L.200000 = x + 5, \text{ etc.}$$

238. De plus , comme

$$L.c^2 = 2L.c, \; L.c^3 = 3L.c, \; L.c^4 = 4L.c, \text{ etc.}$$

nous avons

$$L.4 = 2x \,;\, L.8 = 3x \,;\, L.16 = 4x \,;\, L.32 = 5x \,;\, L.64 = 6x, \text{ etc.}$$

et nous trouvons par-là que

$$L.40 \quad = 2x + 1 \,;\, L.400 \quad = 2x + 2 \,;$$

$$L.4000 = 2x + 3 \,;\, L.40000 = 2x + 4, \text{ etc.}$$

$$L.80 \quad = 3x + 1 \,;\, L.800 \quad = 3x + 2 \,;$$

$$L.8000 = 3x + 3 \,;\, L.80000 = 3x + 4, \text{ etc.}$$

$$L.160 \quad = 4x + 1 \,;\, L.1600 \quad = 4x + 2 \,;$$

$$L.16000 = 4x + 3 \,;\, L.160000 = 4x + 4, \text{ etc.}$$

239. Reprenons aussi l'autre équation fondamentale,

$$L.\frac{c}{d}=L.c-L.d.$$

et supposons $c=10$, et $d=2$; puisque

$$L.10=1 \text{ et } L.2=x,$$

nous aurons $L.\frac{10}{2}$, ou

$$L.5=1-x,$$

et nous déduirons de là les équations suivantes:

$$L.50 \quad =2-x; \quad L.500 \quad =3-x; \quad L.5000 \quad =4-x, \text{ etc.}$$
$$L.25 \quad =2-2x; \quad L.125 \quad =3-3x; \quad L.625 \quad =4-4x, \text{ etc.}$$
$$L.250 =3-2x; \quad L.2500 =4-2x; \quad L.25000 =5-2x, \text{ etc.}$$
$$L.1250=4-3x; \quad L.12500=5-3x; \quad L.125000=6-3x,$$
$$L.6250=5-4x; \quad L.62500=6-4x; \quad L.625000=7-4x, \text{ etc.}$$

240. Si l'on connaissait le logarithme de 3, ce serait encore le moyen de déterminer un nombre prodigieux d'autres logarithmes. En voici quelques preuves, en supposant le L.3 exprimé par la lettre y.

$$L.30=y+1; \quad L.300=y+2; \quad L.3000=y+3, \text{ etc.}$$

$$L.9=2y; \quad L.27=3y; \quad L.81=4y; \quad L.243=5y; \text{ etc.}$$

On aura aussi

$$L.6=x+y; \quad L.12=2x+y; \quad L.18=x+2y;$$

et

$$L.15=L.3+L.5=y+1-x.$$

241. Nous avons vu plus haut que tous les nombres proviennent de la multiplication des nombres qu'on nomme premiers. Si l'on connaissait donc seulement les logarithmes

tous les nombres premiers, on pourrait trouver par de
simples additions les logarithmes de tous les autres nombres.
Le nombre 210, par exemple, étant formé des facteurs 2,
3, 5, 7, son logarithme sera

$$= L.2 + L.3 + L.5 + L.7.$$

Pareillement, puisque

$$360 = 2.2.2.3.3.5 = 2^3.3^2.5,$$

on a

$$L.360 = 3\,L.2 + 2L.3 + L.5.$$

Il est donc clair que connaissant les logarithmes des nombres premiers, on peut déterminer ceux de tous les autres
nombres, et que c'est à calculer ceux-là qu'il faut s'attacher
avant tout si l'on se propose de construire des tables de
logarithmes.

CHAPITRE XXIII.

De la manière de représenter les Logarithmes.

242. Nous avons vu que le logarithme de 2 est plus grand que $\frac{3}{10}$ et plus petit que $\frac{1}{3}$, et que parconséquent l'exposant de 10 doit tomber entre ces deux fractions, pour que la puissance devienne $= 2$. Or quoiqu'on sache cela, quelque fraction cependant qu'on adopte conformément à cette condition, la puissance qui en résulte, sera toujours un nombre irrationnel plus grand ou plus petit que 2 ; et parconséquent le logarithme de 2 ne saurait être exprimé par une telle fraction. Cela fait qu'il faut se contenter de déterminer la valeur de ce logarithme d'une manière assez approchée pour que l'erreur devienne insensible. On se sert pour cela des *fractions décimales* ; c'est ainsi qu'on nomme des nombres dont la nature et les propriétés méritent d'être mises dans le plus grand jour.

243. On sait que, dans la manière ordinaire d'écrire les nombres avec le secours des dix chiffres ou caractères

$$0, 1, 2, 3, 4, 5, 6, 7, 8, 9,$$

il n'y a que le premier chiffre à droite qui ait sa signification naturelle ; que les chiffres à la seconde place comptent dix fois plus que ce qu'ils comptaient à la première ; que les chiffres écrits à la troisième place comptent cent fois plus ; ceux de la quatrième mille fois davantage, et ainsi de suite ; c'est-à-dire qu'à mesure que les chiffres avancent vers la gauche, ils acquièrent une valeur qui est dix fois celle qu'ils avaient dans le rang immédiatement à droite. C'est ainsi que

dans

dans le nombre 1765 le chiffre 5 est au premier rang à la droite, et signifie 5 unités. Au second rang est 6; mais ce chiffre, au lieu de signifier 6, indique 10.6 ou 60. Le chiffre 7 est au troisième rang, et signifie 100.7 ou 700. Enfin le 1, qui est au quatrième rang, signifie 1000; voilà donc pourquoi on pronnonce le nombre proposé de cette manière,

Un mille (ou *mille*) *sept cent soixante et cinq.*

244. Puisque les unités des chiffres deviennent toujours dix fois plus grandes en allant de la droite vers la gauche, et que réciproquement elles deviennent continuellement dix fois moindres, en allant de la gauche vers la droite, on pourra, en se conformant à cette loi, avancer encore davantage vers la droite, et on obtiendra des chiffres dont les unités continueront de devenir dix fois moindres. Mais ce à quoi il faudra bien faire attention, c'est à la place des unités simples, ou du premier ordre; on l'indique par une virgule qu'on met après ce rang. Si l'on rencontre donc, par exemple, le nombre 36,54892, voici comme il faut l'entendre : le chiffre 6 d'abord a sa valeur naturelle; et le chiffre 3, qui est au second rang, signifie 30. Mais le chiffre 5 qui vient après la virgule, ne signifie que $\frac{1}{10}$; ensuite le 4 ne vaut que $\frac{1}{100}$; le chiffre 8 signifie $\frac{8}{1000}$; le chiffre 9 signifie $\frac{9}{10000}$; et le chiffre 2 vaut $\frac{2}{100000}$. On voit donc que plus ces chiffres avancent vers la droite, plus leurs unités diminuent, et qu'à la fin elles deviennent si petites, qu'on peut avec raison les regarder comme nulles (*).

245. Voilà l'espèce de nombres qu'on nomme *fractions décimales*, et c'est de cette manière aussi qu'on indique les logarithmes dans les tables. On y exprime, par exemple, le logarithme de 2 par 0,3010300, où nous voyons, 1°. que puisqu'il y

---

(*) Voyez les Traités d'Arithmétique de *Garnier*, *Lacroix*, etc.

G

a un o devant la virgule, ce logarithme ne fait pas un entier;
2°. que sa valeur est

$$\frac{3}{10} + \frac{0}{100} + \frac{1}{1000} + \frac{0}{10000} + \frac{1}{100000} + \frac{0}{1000000} + \frac{0}{10000000}.$$

On peut remarquer qu'on aurait bien pu omettre les deux derniers zéros, mais c'est qu'ils servent à indiquer que le logarithme en question ne contient aucune de ces parties qui ont 1000000 et 10000000 pour dénominateur. On ne nie pas au reste qu'on n'eût pu trouver, en continuant encore, des parties plus petites ; mais on les néglige à cause de leur extrême petitesse.

246. Le logarithme de 3 se trouve exprimé dans les tables par 0,4771213 ; on voit donc qu'il ne contient point d'entier, et qu'il est composé des fractions suivantes :

$$\frac{4}{10} + \frac{7}{100} + \frac{7}{1000} + \frac{1}{10000} + \frac{2}{100000} + \frac{1}{1000000} + \frac{3}{10000000}.$$

Mais il ne faut pas croire que de cette manière le logarithme soit assigné avec la dernière précision. On peut seulement être certain que l'erreur est moindre que de $\frac{1}{10000000}$; il est vrai d'un autre côté que cette erreur est si petite, qu'on peut très-bien la négliger dans la plupart des calculs.

247. Suivant cette façon d'exprimer les logarithmes, celui de 1 doit être indiqué par 0,0000000, puisqu'il est réellement $= 0$. Le logarithme de 10 est 1,0000000, où l'on reconnaît qu'il est exactement $= 1$. Le logarithme de 100 est 2,0000000, ou exactement $= 2$. Et l'on peut en conclure que les logarithmes de tous les nombres qui sont contenus entre 10 et 100, et parconséquent composés de deux chiffres, que ces logarithmes, dis-je, sont compris entre 1 et 2, et parconséquent qu'ils doivent s'exprimer par 1 + une fraction décimale. C'est ainsi que

$$L.50 = 1,6989700;$$

en valeur est donc l'unité, et outre cela

$$\frac{6}{10} + \frac{9}{100} + \frac{8}{1000} + \frac{9}{10000} + \frac{7}{100\,00}.$$

On n'aura pas de peine à remarquer de même que les logarithmes des nombres entre 100 et 1000 s'expriment par 2 entiers avec une fraction décimale. Ceux des nombres entre 1000 et 10000, par 3 + une fraction décimale. Ceux des nombres entre 10000 et 100000 par 4 entiers joints à une telle fraction, et ainsi de suite. Le *log.* 800, par exemple, est = 2,9030900; celui de 2290 est 3,3598355, etc.

248. Les logarithmes au contraire des nombres moindres que 10, ou qui ne s'expriment que par un seul chiffre, ne font pas un entier, et voilà pourquoi on trouve un o devant la virgule. Ainsi nous avons deux parties à considérer dans un logarithme. La première est celle qui précède la virgule et qui indique les entiers quand il y en a; l'autre indique les fractions décimales qu'il faut ajouter aux entiers. La partie première ou entière d'un logarithme, qu'on nomme le plus souvent la *caractéristique*, se détermine facilement d'après ce que nous avons dit dans l'article précédent. Elle est o pour tous les nombres qui n'ont qu'un chiffre ; elle est 1 pour ceux qui en ont deux; elle est 2 pour ceux qui en ont trois, et, en général, elle est toujours d'une unité moindre que le nombre des chiffres. Si donc on demande le logarithme de 1766, on sait déjà que la première partie, ou celle des entiers, est 3 nécessairement.

249. Ainsi, réciproquement, on reconnaît à la première inspection de la première partie d'un logarithme, de combien de chiffres est composé le nombre qui répond à ce logarithme ; puisque le nombre de ces figures est toujours d'une unité plus grand que celui des unités entières contenues dans le logarithme. Si on avait trouvé, par exemple, pour le logarithme d'un nombre

inconnu 6,4771213, on saurait d'abord que ce nombre doit être de sept chiffres ; et plus grand que 1000000. Et en effet ce nombre est 3000000; car

$$\textit{Logarithme } 3000000 = L.3 + L.1000000.$$

Or

$$L.3 = 0,4771213, \text{ et } L.1000000 = 6,$$

et la somme de ces deux logarithmes est 6,4771213.

250. La partie essentielle dans un logarithme est donc la fraction décimale qui suit la virgule, laquelle même une fois connue sert pour plusieurs nombres. Pour prouver ceci, considérons le logarithme du nombre 365 : sa première partie est 2 ; quant à l'autre ou la fraction décimale, indiquons-la, pour abréger, par la lettre x. Nous avons donc

$$L.365 = 2 + x.$$

Or en multipliant continuellement par 10, nous aurons

$$L.3650 = 3 + x, \quad L.36500 = 4 + x; \quad L.365000 = 5 + x,$$

et ainsi de suite. Mais nous pouvons aussi aller en sens inverse et diviser continuellement par 10, cela nous donnera

$$L.36,5 = 1 + x; \quad L.3,65 = 0 + x; \quad L.0,365 = -1 + x;$$
$$0,0365 = -2 + x; \quad L.0,00365 = -3 + x$$

et ainsi de suite.

251. Tous ces nombres donc qui proviennent des figures 365, soit précédées, soit suivies de zéros, ont toujours la même fraction décimale pour seconde partie du logarithme ; et toute la différence roule sur le nombre entier qui est devant la virgule, lequel peut même, comme nous avons vu, devenir négatif, ce qui arrive quand le nombre proposé est plus petit que 1. Or comme les Calculateurs ordinaires ont de

peine à traiter les nombres négatifs, on a coutume, dans ces cas, d'augmenter de 10 les entiers du logarithme, c'est-à-dire qu'on écrit 10 au lieu de 0 devant la virgule. De sorte qu'à la place de — 1 on a 9; au lieu de — 2 on a 8; au lieu de — 3 on a 7, etc. Mais il ne faut jamais oublier alors que la caractéristique est trop grande de dix unités, et ne pas s'imaginer que le nombre est de 10, ou 9 ou 8 chiffres. On sent bien que si dans le cas dont nous parlons, cette caractéristique est plus petite que 10, on ne peut commencer à écrire les chiffres du nombre qu'après une virgule. Par exemple, que si la caractéristique est 9, on doit commencer au premier rang après une virgule ; que si elle est 8, il faut mettre encore un zéro à ce premier rang, et ne commencer à écrire les chiffres qu'au second rang. C'est ainsi que 9,5622929 serait le logarithme de 0,365, et 8,5622929 le log. de 0,0365. Mais c'est dans les tables des sinus principalement qu'on fait usage de cette manière d'écrire les logarithmes.

252. On trouve dans les tables ordinaires, les décimales des logarithmes poussées jusqu'à sept chiffres ou figures, dont la dernière parconséquent indique les $\frac{1}{10000000}$, et on est sûr que l'erreur n'est jamais d'une unité de ce dernier ordre et qu'ainsi elle n'est d'aucune importance. Il y a cependant des calculs où l'on a besoin d'une précision encore plus grande ; on se sert alors des grandes tables de *Vlacq*, où les logarithmes se trouvent calculés avec dix décimales.

253. Comme la première partie, ou la caractéristique d'un logarithme, n'est sujette à aucune difficulté, on l'indique rarement dans les tables ; on n'y exprime que la seconde partie, ou les sept figures de la fraction décimale. On a des tables anglaises où l'on trouve les logarithmes de tous les nombres depuis 1 jusqu'à 100000, et même ceux de nombres plus grands, parceque de petites tables additionnelles indiquent ce qu'il faut ajouter aux logarithmes, à raison

des chiffres que les nombres proposés ont de plus que dans les tables. On trouve, par exemple, le logarithme de 379456 facilement , par le moyen de celui de 37945 et des petites tables dont nous parlons.

254. On comprendra aisément par ce qui a été dit, comment, ayant trouvé un logarithme , on doit prendre dans les tables le nombre qui lui convient. Cela deviendra encore plus clair par un exemple : multiplions les nombres 343 et 2401. Puisqu'il faut ajouter ensemble les logarithmes, on disposera le calcul ainsi qu'il suit :

$$
\begin{array}{l}
\text{L.} \quad 343 = 2,5352941 \\
\text{L.} \ 2401 = 3,3803922 \\
\hline
\phantom{\text{L.} \ 2401 } = 5,9156863
\end{array}
$$

le nombre cherché est donc 823543.

Car la somme est le logarithme du produit cherché; on voit par sa caractéristique 5 que ce produit est composé de six chiffres , et ceux-ci se trouvent par le moyen de la fraction décimale.

255. Comme c'est en particulier dans l'extraction des racines que les logarithmes rendent de grands services, donnons aussi un exemple de la manière dont on les applique à cette partie du calcul. Supposez qu'il s'agisse d'extraire la racine quarrée de 10. Vous divisez simplement par 2 le logarithme de 10, qui est 1,0000000 ; le quotient 0,5000000 est le logarithme de la racine cherchée. Or le nombre qui dans les tables répond à ce logarithme, est 3,16228, dont le quarré est effectivement égal à 10, à un cent millième près, dont il est plus grand.

SECTION SECONDE.

Des différentes Méthodes de Calcul pour les Grandeurs composées ou complexes.

CHAPITRE PREMIER.

De l'Addition des Quantités complexes.

256. Lorsqu'on a deux ou plusieurs formules composées de plusieurs termes à ajouter ensemble, on ne fait souvent qu'indiquer cette addition par des signes, en mettant chaque formule entre deux parenthèses, et en la liant avec les autres par le moyen du signe $+$. S'il s'agit, par exemple, d'ajouter ensemble les formules

$$a + b + c \ \text{et}\ d + e + f,$$

on indique la somme en cette manière :

$$(a + b + c) + (d + e + f).$$

257. On sent bien que ce n'est pas là effectuer l'addition, que ce n'est que l'indiquer. Mais on voit aussi que pour la faire réellement, on n'a qu'à omettre les crochets ; car le nombre $d + e + f$ devant être ajouté à l'autre, on sait que cela se fait en y joignant d'abord $+ d$, ensuite $+ e$, et ensuite $+ f$; ce qui donne donc la somme

$$a + b + c + d + e + f.$$

4

On se conduirait de la même manière, si quelques-uns des termes étaient affectés du signe —; il faudrait les joindre l'un à la suite de l'autre, sous le signe qui précéde chacun d'enx.

258. Afin de rendre ceci plus clair, nous considérerons un exemple en nombres purs; nous nous proposerons d'ajouter à la formule $12-8$ cette autre, $15-6$. Si nous commençons donc par ajouter 15, nous aurons $12-8+15$; or c'était ajouter trop, puisqu'il ne fallait ajouter que $15-6$, et il est clair que c'est 6 que nous avons ajouté de trop. Otons donc ces 6 unités, en les écrivant avec leur signe soustractif; nous aurons la somme véritable.

$$12-8+15-6.$$

D'où l'on voit que ces sommes se trouvent en écrivant tous les termes, chacun avec le signe qui lui est propre.

259. S'il est donc question d'ajouter la formule $d-e-f$ à la formule $a-b+c$, on exprimera ainsi la somme :

$$a-b+c+d-e-f,$$

en remarquant cependant que l'ordre dans lequel on écrit ces termes est indifférent. On peut les changer de place à volonté, pourvu qu'on conserve les signes. Cette somme pourrait, par exemple, s'écrire ainsi :

$$c-e+a-f+d-b.$$

260. On voit assez que l'addition ne souffre aucune difficulté, de quelque forme que soient les termes sur lesquels on opère. S'il fallait ajouter ensemble les formules

$$2a^3+6\sqrt{b}-4\mathrm{L}.c \text{ et } 5\sqrt{a}-7c,$$

on écrirait

$$2a^3+6\sqrt{b}-4\mathrm{L}.c+5\sqrt{a}-7c,$$

soit dans cet ordre même, soit dans tout autre, pourvu qu'on ne change pas les signes.

261. Mais il arrive souvent que les sommes trouvées de cette manière peuvent se réduire considérablement : ce qui arrive lorsque deux ou plusieurs termes s'entre-détruisent : comme, par exemple, si l'on rencontre dans une même somme les termes $+a-a$ ou $3a-4a+a$; ou si l'on peut réduire deux ou plusieurs termes en un seul. Voici des exemples de cette seconde réduction :

$$3a+2a=5a;\ 7b-3b=+4b;\ -6c+10c=+4c;$$
$$5a-8a=-3a;\ -7b+b=-6b;\ -3c-4c=-7c;$$
$$2a-5a+a=-2a;\ -3b-5b+2b=-6b.$$

On peut donc abréger ou contracter le résultat, toutes les fois que deux ou plusieurs termes sont entièrement les mêmes quant aux lettres. Mais il ne faut pas confondre ces cas avec ceux-ci $2aa+3a$, ou $2b^3-b^4$; ceux de cette espèce ne souffrent point de réduction.

262. Considérons encore quelques exemples de réduction ; le suivant nous conduira d'abord à une vérité très-utile. Supposez qu'il faille ajouter ensemble les formules $a+b$ et $a-b$; notre règle donne $a+b+a-b$; or

$$a+a=2a, \text{ et } b-b=0;$$

la somme est donc $2a$; parconséquent si l'on ajoute ensemble la somme de deux nombres $(a+b)$ et leur différence $(a-b)$, on obtient le double du plus grand de ces deux nombres.

Voici encore d'autres exemples :

$$
\begin{array}{l|l}
3a-2b-\ \ c & a^3-2aab+2abb \\
5b-6c+\ \ a & -aab+2abb-b^3 \\
\hline
4a+3b-7c & a^3-3aab+4abb-b^3.
\end{array}
$$

CHAPITRE II.

De la Soustraction des Quantités complexes.

263. SI on ne veut qu'indiquer la soustraction, on enferme chaque formule entre deux crochets, en écrivant sous le signe — la formule qui doit être soustraite à la suite de celle dont il faut la soustraire.

En soustrayant, par exemple, la formule $d-e+f$ de la formule $a-b+c$, on trouve le reste

$$(a-b+c)-(d-e+f);$$

et cette façon de l'indiquer donne suffisamment à connaître laquelle des deux formules doit être soustraite de l'autre.

264. Mais quand on veut effectuer réellement la soustraction, il faut observer d'abord, qu'en soustrayant d'une quantité a une autre quantité positive $+b$, on obtient $a-b$. En second lieu, qu'en soustrayant de a une quantité négative $-b$, on obtient $a+b$; parce qu'ôter à quelqu'un une dette est autant que lui donner quelque chose.

265. Supposons maintenant qu'il s'agisse de soustraire de la formule $a-c$ la formule $b-d$, on ôtera d'abord b; ce qui donne $a-c-b$: or on a ôté la quantité d de trop, puisqu'il ne fallait soustraire que $b-d$; il faudra donc restituer la valeur de d, et on aura

$$a-c-b+d;$$

d'où il résulte qu'il faut changer les signes des termes de la formule à soustraire, et les ajouter sous ces signes contraires aux termes de l'autre formule.

266. Il est donc facile, d'après cette règle, de faire

la soustraction, puisqu'on ne fait qu'écrire, telle qu'elle est, la formule de laquelle il faut soustraire, et que l'autre s'y joint sans autre changement que celui des signes. C'est ainsi que, dans le premier exemple, où il s'agissait de soustraire de $a-b+c$ la formule $d-e+f$, on obtient

$$a-b+c-d+e-f.$$

Un exemple en nombres rendra cela encore plus clair. Si on soustrait la formule $6-2+4$ de $9-3+2$, on obtiendra

$$9-3+2-6+2-4=0,$$

cela est évident ; car

$$9-3+2=8;$$

de même

$$6-2+4=8;$$

or

$$8-8=0.$$

267. La soustraction n'étant donc sujette à aucune difficulté, il ne reste qu'à faire remarquer que si, dans le reste, il se trouve deux ou plusieurs termes tout-à-fait semblables quant aux lettres, ce reste peut se réduire à une expression plus abrégée, suivant les mêmes règles que nous avons données pour les sommes dans l'addition.

268. Qu'on ait à soustraire de $a+b$, ou de la somme de deux quantités, leur différence $a-b$, on aura d'abord $a+b-a+b$; or

$$a-a=0 \text{ et } b+b=2b;$$

le reste cherché est donc $2b$, c'est-à-dire le double de la plus petite des deux quantités.

269. Les exemples suivans tiendront lieu d'éclaircissemens ultérieurs :

$$
\begin{array}{l|l}
aa + ab + bb & 3a - 4b + 5c \\
bb + ab - aa & 2b + 4c - 6a \\
\hline
\text{reste} = 2aa. & \text{reste} = 9a - 6b + c
\end{array}
$$

$$
\begin{array}{l|l}
a^3 + 3aab + 3abb + b^3 & \sqrt{a} + 2\sqrt{b} \\
a^3 - 3aab + 3abb - b^3 & \sqrt{a} - 3\sqrt{b} \\
\hline
\text{reste} = 6aab + 2b^3. & \text{reste} = +5\sqrt{b}
\end{array}
$$

CHAPITRE III.

De la Multiplication des Quantités complexes.

270. Lorsqu'il n'est question que d'indiquer simplement une telle multiplication, on met entre deux crochets chacune des formules qui doivent être multipliées ensemble, et on les joint les unes aux autres, quelquefois sans aucun signe, quelquefois en mettant un point, ou le signe $\times$ entre deux. Par exemple, pour indiquer le produit des formules $a - b + c$ et $d - e + f$, on écrit

$$(a - b + c) . (d - e + f), \text{ ou } (a - b + c) \times (d - e + f).$$

On se sert beaucoup de cette façon d'indiquer les produits, parcequ'elle donne à connaître sur-le-champ de quels facteurs ils sont composés.

271. Mais pour montrer comment on doit s'y prendre pour faire une multiplication effective, nous remarquerons d'abord que pour multiplier, par exemple, une formule comme $a - b + c$ par 2, on en multiplie chaque terme séparément par ce nombre, de sorte qu'on obtient

$$2a - 2b + 2c.$$

Or la même chose a lieu pour tous les autres nombres. Si c'était par d qu'il fallût multiplier la même formule, on obtiendrait

$$ad - bd + cd.$$

272. Nous avons supposé tout-à-l'heure que d était un nombre positif; mais si c'est par un nombre négatif comme $- e$, que la multiplication doit se faire, il faut se rappeler la règle que nous avons donnée (n°. 34), et de laquelle il

résulte que deux signes contraires multipliés l'un par l'autre font $-$, et que les deux mêmes signes donnent $+$. On aura donc :

$$- ae + be - ce.$$

273. Pour faire voir à présent comment une formule, comme A, qu'elle soit simple ou complexe, doit être multipliée par une formule complexe $d - e$; nous considérerons d'abord un exemple en nombres ordinaires, en supposant que A diove être multiplié par $7 - 3$. Or il est évident que c'est ici le quadruple de A qu'on demande ; car si l'on prend d'abord A sept fois, il faudra soustraire ensuite A pris trois fois.

En général donc s'il s'agit de multiplier par $d - e$, on multipliera la formule A d'abord par d et ensuite par e, et on soustraira ce dernier produit du premier ; d'où résulte $dA - eA$.

Supposons maintenant

$$A = a - b,$$

et qu'on ait cette quantité-ci à multiplier par $d - e$; nous aurons

$$dA = ad - bd$$
$$eA = ae - be$$

donc le produit cherché $= ad - bd - ae + be$.

274. Puisque nous connaissons le produit $(a - b).(d - e)$, et que nous n'avons pas lieu de douter de son exactitude, nous nous remettrons le même exemple de multiplication sous les yeux, sous la forme que voici :

$$a - b$$
$$d - e$$

$$ad - bd - ae + be.$$

Il nous fait voir qu'il faut multiplier chaque terme de la formule supérieure par chaque terme de la formule inférieure, et que, pour ce qui regarde les signes, il faut observer strictement la règle donnée plus haut ; règle qui se confirmerait par là entièrement, si elle avait pu être tant soit peu révoquée en doute.

275. Il sera facile, d'après cette règle, de calculer l'exemple suivant, qui est de multiplier $a+b$ par $a-b$:

$$\begin{array}{r} a+b \\ a-b \\ \hline aa+ab \\ -ab-bb \\ \hline \end{array}$$

le produit sera $=aa-bb$.

276. On sait qu'on peut substituer pour a et b des nombres déterminés à volonté ; ainsi l'exemple que nous venons de donner, renferme le principe que voici : le produit de la somme de deux nombres multipliée par leur différence est égal à la différence des quarrés de ces nombres. On peut exprimer cette vérité en cette manière :

$$(a+b)\times(a-b)=aa-bb.$$

Et on en conclut cette autre vérité : que la différence entre les quarrés des deux nombres est toujours un produit, divisible tant par la somme que par la différence des racines de ces deux quarrés ; et que parconséquent la différence de deux quarrés ne peut jamais être un nombre premier.

277. Calculons encore quelques autres exemples :

$$1^{\circ}....\quad \begin{array}{r} 2a-3 \\ 2a+2 \\ \hline 4aa-3a \\ +4a-6 \\ \hline \text{prod.}=4aa+\ a-6 \end{array} \qquad 2^{\circ}...\quad \begin{array}{r} 4aa-6a+9 \\ 2a+3 \\ \hline 8a^3-12aa+18a \\ +12aa-18a+27 \\ \hline \text{prod.}=8a^3+27 \end{array}$$

$$3^\circ \ldots \; 3aa - 2ab - bb$$
$$2a - 4b$$
$$\overline{}$$
$$6a^3 - 4aab - 2abb$$
$$- 12aab + 8abb \quad + 4b^3$$

$$\text{Prod.} = \; 6a^3 - 16aab + 6abb \quad + 4b^3.$$

$$4^\circ \ldots \; aa + 2ab + 2bb$$
$$aa - 2ab + 2bb$$
$$\overline{}$$
$$a^4 + 2a^3b + 2aabb$$
$$- 2a^3b - 4aabb - 4ab^5$$
$$+ 2aabb + 4ab^3 + 4b^4$$

$$\text{Prod.} = \; a^4 + 4b^4.$$

$$5^\circ \ldots \; 2aa - 3ab - 4bb$$
$$3aa - 2ab + bb$$
$$\overline{}$$
$$6a^4 - 9a^3b - 12aabb$$
$$- 4a^3b + 6aabb + 8ab^3$$
$$+ 2aabb - 3ab^3 - 4b^4$$

$$\text{Prod.} = \; 6a^4 - 13a^3b - 4aabb + 5ab^3 - 4b^4.$$

$$6^\circ \ldots \; aa + bb + cc - ab - ac - bc$$
$$a + b + c$$
$$\overline{}$$
$$a^3 + abb + acc - aab - aac - abc$$
$$- abb - acc + aab + aac - abc + b^3 + bcc - bbc$$
$$- abc \qquad - bcc + bbc + c^3$$

$$\text{Prod.} = a^3 - 3abc + b^3 + c^3.$$

Lorsqu'on a plus de deux formules à multiplier ensemble,
on comprendra sans doute qu'après en avoir multiplié deux
l'une par l'autre, il faut ensuite multiplier ce produit par
une

-ane de celles qui restent, et ainsi de suite ; et qu'il est indifférent dans quel ordre se succéderont ces multiplications. Qu'on
se propose, par exemple, de trouver la valeur du produit suivant composé de quatre facteurs :

$$(a + b)(aa + ab + bb)(a - b)(aa - ab + bb),$$

on multipliera d'abord l'un par l'autre les deux premiers facteurs

$$
\begin{array}{l}
aa + ab + bb \\
a + b \\
\hline
a^3 + aab + abb \\
 + aab + abb + b^3 \\
\hline
\end{array}
$$

$$\text{Prod.} = a^3 + 2aab + 2abb + b^3 \ldots \ldots \ldots (1^\circ)$$

Ensuite on multipliera le 3e par 4^e

$$
\begin{array}{l}
aa - ab + bb \\
a - b \\
\hline
a^3 - aab + abb \\
 - aab + abb - b^3 \\
\hline
\end{array}
$$

$$\text{Prod.} = a^3 - 2aab + 2abb - b^3 \ldots , \ldots (2^\circ)$$

Reste donc à multiplier 1° par 2°

$$
\begin{array}{l}
a^3 + 2aab + 2abb + b^3 \\
a^3 - 2aab + 2abb - b^3 \\
\hline
a^6 + 2a^5b + 2a^4bb + a^3b^3 \\
 - 2a^5b - 4a^4bb - 4a^3b^3 - 2aab^4 \\
 + 2a^4bb + 4a^3b^3 + 4aab^4 + 2ab^5 \\
 - a^3b^3 - 2aab^4 - 2ab^5 - b^6 \\
\hline
\end{array}
$$

$$\text{Prod. tot.} = a^6 - b^6.$$

279. Reprenons le même exemple, mais changeons l'ordre

H

des multiplications : en multipliant d'abord le premier facteur par le troisième, puis le second par le quatrième.

$$a + b$$
$$a + b$$

$$aa + ab$$
$$ - ab - bb$$

$$\text{Prod.} = aa - bb \dots\dots\dots (1°)$$

$$aa + ab \quad + bb$$
$$aa - ab \quad + bb$$

$$a^4 + a^3 b \quad + aabb$$
$$ - a^3 b \quad - aabb - ab^3$$
$$ + aabb + ab^3 + b^4$$

$$\text{Prod.} = a^4 + aabb + b^4 \dots\dots\dots (2°)$$

Et enfin (1°) par (2°)

$$a^4 + aabb + b^4$$
$$aa - bb$$

$$a^6 + a^4 bb + aab^4$$
$$ - a^4 bb - aab^4 - b^6$$

$$\text{Prod. tot.} = a^6 - b^6,$$

le même que ci-dessus.

280. Nous ferons ce calcul encore dans un autre ordre,
en multipliant d'abord le premier facteur par le quatrième,
et ensuite le deuxième par le troisième

$$aa - ab + bb$$
$$a + b$$

$$a^3 - aab + abb$$
$$ + aab - abb + b^3$$

$$\text{Prod.} = a^3 + b^3 \dots\dots\dots (1°)$$

$$aa + ab + bb$$
$$a - b$$
$$\overline{}$$
$$a^3 + aab + abb$$
$$- aab - abb - b^3$$

$$\text{Prod.} = a^3 - b^3 \ldots \ldots \ldots \ldots \ldots (2^\circ)$$

Il reste à multiplier (1°) par (2°).

$$a^3 + b^3$$
$$a^3 - b^3$$
$$\overline{}$$
$$a^6 + a^3 b^3$$
$$- a^3 b^3 - b^6$$

$$\text{Prod. tot.} = a^6 - b^6$$

le même que ci-dessus.

281. Il est à propos d'éclaircir cet exemple par une application numérique. Faisons

$$a = 3 \text{ et } b = 2,$$

nous aurons

$$a + b = 5$$

et

$$a - b = 1 ;$$

de plus,

$$aa = 9, \ ab = 6, \ bb = 4.$$

Donc

$$aa + ab + bb = 19 \text{ et } aa - ab + bb = 7.$$

Donc on demande le produit de $5.19.1.7$, qui est 665.

Or

$$a^6 = 729 \text{ et } b^6 = 64,$$

parconséquent le produit cherché

$$a^6 - b^6 = 665,$$

comme nous venons de le dire.

CHAPITRE IV.

De la Division des Quantités complexes.

282. QUAND on ne veut qu'indiquer la division, on le fait ou en écrivant le diviseur sous le dividende, et les séparant par un trait; ou bien en comprenant et le dividende et le diviseur entre deux crochets qu'on sépare par deux points (*). S'il est question, par exemple, de diviser $a + b$ par $c + d$, on indique ainsi le quotient $\dfrac{a+b}{c+d}$, suivant la première manière; et de cette façon, $(a+b):(c+d)$, suivant la seconde. L'une et l'autre expression se prononcent *a + b divisé par c + d*.

283. S'il s'agit de diviser une formule composée par une formule simple, on divise chaque terme séparément. Par exemple,

$$\frac{6a - 8b + 4c}{2} = 3a - 4b + 2c;$$

$$\frac{(aa - 2ab)}{a} = a - 2b,$$

$$\frac{(a^3 - 2aab + 3abb)}{a} = aa - 2ab + 3bb;$$

$$\frac{(4aab - 6aac + 8abc)}{2a} = 2ab - 3ac + 4bc;$$

$$\frac{(9aabc - 12abbc + 15abcc)}{3abc} = 3a - 4b + 5c,$$

etc.

______

(*) Cette dernière notation est actuellement peu usitée, si ce n'est en exposant.

284. S'il arrive qu'un des termes du dividende ne soit pas divisible par le diviseur, on indique le quotient par une fraction, comme dans la division de $a + b$ par a, qui donne $1 + \dfrac{b}{a}$. De même

$$\frac{(aa - ab + bb)}{aa} = 1 - \frac{b}{a} + \frac{bb}{aa}.$$

Par la même raison, si l'on divise $2a + b$ par 2, on obtient $a + \dfrac{b}{2}$; et on peut remarquer à cette occasion qu'on pourrait écrire $\dfrac{1}{2} b$ au lieu de $\dfrac{b}{2}$, parceque $\dfrac{1}{2}$ fois b est autant que $\dfrac{b}{2}$. Pareillement $\dfrac{b}{3}$ est autant que $\dfrac{1}{3} b$, et $\dfrac{2b}{3}$ autant que $\dfrac{2}{3} b$, etc.

285. Mais quand le diviseur est lui-même une quantité complexe, la division offre plus de difficultés. Souvent elle a lieu lorsqu'on s'en doute le moins; mais lorsqu'elle ne peut se faire, il faut se contenter d'indiquer le quotient par une fraction, de la manière que nous avons dit. Nous commencerons par considérer quelques cas où la division réussit.

286. Supposons qu'il s'agisse de diviser le dividende $ac - bc$ par le diviseur $a - b$, il faut donc que le quotient soit tel qu'étant multiplié par le diviseur $a - b$, on obtienne le dividende $ac - bc$. Or on voit aisément que ce quotient doit renfermer un c, puisque sans cela on ne pourrait obtenir ac. Afin de voir si c est le quotient entier, on n'a qu'à le multiplier par le diviseur, et voir si cette multiplication produit le dividende en entier, ou si elle n'en donne qu'une partie. Dans notre cas, si nous multiplions $a - b$ par c, nous avons $ac - bc$ qui est en effet le dividende même; de sorte que c est le quotient complet. Il n'est pas moins clair que

$$\frac{aa + ab}{a + b} = a \; ; \; \frac{3aa - 2ab}{3a - 2b} = a \; ; \; \frac{6aa - 9ab}{2a - 3b} = 3a \;, \text{etc.}$$

287. On ne peut manquer de cette manière de trouver une partie du quotient ; si donc ce qu'on a multiplié par le diviseur et soustrait, n'épuise pas encore le dividende, on n'a qu'à diviser le reste par le diviseur, pour obtenir une seconde partie du quotient ; et l'on continuera de la même manière jusqu'à ce qu'on ait trouvé le quotient en entier.

Divisons, afin de donner un exemple, $aa + 3ab + 2bb$ par $a + b$; il est clair, en premier lieu, que le quotient contiendra le terme a, puisque, si cela n'était pas, on n'obtiendrait point aa. Or en multipliant le diviseur $a + b$ par a, il vient $aa + ab$; et soustrayant ce produit du dividende, on a pour reste $2ab + 2bb$. Ce reste doit être divisé par $a + b$, et il est visible que le quotient de cette division doit contenir le terme $2b$. Or $2b$ multiplié par $a + b$ fait exactement $2ab + 2bb$; par conséquent $a + 2b$ est ce quotient cherché, puisque multiplié par le diviseur $a + b$, le produit est le dividende $aa + 3ab + 2bb$. Voici toute l'opération :

$$
\begin{array}{ll}
aa + 3ab + 2bb & \left\{ \begin{array}{l} \underline{a + b} \\ \text{quot.} = a + 2b \end{array} \right. \\
\underline{aa + ab} & \\
+\ 2ab + 2bb & \\
\underline{+\ 2ab + 2bb} & \\
\end{array}
$$

$$\text{Reste} = 0.$$

288. On facilite cette opération en écrivant pour premier terme du dividende et du diviseur, celui qui renferme la plus haute puissance d'une même lettre, prise d'ailleurs à volonté : c'est ce qu'on appelle *ordonner*. Ce terme était a dans l'exemple précédent. Les exemples suivans rendront la chose encore plus claire :

$$a^3 - 3aab + 3abb - b^3 \left\{ \begin{array}{l} a - b \\ \hline \text{quot.} = aa - 2ab + bb \end{array} \right.$$
$$a^3 - aab$$

$$- 2aab + 3abb$$
$$- 2aab + 2abb$$

$$+ abb - b^3$$
$$+ abb - b^3$$

Reste $= 0$.

$$aa - bb \left\{ \begin{array}{l} a + b \\ \hline \text{quot.} = a - b \end{array} \right.$$
$$aa + ab$$

$$- ab - bb$$
$$- ab - bb$$

Reste $= 0$

$$18aa - 8bb \left\{ \begin{array}{l} 3a - 2b \\ \hline \text{quot.} = 6a + 4b \end{array} \right.$$
$$18aa - 12ab$$

$$+ 12ab - 8bb$$
$$+ 12ab - 8bb$$

Reste $= 0$.

$$a^3 + b^3 \left\{ \begin{array}{l} a + b \\ \hline \text{quot.} = aa - ab + bb \end{array} \right.$$
$$a^3 + aab$$

$$- aab + b^3$$
$$- aab - abb$$

$$+ abb + b^3$$
$$+ abb + b^3$$

Reste $= 0$.

4

$$8a^3 - b^3 \left\{ \begin{array}{l} 2a - b \\ \hline \text{quot.} = 4au + 2ab + bb \end{array} \right.$$
$$8a^3 - 4aab$$

$$+ 4aab - b^3$$
$$+ 4aab - 2abb$$

$$+ 2abb - b^3$$
$$+ 2abb - b^3$$

$$\text{Reste} = 0.$$

$$a^4 - 4a^3b + 6a^2b^2 - 4ab^3 + b^4 \left\{ \begin{array}{l} a^2 - 2ab + b^2 \\ \hline \text{quot.} = a^2 - 2ab + b^2 \end{array} \right.$$
$$a^4 - 2a^3b + a^2b^2$$

$$- 2a^3b + 5a^2b^2 - 4ab^3$$
$$- 2a^3b + 4a^2b^2 - 2ab^3$$

$$+ a^2b^2 - 2ab^3 + b^4$$
$$+ a^2b^2 - 2ab^3 + b^4$$

$$\text{Reste} = 0.$$

$$a^4 + 4a^2b^2 + 16b^4 \left\{ \begin{array}{l} a^2 - 2ab + 4b^2 \\ \hline \text{quot.} = a^2 + 2ab + 4b^2 \end{array} \right.$$
$$a^4 - 2a^3b + 4a^2b^2$$

$$+ 2a^3b + 16b^4$$
$$+ 2a^3b - 4a^2b^2 + 8ab^3$$

$$+ 4a^2b^2 - 8ab^3 + 16b^4$$
$$+ 4a^2b^2 - 8ab^3 + 16b^4$$

$$\text{Reste} = 0.$$

$$a^4 + 4b^4 \left\{ \begin{array}{l} a^2 - 2ab + 2b^2 \\ \hline \text{quot.} = a^2 + 2ab + 2b^2 \end{array} \right.$$
$$a^4 - 2a^3b + 2a^2b^2$$

$$+ 2a^3b - 2a^2b^2 + 4b^4$$
$$+ 2a^3b - 4a^2b^2 + 4ab^3$$

$$+ 2a^2b^2 - 4ab^3 + 4b^4$$
$$+ 2a^2b^2 - 4ab^3 + 4b^4$$

$$\text{Reste} = 0.$$

$$
\begin{array}{l}
1-5x+10x^2-10x^3+5x^4-x^5 \\
1-2x+\ \ x^2
\end{array}
\left\{
\begin{array}{l}
1-2x+xx \\
\hline
\text{quot.}=1-3x+3x^2-x^3
\end{array}
\right.
$$

$$
\begin{array}{l}
-3x+9x^2-10x^3 \\
-3x+6x^2-\ 3x^3 \\
\hline
\ \ +3x^2-\ 7x^3+5x^4 \\
\ \ +3x^2-\ 6x^3+3x^4 \\
\hline
\ \ \ \ \ \ -\ x^3+2x^4-x^5 \\
\ \ \ \ \ \ -\ x^3+2x^4-x^5 \\
\hline
\end{array}
$$

Reste $=0$.

CHAPITRE V.

De la résolution des Fractions en suites infinies.

289. $\mathbf{Q}$UAND le dividende n'est pas divisible par le diviseur, le quotient s'exprime, comme nous l'avons dit, par une fraction.

C'est ainsi que si l'on doit diviser 1 par $1-a$, on a la fraction $\dfrac{1}{1-a}$. Cela n'empêche cependant pas qu'on ne puisse entreprendre la division suivant les règles que nous avons données, et qu'on ne puisse la continuer aussi loin qu'on veut. On ne laissera pas de trouver le vrai quotient, quoique sous des formes différentes.

290. Pour le prouver, divisons réellement le dividende 1 par le diviseur $1-a$, et nous trouverons

$$\frac{1}{1-a} = 1 + \frac{a}{1-a};$$

mais

$$\frac{a}{1-a} = a + \frac{a^2}{1-a}; \quad \frac{a^2}{1-a} = a^2 + \frac{a^3}{1-a}; \quad \frac{a^3}{1-a} = a^3 + \frac{a^4}{1-a}, \text{ etc.}$$

et ainsi de suite.

291. Nous voyons par là que la fraction $\dfrac{1}{1-a}$ peut se mettre sous toutes les formes qui suivent :

(1°.) $1 + \dfrac{a}{1-a}$;

(2°.) $1 + a + \dfrac{aa}{1-a}$;

(3°.) $1 + a + aa + \dfrac{a^3}{1-a}$;

(4°.) $1 + a + aa + a^3 + \dfrac{a^4}{1-a}$;

(5°.) $1 + a + aa + a^3 + a^4 + \dfrac{a^5}{1-a}$, etc.

Or en considérant la première de ces formules, qui est $1 + \dfrac{a}{1-a}$, et en faisant attention que 1 est autant que $\dfrac{1-a}{1-a}$, nous avons

$$1 + \frac{a}{1-a} = \frac{1-a}{1-a} + \frac{a}{1-a} = \frac{1-a+a}{1-a} = \frac{1}{1-a}.$$

Si on suit le même procédé pour la seconde formule $1 + a + \dfrac{aa}{1-a}$, c'est-à-dire que l'on réduise la partie des entiers $1 + a$ au même dénominateur $1 - a$, on aura $\dfrac{1-qa}{1-a}$, à quoi ajoutant $+ \dfrac{aa}{2-a}$, vient $\dfrac{1-aa+aa}{1-a}$, c'est-à-dire $\dfrac{1}{1-a}$.

Dans la troisième formule $1 + a + aa + \dfrac{a^3}{1-a}$, les entiers, réduits au dénominateur $1 - a$, font $\dfrac{1-a^3}{1-a}$; et si on y ajoute la fraction $\dfrac{a^3}{1-a}$, on a $\dfrac{1}{1-a}$; donc toutes ces formules sont

en effet égales en valeur à la fraction proposée $\dfrac{1}{1-a}$.

292. Cela posé , on pourra aller plus loin et aussi loin qu'on voudra, sans avoir besoin de calculer davantage. On aura donc

$$\frac{1}{1-a} = 1 + a + aa + a^3 + a^4 + a^5 + a^6 + a^7 + \frac{a^8}{1-a};$$

ou bien on pourrait continuer encore , et même sans jamais finir. C'est pourquoi l'on peut dire que la fraction proposée a été résolue en une suite infinie , laquelle est ,

$$1 + a + aa + a^3 + a^4 + a^5 + a^6 + a^7 + a^8 + a^9 + a^{10} + a^{11} + a^{12} + \text{etc.}$$

à l'infini. Et on est très-fondé à soutenir que la valeur de cette

série infinie est la même que celle de la fraction $\dfrac{1}{1-a}$.

293. Ce que nous venons de dire peut , au premier abord, paraître étonnant ; mais la considération de quelques cas particuliers le fera comprendre aisément.

Supposons premièrement $a = 1$; notre suite deviendra $1 + 1 + 1 + 1 + 1 + 1 + 1 + \text{etc.}$ jusqu'à l'infini. La fraction $\dfrac{1}{1-a}$, à laquelle elle doit être égale, devient $\frac{1}{0}$; or nous avons remarqué plus haut que $\frac{1}{0}$ est un nombre infiniment grand ; cela se confirme donc ici d'une manière élégante.

Mais si l'on suppose $a = 2$, notre suite devient $= 1 + 2 + 4 + 8 + 16 + 32 + 64 + $ etc. à l'infini , et sa valeur doit être $\dfrac{1}{1-2}$, c'est-à-dire , $\dfrac{1}{-1} = -1$; ce qui , au premier coup d'œil , semblera absurde. Mais il faut remarquer que si l'on veut s'arrêter à quelque terme de la série susdite, on ne doit le faire qu'en joignant la fraction qui reste. Supposons , par exemple , que nous voulions nous arrêter à 64 , il faudra , après avoir écrit $1 + 2 + 4 + 8 + 16 + 32 + 64$, joindre la fraction

$\frac{128}{1-2}$, ou $\frac{128}{-1}$, ou -128 ; on aura donc $127 - 128$, c'est-à-dire en effet -1.

Que si l'on continuait sans cesse la suite , il ne serait plus à la vérité, question de la fraction , mais aussi on ne s'arrêterait jamais.

294. Voilà donc des considérations nécessaires , quand on prend pour a des nombres plus grands que l'unité. Mais si l'on suppose a plus petit que 1 , tout devient plus facile à concevoir.

Soit, par exemple ,

$$a = \tfrac{1}{2},$$

on aura

$$\frac{1}{1-a} = \frac{1}{1-\tfrac{1}{2}} = \frac{1}{\tfrac{1}{2}} = 2 ,$$

ce qui sera égal à la série suivante :

$$1 + \tfrac{1}{2} + \tfrac{1}{4} + \tfrac{1}{8} + \tfrac{1}{16} + \tfrac{1}{32} + \tfrac{1}{64} + \tfrac{1}{128} + \text{etc.}$$

à l'infini. Or si l'on prend deux termes seulement de cette suite, on a $1 + \tfrac{1}{2}$, et il s'en faut de $\tfrac{1}{2}$ qu'elle ne soit égale à

$$\frac{1}{1-a} = 2.$$

Si on prend trois termes , il s'en faut encore de $\tfrac{1}{4}$; car la somme est $1 + \tfrac{3}{4}$. Si l'on prend quatre termes, on a $1 + \tfrac{7}{8}$, et il ne manque plus que $\tfrac{1}{8}$. On voit donc que plus on prend de termes, et plus la différence devient petite, et que, par-conséquent , si on continue à l'infini, il n'y aura plus de différence entre la somme et la valeur 2 de la fraction $\frac{1}{1-a}$.

295. Soit

$$a = \tfrac{1}{3} \, ;$$

notre fraction $\dfrac{1}{1-a}$ sera

$$= \frac{1}{1 - \tfrac{1}{3}} = \tfrac{3}{2} = 1\tfrac{1}{2} \, ;$$

à quoi se réduit parconséquent la suite

$$1 + \tfrac{1}{3} + \tfrac{1}{9} + \tfrac{1}{27} + \tfrac{1}{81} + \tfrac{1}{243} + \text{etc.}$$

jusqu'à l'infini.

Quand on prend deux termes on a $1 + \tfrac{1}{3}$, et il manque $\tfrac{1}{6}$. Trois termes donnent $1\tfrac{4}{9}$, et il manquera encore $\tfrac{1}{18}$. Prenez quatre termes, vous aurez $1\tfrac{13}{27}$, et la différence est $\tfrac{1}{54}$. Puis donc que l'erreur devient toujours trois fois moindre, il faut bien qu'à la fin elle s'évanouisse.

296. Supposons

$$a = \tfrac{2}{3} \, ;$$

nous aurons

$$\frac{1}{1-a} = \frac{1}{1 - \tfrac{2}{3}} = 3 \, ,$$

et la suite

$$1 + \tfrac{2}{3} + \tfrac{4}{9} + \tfrac{8}{27} + \tfrac{16}{81} + \tfrac{32}{243} + \text{etc.}$$

jusqu'à l'infini.

Prenant d'abord $1\tfrac{2}{3}$, l'erreur est $1\tfrac{1}{3}$. Prenant trois termes, qui font $2\tfrac{1}{9}$, l'erreur est de $\tfrac{8}{9}$. Prenant quatre termes, on a $2\tfrac{11}{27}$, et l'erreur est encore de $\tfrac{16}{27}$.

297. Si

$$a = \tfrac{1}{4} \, ,$$

la fraction est

$$\frac{1}{1 - \tfrac{1}{4}} = \frac{1}{\tfrac{3}{4}} = 1\tfrac{1}{3} \, ;$$

et la suite devient

$$\tfrac{1}{4} + \tfrac{1}{16} + \tfrac{1}{64} + \tfrac{1}{256} + \text{etc.}$$

Les deux premiers termes faisant $1 + \frac{1}{4}$, produiront $\frac{1}{12}$ d'erreur ; et prenant un terme de plus, on a $1\frac{5}{16}$, c'est-à-dire seulement $\frac{1}{48}$ d'erreur.

298. On pourra de la même manière résoudre en série infinie la fraction $\frac{1}{1+a}$, en divisant réellement le numérateur 1 par le dénominateur $1+a$, comme il suit :

$$1\ \begin{cases} \dfrac{1+a}{\text{quot.} = 1-a+a^2-a^3+a^4- \text{ etc.}} \end{cases}$$
$$-a$$
$$-a-a^2$$
$$+a^2$$
$$+a^2+a^3$$
$$-a^3$$
$$-a^3-a^4$$
$$+a^4$$
$$+a^4+a^5$$
$$-a^5, \text{ etc.}$$

d'où il suit que la fraction $\frac{1}{1+a}$ est égale à la suite

$$1 - a + aa - a^3 + a^4 - a^5 + a^6 - a^7 + \text{ etc.}$$

299. Si l'on pose

$$a = 1$$

on a cette comparaison remarquable ;

$$\frac{1}{1+1} = \frac{1}{2} = 1 - 1 + 1 - 1 + 1 - 1 + 1 - 1 + \text{ etc.}$$

à l'infini. On y trouvera quelque chose de contradictoire ; car si

s'arrête à — 1 , la série donne o ; et si on finit par + 1 , ell
donne 1 . Mais c'est là précisément ce qui tranche le nœud
car puisqu'on doit continuer jusqu'à l'infini sans s'arrêter jamai
ni à — 1 , ni à + 1 , il est clair que la somme ne peut êtr
ni o ni 1 , et qu'il faut que ce résultat final tienne un milieu
entre ces deux , et qu'il soit $\frac{1}{2}$.

300. Faisons à présent

$$a = \tfrac{1}{2},$$

notre fraction sera

$$\frac{1}{1 + \frac{1}{2}} = \tfrac{2}{3},$$

laquelle doit donc exprimer la valeur de la série

$$1 - \tfrac{1}{2} + \tfrac{1}{4} - \tfrac{1}{8} + \tfrac{1}{16} - \tfrac{1}{32} + \tfrac{1}{64} + \text{etc.}$$

à l'infini. Si l'on ne prend de cette série que les deux premiers
termes, on a $\frac{1}{2}$, ce qui est trop peu de $\frac{1}{6}$. Si l'on prend trois
termes, on a $\frac{3}{4}$, ce qui est trop de $\frac{1}{12}$. Si l'on prend quatre
termes , on a $\frac{5}{8}$, ce qui est trop peu de $\frac{1}{24}$, etc.

301. Supposons encore

$$a = \tfrac{1}{3};$$

notre fraction sera

$$\frac{1}{1 + \frac{1}{3}} = \tfrac{3}{4},$$

et c'est à quoi doit se réduire la série

$$1 - \tfrac{1}{3} + \tfrac{1}{9} - \tfrac{1}{27} + \tfrac{1}{81} - \tfrac{1}{283} + \tfrac{1}{729} + \text{etc.}$$

à l'infini. Or en considérant seulement deux termes, on a $\frac{2}{3}$,
c'est trop peu de $\frac{1}{12}$. Trois termes font $\frac{7}{9}$, c'est trop de $\frac{1}{36}$.
Quatre termes font $\frac{20}{27}$, c'est trop peu de $\frac{1}{108}$, et ainsi de suite.

302. La fraction $\dfrac{1}{1 + a}$ peut se résoudre encore d'une
autre manière en divisant 1 par $a + 1$,

$$1 + \frac{1}{a} \Bigg) \genfrac{}{}{0pt}{}{a + 1}{\text{quot.} = \dfrac{1}{a} - \dfrac{1}{aa} + \dfrac{1}{a^3} - \dfrac{1}{a^4} + \dfrac{1}{a^5}}$$

$$-\frac{1}{a}$$

$$-\frac{1}{a} - \frac{1}{aa}$$

$$+\frac{1}{aa}$$

$$+\frac{1}{aa} + \frac{1}{a^3}$$

$$-\frac{1}{a^3}$$

$$-\frac{1}{a^3} - \frac{1}{a^4}$$

$$+\frac{1}{a^4}$$

$$+\frac{1}{a^4} + \frac{1}{a^5}$$

$$-\frac{1}{a^5}, \text{ etc.}$$

Parconséquent notre fraction $\dfrac{1}{a + 1}$ est égale à la suite infinie

$$\frac{1}{a} - \frac{1}{aa} + \frac{1}{a^3} - \frac{1}{a^4} + \frac{1}{a^5} - \frac{1}{a^6} + \text{etc.}$$

Qu'on fasse $a = 1$, on aura la série

$$1 - 1 + 1 - 1 + 1 - 1 + \text{etc.} = \tfrac{1}{2},$$

comme ci-dessus. Et si l'on suppose $a = 2$, on aura la série

$$\tfrac{1}{2} - \tfrac{1}{4} + \tfrac{1}{8} - \tfrac{1}{16} + \tfrac{1}{32} - \tfrac{1}{64} \text{ etc.} = \tfrac{1}{3}.$$

303. C'est d'une manière semblable qu'on pourra résoudre généralement en une suite infinie la fraction $\dfrac{c}{a + b}$: on aura

$$c + \frac{bc}{a} \left\{ \begin{array}{l} a + b \\ \hline \text{quot.} = \dfrac{c}{a} - \dfrac{bc}{aa} + \dfrac{bbc}{a^3} - \dfrac{b^3c}{a^4}, + \text{etc.} \end{array} \right.$$

$$- \frac{bc}{a}$$

$$\overline{\quad\quad} \\ - \frac{bc}{a} - \frac{bbc}{aa}$$

$$\overline{\quad\quad} \\ + \frac{bbc}{aa}$$

$$+ \frac{bbc}{aa} + \frac{b^3c}{a^3}$$

$$\overline{\quad\quad} \\ - \frac{b^3c}{a^3}$$

$$- \frac{b^3c}{a^3} - \frac{b^4c}{a^4}$$

$$\overline{\quad\quad} \\ + \frac{b^4c}{a^4};$$

d'où l'on voit qu'on peut comparer $\dfrac{c}{a+b}$ avec la séri[e]

$$\frac{c}{a} - \frac{bc}{aa} + \frac{bbc}{a^3} - \frac{b^3c}{a^4} + \text{etc. jusqu'à l'infini.}$$

Supposons

$$a = 2, \ b = 4, \ c = 3,$$

nous aurons

$$\frac{c}{a+b} = \frac{3}{4+2} = \frac{3}{6} = \frac{1}{2} = \frac{3}{2} - 3 + 6 - 12 + \text{etc.}$$

Supposons

$$a = 10, b = 1 \text{ et } c = 11,$$

nous avons

$$\frac{c}{a+b} = \frac{11}{10+1} = 1 = \frac{11}{10} - \frac{11}{100} + \frac{11}{1000} - \frac{11}{10000} + \text{etc}$$

Si l'on ne considère qu'un seul terme de cette suite, on a $\frac{11}{10}$, ce qui est trop de $\frac{1}{10}$; si on prend deux termes, on a $\frac{99}{100}$, c'est trop peu de $\frac{1}{100}$; si on prend trois termes, on a $\frac{1001}{1000}$, c'est trop de $\frac{1}{1000}$, etc.

304. Quand il y a plus de deux termes dans le diviseur, on peut également continuer la division jusqu'à l'infini, de la même manière.

C'est ainsi que si on proposait la fraction $\dfrac{1}{1-a+aa}$, la suite infinie à laquelle elle est égale, se trouverait comme il suit :

$$
\begin{array}{l}
1\;\Big\{\;\dfrac{1-a+aa}{\text{quot.} = 1 + a - a^3 - a^4 + a^6 + a^7 \text{ etc.}} \\
1-a+aa\;\Big\{ \\
+a-aa \\
\dfrac{+a-aa+a^3}{} \\
-a^3 \\
\dfrac{-a^3+a^4-a^5}{} \\
-a^4+a^5 \\
\dfrac{-a^4+a^5-a^6}{} \\
+a^6 \\
\dfrac{+a^6-a^7+a^8}{} \\
+a^7-a^8 \\
\dfrac{+a^7-a^8+a^9}{} \\
-a^9.
\end{array}
$$

Nous avons donc l'équation

$$\frac{1}{1-a+aa} = 1 + a - a^3 - a^4 + a^6 + a^7 - a^9 - a^{10} + \text{ etc.}$$

sans fin. Si nous faisons ici $a = 1$, nous avons

$$1 = 1 + 1 - 1 - 1 + 1 + 1 - 1 - 1 + 1 + 1 + \text{ etc.}$$

laquelle série contient deux fois la série trouvée plus haut,

$1 = 1 + 1 - 1 + 1 +$ etc. Or comme nous avons trouvé celle-ci $= \frac{1}{2}$, il n'est pas étonnant que nous trouvions $\frac{2}{2}$ ou 1 pour la valeur de celle que nous venons de déterminer.

Qu'on fasse

$$a = \tfrac{1}{2},$$

on aura l'équation

$$\frac{1}{\frac{3}{4}} = \frac{4}{3} = 1 + \frac{1}{2} - \frac{1}{8} - \frac{1}{16} + \frac{1}{64} + \frac{1}{128} - \frac{1}{512} + \text{ etc.}$$

Qu'on suppose

$$a = \tfrac{1}{3},$$

on aura l'équation

$$\frac{1}{\frac{7}{9}} = \frac{9}{7} = 1 + \frac{1}{3} - \frac{7}{27} - \frac{1}{81} + \frac{1}{729} + \text{ etc.}$$

Si on prend les quatre premiers termes de cette suite, on a $\frac{104}{81}$, qui n'est que de $\frac{1}{567}$ moins que $\frac{9}{7}$.

Supposons encore

$$a = \tfrac{2}{3},$$

nous aurons

$$\frac{1}{\frac{7}{9}} = \frac{9}{7} = 1 + \frac{2}{3} - \frac{8}{27} - \frac{16}{81} + \frac{64}{729} + \text{ etc.}$$

Il faut donc que cette suite soit égale à la précédente ; et soustrayant l'une de l'autre, il faut que

$$0 = \frac{1}{3} - \frac{7}{27} - \frac{15}{81} + \frac{63}{729} + \text{ etc.}$$

305. La méthode que nous avons exposée sert à résoudre généralement toutes les fractions en suites infinies, et par là elle est souvent de la plus grande utilité. De plus, il est très-remarquable d'ailleurs qu'une série infinie, quoiqu'elle ne cesse jamais, puisse avoir une valeur déterminée. Aussi a-t-on tiré de ce fond les inventions les plus importantes, et cette matière mérite qu'on l'étudie avec toute l'attention possible.

CHAPITRE VI.

Des quarrés des quantités complexes.

306. Quand il s'agit de trouver le quarré d'une grandeur complexe, on n'a qu'à la multiplier par elle-même, le produit sera le quarré qu'on cherche.

Par exemple, le quarré de $a+b$ se trouve de la manière suivante :

$$\begin{array}{r} a+b \\ a+b \\ \hline aa+ab \\ +ab+bb \\ \hline aa+2ab+bb. \end{array}$$

307. Ainsi quand la racine consiste en deux termes ajoutés ensemble, comme $a+b$, le quarré renferme, 1°. les quarrés de l'un et de l'autre terme, savoir aa et bb ; 2°. le double du produit des deux, savoir $2ab$. De sorte que la somme $aa+2ab+bb$ est le quarré de $a+b$. Posons, par exemple,

$$a=10 \text{ et } b=3,$$

c'est-à-dire qu'il soit question de trouver le quarré de 13, on aura $100+60+9$ ou 169.

308. On trouvera facilement, par le secours de cette formule, les quarrés d'assez grands nombres, en les partageant en deux parties. Pour trouver, par exemple, le quarré de 57, on considérera que

$$57 = 50 + 7 ;$$

d'où l'on conclut que son quarré est

$$= 2500 + 7 . 100 + 49 = 3249.$$

309. On voit aussi par là que le quarré de $a + 1$ sera $aa + 2a + 1$: or puisque le quarré de a est aa, on trouve donc le quarré de $a + 1$ en ajoutant à celui-là $2a + 1$; et il faut remarquer que cette quantité $2a + 1$ est la somme des deux racines a et $a + 1$.

Ainsi comme le quarré de 10 est 100, celui de 11 sera $100 + 21$. Le quarré de 57 étant 3249, celui de 58 est

$$3249 + 115 = 3364.$$

Le quarré de

$$59 = 3364 + 117 = 3481 ;$$

le quarré de

$$60 = 3481 + 119 = 3600 , \text{etc.}$$

310. Le quarré d'une quantité complexe, comme $a + b$, s'indique de cette façon : $(a + b)^2$. On a donc

$$(a + b)^2 = aa + 2ab + bb,$$

d'où l'on déduit

$$(a + 1)^2 = aa + 2a + 1 ; (a + 2)^2 = aa + 4a + 4 ;$$
$$(a + 3)^2 = aa + 6a + 9 ; (a + 4)^2 = aa + 8a + 16 , \text{etc.}$$

311. Si la racine est $a - b$, le quarré en est $aa - 2ab + bb$, qui renferme parconséquent aussi le quarré des deux termes, mais dont il faut ôter le double du produit de ces deux termes.

Prenons, par exemple,

$$a = 10 \text{ et } b = 1,$$

e quarré de 9 se trouvera

$$= 100 - 20 + 1 = 81.$$

312. Puisque nous avons

$$(a - b)^2 = aa - 2ab + bb,$$

nous aurons

$$(a - 1)^2 = aa - 2a + 1.$$

Le quarré de $a - 1$ se trouve donc en soustrayant de aa la somme des deux racines a et $a - 1$, savoir, $2a - 1$. Soit par exemple, $a = 50$, on a

$$aa = 2500 \text{ et } a - 1 = 49;$$

donc

$$49^2 = 2500 - 99 = 2401.$$

313. Ce que nous avons dit s'étend encore aux fractions. Car si l'on prend pour racine $\frac{3}{5} + \frac{2}{5}$, ce qui fait 1, le quarré sera :

$$\frac{9}{25} + \frac{4}{25} + \frac{12}{25} = \frac{25}{25} = 1.$$

De plus le quarré de $\frac{1}{2} - \frac{1}{3}$ ou de $\frac{1}{6}$ sera

$$\frac{1}{4} - \frac{1}{3} + \frac{1}{9} = \frac{1}{36}.$$

314. Lorsque la racine est d'un plus grand nombre de termes, la méthode de déterminer le quarré est la même. Voici, par exemple, comment on trouve le quarré de $a + b + c$:

$$
\begin{array}{l}
a + b + c \\
a + b + c \\
\hline
aa + ab + ac \qquad\quad + bc \\
\quad\; + ab + ac + bb + bc + cc \\
\hline
aa + 2ab + 2ac + bb + 2bc + cc;
\end{array}
$$

on voit qu'il renferme d'abord le quarré de chaque terme de

la racine, et outre cela les doubles produits de ces termes
multipliés deux à deux.

315. Pour éclaircir ceci par un exemple, partageons le
nombre 256 en trois parties, $200 + 50 + 6$; son quarré sera
donc composé des parties suivantes :

$$
\begin{aligned}
&40000\\
&2500\\
&36\\
&20000\\
&2400\\
&600\\
\hline
&65536.
\end{aligned}
$$

Ce qui est effectivement le produit de 256 par 256.

316. Quand quelques termes de la racine sont négatifs, le
quarré se trouve encore par la même règle ; mais il faut faire
attention aux signes des doubles produits. Ainsi le quarré de
$a - b - c$ étant

$$aa + bb + cc - 2ab - 2ac + 2bc,$$

si l'on représentait donc le nombre 256 par $300 - 40 - 4$,
on aurait

Parties positives.	*Parties négatives.*
$+ 90000$	$- 24000$
$+ 1600$	$- 2400$
$+ 320$	$- 26400$
$+ 16$	
$+ 91936$	

or $\qquad + 91936 - 26400 = 65536$

quarré de 256, comme ci-dessus.

CHAPITRE VII.

De l'extraction des racines , appliquée aux quantités complexes.

317. SI nous voulons donner une règle sûre pour cette opération, il nous faut considérer attentivement le quarré de la racine $a + b$, qui est $aa + 2ab + bb$, afin de voir comment on
peut réciproquement parvenir à trouver la racine d'un quarré
donné. Faisons donc les réflexions suivantes.

318. D'abord comme le quarré $aa + 2ab + bb$ est composé
de plusieurs termes, il est certain que la racine aussi renfermera
plus d'un terme ; et si l'on écrit le quarré de manière que les
puissances d'une des lettres, comme de a, aillent toujours en
diminuant, le premier terme sera le quarré du premier terme
de la racine. Et puisque, dans notre cas, le premier terme du
quarré est aa, il faut que le premier terme de la racine soit a.

319. Ayant donc trouvé le premier terme de la racine, c'est-à-
dire a, on considérera le reste du quarré, savoir $2ab + bb$,
pour voir si on pourra en tirer la seconde partie de la racine,
qui est b. Nous remarquerons ici que ce reste $2ab + bb$ peut
être représenté par ce produit-ci, $(2a + b) b$. Or ce reste ayant
deux facteurs, $2a + b$ et b, il est clair qu'on trouvera ce dernier b, qui est la seconde partie de la racine, en divisant le
reste $(2a + b) b$ par $2a + b$.

320. C'est donc le quotient de la division du reste susdit par
$2a + b$, qui est le second terme cherché de la racine. Or remarquons dans cette division que $2a$ est le double du premier
terme a de cette racine lequel est déjà déterminé. Ainsi, quoi-

que le second terme soit encore inconnu, et qu'il faille jusqu'à
présent laisser sa place vide , nous pouvons néanmoins entreprendre la division, puisqu'on n'a besoin pour cela que du
terme $2a$. Mais aussitôt qu'on aura trouvé le quotient , qui
est ici b , il faudra le mettre à la place vide, et rendre de cette
façon la division complète.

321. Donc le calcul par lequel on trouve la racine du quarré
$aa + 2ab + bb$, peut se représenter de cette manière :

$$
\begin{array}{l}
aa + 2ab + bb \left\{ \underline{a} \ldots 1^{\text{re}} \text{ partie.} \right. \\
aa \\
\hline
\quad + 2ab + bb \left\{ 2a \right. \\
\quad + 2ab + bb \left\{ \overline{b} \ldots 2^{e} \text{ partie.} \right. \\
\hline
\qquad 0.
\end{array}
$$

la racine cherchée $= a + b$.

322. On pourra de la même manière trouver la racine quarrée d'autres formules composées, pourvu qu'elles soient des
quarrés ; les exemples suivans le feront voir :

$$
\begin{array}{l}
aa + 6ab + 9bb \left\{ \underline{a} \ldots 1^{\text{re}} \text{ partie.} \right. \\
aa \\
\hline
\quad + 6ab + 9bb \left\{ 2a. \right. \\
\quad + 6ab + 9bb \left\{ \overline{3b} \ldots 2^{e} \text{partie.} \right. \\
\hline
\qquad 0.
\end{array}
$$

la racine cherchée $= a + 3b$.

$$
\begin{array}{l}
4aa - 4ab + bb \left\{ \underline{2a} \ldots 1^{\text{re}} \text{partie.} \right. \\
4aa \\
\hline
\quad - 4ab + bb \left\{ 4a. \right. \\
\quad - 4ab + bb \left\{ \overline{-b} \ldots 2^{e} \text{ partie} \right. \\
\hline
\qquad 0.
\end{array}
$$

la racine cherchée $= 2a - b$.

$$9pp + 24pq + 16qq \left\{ \underline{3p} \dots \text{1}^{\text{re}} \text{ partie.} \right.$$
$$9pp$$

$$+ 24pq + 16qq \left\{ \underline{6p} \right.$$
$$+ 24pq + 16qq \left\{ \underline{4q} \dots \text{2}^e \text{ partie.} \right.$$

$$0.$$

la racine cherchée $= 3p + 4q$.

$$25xx - 60x + 36 \left\{ \underline{5x} \dots \text{1}^{\text{re}} \text{ partie.} \right.$$
$$25xx$$

$$- 60x + 36 \left\{ \underline{10x} \right.$$
$$- 60x + 36 \left\{ \underline{-6} \dots \text{2}^e \text{ partie.} \right.$$

$$0.$$

la racine cherchée $= 5x - 6$.

323. Quand, après la division, on trouve un reste, on en conclut que la racine est composée de plus de deux termes. Alors
on regarde les deux termes déjà trouvés comme faisant la première partie de la racine, et de ce reste on déduit la seconde
partie, de la même manière qu'on a trouvé précédemment le
second terme de la racine. Les exemples suivans rendront ce
procédé plus clair.

$$aa + 2ab - 2ac - 2bc + bb + cc \left\{ \underline{a} \dots \text{1}^{\text{re}} \text{ partie.} \right.$$
$$aa$$

$$+ 2ab - 2ac - 2bc + bb + cc \left\{ \underline{2a} \right.$$
$$+ 2ab \qquad\qquad + bb \qquad \left\{ \underline{+b} \dots \text{2}^e \text{ partie.} \right.$$

$$- 2ac - 2bc + cc \left\{ \underline{2a + 2b} \right.$$
$$- 2ac - 2bc + cc \left\{ \underline{-c} \dots \text{3}^e \text{ partie.} \right.$$

$$0.$$

la racine cherchée est donc $= a + b - c$.

$$a^4 + 2a^3 + 3aa + 2a + 1 \left\{ \underline{aa} \ldots \text{1}^{re} \text{ partie.} \right.$$
$$a^4$$

$$+ 2a^3 + 3aa \left\{ \underline{2a^2} \right.$$
$$+ 2a^3 + aa \left\{ \overline{+a} \ldots \text{2}^e \text{ partie.} \right.$$

$$+ 2aa + 2a + 1 \left\{ \underline{2a^2 + 2a} \right.$$
$$+ 2aa + 2a + 1 \left\{ \overline{+1} \ldots \text{3}^e \text{ partie.} \right.$$

$$0,$$

la racine cherchée est donc $a^2 + a + 1$.

$$a^4 - 4a^3b + 8ab^3 + 4b^4 \left\{ \underline{aa} \ldots \text{1}^{re} \text{ partie.} \right.$$
$$a^4$$

$$- 4a^3b + 8ab^3 \left\{ 2a^2 \right.$$
$$- 4a^3b + 4aabb \left\{ \overline{-2ab} \ldots \text{2}^e \text{ partie.} \right.$$

$$- 4aabb + 8ab^3 + 4b^4 \left\{ 2a^2 - 4ab \right.$$
$$- 4aabb + 8ab^3 + 4b^4 \left\{ \overline{-2bb} \ldots \text{3}^e \text{ partie.} \right.$$

$$0.$$

la racine cherchée est donc $= a^2 - 2ab - 2bb$.

$$a^6 - 6a^5b + 15a^4bb - 20a^3b^3 + 15aab^4 - 6ab^5 + b^6 \left\{ a^3 \ldots 1^{re} \text{ partie.} \right.$$

$$a^6$$

$$- 6a^5b + 15a^4bb \left\{ \dfrac{2a^3}{- 3a^2b \ldots\, 2^e \text{ partie.}} \right.$$

$$- 6a^5b + 9a^4bb$$

$$+ 6a^4bb - 20a^3b^3 + 15aab^4 \left\{ \dfrac{2a^3 - 6a^2b}{+ 3abb \ldots\, 3^e. \text{ partie.}} \right.$$

$$+ 6a^4bb - 18a^3b^3 + 9aab^4$$

$$- 2a^3b^3 + 6aab^4 - 6ab^5 + b^6 \left\{ \dfrac{2a^3 - 6a^2b + 6ab^2}{- b^3 \ldots\ldots 4^e \text{ partie.}} \right.$$

$$- 2a^3b^3 + 6aab^4 - 6ab^5 + b^6$$

$$0.$$

La racine cherchée est donc $a^3 - 3a^2b + 3ab^2 - b^3$.

324. On déduit facilement de la règle que nous venons d'exposer, la méthode qu'enseignent les livres d'arithmétique pour l'extraction de la racine quarrée (1). Voici quelques exemples en nombres :

```
 5|29 {  2 dix.      |17|64 {  4 dix.      |23|04 {  4 dix.
 4    {              |16    {              |16    {
------{--------      ------{--------      ------{--------
 129  {  4          | 16.4 {  8          | 70.4 {  8
 129  {  3 unit.    | 16 4 {  2 unit.    | 70 4 {  8 unit.
------             ------               ------
   o                  o                    o
------             ------               ------
Raci. = 23         Raci. = 42           Raci. = 48
```

```
 40|.6 {  6 dix.      |96|04 {  9 dix.
 36    {              |81    {
-------{--------      ------{--------
 49.6  {  12         |150.4 {  18
 49 6  {  4 unit.    |150 4 {  8 unit.
-------              ------
   o                    o
Raci. = 64            Raci. = 98
```

```
 1|5 6|25 {  1 cent     |99|80|01 {  9 cent
 1       {              |81       {
---------{--------      ----------{--------
 5.6     {  2          |188.0     {  18
 4 4     {  2 dix.     |170 1     {  9 dix.
---------{--------     ----------{--------
 1 225   {  24         |17 901    {  198
 1 225   {  5 unit.    |17 901    {  9 unit.
---------              ----------
   o                      o
Raci. = 125            Raci. = 999.
```

325. Mais lorsqu'après l'opération entière, il y a un reste, il faut conclure que le nombre proposé n'est pas un quarré, et parconséquent qu'on ne peut pas en assigner la racine. On se sert dans ces cas du signe radical que nous avons

---

(1) Voyez l'Arithmétique de *Garnier*, à l'usage des jeunes élèves, chez *Courcier*, Imprimeur-Libraire, où se trouvent les autres ouvrages du même Auteur.

déjà employé plus haut ; on écrit ce signe devant la formule, et on met la formule elle-même entre deux crochets, ou sous un trait. C'est ainsi que la racine quarrée de $aa + bb$ s'indique par $\sqrt{}\,(aa + bb)$, ou par $\sqrt{aa + bb}$; et que $\sqrt{}\,(1 - xx)$, ou $\sqrt{1 - xx}$, exprime la racine quarrée de $1 - xx$. On peut aussi, au lieu de ce signe radical, faire usage de l'exposant fractionnaire $\frac{1}{2}$, et indiquer, par exemple, la racine quarrée de $aa + bb$ par $(aa + bb)^{\frac{1}{2}}$, ou par $\overline{aa + bb}^{\frac{1}{2}}$.

CHAPITRE VIII.

Du calcul des quantités irrationnelles.

326. LORSQU'IL s'agit d'ajouter ensemble deux ou plusieurs formules irrationnelles, cela se fait, suivant la manière prescrite plus haut, en écrivant de suite tous les termes, chacun avec le signe qui lui est propre. Et ce qu'il faut remarquer, quant aux façons d'abréger, c'est que, par exemple, au lieu de $\sqrt{a} + \sqrt{a}$, on écrit $2\sqrt{a}$, et que $\sqrt{a} - \sqrt{a}$, fait 0, ces deux termes se détruisant. C'est ainsi que les formules $3 + \sqrt{2}$ et $1 + \sqrt{2}$ ajoutées ensemble, font $4 + 2\sqrt{2}$ ou $4 + \sqrt{8}$; que la somme de $5 + \sqrt{3}$ et de $4 - \sqrt{3}$, est 9; et que celle de $2\sqrt{3} + 3\sqrt{2}$, et de $\sqrt{3} - \sqrt{2}$, est $3\sqrt{3} + 2\sqrt{2}$.

327. La soustraction se fait de même très-facilement, puisqu'elle se réduit à ajouter ensemble les nombres proposés, en prenant avec des signes contraires ceux qui doivent être soustraits. L'exemple suivant le fera voir; nous soustrairons le nombre inférieur du supérieur.

$$4 - \sqrt{2} + 2\sqrt{3} - 3\sqrt{5} + 4\sqrt{6}$$
$$1 + 2\sqrt{2} - 2\sqrt{3} - 5\sqrt{5} + 6\sqrt{6}$$
$$\overline{3 - 3\sqrt{2} + 4\sqrt{3} + 2\sqrt{5} - 2\sqrt{6}.}$$

328. On se rappellera dans la multiplication, que $\sqrt{a}$ multiplié par $\sqrt{a}$ fait a; et que si les nombres qui suivent le signe $\sqrt{}$ sont différens, comme a et b, on a $\sqrt{ab}$ pour le produit de $\sqrt{a}$ multiplié par $\sqrt{b}$. Il sera facile, après cela,

de

de calculer les exemples qui suivent :

$$
\begin{array}{ll}
1 + \sqrt{2} & \qquad 4 + 2\sqrt{2} \\
1 + \sqrt{2} & \qquad 2 - \sqrt{2} \\
\hline
1 + \sqrt{2} & \qquad 8 + 4\sqrt{2} \\
 + \sqrt{2} + 2 & \qquad\; -4\sqrt{2} - 4 \\
\hline
\text{prod.} = 1 + 2\sqrt{2} + 2 = 3 + 2\sqrt{2} & \text{pr.} = 8 - 4 = 4.
\end{array}
$$

329. Ce que nous avons dit s'étend aussi aux quantités imaginaires : on se rappellera seulement que $\sqrt{-a}$ multiplié par $\sqrt{-a}$ fait $-a$.

S'il s'agissait de trouver le cube de $-1 + \sqrt{-3}$, on prendrait le quarré de ce nombre, et on multiplierait ce quarré par le nombre lui-même : voici l'opération.

$$
\begin{array}{l}
-1 + \sqrt{-3} \\
-1 + \sqrt{-3} \\
\hline
+1 - \sqrt{-3} \\
 - \sqrt{-3} - 3 \\
\hline
\text{Quarré} = +1 - 2\sqrt{-3} - 3 = -2 - 2\sqrt{-3} \\
\qquad\qquad\qquad\qquad\quad -1 + \sqrt{-3} \\
\hline
\qquad\qquad\qquad\qquad +2 + 2\sqrt{-3} \\
\qquad\qquad\qquad\qquad\quad -2\sqrt{-3} + 6 \\
\hline
\qquad\qquad\text{Cube} = 2 + 6 = 8.
\end{array}
$$

330. Dans la division des quantités irrationnelles, on n'a besoin que de mettre les quantités proposées sous forme de fraction ; cette expression peut ensuite se changer en une autre dont le dénominateur soit rationnel. Car si ce dénominateur est, par exemple, $a + \sqrt{b}$, et qu'on le multiplie de même que le numérateur, par $a - \sqrt{b}$, le nouveau dénominateur sera $aa - b$, qui ne renferme plus le signe radical. Supposons qu'on se propose de diviser $3 + 2\sqrt{2}$ par $1 + \sqrt{2}$.

K

nous aurons d'abord $\dfrac{3+2\sqrt{2}}{1+\sqrt{2}}$. Multipliant maintenant les deux termes de la fraction par $1-\sqrt{2}$, nous aurons pour le numérateur :

$$
\begin{array}{r}
3+2\sqrt{2} \\
1-\ \sqrt{2} \\
\hline
3+2\sqrt{2} \\
-3\sqrt{2}-4 \\
\hline
3-\ \sqrt{2}-4 = -\sqrt{2}-1
\end{array}
$$

et pour le dénominateur :

$$
\begin{array}{r}
1+\sqrt{2} \\
1-\sqrt{2} \\
\hline
1+\sqrt{2} \\
-\sqrt{2}-2 \\
\hline
1-2 = -1.
\end{array}
$$

Notre nouvelle fraction est donc $\dfrac{-\sqrt{2}-1}{-1}$; et si nous multiplions encore les deux termes par -1, nous aurons pour le numérateur $+\sqrt{2}+1$, et pour le dénominateur $+1$. Or il est facile de se convaincre que $\sqrt{2}+1$ équivaut à la fraction proposée $\dfrac{3+2\sqrt{2}}{1+\sqrt{2}}$; car $\sqrt{2}+1$ étant multiplié par le diviseur $1+\sqrt{2}$, ainsi qu'il suit :

$$
\begin{array}{r}
1+\sqrt{2} \\
1+\sqrt{2} \\
\hline
1+\sqrt{2} \\
+\sqrt{2}+2 \\
\hline
1+2\sqrt{2}+2 = 3+2\sqrt{2}.
\end{array}
$$

on a

Autre exemple : $8-5\sqrt{2}$ divisé par $3-2\sqrt{2}$ fait $\dfrac{8-5\sqrt{2}}{3-2\sqrt{2}}$.

Multipliant ces deux termes de la fraction par $3+2\sqrt{2}$, on a pour le numérateur

$$
\begin{array}{l}
8-\ 5\sqrt{2}\\
3+\ 2\sqrt{2}\\
\hline
24-15\sqrt{2}\\
\ \ \ +16\sqrt{2}-20\\
\hline
24+\ \ \sqrt{2}-20=4+\sqrt{2};
\end{array}
$$

et pour le dénominateur

$$
\begin{array}{l}
3-2\sqrt{2}\\
3+2\sqrt{2}\\
\hline
9-6\sqrt{2}\\
\ \ +6\sqrt{2}-4.2\\
\hline
9-8=+1.
\end{array}
$$

Par conséquent le quotient serait $4+\sqrt{2}$. En voici la preuve :

$$
\begin{array}{l}
4+\ \sqrt{2}\\
3-2\sqrt{2}\\
\hline
12+3\sqrt{2}\\
\ \ -8\sqrt{2}-4\\
\hline
12-5\sqrt{2}-4=8-5\sqrt{2}.
\end{array}
$$

331. C'est de la même manière qu'on peut transformer des fractions de cette espèce en d'autres dont le dénominateur soit rationnel. Si l'on a, par exemple, la fraction $\dfrac{1}{5+2\sqrt{6}}$, et que l'on en multiplie le numérateur et le dénominateur par $5-2\sqrt{6}$, on la transformera en celle-ci,

$$\frac{5-2\sqrt{6}}{1}=5-2\sqrt{6}.$$

De même la fraction $\dfrac{2}{-1+\sqrt{-3}}$ prend cette forme,

K 2

$$\frac{2 + 2\sqrt{-3}}{-4} = \frac{1 + \sqrt{-3}}{-2}.$$

Et

$$\frac{\sqrt{6} + \sqrt{5}}{\sqrt{6} - \sqrt{5}}$$

devient

$$\frac{11 + 2\sqrt{30}}{1} = 11 + 2\sqrt{30}.$$

332. On pourra de la même manière faire disparaître peu à peu les radicaux du dénominateur, quand il contient plusieurs termes. Soit proposée la fraction $\dfrac{1}{\sqrt{10} - \sqrt{2} - \sqrt{3}}$: on multipliera d'abord ses deux termes par $\sqrt{10} + \sqrt{2} + \sqrt{3}$, et on aura $\dfrac{+\sqrt{10} + \sqrt{2} + \sqrt{3}}{5 - 2\sqrt{6}}$. Multipliant encore ce numérateur et ce dénominateur par $5 + 2\sqrt{6}$, on obtient

$$5\sqrt{10} + 11\sqrt{2} + 9\sqrt{3} + 2\sqrt{60}.$$

CHAPITRE IX.

Des cubes et de l'extraction des racines cubiques.

333. $\mathbf{P}$ o u r trouver le cube d'une racine $a+b$, on ne fait que multiplier son quarré $aa+2ab+bb$ encore une fois par $a+b$:

$$aa+2ab+bb$$
$$a+b$$

$$a^3+2aab+abb$$
$$+\ aab+2abb+b^3$$

le cube sera $= a^3+3aab+3abb+b^3$.

Il renferme donc les cubes des deux parties de la racine, et outre cela encore $3aab+3abb$, quantité qui équivaut à $(a+b)\times 3ab$, c'est-à-dire, au triple produit des deux parties a et b, multiplié par leur somme.

334. Ainsi toutes les fois qu'une racine est composée de deux termes, il est facile d'en trouver le cube par cette règle. Par exemple, le cube du nombre

$$5=3+2 ;$$

est

$$27+8+18.5=125.$$

Que

$$7+3=10$$

soit la racine ; le cube sera

$$343+27+63.10=1000.$$

Pour trouver le cube de 36, on supposera la racine

3

$$36 = 3o + 6,$$

et on aura pour le cube cherché,

$$27000 + 216 + 54o.36 = 46656.$$

335. Mais si c'est au contraire le cube qui est donné, savoir $a^3 + 3aab + 3abb + b^3$, et qu'il s'agisse d'en trouver la racine, on fera préalablement les remarques qui suivent.

D'abord si le cube est ordonné suivant les puissances d'une lettre, on reconnaît facilement par le premier terme a^3, le premier terme a de la racine, puisque son cube est a^3: si l'on soustrait donc ce cube du cube proposé, on obtient le reste, $3aab + 3abb + b^3$, lequel doit fournir le second terme de la racine.

336. Mais comme nous savons d'avance que ce second terme est $+ b$, il s'agit principalement de voir comment il se déduit du reste en question. Or ce reste peut être décomposé dans les deux facteurs b et $3aa + 3ab + bb$; si donc on le divise par $3aa + 3ab + bb$, on obtiendra la seconde partie de la racine, $+ b$, qu'on demande.

337. Mais comme ce second terme ne doit pas être supposé connu, le diviseur est inconnu pareillement; cependant nous avons le premier terme de ce diviseur, et cela suffit; car il est $3aa$, c'est-à-dire, le triple du quarré du premier terme déjà trouvé, et par son moyen il est facile de trouver aussi l'autre partie b, et de compléter ensuite le diviseur avant qu'on achève la division. Il faudra pour cet effet joindre à $3aa$ le triple produit des deux termes, ou $3ab$, plus bb ou le quarré du second terme de la racine.

338. Appliquons ce que nous venons de dire à deux exemples pour d'autres cubes donnés.

$$a^3 + 12aa + 48a + 64 \{ \underline{a} \dots 1^{re} \text{ partie.}$$
$$a^3$$

$$+ 12aa + 48a + 64 \{ \overline{3aa}$$
$$+ 12aa + 48a + 64 \{ 4 \dots 2^e \text{ partie.}$$

$$0.$$

la racine cubique cherchée est donc $= a + 4$.

$$a^6 - 6a^5 + 15a^4 - 20a^3 + 15\bar{a}^2 - 6a + 1 \{ a^2 \dots 1^{ere} \text{ part.}$$
$$a^6$$

$$- 6a^5 + 15a^4 - 20a^3 \{ \overline{3\ a^4}$$
$$- 6a^5 + 12a^4 - 8a^3 \{ -2a \dots 2^e \text{ part.}$$

$$+ 3a^4 - 12a^3 + 15aa - 6a + 1 \{ \overline{3a^4}$$
$$+ 3a^4 - 12a^3 + 15aa - 6a + 1 \{ +1 \dots 3^e \text{ part.}$$

$$0.$$

La racine cherchée est donc $= a^2 - 2a + 1$.

339. L'explication que nous avons donnée, fait le fondement de la règle ordinaire pour l'extraction des racines cubiques des nombres. Voici, par exemple, le plan de l'opération pour le nombre 2197 :

$$2|197 \{ 1 \text{ dix. } = a$$
$$1\ 000 \{$$

$$11.97 \{ 3$$
$$11\ 97 \{ \overline{3 \text{ unit.}} = b$$

$$\begin{array}{rl} 0 & 900 & = 3a^2b \\ & 270 & = 3abb \\ & 27 & = b^3 \\ \hline & 1197 \end{array}$$

4

la racine cubique est 13

Soit à extraire la racine cubiques de 32768 ;

$$
\begin{array}{l}
32|768 \left\{ \; \underline{3\ \text{centain.}=a} \right. \\[2pt]
27 \\ \hline
57.68 \left\{ 27 \right. \\
57.68 \left\{ \; \underline{2\ \text{unit.}== b} \right. \\ \hline
\ 0 \qquad 5400 = 3a^2b \\
\qquad\quad\ 360 = 3abb \\
\qquad\qquad\ 8 = b^3 \\ \hline
\qquad\quad\ 5768.
\end{array}
$$

la racine cubique est 32.

Soit enfin à extraire celle de 34965783,

$$
\begin{array}{l}
34|965|783 \left\{ \; \underline{3\,\text{centain.}} \; \middle| \; 5400 \right. \\
27 \qquad\qquad\qquad\qquad\ 360 \\ \hline
79.65 \left\{ 27 \qquad\qquad\quad\ 8 \right. \\
57\ 68 \left\{ \; \underline{2\,\text{dix.}} \quad \middle| \; 5768 \right. \\ \hline
21\ 977.83 \left\{ 3072 \qquad 2150400 \right. \\
21\ 977\ 83 \left\{ \; \underline{7\,\text{unités.}} \quad 47040 \right. \\ \hline
0 \qquad\qquad\qquad 343 \\ \hline
\qquad\qquad 2197783
\end{array}
$$

la racine cubique est 327. Ici on considère les 32 dixaines comme 32 unités simples dont le cube, abstraction faite des zéros, est dans 34965, et lorsqu'on a soustrait le cube de 32 de 34965, on a le reste 2197783 qui divisé par 3 fois le quarré de 32, ou par 3072 donne pour quotient les 7 unités qu'on cherche.

CHAPITRE X.

Des puissances plus hautes des quantités complexes.

340. APRÈS les quarrés et les cubes, viennent les puissances plus hautes, et d'un plus grand nombre de degrés. On les indique par des exposans, ainsi que nous l'avons dit plus haut; il faut seulement observer, lorsque la racine est complexe, de l'enfermer entre deux parenthèses. Ainsi $(a+b)^5$ signifie que $a+b$ est élevé au cinquième degré, et $(a-b)^6$ indique la sixième puissance de $a-b$. Nous ferons voir dans ce chapitre le développement de ces puissances.

341. Soit donc $a+b$ la racine ou la première puissance, les puissances plus hautes se trouveront par la multiplication ainsi qu'il suit :

$$(a+b)^1 = a+b$$
$$\underline{\hspace{2em} a+b}$$
$$aa+ab$$
$$\underline{\hspace{1em} +ab \hspace{2em} +bb.}$$
$$(a+b)^2 = aa+2ab+bb$$
$$\underline{\hspace{3em} a+b}$$
$$a^3+2aab+abb$$
$$\underline{\hspace{1em} +aab+2abb+b^3.}$$
$$(a+b)^3 = a^3+3aab+3abb+b^3$$
$$\underline{\hspace{3em} a+b}$$
$$a^4+3a^3b+3aabb+ab^3$$
$$\underline{\hspace{1em} +a^3b+3aabb+3ab^3+b^4.}$$

$$(a+b)^4 = a^4 + 4a^3b + 6aabb + 4ab^3 + b^4$$
$$a + b$$

$$a^5 + 4a^4b + 6a^3bb + 4aab^3 + ab^4$$
$$+ \ a^4b + 4a^3bb + 6aab^3 + 4ab^4$$
$$+ \ b^5.$$

$$(a+b)^5 = a^5 + 5a^4b + 10a^3bb + 10aab^3 + 5ab^4 + b^5$$
$$a + b$$

$$a^6 + 5a^5b + 10a^4bb + 10a^3b^3$$
$$+ \ 5aab^4 + ab^5$$
$$+ \ a^5b + 5a^4bb + 10a^3 \ b^3$$
$$+ \ 10a^2b^4 + 5ab^5 + b^6.$$

$$(a+b)^6 = a^6 + 6a^5b + 15a^4bb + 20a^3 \ b^3$$
$$+ \ 15aab^4 + 6ab^5 + b^6.$$
$$\text{etc.}$$

342. On trouve de même les puissances de la racine $a-b$, et on va voir qu'elles ne diffèrent des précédentes, qu'en ce que les termes 2e, 4e, 6e, etc., sont affectés du signe *moins* :

$$(a-b)^1 = a-b$$
$$a-b$$

$$aa-ab$$
$$- \ ab + bb.$$

$$(a-b)^2 = aa - 2ab + bb$$
$$a-b$$

$$a^3 - 2aab + abb$$
$$- \ aab + 2abb - b^3.$$

$$(a-b)^3 = a^3 - 3aab + 3abb - b^3$$
$$a - b$$

$$a^4 - 3a^3b + 3aabb - ab^3$$
$$- a^3b + 3aabb - 3ab^3 + b^4.$$

$$(a-b)^4 = a^4 - 4a^3b + 6aabb - 4ab^3 + b^4$$
$$a - b$$

$$a^5 - 4a^4b + 6a^3bb - 4aab^3$$
$$+ ab^4$$
$$- a^4b + 4a^3bb - 6aab^3$$
$$+ 4ab^4 - b^5.$$

$$(a-b)^5 = a^5 - 5a^4b + 10a^3bb - 10aab^3$$
$$+ 5ab^4 - b^5$$
$$a - b$$

$$a^6 - 5a^5b + 10a^4bb - 10a^3b^3$$
$$+ 5aab^4 - ab^5$$
$$- a^5b + 5a^4bb - 10a^3b^3$$
$$+ 10aab^4 - 5ab^5 + b^6.$$
$$(a-b)^6 = a^6 - 6a^5b + 15a^4bb - 20a^3b^3 + 15aab^4 - 6ab^5 + b^6.$$
$$\text{etc.}$$

On voit ici que toutes les puissances impaires de b reçoivent le signe —, tandis que les puissances paires conservent le signe +. La raison en est évidente ; car puisque dans la racine se trouve — b, les puissances de cette lettre monteront de cette manière : — b, + bb, — b^3, + b^4, — b^5, + b^6, etc. ; et il est clair par là que les puissances paires doivent être affectées du signe +, et les impaires du signe contraire —.

343. Il se présente ici une question importante, c'est comment, sans continuer le calcul de la même manière dans tous ses détails, on pourrait trouver toutes les puissances tant de $a+b$, que de $a-b$. Nous remarquerons avant toutes

choses, que si on est en état d'assigner toutes les puissances de $a+b$, celles de $a-b$ sont toutes trouvées, puisqu'on n'a qu'à changer les signes des termes pairs, c'est-à-dire du second, du quatrième, du sixième terme, etc. Tout se réduit donc à établir une règle d'après laquelle toute puissance de $a+b$, quelque haute qu'elle soit, puisse être déterminée sans qu'il soit nécessaire de passer par celles qui la précèdent.

344. Or observons que si, dans les puissances déterminées ci-dessus, on fait abstraction des nombres qui précèdent chaque terme, et qu'on nomme les *coefficiens*, il règne dans tous ces termes un ordre remarquable; d'abord on voit le premier terme a de la racine, élevé à la puissance même qu'on demande; dans les termes suivans, les puissances de a diminuent continuellement de l'unité, les puissances de b augmentent d'autant; de sorte que la somme des exposans de a et de b est toujours la même et égale au degré de la puissance, et à la fin se trouve le terme b seul élevé à la même puissance. Si l'on demande donc la dixième puissance de $a+b$, on est sûr que les termes dégagés des coefficiens, se suivront dans l'ordre que voici : a^{10}, $a^9 b$, $a^8 bb$, $a^7 b^3$, $a^6 b^4$, $a^5 b^5$, $a^4 b^6$, $a^3 b^7$, $a^2 b^8$, ab^9, b^{10}.

Il reste donc à faire voir comment on doit déterminer les coefficiens qui appartiennent à ces termes, ou les nombres par lesquels il faut les multiplier. Or, quant au premier terme, son coefficient est toujours l'unité; et quant au second, son coefficient est constamment l'exposant même de la puissance; mais pour ce qui regarde les suivans, il n'est pas si facile de découvrir un ordre dans leurs coefficiens : cependant en les continuant, on apperçoit bientôt une loi à l'aide de laquelle on peut aller aussi loin qu'on veut. C'est ce que la table suivante fera voir.

1ere puiss. coefficiens. 1, 1
2e. 1, 2, 1
3e. 1, 3, 3, 1
4e. 1, 4, 6, 4, 1
5e. 1, 5, 10, 10, 5, 1
6e. 1, 6, 15, 20, 15, 6, 1
7e. 1, 7, 21, 35, 35, 21, 7, 1
8e. 1, 8, 28, 56, 70, 56, 28, 8, 1
9e. . . . 1, 9, 36, 84, 126, 126, 84, 36, 9, 1
10e. 1, 10, 45, 120, 210, 252, 210, 120, 45, 10, 1, etc.

On a donc pour la dixième puissance de $a + b$

$$a^{10} + 10a^9b + 45a^8bb + 120a^7b^3 + 210a^6b^4 + 252a^5b^5 + 210a^4b^6$$
$$+ 120a^3b^7 + 45a^2b^8 + 10ab^9 + b^{10}.$$

346. Il faut remarquer, à l'égard de ces coefficiens, que, pour chaque puissance, leur somme doit être égale au nombre 2 élevé à la même puissance. Qu'on fasse $a = 1$ et $b = 1$, chaque terme, abstraction faite du coefficient, sera $= 1$; par-conséquent ce sera simplement la somme des coefficiens qui indiquera la valeur de la puissance; cette somme, dans l'exemple précédent, est 1024, et en effet

$$(1 + 1)^{10} = 2^{10} = 1024.$$

Il en est de même des autres puissances; on a pour la

1re $1 + 1 = 2 = 2^1$;
2^{e} $1 + 2 + 1 = 4 = 2^2$,
3^{e} $1 + 3 + 3 + 1 = 8 = 2^3$,
4^{e} $1 + 4 + 6 + 4 + 1 = 16 = 2^4$,
5^{e} $1 + 5 + 10 + 10 + 5 + 1 = 32 = 2^5$,
5^{e} $1 + 6 + 15 + 20 + 15 + 6 + 1 = 64 = 2^6$,
7^{e} $1 + 7 + 21 + 35 + 35 + 21 + 7 + 1 = 128 = 2^7$,
etc.

347. Une autre remarque à faire au sujet de ces coef-

ficiens, c'est qu'ils croissent depuis le commencement jusqu'au milieu, et qu'ensuite ils décroissent dans le même ordre. Dans les puissances paires, le plus grand coefficient est exactement au milieu ; mais dans les puissances impaires, on voit deux coefficiens égaux et plus grands que les autres qui se trouvent au milieu, et qui appartiennent aux termes moyens.

Quant à l'ordre de ces coefficiens, il mérite une attention particulière ; car c'est dans cet ordre même qu'on trou e les moyens de les déterminer pour une puissance quelconque, sans passer par les précédentes. Nous allons en donner la méthode, en en réservant cependant la démonstration pour le chapitre suivant.

348. Pour trouver les coefficiens d'une puissance proposée, par exemple, de la septième, on écrira les fractions qui suivent l'une après l'autre :

$$\frac{7}{1},\ \frac{6}{2},\ \frac{5}{3},\ \frac{4}{4},\ \frac{3}{5};\ \frac{2}{6},\ \frac{1}{7}.$$

On voit, dans cet arrangement, que les numérateurs commencent par l'exposant de la puissance qu'on demande, et qu'ils diminuent successivement de l'unité, pendant que les dénominateurs se suivent dans l'ordre naturel des nombres, 1, 2, 3, 4, etc. Or le premier coefficient étant toujours 1, le première fraction donne le second coefficient. Le produit des deux premières fractions représente le troisième coefficient. Le produit des trois premières fractions représente le quatrième coefficient, et ainsi de suite.

Ainsi le premier coefficient $= 1$; le second

$$= \frac{7}{1} = 7 ;$$

le troisième

$$= \frac{7}{1} \cdot \frac{6}{2} = 21 ;$$

le quatrième

$$= \frac{7}{1} \cdot \frac{6}{2} \cdot \frac{5}{3} = 35 ;$$

e cinquième
$$=\tfrac{7}{3}.\,\tfrac{6}{2}.\,\tfrac{5}{3}.\,\tfrac{4}{4}=35\,;$$

e sixième
$$=\tfrac{7}{3}.\,\tfrac{6}{2}.\,\tfrac{5}{3}.\,\tfrac{4}{4}.\,\tfrac{3}{5}=21\,;$$

e septième
$$=21.\,\tfrac{2}{6}=7\,;$$

e huitième
$$=7.\,\tfrac{1}{7}=1.$$

349. On a donc pour la seconde puissance les deux fractions $\tfrac{2}{1}$, $\tfrac{1}{2}$, d'où il suit que le premier coefficient $=1$, le second $=\tfrac{2}{1}=2$; et le troisième

$$=2.\,\tfrac{1}{2}=1.$$

La troisième puissance fournit les fractions $\tfrac{3}{1}$, $\tfrac{2}{2}$, $\tfrac{1}{3}$; donc e premier coefficient $=1$; le second

$$=\tfrac{3}{1}=3\,;$$

e troisième
$$=3.\,\tfrac{2}{2}=3\,;$$

e quatrième
$$=\tfrac{3}{1}.\,\tfrac{2}{2}.\,\tfrac{1}{3}=1.$$

On a pour la quatrième puissance ces fractions, $\tfrac{4}{1}$, $\tfrac{3}{2}$, $\tfrac{2}{3}$, $\tfrac{1}{4}$; parconséquent le premier coefficient $=1$; le second

$$=\tfrac{4}{1}=4\,;$$

le troisième
$$=\tfrac{4}{1}.\,\tfrac{3}{2}=6\,;$$

le quatrième
$$=\tfrac{4}{1}.\,\tfrac{3}{2}.\,\tfrac{2}{3}=4\,,$$

et le cinquième
$$=\tfrac{4}{1}.\,\tfrac{3}{2}.\,\tfrac{2}{3}.\,\tfrac{1}{4}=1.$$

350. Cette règle nous procure donc évidemment l'avantage de n'avoir pas besoin des coefficiens précédens, et de trouver au contraire sur-le-champ, pour une puissance quelconque, ceux qui lui sont propres.

Ainsi pour la dixième puissance on écrira les fractions
$\frac{10}{1}, \frac{9}{2}, \frac{8}{3}, \frac{7}{4}, \frac{6}{5}, \frac{5}{6}, \frac{4}{7}, \frac{3}{8}, \frac{2}{9}, \frac{1}{10}$, moyennant quoi l'on trouve

$$
\begin{aligned}
\text{le } 1^{er} \text{ coefficient} &= 1, \\
\text{le } 2^e &= \tfrac{10}{1} = 10, \\
\text{le } 3^e &= 10.\tfrac{9}{2} = 45, \\
\text{le } 4^e &= 45.\tfrac{8}{3} = 120, \\
\text{le } 5^e &= 120.\tfrac{7}{4} = 210, \\
\text{le } 6^e &= 210.\tfrac{6}{5} = 252, \\
\text{le } 7^e &= 252.\tfrac{5}{6} = 210, \\
\text{le } 8^e &= 210.\tfrac{4}{7} = 120, \\
\text{le } 9^e &= 120.\tfrac{3}{8} = 45, \\
\text{le } 10^e &= 45.\tfrac{2}{9} = 10, \\
\text{le } 11^e &= 10.\tfrac{1}{10} = 1.
\end{aligned}
$$

351. On peut aussi ne pas réduire les fractions coefficiens,
et il est facile, de cette manière, d'écrire la 10eme puissance
de $a+b$, qui sera

$$(a+b)^{100} = a^{100} + \tfrac{100}{1}. a^{99}b + \tfrac{100 \cdot 99}{1.2}. a^{98}bb$$

$$+ \tfrac{100 \cdot 99 \cdot 98}{1.2.3} a^{97}b^3 + \tfrac{100 \cdot 99 \cdot 98 \cdot 97}{1.2.3.4} a^{96} b^4 + \text{etc.}$$

développement qu'il est aisé de compléter en suivant les lois
énoncées précédemment.

CHAPITRE

CHAPITRE XI.

De la permutation des lettres, sur laquelle se fonde la démonstration de la règle précédente.

352. Si on remonte à l'origine des coefficiens dont nous venons de nous occuper, on trouvera que chaque terme se présente autant de fois qu'il est possible de transposer les lettres qui composent ce terme ; ou bien, pour nous exprimer d'une autre manière, que le coefficient de chaque terme est égal au nombre des permutations que souffrent les lettres dont ce terme est composé. Dans la seconde puissance, par exemple, le terme ab est pris deux fois, c'est-à-dire que son coefficient est 2 ; et on peut en effet changer doublement l'ordre des lettres qui composent ce terme, puisqu'on peut écrire ab et ba ; le terme aa, au contraire, ne se présente qu'une fois, parceque l'ordre des lettres ne peut subir aucun changement ou permutation. Dans la troisième puissance de $a+b$, le terme aab peut s'écrire de trois manières différentes, aab, aba, baa ; aussi le coefficient est-il 3. De même, dans la quatrième puissance le terme a^3b ou $aaab$, admet les quatre dispositions différentes, $aaab$, $aaba$, $abaa$, $baaa$; c'est pourquoi son coefficient est 4. Le terme $aabb$ souffre six permutations, $aabb$, $abba$, $baba$, $abab$, $bbaa$, $baab$, et son coefficient est 6. Il en est de même dans tous les cas.

353. En effet, si l'on considère que la quatrième puissance, par exemple, d'une racine quelconque composée même de plus de deux termes, comme $(a+b+c+d)^4$, se trouve en

multipliant l'un par l'autre ces quatre facteurs $a+b+c+d$; $a+b+c+d$; $a+b+c+d$; $a+b+c+d$; on peut voir aisément que chaque lettre du premier facteur doit se multiplier par chaque lettre du second, ensuite par chaque lettre du troisième, et enfin encore par chaque lettre du quatrième.

Il faut donc non-seulement que chaque terme soit composé de quatre lettres, mais aussi qu'il se présente ou qu'il entre dans la somme autant de fois que ces lettres peuvent être disposées différemment entre elles, d'où provient ensuite son coefficient.

354. Il importe donc beaucoup ici de savoir de combien de manières différentes des lettres, en un nombre donné, peuvent être disposées entre elles. Et il faudra dans cette recherche faire attention surtout si les lettres dont il s'agit sont les mêmes ou diverses. Quand elles sont les mêmes, il ne peut y avoir de permutation, et c'est aussi pourquoi les puissances simples, comme a^2, a^3, a^4, etc., ont toutes l'unité pour coefficient.

355. Nous supposerons d'abord toutes les lettres différentes; et en commençant par le cas le plus simple qui est celui de deux lettres ou ab, nous voyons que ce sont évidemment deux dispositions qui peuvent avoir lieu, savoir ab et ba.

Si nous avons trois lettres, abc, à considérer, nous remarquons que chacune des trois pourrait prendre la première place, tandis que les deux autres admettraient deux permutations. Car si a est la première lettre, on a les deux dispositions abc, acb; si b est à la première place, on a les dispositions bac, bca; enfin si c occupe la première place, on a de même deux dispositions, savoir cab, cba. Et parconséquent le nombre total des dispositions est $3 . 2 = 6$.

Si on a quatre lettres, $abcd$, chacune peut occuper la première place; et, dans chacun de ces cas, les trois autres peuvent former six dispositions différentes, comme nous venons de voir. Le nombre total des permutations est donc

$$4.6 = 24 = 4.3.2.1$$

Si on a cinq lettres, *abcde*, chacune d'elles pouvant également se trouver la première, et les quatre autres souffrir vingt-quatre permutations, il s'ensuit que le nombre total des permutations sera

$$5.24 = 120 = 5.4.3.2.1$$

356. Quelque grand parconséquent que soit le nombre des lettres, on voit assez que, pourvu qu'elles soient toutes différentes, il est facile de déterminer le nombre de toutes les permutations, et qu'on pourra faire usage de la table suivante :

Nombre des lettres.   *Nombre des permutations.*

1	$1 = 1.$
2	$2.1 = 2.$
3	$3.2.1 = 6.$
4 . . . . , . . .	$4.3.2.1 = 24.$
5	$5.4.3.2.1 = 120.$
6	$6.5.4.3.2.1 = 720.$
7	$7.6.5.4.3.2.1 = 5040.$
8	$8.7.6.5.4.3.2.1 = 40320.$
9	$9.8.7.6.5.4.3.2.1 = 362880.$
10	$10.9.8.7.6.5.4.3.2.1 = 3628800.$

etc.

357. Mais, comme nous l'avons insinué, les nombres de cette table ne peuvent s'employer que dans les cas où toutes les lettres sont différentes; car si deux ou plusieurs d'entre elles sont les mêmes, le nombre des permutations devient beaucoup moindre: et si la même lettre se répète, on n'a qu'une seule disposition. Nous allons donc voir comment

les nombres de la table doivent être diminués suivant le nombre des lettres semblables.

358. Quand deux lettres sont données, et que ces lettres sont les mêmes, les deux dispositions se réduisent à une seule, et parconséquent le nombre que nous avions trouvé ci-dessus se réduit à la moitié, c'est-à-dire qu'il faut le diviser par 2. Si on a trois lettres semblables, on voit six permutations se réduire à une seule ; d'où il suit que les nombres de la table doivent être divisés par $6 = 3.2.1$. Si quatre lettres sont les mêmes, il faudra diviser les nombres trouvés par 24 ou par $4.3.2.1$, etc.

Il est donc facile maintenant de déterminer, par exemple, de combien de permutations les lettres $aaabbc$ sont susceptibles. Elles sont au nombre de six, et parconséquent si elles étaient toutes différentes, elles admettraient $6.5.4.3.2.1$ permutations. Mais puisque a se trouve trois fois dans ces lettres, il faudra diviser ce nombre de permutations par $3.2.1$; et puisque b se rencontre deux fois, il faudra encore diviser par 2.1 ; le nombre des permutations cherché sera donc

$$= \frac{6 \cdot 5 \cdot 4 \cdot 3 \cdot 2 \cdot 1}{3 . 2 . 1 . 2 . 1} = 60.$$

359. Il nous sera donc facile à présent de déterminer les coefficiens de tous les termes d'une puissance quelconque. Nous en donnerons un exemple sur la septième puissance $(a + b)^7$.

Le premier terme est a^7, qui ne se rencontre qu'une fois ; et comme tous les autres termes ont chacun sept lettres, il s'ensuit que le nombre de toutes les permutations pour chaque terme serait $7.6.5.4.3.2.1$, si toutes les lettres étaient dissemblables. Mais puisque dans le second terme $a^6 b$, on trouve six lettres semblables, il faudra diviser ce produit-là par $6.5.4.3.2.1$; d'où il suit que le coefficient est

$$= \frac{7 \cdot 6 \cdot 5 \cdot 4 \cdot 3 \cdot 2 \cdot 1}{6 . 5 . 4 . 3 . 2 . 1} = \frac{7}{1}.$$

Dans le troisième terme a^5bb, on trouve cinq fois la même lettre a, et deux fois la même lettre b; il faut donc diviser ce nombre d'abord par $5.4.3.2.1$, et ensuite encore par 2.1; d'où résulte le coefficient

$$\frac{7.6.5.4.3.2.1}{5.4.3.2.1.1.2} = \frac{7.6}{1.2}.$$

Le quatrième terme a^4b^3 contient quatre fois la lettre a, et trois fois la lettre b; parconséquent le nombre total des permutations de sept lettres, doit être divisé, en premier lieu, par $4.3.2.1$, et en second lieu par $3.2.1$, ou par $1.2.3$, et le second coefficient devient

$$\frac{7.6.5.4.3.2.1}{4.3.2.1.1.2.3} = \frac{7.6.5}{1.2.3}.$$

On trouvera de la même manière $\frac{7.6.5.4}{1.2.3.4}$ pour le coefficient du cinquième terme, et ainsi des autres. Ainsi la règle donnée plus haut se trouve démontrée.

360. Ces considérations nous conduisent plus loin, et nous montrent aussi comment on doit trouver toutes les puissances des racines qui sont composées de plus de deux termes. Nous en ferons l'application à la troisième puissance de $a + b + c$, dont les termes doivent être formés de toutes les combinaisons possibles de trois lettres, et où chaque terme doit avoir pour coefficient, comme ci-dessus, le nombre de ses permutations.

La troisième puissance de $(a + b + c)^3$ sera, sans passer par la multiplication,

$$a^3 + 3aab + 3aac + 3abb + 6abc + 3acc + b^3 + 3bbc + 3bcc + c^3.$$

Supposons

$$a = 1,\ b = 1,\ c = 1,$$

le cube de $1 + 1 + 1$, ou de 3, sera

$$1+3+3+3+6+3+1+3+3+1=27.$$

Ce résultat est juste et confirme la règle.

Si l'on avait supposé

$$a=1, b=1, \quad \text{et} \quad c=-1,$$

on aurait trouvé pour le cube de $1+1-1$, c'est-à-dire de 1

$$1+3-3+3-6+3+1-3+3-1=1.$$

CHAPITRE XII.

Du développement des Puissances irrationnelles en suites infinies.

361. COMME nous avons fait voir de quelle manière on doit trouver une puissance quelconque de la racine $a + b$, quelque grand que soit l'exposant, nous sommes en état d'exprimer généralement la puissance de $a + b$, dont l'exposant serait indéterminé. Il est évident que si on indique cet exposant par n, on aura par la règle donnée plus haut (art. 348 et suiv.) :

$$(a+b)^n = a^n + \frac{n}{1}a^{n-1}b + \frac{n}{1}\cdot\frac{n-1}{2}a^{n-2}b^2$$

$$+\frac{n}{1}\cdot\frac{n-1}{2}\cdot\frac{n-2}{3}a^{n-3}b^3 + \frac{n}{1}\cdot\frac{n-1}{2}\cdot\frac{n-2}{3}\cdot\frac{n-3}{4}a^{n-4}b^4 + \text{etc.}$$

362. Que si on demandait la même puissance de la racine $a - b$, on ne ferait que changer les signes des second, quatrième, sixième, etc. termes, et on aurait

$$(a-b)^n = a^n - \frac{n}{1}a^{n-1}b + \frac{n}{1}\cdot\frac{n-1}{2}a^{n-2}b^2$$

$$-\frac{n}{1}\cdot\frac{n-1}{2}\cdot\frac{n-2}{3}a^{n-3}b^3 + \frac{n}{1}\cdot\frac{n-1}{2}\cdot\frac{n-2}{3}\cdot\frac{n-3}{4}a^{n-4}b^4 - \text{etc.}$$

363. Ces formules sont d'une utilité insigne; car elles servent aussi à exprimer toutes les espèces de radicaux. Nous avons fait voir que toutes les quantités irrationnelles peuvent se mettre sous la forme de puissances dont les exposans sont fractionnaires, et que

4

$$\overset{2}{\sqrt{}}\,a = a^{\frac{1}{2}}; \quad \overset{3}{\sqrt{}}\,a = a^{\frac{1}{3}}, \quad \overset{4}{\sqrt{}}\,a = a^{\frac{1}{4}}, \text{ etc.}$$

on aura donc aussi

$$\overset{2}{\sqrt{}}(a+b) = (a+b)^{\frac{1}{2}}; \quad \overset{3}{\sqrt{}}(a+b) = (a+b)^{\frac{1}{3}}$$

$$\overset{4}{\sqrt{}}(a+b) = (a+b)^{\frac{1}{4}}, \text{ etc.}$$

C'est pourquoi, si l'on veut trouver la racine quarrée de $a+b$, on n'a besoin que de substituer à l'exposant n, la fraction $\frac{1}{2}$ dans la formule générale de l'art. 361, et on aura d'abord pour les coefficiens,

$$\frac{n}{1} = \frac{1}{2}; \; \frac{n-1}{2} = -\frac{1}{4}; \; \frac{n-2}{3} = -\frac{3}{6}; \; \frac{n-3}{4} = -\frac{5}{8};$$

$$\frac{n-4}{5} = -\frac{7}{10}; \; \frac{n-5}{6} = -\frac{9}{12}.$$

Ensuite

$$a^n = a^{\frac{1}{2}} = \sqrt{}\,a \; ; \; a^{n-1} = \frac{1}{\sqrt{}\,a}; \; a^{n-2} = \frac{1}{a\sqrt{}\,a}; \; a^{n-3} = \frac{1}{aa\sqrt{}\,a} \text{ etc.}$$

Ou bien on pourra exprimer ces puissances de a de cette autre manière :

$$a^n = \sqrt{}\,a; \; a^{n-1} = \frac{\sqrt{}\,a}{a}; \; a^{n-2} = \frac{a^n}{a^2} = \frac{\sqrt{}\,a}{a^2}; \; a^{n-3} = \frac{a^n}{a^3} = \frac{\sqrt{}\,a}{a^3};$$

$$a^{n-4} = \frac{a^n}{a^4} = \frac{\sqrt{}\,a}{a^4}, \text{ etc.}$$

364. Cela posé, la racine quarrée de $a+b$ pourra s'exprimer ainsi qu'il suit :

$$\sqrt{}(a+b) = \sqrt{}\,a + \frac{1}{2}\,b\frac{\sqrt{}\,a}{a} - \frac{1}{2}\cdot\frac{1}{4}\,bb\frac{\sqrt{}\,a}{aa}$$

$$+ \frac{1}{2}\cdot\frac{1}{4}\cdot\frac{3}{6}\,b^3\frac{\sqrt{}\,a}{a^3} - \frac{1}{2}\cdot\frac{1}{4}\cdot\frac{3}{6}\cdot\frac{5}{8}\,b^4\frac{\sqrt{}\,a}{a^4} + \text{etc.}$$

365. Si donc a est un nombre quarré, on pourra assigner la valeur de $\sqrt{a}$, et parconséquent la racine quarrée de $a+b$ pourra être représentée par une suite infinie sans aucun signe radical.

Soit, par exemple, $a = cc$, on aura

$$\sqrt{a} = c;$$

donc

$$\sqrt{(cc+bb.)} = c + \frac{1}{2}\cdot\frac{b}{c} - \frac{1}{8}\frac{bb}{c^3} + \frac{1}{16}\frac{b^3}{c^5} - \frac{5}{128}\cdot\frac{b^4}{c^7} + \text{etc.}$$

On voit par là qu'il n'est aucun nombre dont on ne puisse extraire la racine quarrée de la même manière, puisque tout nombre peut se décomposer en deux parties dont l'une soit un quarré représenté par cc. Si on cherche, par exemple, la racine quarrée de 6, on fera

$$6 = 4 + 2,$$

parconséquent

$$cc = 4,\ c = 2,\ b = 2;$$

d'où résulte

$$\sqrt{6} = 2 + \tfrac{1}{2} - \tfrac{1}{16} + \tfrac{1}{64} - \tfrac{5}{1024} + \text{etc.}$$

Si on voulait ne prendre que les deux premiers termes de cette suite, on aurait

$$2\tfrac{1}{2} = \tfrac{5}{2},$$

dont le quarré $\tfrac{25}{4}$ est de $\tfrac{1}{4}$ plus grand que 6; mais si on considère trois termes, on a

$$2\tfrac{7}{16} = \tfrac{39}{16},$$

dont le quarré $\tfrac{1521}{256}$ est encore de $\tfrac{15}{256}$ trop petit.

366. Puisque, dans cet exemple, $\tfrac{5}{2}$ approche déjà beaucoup de la valeur vraie de $\sqrt{6}$, nous prendrons pour 6 la quantité

équivalente $\frac{21}{4} - \frac{1}{4}$. Ainsi

$$cc = \frac{25}{4} ; \; c = \frac{5}{2} ; \; b = -\frac{1}{4} ;$$

et calculant seulement les deux premiers termes, nous trouvons

$$\sqrt{6} = \frac{5}{2} + \frac{1}{2} \cdot \frac{-\frac{1}{4}}{\frac{5}{2}} = \frac{5}{2} - \frac{1}{2} \cdot \frac{\frac{1}{4}}{\frac{5}{2}} = \frac{5}{2} - \frac{1}{20} = \frac{49}{20} ;$$

le quarré de cette fraction étant $\frac{2401}{400}$, ne surpasse que de $\frac{1}{400}$ le quarré de $\sqrt{6}$.

Faisant maintenant

$$6 = \frac{2401}{400} - \frac{1}{400} ,$$

de sorte que

$$c = \frac{49}{20} \text{ et } b = -\frac{1}{400} ;$$

et ne prenant encore que les deux premiers termes, on a

$$\sqrt{6} = \frac{49}{20} + \frac{1}{2} \cdot \frac{-\frac{1}{400}}{\frac{49}{20}} = \frac{49}{20} - \frac{1}{2} \cdot \frac{\frac{1}{400}}{\frac{49}{20}} = \frac{40}{20} - \frac{5}{1960} = \frac{4801}{1960} ,$$

dont le quarré est $= \frac{23049601}{3841600}$. Or 6 réduit au même dénominateur est $= \frac{23049600}{3841600}$; l'erreur n'est donc plus que de $\frac{1}{3841600}$.

367. On pourra de la même manière exprimer la racine cubique de $a + b$ par une série infinie. Car puisque

$$\sqrt[3]{(a+b)} = (a+b)^{\frac{1}{3}} ,$$

on aura dans la formule générale $n = \frac{1}{3}$, et pour les coefficiens,

$$\frac{n}{1} = \frac{1}{3} ; \; \frac{n-1}{2} = -\frac{1}{3} ; \; \frac{n-2}{3} = -\frac{5}{9} ; \; \frac{n-3}{4} = -\frac{2}{3} ; \; \frac{n-4}{5} = -\frac{11}{15} ,$$

$$\text{etc.} ;$$

et quant aux puissances de a, on aura

$$a^n = \sqrt[3]{a}\,;\ a^{n-1} = \frac{\sqrt[3]{a}}{a}\,;\ a^{n-2} = \frac{\sqrt[3]{a}}{aa}\,;\ a^{n-3} = \frac{\sqrt[3]{a}}{a^3}\,;\text{etc.;}$$

donc

$$\sqrt[3]{(a+b)} = \sqrt[3]{a} + \tfrac{1}{3}\cdot b\,\frac{\sqrt[3]{a}}{a} - \tfrac{1}{9}\,b.b\,\frac{\sqrt[3]{a}}{aa}$$

$$+ \tfrac{5}{81}\cdot b^3\frac{\sqrt[3]{a}}{a^3} - \tfrac{10}{243}\cdot b^4\frac{\sqrt[3]{a}}{a^4} + \text{etc.}$$

368. Si donc a est un cube, tel que c^3, on a

$$\sqrt[3]{a} = c\,,$$

et les signes radicaux s'évanouiront; car il viendra

$$\sqrt[3]{(c^3+b)} = c + \tfrac{1}{3}\cdot\frac{b}{cc} - \tfrac{1}{9}\cdot\frac{bb}{c^5} + \tfrac{5}{81}\cdot\frac{b^3}{c^8} - \tfrac{10}{243}\cdot\frac{b^4}{c^{11}} + \text{etc.}$$

369. Voilà donc une formule, au moyen de laquelle on pourra trouver *par approximation* la racine cubique d'un nombre quelconque, puisque tout nombre peut se partager en deux parties, comme $c^3 + b$, dont la première soit un cube.

On voudrait, par exemple, déterminer la racine cubique de 2; on représentera 2 par $1 + 1$, ensorte que $c = 1$ et $b = 1$; parconséquent

$$\sqrt[3]{2} = 1 + \tfrac{1}{3} - \tfrac{1}{9} + \tfrac{5}{81} - \text{etc.}$$

Les deux premiers termes de cette suite font $1\tfrac{1}{3} = \tfrac{4}{3}$, dont le cube $\tfrac{64}{27}$ est trop grand de $\tfrac{10}{27}$. Qu'on fasse donc

$$2 = \tfrac{64}{27} - \tfrac{10}{27},$$

on aura

$$c = \tfrac{4}{3} \text{ et } b = -\tfrac{10}{27},$$

et parconséquent

$$\sqrt[3]{2} = \frac{4}{3} + \frac{1}{3} \cdot \frac{\frac{110}{7}}{\frac{16}{9}}$$

Ces deux termes font

$$\frac{4}{3} - \frac{5}{72} = \frac{21}{72},$$

dont le cube est $\frac{711571}{373248}$. Or

$$2 = \frac{746496}{373248},$$

ainsi l'erreur est $\frac{7071}{373148}$. De cette manière on pourra approcher de plus en plus de la racine, et d'autant plus rapidement qu'on prendra un plus grand nombre des premiers termes de la suite.

CHAPITRE XIII.

Du développement des puissances négatives.

370. Nous avons fait voir plus haut qu'on peut exprimer $\frac{1}{a}$ par a^{-1}; on peut donc de même exprimer $\frac{1}{a+b}$ par $(a+b)^{-1}$; de sorte que la fraction $\frac{1}{a+b}$ peut être regardée comme une puissance de $a+b$, c'est-à-dire celle dont l'exposant est -1; et il résulte de là que la série trouvée ci-dessus pour la valeur de $(a+b)^n$ s'étend aussi à ce cas.

371. Puis donc que $\frac{1}{a+b}$ signifie autant que $(a+b)^{-1}$, supposons dans la formule citée

$$n = -1;$$

nous aurons d'abord pour les coefficiens,

$$\frac{n}{1} = -1 \; ; \; \frac{n-1}{2} = -1 \; ; \; \frac{n-2}{3} = -1 \; ; \; \frac{n-3}{4} = -1; \text{etc.}$$

et ensuite pour les puissances de a :

$$a^n = a^{-1} = \frac{1}{a} \; ; \; a^{n-1} = a^{-2} = \frac{1}{a^2} \; ; \; a^{n-2} = \frac{1}{a^3} \; ; \; a^{n-3} = \frac{1}{a^4}; \text{etc.}$$

ainsi

$$(a+b)^{-1} = \frac{1}{a+b} = \frac{1}{a} - \frac{b}{a^2} + \frac{bb}{a^3} - \frac{b^3}{a^4} + \frac{b^4}{a^5} - \frac{b^5}{a^6} + \text{etc.}$$

et c'est la même suite que nous avons déjà trouvée plus haut par la division.

372. De plus $\dfrac{1}{(a+b)^2}$ étant autant que $(a+b)^{-2}$, réduisons aussi cette formule en une suite infinie. Il faudra pour cet effet supposer

$$n = -2,$$

et nous aurons pour les coefficiens

$$\frac{n}{1} = -\frac{2}{1}\,;\; \frac{n-1}{2} = -\frac{3}{2}\,;\; \frac{n-2}{3} = -\frac{4}{3}\,;\; \frac{n-3}{4} = -\frac{5}{4}\,, \text{ etc.}$$

et pour les puissances de a :

$$a^n = \frac{1}{a^2}\,;\; a^{n-1} = \frac{1}{a^3}\,;\; a^{n-2} = \frac{1}{a^4}\,;\; a^{n-3} = \frac{1}{a^5}\,;\; \text{ etc.}$$

Nous obtenons donc

$$(a+b)^{-2} = \frac{1}{(a+b)^2} = \frac{1}{a^2} - \frac{2}{1}\cdot\frac{b}{a^3} + \frac{2}{1}\cdot\frac{3}{2}\cdot\frac{bb}{a^4} - \frac{2}{1}\cdot\frac{3}{2}\cdot\frac{4}{3}\cdot\frac{b^3}{a^4}$$
$$+ \frac{2}{1}\cdot\frac{3}{2}\cdot\frac{4}{3}\cdot\frac{5}{4}\,\frac{b^4}{a^5} - \text{etc.}$$

Or

$$\frac{2}{1} = 2\,;\; \frac{2}{1}\cdot\frac{3}{2} = 3\,;\; \frac{2}{1}\cdot\frac{3}{2}\cdot\frac{4}{3} = 4\,;\; \frac{2}{1}\cdot\frac{3}{2}\cdot\frac{4}{3}\cdot\frac{5}{4} = 5\,, \text{ etc.}$$

Parconséquent nous avons

$$\frac{1}{(a+b)^2} = \frac{1}{a^2} - 2\frac{b}{a^3} + 3\frac{b^2}{a^4} - 4\frac{b^3}{a^5} + 5\frac{b^4}{a^6} - 6\frac{b^5}{a^7} + 7\frac{b^6}{a^8} - \text{etc.}$$

373. Continuons, et supposons

$$n = -3,$$

nous aurons une suite qui exprimera la valeur de $\dfrac{1}{(a+b)^3}$, ou de $(a+b)^{-3}$. Les coefficiens sont ,

$$\frac{n}{1} = -\frac{3}{1}; \ \frac{n-1}{2} = -\frac{4}{2}; \ \frac{n-2}{3} = -\frac{5}{3}; \ \frac{n-3}{4} = -\frac{6}{4}; \ \text{etc.}$$

et les puissances de a deviennent :

$$a^n = \frac{1}{a^3}; \ a^{n-1} = \frac{1}{a^4}; \ a^{n-2} = \frac{1}{a^5}; \ \text{etc.}$$

ce qui nous donne :

$$\frac{1}{(a+b)^3} = \frac{1}{a^3} - \frac{3}{1}\frac{b}{a^4} + \frac{3}{1}\cdot\frac{4}{2}\frac{b^2}{a^5} - \frac{3}{1}\cdot\frac{4}{2}\cdot\frac{5}{3}\frac{b^3}{a^6} + \frac{3}{1}\cdot\frac{4}{2}\cdot\frac{5}{3}\cdot\frac{6}{4}\frac{b^4}{a^7} - \text{etc.}$$

$$= \frac{1}{a^3} - 3\frac{b}{a^4} + 6\frac{b^2}{a^5} - 10\frac{b^3}{a^6} + 15\frac{b^4}{a^7} - 21\frac{b^5}{a^8}$$

$$+ 28\frac{b^6}{a^9} - 36\frac{b^7}{a^{10}} + 45\frac{b^8}{a^{11}} - \text{etc.}$$

Faisons encore
$$n = -4,$$

nous aurons pour les coefficiens,

$$\frac{n}{1} = -\frac{4}{1}; \ \frac{n-1}{2} = -\frac{5}{2}; \ \frac{n-2}{3} = -\frac{6}{3}; \ \frac{n-3}{4} = -\frac{7}{4}; \ \text{etc.}$$

et pour les puissances ,

$$a^n = \frac{1}{a^4}; \ a^{n-1} = \frac{1}{a^5}; \ a^{n-2} = \frac{1}{a^6}; \ a^{n-3} = \frac{1}{a^7}; \ a^{n-4} = \frac{1}{a^8}; \ \text{etc.}$$

d'où l'on tire :

$$\frac{1}{(a+b)^4} = \frac{1}{a^4} - \frac{4}{1}\cdot\frac{b}{a^5} + \frac{4}{1}\cdot\frac{5}{2}\cdot\frac{b^2}{a^6} - \frac{4}{1}\cdot\frac{5}{2}\cdot\frac{6}{3}\cdot\frac{b^3}{a^7} + \frac{4}{1}\cdot\frac{5}{2}\cdot\frac{6}{3}\cdot\frac{7}{4}\cdot\frac{b^4}{a^8} - \text{etc.}$$

$$= \frac{1}{a^4} - 4\frac{b}{a^5} + 10\frac{b^2}{a^6} - 20\frac{b^3}{a^7} + 35\frac{b^4}{a^8} - 56\frac{b^5}{a^9} + \text{etc.}$$

374. Les différens cas que nous venons de considérer, nous mettent en état maintenant de conclure avec certitude qu'on aura généralement pour une puissance négative quelconque de $a+b$:

$$\frac{1}{(a+b)^m} = \frac{1}{a^m} - \frac{m}{1} \cdot \frac{b}{a^{m+1}} + \frac{m}{1} \cdot \frac{m+1}{2} \cdot \frac{b^2}{a^{m+2}} - \frac{m}{1} \cdot \frac{m+1}{2} \cdot \frac{m+2}{3} \frac{b^3}{a^{m+3}} + \text{etc.}$$

Et on peut, moyennant cette formule, transformer toutes ces espèces de fractions en suites infinies, en substituant même à m des fractions, afin d'exprimer des formules irrationnelles.

375. Pour éclaircir encore davantage cette matière, nous joindrons ici les considérations qui suivent.

Nous avons trouvé :

$$\frac{1}{a+b} = \frac{1}{a} - \frac{b}{a^2} + \frac{b^2}{a^3} - \frac{b^3}{a^4} + \frac{b^4}{a^5} - \frac{b^5}{a^6} + \text{etc.}$$

Si nous multiplions cette suite par $a+b$, il faut que le produit soit $= 1$: et cela se trouve vrai, comme on peut s'en assurer, en effectuant la multiplication :

$$\frac{1}{a} - \frac{b}{a^2} + \frac{b^2}{a^3} - \frac{b^5}{a^4} + \frac{b^4}{a^5} - \frac{b^5}{a^6} + \text{etc.}$$
$$a+b$$

$$1 - \frac{b}{a} + \frac{b^2}{a^2} - \frac{b^3}{a^3} + \frac{b^4}{a^4} - \frac{b^5}{a^5} + , \text{etc.}$$
$$+ \frac{b}{a} - \frac{b^2}{a^2} + \frac{b^3}{a^3} - \frac{b^4}{a^4} + \frac{b^5}{a^5} - \text{etc.}$$

Prod. $= 1$.

376. Nous avons trouvé aussi

$$\frac{1}{(a+b)^2} = \frac{1}{aa} - \frac{2b}{a^3} + \frac{3bb}{a^4} - \frac{4b^3}{a^5} + \frac{5b^4}{a^6} - \frac{6b^5}{a^7} + \text{etc.}$$

Si on multiplie donc cette suite par $(a+b)^2$, il faut que le produit soit pareillement $= 1$. Or

$$(a+b)^2 = aa + 2ab + bb,$$

voici donc le plan de l'opération :

$$\frac{1}{aa} - \frac{2b}{a^3} + \frac{3bb}{a^4} - \frac{4b^3}{a^5} + \frac{5b^4}{a^6} - \frac{6b^5}{a^7} + \text{etc.}$$
$$aa + 2ab + bb$$

$$1 - \frac{2b}{a} + \frac{3bb}{aa} - \frac{4b^3}{a^3} + \frac{5b^4}{a^4} - \frac{6b^5}{a^5} + \text{etc.}$$
$$+ \frac{2b}{a} - \frac{4bb}{aa} + \frac{6b^3}{a^3} - \frac{8b^4}{a^4} + \frac{10b^5}{a^5} - \text{etc.}$$
$$+ \frac{bb}{aa} - \frac{2b^3}{a^3} + \frac{3b^4}{a^4} - \frac{4b^5}{a^5} + \text{etc.}$$

Le produit total $= 1$.

377. Que si l'on ne multipliait que par $a+b$ la série trouvée pour la valeur de $\frac{1}{(a+b)^2}$, il faudrait que le produit répondît à la fraction $\frac{1}{a+b}$, ou fût égal à la série trouvée ci-dessus,

$$\frac{1}{a} - \frac{b}{a^2} + \frac{bb}{a^3} - \frac{b^3}{a^4} + \frac{b^4}{a^5} - \text{etc.}$$

et c'est ce que la multiplication effective confirmera.

M

$$\frac{1}{aa} - \frac{2b}{a^3} + \frac{3bb}{a^4} - \frac{4b^3}{a^5} + \frac{5b^4}{a^6} \text{ etc.}$$

$$a + b$$

$$\frac{1}{a} - \frac{2b}{aa} + \frac{3bb}{a^3} - \frac{4b^3}{a^4} + \frac{5b^4}{a^5} - \text{etc.}$$

$$+ \frac{b}{aa} - \frac{2bb}{a^3} + \frac{3b^3}{a^4} - \frac{4b^4}{a^5} - \text{etc.}$$

$$\text{Prod.} = \frac{1}{a} - \frac{b}{aa} + \frac{bb}{a^3} - \frac{b^3}{a^4} + \frac{b^4}{a^5} - \text{etc.}$$

SECTION TROISIÈME.

Des Rapports et des Proportions.

CHAPITRE PREMIER.

Du Rapport arithmétique, ou de la différence entre deux nombres.

378. Deux grandeurs sont égales, ou elles ne le sont pas. Dans ce dernier cas où l'une est plus grande que l'autre, on peut envisager leur inégalité sous deux points de vue différens; on peut demander *de combien* une des quantités est plus grande que l'autre. On peut aussi demander *combien de fois* l'une contient l'autre. Les déterminations qui forment les réponses à ces deux questions, se nomment toutes deux des rapports ou des raisons; on a coutume de nommer la première *rapport arithmétique*, et la seconde *rapport géométrique*, sans cependant que ces dénominations aient aucune liaison avec la chose même; c'est arbitrairement qu'elles ont été adoptées (*).

379. On s'imagine bien, sans doute, qu'il faut que les grandeurs dont nous parlons soient d'une même espèce, puisque sans cela on ne pourrait rien déterminer au sujet de leur égalité ou de leur inégalité. Il serait absurde, par exemple,

____

(*) Il vaut mieux dire : *différence et quotient.*

M 2 *

de demander si deux unités de poids et trois unités linéaires
sont des quantités égales ; c'est pourquoi, dans ce qui va
suivre, il ne peut être question que de quantités d'une même
espèce ; et comme elles peuvent toujours être assignées en
nombres, ce n'est aussi, comme nous en avons averti dès
le commencement, que de nombres dont il sera question.

380. Quand on demande de deux nombres donnés, de
combien l'un est plus grand que l'autre, la réponse à cette
question détermine le rapport arithmétique de ces deux nombres. Or puisque cette détermination se fait en indiquant la
différence des deux nombres, il s'ensuit qu'un rapport arithmétique n'est autre chose que la différence entre deux nombres.
Et comme ce mot *différence* nous parait une expression plus
propre, nous réserverons celles de *rapport* ou *raison* pour
exprimer les rapports géométriques.

381. La différence entre deux nombres se trouve, comme
on sait, en soustrayant le plus petit du plus grand ; rien de
plus facile parconséquent que de résoudre la question, de
combien l'un est plus grand que l'autre. Dans le cas donc où les
nombres sont égaux, la différence étant nulle ou zéro, si l'on
demande de combien un des nombres est plus grand que
l'autre, on répondra, de zéro. Par exemple, 6 étant $= 2.3$,
la différence entre 6 et 2.3 est o.

382. Mais lorsque les deux nombres ne sont pas égaux,
comme 5 et 3, et qu'on demande de combien 5 est plus grand
que 3, la réponse est 2 ; et elle se détermine en soustrayant
3 de 5. De même, 15 est plus grand que 5 de 10 ; et 20 surpasse 8 de 12.

383. Nous avons donc trois choses à considérer ici : 1°. le
plus grand des deux nombres ; 2°. le plus petit, et 3°. la différence. Et ces trois quantités ont entre elles une liaison
telle que deux des trois étant données, elles déterminent
toujours la troisième.

Soient le plus grand nombre $= a$, le plus petit $= b$, et la différence $= d$: on trouvera la différence d en soustrayant b de a, de façon que

$$d = a - b;$$

d'où l'on voit comment a et b étant donnés, on peut trouver d.

384. Mais si c'est la différence qui est donnée avec le plus petit des deux nombres, ou b, ce sera le nombre plus grand qu'on pourra déterminer, savoir, en ajoutant ensemble la différence et le nombre plus petit, ce qui donne

$$a = b + d.$$

Car si on ôte de $b + d$ le moindre nombre b, il reste d, qui est la différence connue. Soit le moindre nombre $= 12$, la différence $= 8$, le nombre plus grand sera $= 20$.

385. Enfin si, outre la différence d, le plus grand nombre a est donné, on trouve l'autre nombre b en soustrayant la différence du plus grand nombre, ce qui fait qu'on a

$$b = a - d.$$

Car si j'ôte le nombre $a - d$ du nombre plus grand a, il reste d qui est la différence donnée.

386. La liaison entre ces trois nombres a, b, d est donc telle qu'on en tire les trois déterminations suivantes :

$$1^\circ.\ d = a - b;\ 2^\circ.\ a = b + d;\ 3^\circ.\ b = a - d;$$

et si l'une de ces trois comparaisons est juste, il faut nécessairement que les deux autres le soient aussi. Donc, en général, si

$$z = x + y,$$

il faut absolument que

$$y = z - x,\ \text{et}\ x = z - y.$$

3

387. Il est à remarquer au sujet de ces raisons arithmétiques, que si l'on ajoute aux deux nombres a et b un nombre c pris à volonté, ou qu'on l'en soustraie, la différence reste la même; c'est-à-dire que si d est la différence entre a et b, ce nombre d sera aussi la différence entre $a+c$ et $b+c$, et entre $a-c$ et $b-c$. Par exemple, la différence entre les nombres 20 et 12 étant 8, cette différence restera la même, quelque nombre qu'on ajoute à ces nombres 20 et 12, et quelque nombre qu'on en retranche.

388. La preuve en est évidente. Car si

$$a-b=d$$

on a aussi

$$(a+c)-(b+c)=d,$$

et de même

$$(a-c)-(b-c)=d.$$

389. Si on double les deux nombres a et b, la différence deviendra double aussi. Ainsi quand

$$a-b=d,$$

on aura

$$2a-2b=2d;$$

et, en général,

$$na-nb=nd,$$

quelque nombre qu'on prenne pour n.

CHAPITRE II.

De la Proportion arithmétique, ou de l'équi-différence (*).

390. Lorsque deux rapports arithmétiques sont égaux, leur égalité se nomme une *proportion arithmétique*, ou une *équi-différence*.

Ainsi quand

$$a - b = d \text{ et } p - q = d,$$

desorte que la différence est la même entre les nombres p et q, qu'entre les nombres a et b, on dit que ces quatre nombres forment une proportion arithmétique ; on l'écrit ainsi

$$a - b = p - q,$$

et on indique clairement par là que la différence entre a et b est égale à la différence entre p et q.

391. Une proportion arithmétique consiste donc dans quatre termes qui doivent être tels que si on soustrait le second du premier, le reste se trouve le même que celui qu'on obtient en soustrayant le quatrième du troisième. Ainsi ces quatre nombres $12, 7, 9, 4$ forment une proportion arithmétique, parceque

$$12 - 7 = 9 - 4.$$

392. Quand on a une proportion arithmétique comme

$$a - b = p - q,$$

(*) Ce qui signifie *égalité entre deux différences*; dénomination préférable à la première, parcequ'elle est une définition.

M 4 *

on peut faire changer de place au second et au troisième terme , en écrivant

$$a - p = b - q ;$$

cette égalité ne sera pas moins vraie. Car en supposant

$$a - b = p - q ,$$

qu'on ajoute d'abord b des deux côtés, on aura

$$a = b + p - q ;$$

qu'on soustraie ensuite p des deux côtés, il viendra

$$a - p = b - q.$$

Ainsi, comme

$$12 - 7 = 9 - 4 ,$$

on a aussi

$$12 - 9 = 7 - 4.$$

393. On peut aussi , dans toute proportion arithmétique , mettre le second terme à la place du premier , si on fait en même temps une transposition pareille du troisième et du quatrième. C'est-à-dire que si

$$a - b = p - q ,$$

on aura aussi

$$b - a = q - p.$$

Car $b - a$ est la négative de $a - b$, et de même $q - p$ est la négative de $p - q$. Ainsi, puisque

$$12 - 7 = 9 - 4 ,$$

on a pareillement

$$7 - 12 = 4 - 9.$$

394. Mais la propriété principale d'une proportion arithmétique quelconque, est celle-ci : que la somme du second et du troisième terme est constamment égale à la somme du premier et du quatrième terme. Cette propriété, à laquelle il faut bien faire attention, s'exprime aussi de cette façon : la somme

des *moyens* est égale à la somme des *extrêmes*. Ainsi, comme

$$12 - 7 = 9 - 4,$$

on a

$$7 + 9 = 12 + 4;$$

et en effet la somme est 16 de part et d'autre.

395. Soit, pour démontrer cette propriété principale,

$$a - b = p - q,$$

si on ajoute de part et d'autre $b + q$, on a

$$a + q = b + p;$$

c'est-à dire que la somme du premier et du quatrième terme est égale à la somme du second et du troisième. Et réciproquement, si quatre nombres, a, b, p, q, sont tels que la somme du second et du troisième est égale à la somme du premier et du quatrième, c'est-à dire que

$$b + p = a + q;$$

on en conclut, avec certitude, que ces nombres sont en proportion arithmétique, et que

$$a - b = p - q.$$

En effet, puisque

$$a + q = b + p,$$

si on soustrait de l'un et de l'autre membre $b + q$, on obtient

$$a - b = p - q.$$

Ainsi les nombres 18, 13, 15, 10 étant tels que la somme des moyens $13 + 15 = 28$ est égale à la somme des extrêmes $18 + 10 = 28$, on est certain qu'ils forment aussi une proportion arithmétique, et que parconséquent

$$18 - 13 = 15 - 10,$$

396. Il est facile, au moyen de la propriété dont nous parlons, de résoudre la question qui suit : les trois premiers termes d'une proportion arithmétique étant donnés, trouver le quatrième. Soient a, b, p ces trois premiers termes, et exprimons par q le quatrième qu'il s'agit de déterminer ; nous aurons

$$a + q = b + p;$$

soustrayant ensuite a de part et d'autre, nous obtenons

$$q = b + p - a.$$

Ainsi le quatrième terme se trouve en ajoutant ensemble le second et le troisième, et en soustrayant de cette somme le premier. Supposez, par exemple, que 19, 28, 13 soient les trois premiers termes donnés, la somme du second et du troisième est $= 41$; ôtez-en le premier, qui est 19, il reste 22 pour le quatrième terme cherché, et la proportion arithmétique sera indiquée par

$$19 - 28 = 13 - 22,$$

ou par

$$28 - 19 = 22 - 13,$$

ou par

$$28 - 22 = 19 - 13.$$

397. Lorsque dans une proportion arithmétique le second terme est égal au troisième, on n'a que trois nombres, mais dont la propriété est telle que le premier moins le second fait autant que le second moins le troisième, ou bien que la différence entre le premier et le second nombre est égale à la différence entre le second et le troisième. Les trois nombres 19, 15, 11 satisfont à cette condition, puisque

$$19 - 15 = 15 - 11.$$

398. On dit de trois nombres tels que ceux-là, qu'ils forment une proportion arithmétique continue, et on la désigne quelquefois par le signe $\div$, en écrivant, par exemple, $\div$ 19, 15, 11. On nomme aussi ces sortes de proportions, des *progressions arithmétiques*, surtout s'il y a un plus grand nombre de termes consécutifs soumis à la même loi.

Une progression arithmétique peut être ou *croissante* ou *décroissante*. La première dénomination lui convient quand les termes vont en augmentant, c'est-à-dire quand le second surpasse le premier, et que le troisième surpasse d'autant le second, comme ces nombres-ci, 4, 7, 10. La progression décroissante est celle où les termes vont toujours en diminuant de la même quantité : tels sont les nombres, 9, 5, 1.

399. Supposons que les nombres a, b, c soient en progression arithmétique, il faut que

$$a - b = b - c;$$

d'où il suit, à cause de l'égalité de la somme des extrêmes et de celle des moyens, que

$$2b = a + c;$$

et si on soustrait a de part et d'autre, on a

$$c = 2b - a.$$

400. Ainsi quand les deux premiers termes, a, b, d'une progression arithmétique sont donnés, on trouve le troisième en ôtant le premier du double du second. Soient 1 et 3 les deux premiers termes d'une progression arithmétique, le troisième sera $= 2.3 - 1 = 5$. Et ces trois nombres 1, 3, 5 donnent la proportion

$$1 - 3 = 3 - 5.$$

401. On peut, en suivant la même voie, aller plus loin et continuer la progression arithmétique aussi loin qu'on voudra ;

on n'a qu'à chercher le quatrième terme moyennant le second
et le troisième, de la meme manière qu'on a déterminé le
troisième au moyen du premier et du second, et ainsi de suite.
Soit a le premier terme, et b le second, on aura
le troisième

$$= 2b - a,$$

le quatrième

$$= 4b - 2a - b = 3b - 2a,$$

le cinquième

$$= 6b - 4a - 2b + a = 4b - 3a,$$

le sixième

$$= 8b - 6a - 3b + 2a = 5b - 4a,$$

le septième

$$= 10b - 8a - 4b + 3a = 6b - 5a.$$

etc.

CHAPITRE III.

De la Progression arithmétique, ou de l'équi-différence (*).

402. Nous avons insinué qu'on nomme *progression arithmétique*, ou *suite par équi-différences*, une suite de nombres, composée d'autant de termes qu'on veut, lesquels croissent ou décroissent toujours d'une même quantité.

Ainsi les nombres naturels, écrits par ordre, comme 1, 2, 3, 4, 5, 6, 7, 8, 9, 10, etc., forment une progression arithmétique, parcequ'ils augmentent toujours de l'unité ; et la suite 25, 22, 19, 16, 13, 10, 7, 4, 1, etc., est aussi une telle progression, puisque ces nombres diminuent constamment de 3.

403. Le nombre ou la quantité dont les termes d'une progression arithmétique deviennent plus grands ou plus petits, se nomme la *différence*. Ainsi quand le premier terme est donné avec la différence, on peut continuer la progression arithmétique aussi loin qu'on voudra. Soient, par exemple, le premier terme $=2$, et la différence $=3$, on aura la progression croissante qui suit : 2, 5, 8, 11, 14, 17, 20, 23, 26; 29, etc. où chaque terme se trouve en ajoutant la différence au terme précédent.

404. On a coutume d'écrire les nombres naturels, 1, 2, 3, 4, 5, etc., au-dessus des termes d'une telle progression arithmétique, afin de reconnaitre facilement le rang d'un terme quelconque dans la progression. On peut nommer ces

---

(*) Cette dénomination est préférable à l'autre, en ce qu'elle définit une suite de termes entre lesquels règne toujours la même différence.

M *

nombres écrits au-dessus des termes, des *indices*. Ainsi l'exemple cité s'écrira comme il suit :

Indices. 1, 2, 3, 4, 5, 6, 7, 8, 9, 10, etc.
Prog. arithm. 2, 5, 8, 11, 14, 17, 20, 23, 26, 29, etc.,

où l'on voit que 29 est le dixième terme.

405. Soit a le premier terme, et soit d la différence : la progression arithmétique continuera dans cet ordre :

$$1 \quad 2 \quad 3 \quad\quad 4 \quad\quad 5 \quad\quad 6 \quad\quad 7 \quad , \text{ etc.}$$
$$a, a+d, a+2d, a+3d, a+4d, a+5d, a+6d, \text{ etc.,}$$

il est facile de trouver de suite un terme quelconque de la progression, sans qu'il soit nécessaire de connaître tous les termes précédens, et uniquement par le moyen du premier terme a et la différence d. Par exemple, le dixième terme sera $=a+9d$, le centième terme $=a+99d$, et en général le terme quelconque sera $=a+(n-1)d$.

406. Lorsqu'on s'arréte en quelqu'endroit de la progression, il est essentiel de faire attention au premier et au dernier terme, et l'indice du dernier indiquera le nombre des termes. Si donc le premier terme $=a$, la différence $=d$, et le nombre des termes $=n$, on a le dernier terme $=a+(n-1)d$, lequel se trouve parconséquent en multipliant la différence par le nombre des termes moins un, et ajoutant à ce produit le premier terme.

Supposez, par exemple, une progression arithmétique de cent termes, dont le premier $=4$, et dont la différence soit $=3$; le dernier terme sera $=4+3.99=301$.

407. Lorsqu'on connaît le premier terme a et le dernier z, avec le nombre des termes $=n$, on peut trouver la différence d. Car puisque le dernier terme

$$z = a + (n-1)d,$$

si on soustrait de part et d'autre a, on obtient

$$z - a = (n - 1)d.$$

Ainsi en soustrayant le premier terme du dernier, on a le produit de la différence multipliée par le nombre des termes moins un. On n'aura donc qu'à diviser $z - a$ par $n - 1$ pour obtenir la valeur cherchée de la différence d, qui sera $= \dfrac{z - a}{n - 1}$.

Ce résultat fournit cette règle : on soustrait le premier terme du dernier, et on divise le reste par le nombre des termes, diminué de l'unité ; le quotient est la différence par le moyen de laquelle on est en état ensuite d'écrire toute la progression.

408. Supposons, par exemple, une progression arithmétique de neuf termes, dont le premier soit $= 2$, et le dernier $= 26$, et qu'il s'agisse de trouver la différence. Il faudra donc soustraire le premier terme 2 du dernier 26, et diviser le reste, qui est 24, par $9 - 1$, c'est-à-dire par 8 ; le quotient 3 sera égal à la différence cherchée, et la progression entière sera :

$$1 \quad 2 \quad 3 \quad 4 \quad 5 \quad 6 \quad 7 \quad 8 \quad 9$$
$$2, 5, 8, 11, 14, 17, 20, 23, 26.$$

Supposons, pour donner un autre exemple, que le premier terme soit $= 1$, le dernier $= 2$, le nombre des termes $= 10$, et qu'on demande la progression arithmétique qui répond à ces suppositions. Nous aurons aussitôt pour la différence $\dfrac{2 - 1}{10 - 1} = \dfrac{1}{9}$, et de là nous conclurons que la progression est

$$1 \quad 2 \quad 3 \quad 4 \quad 5 \quad 6 \quad 7 \quad 8 \quad 9 \quad 10$$
$$1, 1\tfrac{1}{9}, 1\tfrac{2}{9}, 1\tfrac{3}{9}, 1\tfrac{4}{9}, 1\tfrac{5}{9}, 1\tfrac{6}{9}, 1\tfrac{7}{9}, 1\tfrac{8}{9}, 2.$$

Autre exemple. Soit le premier terme $= 2\tfrac{1}{3}$, le dernier $= 12\tfrac{1}{3}$, et le nombre des termes $= 7$: on aura la différence

$$\frac{12\frac{1}{2} - 2\frac{1}{3}}{7 - 1} = \frac{10\frac{1}{6}}{6} = \frac{61}{36} = 1\frac{25}{36},$$ et parconséquent la progression,

$$1 \qquad 2 \qquad 3 \qquad 4 \qquad 5 \qquad 6 \qquad 7$$
$$2\frac{1}{3}, \; 4\frac{1}{36}, \; 5\frac{13}{18}, \; 7\frac{5}{12}, \; 9\frac{1}{9}, \; 10\frac{29}{36}, \; 12\frac{1}{2}.$$

409. Maintenant si les données sont le premier terme a, le dernier terme z et la différence d, elles font trouver le nombre des termes n. Car puisque

$$z - a = (n - 1)d,$$

on divisera des deux côtés par d, et on aura

$$\frac{z - a}{d} = n - 1.$$

Or n étant de 1 plus grand que $n - 1$, on a

$$\frac{z - a}{d} + 1 = n.$$

Parconséquent le nombre des termes se trouve en divisant la différence entre le dernier et le premier terme, ou $z - a$, par la différence de la progression, et en ajoutant l'unité au quotient $\frac{z - a}{d}$.

Soient, par exemple, le premier terme $= 4$, le dernier $= 100$, et la différence $= 12$: le nombre des termes sera $\frac{100 - 4}{12} + 1$; et voici quels seront ces neuf termes :

$$1 \quad 2 \quad 3 \quad 4 \quad 5 \quad 6 \quad 7 \quad 8 \qquad 9$$
$$4, \; 16, \; 28, \; 40, \; 52, \; 64, \; 76, \; 88, \; 100.$$

Si le premier terme $= 2$, le dernier $= 6$, et la différence $= 1\frac{1}{3}$, le nombre des termes sera $\frac{4}{1\frac{1}{3}} + 1 = 4$, et ces quatre

termes

termes seront

$$1 \quad 2 \quad 3 \quad 4$$
$$2, \; 3\tfrac{1}{3}, \; 4\tfrac{2}{3}, \; 6.$$

Soit encore le premier terme $= 3\tfrac{1}{3}$, le dernier $= 7\tfrac{2}{3}$, et la différence $= 1\tfrac{4}{9}$, le nombre des termes sera $= \dfrac{7\tfrac{2}{3} - 3\tfrac{1}{3}}{1\tfrac{4}{9}} + 1 = 4$; et voici ces quatre termes :

$$3\tfrac{1}{3}, \; 4\tfrac{7}{9}, \; 6\tfrac{2}{9}, \; 7\tfrac{2}{3}.$$

410. Mais il faut observer que le nombre des termes devant être nécessairement entier, si on n'avait pas trouvé un tel nombre pour n dans les exemples de l'article précédent, les questions auraient été absurdes.

Toutes les fois donc qu'on ne trouvera pas un nombre entier pour la valeur de $\dfrac{z-a}{d}$, il sera impossible de résoudre la question ; et parconséquent, pour que ces sortes de questions soient possibles, il faut que $z-a$ soit divisible par d.

411. On conclura de ce que nous avons dit, qu'on a toujours quatre quantités ou élémens à considérer dans une progression arithmétique :

1°. le premier terme a,
2°. le dernier terme z,
3°. la différence d,
4°. le nombre des termes n.

Et les relations entre ces quatre quantités sont telles que trois d'entre elles étant connues, on est en état d'assigner la quatrième ; car :

1°. Si a, d et n sont connus, on a

$$z = a + (n-1)d.$$

N

2°. Si z, d et n sont connus, on a

$$a = z - (n-1)d.$$

3°. Si a, z et n sont connus, on a

$$d = \frac{z-a}{n-1}.$$

4°. Si a, z et d sont connus, on a

$$n = \frac{z-a}{d} + 1.$$

CHAPITRE IV.

De la Sommation des Progressions arithmétiques, ou des Suites par équi-différences.

412. On a souvent besoin de la somme des termes d'une progression arithmétique. On la trouverait en ajoutant ensemble tous les termes ; mais comme cette addition serait très-longue dans le cas où la progression consisterait en un grand nombre de termes, on a imaginé une règle par le secours de laquelle on trouve très-facilement la somme dont nous parlons.

413. Nous considérerons d'abord une progression de cette espèce qui soit donnée, et telle que le premier terme $= 2$, la différence $= 3$, le dernier terme $= 29$, et le nombre des termes $= 10$:

$$1 \quad 2 \quad 3 \quad 4 \quad 5 \quad 6 \quad 7 \quad 8 \quad 9 \quad 10$$
$$2,\ 5,\ 8,\ 11,\ 14,\ 17,\ 20,\ 23,\ 26,\ 29.$$

De ce que, dans cette progression, la somme du premier et du dernier terme $= 31$, la somme du second et du pénultième $= 31$, la somme du troisième et de l'antépénultième $= 31$, et ainsi de suite, nous conclurons que la somme de deux termes quelconques également éloignés, l'un du premier et l'autre du dernier terme, est toujours égale à la somme du premier et du dernier terme.

414. Il est facile d'en saisir la raison. Car si nous supposons le premier terme $= a$, le dernier $= z$, et la différence $= d$, la somme du premier et du dernier terme est $= a + z$; le se-

cond terme étant $= a + d$, et le pénultième $= z - d$, la somme de ces deux termes est aussi $= a + z$. Ensuite le troisième terme étant $a + 2d$, et l'antépénultième $= z - 2d$, il est clair que ces deux termes ajoutés ensemble font aussi $a + z$. On démontrera la même chose de tous les autres.

415. Donc pour parvenir à déterminer la somme de la progression proposée, on écrira dessous, terme pour terme, la même progression prise à rebours, et on fera l'addition des termes correspondans comme il suit :

$$2 + 5 + 8 + 11 + 14 + 17 + 20 + 23 + 26 + 29$$
$$29 + 26 + 23 + 20 + 17 + 14 + 11 + 8 + 5 + 2$$
$$\overline{31 + 31 + 31 + 31 + 31 + 31 + 31 + 31 + 31 + 31.}$$

Cette suite de termes égaux est évidemment égale au double de la somme de la progression proposée ; or le nombre de ces termes égaux est 10, comme dans la progression, et conséquemment leur somme $= 10.31 = 310$. Ainsi, puisque cette somme est le double de celle des termes de la progression arithmétique, il faut que celle qu'on cherche soit $= 155$.

416. Si on procède de la même manière à l'égard d'une progression arithmétique quelconque, dont le premier terme soit $= a$, le dernier $= z$, et le nombre des termes $= n$; en écrivant sous la progression donnée la même progression en rétrogradant, on aura, en faisant l'addition terme à terme, une suite de n termes dont chacun sera $= a + z$; la somme de cette suite sera parconséquent $= n(a + z)$, et elle sera le double de celle des termes de la progression arithmétique proposée ; celle-ci sera donc $= \dfrac{n(a+z)}{2}$.

417. Ce résultat fournit une méthode facile pour sommer une progression arithmétique quelconque ; elle se réduit à cette règle :

Multipliez la somme du premier et du dernier terme par

le nombre des termes, la moitié du produit indiquera la somme de toute la progression.

Ou, ce qui revient au même, multipliez la somme du premier et du dernier terme par la moitié du nombre des termes.

Ou bien, multipliez la moitié de la somme du premier et du dernier terme par le nombre total des termes.

418. Il sera nécessaire d'éclaircir cette règle par quelques exemples.

Soit d'abord la progression des nombres naturels 1, 2, 3, etc. jusqu'à 100, dont il s'agisse de trouver la somme. Celle-ci sera par la première règle $= \dfrac{100.101}{2} = 50.101 = 5050$.

Si on demande combien de coups une horloge sonne en 12 heures? il faudra ajouter ensemble les nombres 1, 2, 3, jusqu'à 12; or cette somme se trouve sur-le-champ

$$= \frac{12.13}{2} = 6.13 = 78.$$

Que si l'on voulait avoir la somme de la même progression continuée jusqu'à 1000, on trouverait 500500; et la somme de cette progression, continuée jusqu'à 10000, ferait 50005000.

419. *Autre question.* Quelqu'un achète un cheval, sous la condition que pour le premier clou il paiera 5 sous, pour le second 8, pour le troisième 11, et pareillement toujours 3 sous de plus pour chacun des suivans : le cheval a 32 clous, on demande combien il coûtera à l'acheteur?

On voit qu'il s'agit ici de trouver la somme d'une progression arithmétique, dont le premier terme est 5, la différence $= 3$, et la somme des termes $= 32$. Il faut donc commencer par déterminer le dernier terme ; on trouve par la règle des articles (406, 411) qu'il est $= 5 + 31.3 = 98$. Maintenant la somme cherchée se trouve sans difficulté $= \dfrac{103.32}{2} = 103.16$; d'où l'on conclut que le cheval coûte 1648 sous, ou 82 liv. 8 sous.

420. Soient, en général, le premier terme $= a$, la différence $= d$, et le nombre des termes $= n$; et qu'il s'agisse de trouver, par le moyen de ces données, la somme de toute la progression. Comme le dernier terme doit être $= a + (n-1)d$, la somme du premier et du dernier sera $= 2a + (n-1)d$. Multipliant cette somme par le nombre des termes n, on a $2na + n(n-1)d$; donc la somme cherchée sera

$$S = na + \frac{n(n-1)d}{2}.$$

Cette formule appliquée à l'exemple précédent, où $a = 5$, $d = 3$, et $n = 32$, donne $5.32 + \dfrac{31.32.5}{2} = 160 + 1488 = 1648$; la même somme qu'on avait trouvée.

421. S'il est question d'ajouter ensemble tous les nombres naturels depuis 1 jusqu'à n, on a pour trouver cette somme, le premier terme $= 1$, le dernier terme $= n$, et le nombre des termes $= n$; donc la somme cherchée

$$S = \frac{nn + n}{2} = \frac{n(n+1)}{2}.$$

Si on fait $n = 1766$, la somme de tous les nombres, depuis 1 jusqu'à 1766, sera $= 883.1767 = 1560261$.

422. Soit proposée la progression des nombres impairs, 1, 3, 5, 7, etc., continuée jusqu'à n termes, et qu'on en demande la somme :

Le premier terme est ici $= 1$, la différence $= 2$, le nombre des termes $= n$; le dernier terme sera donc $= 1 + (n-1)2 = 2n - 1$, et parconséquent la somme cherchée $= nn$.

Tout se réduit donc à multiplier le nombre des termes par

lui-même. Ainsi, quel que soit le nombre des termes de cette progression qu'on ajoute ensemble, la somme sera toujours un quarré, savoir le quarré du nombre des termes. C'est ce que nous allons mettre sous les yeux :

Indic. 1, 2, 3, 4, 5, 6, 7, 8, 9, 10, etc.
Progres. 1, 3, 5, 7, 9, 11, 13, 15, 17, 19, etc.
Somme, 1, 4, 9, 16, 25, 36, 49, 64, 81, 100, etc.

423. Soient à présent le dernier terme $=1$, la différence $=3$, et le nombre des termes $=n$: on aura la progression 1, 4, 7, 10, etc., dont le dernier terme sera $=1+(n-1)3=3n-2$; donc la somme du premier et du dernier terme $=3n-1$, et parconséquent la somme de cette progression est

$$S = \frac{n(3n-1)}{2} = \frac{3nn-n}{2}.$$

Si on suppose $n=20$, la somme est $=10.59=590$.

424. Soient encore le premier terme $=1$, la différence $=d$, et le nombre des termes $=n$, le dernier terme sera

$$=1+(n-1)d.$$

Ajoutant le premier, on a $2+(n-1)d$, et multipliant par le nombre des termes, on a $2n+n(n-1)d$, d'où se déduit la somme de la progression

$$S = n + \frac{n(n-1)d}{2}.$$

Joignons ici la petite table qui suit :

4

$$\text{Pour}\begin{cases} d = 1 \\ d = 2 \\ d = 3 \\ d = 4 \\ d = 5 \\ d = 6 \\ d = 7 \\ d = 8 \\ d = 9 \\ d = 10 \\ \text{etc.} \end{cases} \text{la somme est}\begin{cases} n + \dfrac{n(n-1)}{2} = \dfrac{nn+n}{2} \\[2mm] n + \dfrac{2n(n-1)}{2} = nn \\[2mm] n + \dfrac{3n(n-1)}{2} = \dfrac{3nn-n}{2} \\[2mm] n + \dfrac{4n(n-1)}{2} = 2nn - n \\[2mm] n + \dfrac{5n(n-1)}{2} = \dfrac{5nn-3n}{2} \\[2mm] n + \dfrac{6n(n-1)}{2} = 3nn - 2n \\[2mm] n + \dfrac{7n(n-1)}{2} = \dfrac{7nn-5n}{2} \\[2mm] n + \dfrac{8n(n-1)}{2} = 4nn - 3n \\[2mm] n + \dfrac{9n(n-1)}{2} = \dfrac{9nn-7n}{2} \\[2mm] n + \dfrac{10n(n-1)}{2} = 5nn - 4n \\[2mm] \text{etc.} \end{cases}$$

CHAPITRE V.

Des Nombres figurés ou Polygones.

425. La sommation des progressions arithmétiques qui commencent par 1, et dont la différence est 1, 2, 3, etc., ou quelqu'autre nombre entier que ce soit ; cette sommation, dis-je, nous conduit à la théorie des *nombres polygones*, lesquels se forment en ajoutant ensemble quelques termes de l'une ou de l'autre de ces progressions.

426. Si on suppose la différence $= 1$; puisque le premier terme est constamment $= 1$, on aura la progression arithmétique, 1, 2, 3, 4, 5, 6, 7, 8, 9, 10, 11, 12, etc. Et si dans cette progression on prend la somme de un, de deux, de trois, etc., termes, on verra se former cette suite de nombres :

1, 3, 6, 10, 15, 21, 28, 36, 45, 55, 66, etc., car
$1 = 1,\ 1+2 = 3,\ 1+2+3 = 6,\ 1+2+3+4 = 10$, etc..

Ces nombres sont dits *triangulaires* ou *trigonaux*, parcequ'on peut toujours arranger en triangle autant de points qu'ils contiennent d'unités, comme on va voir :

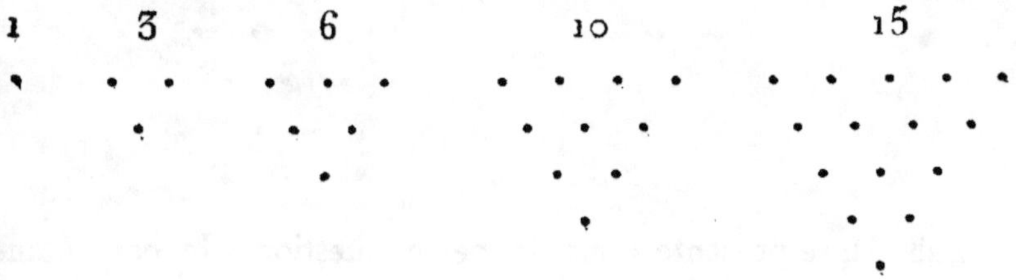

1   3   6   10   15

21 ,   28 ,

etc.

427. On voit dans tous ces triangles combien chaque côté
contient de points. Dans le premier triangle, il n'y a qu'un
point; dans le second il y en a deux ; dans le troisième
trois; dans le quatrième quatre , etc. Ainsi les nombres triangulaires, ou le nombre des points (qu'on nomme simplement
le *triangle*) , se règlent sur le nombre des points que contient
le côté , nombre qu'on nomme le *côté*. C'est-à-dire que le
troisième nombre triangulaire , par exemple , ou le troisième
triangle , est celui dont le côté a trois points; le quatrième ,
celui dont le côté en a quatre , et ainsi de suite ; et voici comment nous représenterons cette propriété :

Côté .

Triangle .

Côté .

Triangle .

428. Il se présente donc ici cette question : le côté étant

donné, déterminer le triangle? C'est ce qu'il sera facile de trouver d'après ce que nous venons de dire.

Car soit le côté $= n$, le triangle sera $1 + 2 + 3 + 4 + 5 .. n$. Or la somme des termes de cette progression est $= \dfrac{nn + n}{2}$; parconséquent la valeur du triangle est $\dfrac{nn + n}{2}$.

$$\text{Et si} \begin{cases} n = 1, \\ n = 2, \\ n = 3, \\ n = 4, \end{cases} \text{le triangle est} \begin{cases} = 1, \\ = 3, \\ = 6, \\ = 10, \end{cases}$$

ainsi de suite. Lorsque $n = 100$, le triangle sera $= 5050$.

429. On nomme cette formule $\dfrac{nn + n}{2}$, la formule générale des nombres triangulaires; parceque par son secours on trouve le nombre triangulaire, ou le triangle, qui répond à un côté quelconque indiqué par n.

On peut transformer cette formule en celle-ci, $\dfrac{n(n+1)}{2}$, et cela sert même à faciliter le calcul, parceque toujours un des deux nombres n, ou $n + 1$, est un nombre pair, et parconséquent divisible par 2.

C'est ainsi que si $n = 12$, le triangle est

$$= \frac{12.13}{2} = 6.13 = 78.$$

Et que si $n = 15$, le triangle est $\dfrac{15.16}{2} = 15.8 = 120$, etc.

430. Qu'on suppose à présent la différence $= 2$, on aura la progression arithmétique suivante:

$$1, 3, 5, 7, 9, 11, 13, 15, 17, 19, 21, \text{etc.}$$

dont les sommes, en prenant successivement un, deux, trois, quatre termes, etc., forment cette série :

$$1, 4, 9, 16, 25, 36, 49, 64, 81, 100, 121, \text{etc.}$$

On nomme les termes de cette suite, les nombres *quadrangulaires*, ou plutôt *quarrés*, puisqu'en effet cette suite représente les quarrés des nombres naturels, comme nous l'avons lu plus haut ; et cette dénomination leur convient d'autant plus, qu'on peut toujours former un quarré avec le nombre de points qu'indiquent ces termes, ainsi qu'on va le voir :

1,   4,   9,   16,   25,

36,   49,

431. On voit ici que le côté d'un tel quarré contient précisément le nombre de points qu'indique la racine quarrée. Le côté du quarré 25, par exemple, est de cinq points ; celui du quarré 36 est de six points ; et généralement, si le côté est n, c'est-à-dire si le nombre des termes de la progression, 1, 3, 5, 7, etc., qu'on aura pris, est indiqué par n, on voit que le quarré, ou le nombre quadrangulaire, sera égal à la somme de ces termes, ou $= nn$, ainsi que nous l'avons trouvée à l'article 422. Nous ne nous arrêterons

pas davantage à ces nombres quarrés dont nous avons parlé plus haut avec assez d'étendue.

432. Faisant maintenant la différence $= 3$, et prenant de la même manière les sommes, on obtiendra des nombres qu'on appelle *pentagones*, quoiqu'on ne puisse plus si bien les représenter par des points. Ces suites commencent ainsi :

Indices, 1, 2, 3, 4, 5, 6, 7, 8, 9, etc.
Prog. arith., 1, 4, 7, 10, 13, 16, 19, 22, 25, etc.
Pentagone, 1, 5, 12, 22, 35, 51, 70, 92, 117, etc.

les indices représentant le côté de chaque pentagone.

433. Il suit de là que si on fait le côté $= n$, le nombre pentagone sera

$$= \frac{3nn - n}{2} = \frac{n(3n-1)}{2}.$$

Soit, par exemple, $n = 7$, le pentagone sera $= 70$. Si on demande le pentagone, dont le côté est 100, on fera $n = 100$, et on aura 14950 pour le nombre cherché.

434. Que si l'on suppose la différence $= 4$, on parvient aux nombres *hexagones*, comme on le voit dans les progressions qui suivent :

Indices, 1, 2, 3, 4, 5, 6, 7, 8, 9, etc.
Prog. arith. 1, 5, 9, 13, 17, 21, 25, 29, 33, etc.
Hexagone, 1, 6, 15, 28, 45, 66, 91, 120, 153, etc.

les indices montrant encore le côté de chaque hexagone.

435. Ainsi quand le côté est n, le nombre hexagone est

$$= 2nn - n = n(2n-1);$$

et on observera au reste que tous les nombres hexagones sont aussi triangulaires, puisque en ne prenant de ces derniers que le premier, le troisième, le cinquième, etc. on a précisément la suite des hexagones.

436. On trouvera de la même manière les nombres hepta-

gones, octogones, ennéagones, etc. Nous nous contenterons de donner encore ici le tableau des formules générales de tous ces nombres, compris sous le nom général de *nombres polygones*.

En supposant le côté $= n$, on a

$$\text{le triangle} = \frac{nn + n}{2} = \frac{n(n+1)}{2},$$

$$\text{le quarré} = \frac{2nn + 0n}{2} = nn,$$

$$\text{le v gone} = \frac{3nn - n}{2} = \frac{n(3n-1)}{2},$$

$$\text{le VI gone} = \frac{4nn - 2n}{2} = 2nn - n = n(2n-1)$$

$$\text{le VII gone} = \frac{5nn - 3n}{2} = \frac{n(5n-3)}{2},$$

$$\text{le VIII gone} = \frac{6nn - 4n}{2} = 3nn - 2n = n(3n-2)$$

$$\text{le IX gone} = \frac{7nn - 5n}{2} = \frac{n(7n-5)}{2},$$

$$\text{le X gone} = \frac{8nn - 6n}{2} = 4nn - 3n = n(4n-3)$$

$$\text{le XI gone} = \frac{9nn - 7n}{2} = \frac{n(9n-7)}{2},$$

$$\text{le XII gone} = \frac{10nn - 8n}{2} = 5nn - 4n = n(5n-4)$$

$$\text{le XX gone} = \frac{18nn - 16n}{2} = 9nn - 8n = n(9n-8)$$

$$\text{le XXV gone} = \frac{23nn - 21n}{2} = \frac{n(23n-21)}{2},$$

enfin pour le terme général, ou

$$\text{le } m \text{ gone} = \frac{(m-2)nn - (m-4)n}{2} \quad (*).$$

(*) On remarquera que cette table n'est que celle de l'art. 424 poussée plus loin.

437. Ainsi le côté étant n, on a en général le nombre m angulaire $= \dfrac{(m-2)\,nn - (m-4)\,n}{2}$; d'où l'on peut déduire tous les nombres polygones possibles dont le côté serait n. Si on cherchait, par exemple, les nombres biangulaires, on aurait $m = 2$, et parconséquent le nombre cherché $= n$; c'est-à-dire que les nombres biangulaires sont les nombres naturels 1, 2, 3, etc.

Si on fait $m = 3$, on a le nombre triangulaire $\dfrac{nn + n}{2}$.

Si on fait $m = 4$, on a le nombre quarré $= nn$, etc.

438. Supposons, pour éclaircir cette règle par des exemples, qu'on cherche le nombre XXV gone, dont le côté est 36 ; on cherchera d'abord dans notre table le nombre XXV gone pour le côté n ; on le trouvera $= \dfrac{23nn - 21n}{2}$. Faisant ensuite $n = 36$, on trouvera le nombre cherché $= 14526$.

439. *Question.* Quelqu'un a acheté une maison, et on lui demande combien il l'a payée? Il répond que le nombre 365 gone dont le côté est 12, est le nombre d'écus qu'il l'a payée.

Afin de trouver ce nombre, on fera $m = 365$, et $n = 12$; et substituant ces valeurs dans la formule générale, on trouvera pour le prix de la maison 23970 écus.

CHAPITRE VI.

Du Rapport géométrique, ou du Quotient.

440. L E *rapport géométrique* entre deux nombres contient la réponse à la question, *combien de fois* l'un de ces nombres contient l'autre? On le trouve en divisant l'un par l'autre ; le quotient indique le rapport cherché.

441. On a donc trois choses à considérer ici; 1°. le premier des deux nombres proposés, qu'on nomme l'*antécédent;* 2°. l'autre nombre, qu'on appelle le *conséquent;* 3°. le *rapport* des deux nombres, ou le quotient de la division de l'antécédent par le conséquent. Par exemple, si c'est le rapport des nombres 18 et 12 qu'il s'agit d'indiquer, 18 est l'antécédent, 12 est le conséquent, et $\frac{18}{12} = 1\frac{1}{2}$ est le rapport; d'où l'on voit que l'antécédent contient le conséquent une fois et demie.

442. On a coutume d'indiquer le rapport géométrique par deux points, mis l'un au-dessus de l'autre entre l'antécédent et le conséquent.

Ainsi $a : b$ signifie le rapport géométrique de ces deux nombres, ou celui de b à a. Nous avons déjà remarqué plus haut qu'on se sert de ce signe pour indiquer la division, et c'est aussi pourquoi on l'emploie ici, parcequ'afin de connaître ce rapport, il faut qu'on divise a par b. Le rapport indiqué par ce signe, se prononce en disant simplement a est à b.

443. On représente donc l'expression d'un rapport par une fraction dont le numérateur est l'antécédent, et dont le dénominateur est le conséquent. La clarté exige qu'on réduise toujours cette fraction à ses moindres termes, ce qu'on fait,

comme

comme nous l'avons montré plus haut, en divisant le numérateur et le dénominateur par leur plus grand commun diviseur. Ainsi la fraction $\frac{18}{12}$ se réduit à $\frac{3}{2}$, en divisant les deux termes par 6.

444. La première espèce de rapport, est, sans contredit, le rapport d'égalité : il a lieu quand les deux nombres sont égaux, comme dans $3 : 3$; $4 : 4$; $a : a$.

Viennent ensuite les autres espèces de rapports tels que $4 : 2$ qu'on nomme *double*, $12 : 4$ qu'on nomme *triple* et ainsi de suite.

Après ceux-là viennent les rapports fractionnaires tels que $12 : 9$, qui est $\frac{4}{3}$ ou $1\frac{1}{3}$; $18 : 27$, qui est $\frac{2}{3}$, etc. On peut même distinguer parmi ces rapports, ceux qui sont donnés par un conséquent double, triple, etc. de l'antécédent : tels sont les rapports $6 : 12$, $5 : 15$, etc. dont quelques-uns se nomment rapports *soudoubles*, *soutriples*, etc.

Nous ajouterons qu'on nomme rapports *irrationnels* ou *sourds* ceux qui ne peuvent s'exprimer exactement ni par des entiers, ni par des fractions, comme $\sqrt{5} : 8$; $4 : \sqrt{3}$.

445. Soient à présent a l'antécédent, b le conséquent et d la raison, nous savons déjà que a et b étant donnés, on trouve

$$d = \frac{a}{b}.$$

Que si le conséquent b était donné avec le rapport, on trouverait l'antécédent $a = bd$, parceque bd divisé par b fait d. Enfin si l'antécédent a est donné avec le rapport d, on trouvera le conséquent $b = \frac{a}{d}$; car en divisant l'antécédent a par ce conséquent $\frac{a}{d}$, on trouve le quotient ou le rapport d.

446. Tout rapport $a : b$ reste constant, soit qu'on multiplie ou qu'on divise l'antécédent et le conséquent par le même nombre, parceque le rapport reste le même. Soit d la raison

de $a : b$, on a $d = \dfrac{a}{b}$; or, la raison du rapport $na : nb$ est aussi

$\dfrac{a}{b} = d$, et le rapport $\dfrac{a}{n} : \dfrac{b}{n}$ est pareillement $\dfrac{a}{b} = d$.

447. Quand un rapport a été réduit à ses moindres termes, il devient plus clair. Par exemple, quand la fraction $\dfrac{a}{b}$ a été

réduite à la fraction $\dfrac{p}{q}$, on dit $a : b = p : q$, ce qui se prononce, a est à b comme p à q. Ainsi, le rapport $6 : 3$ étant $\frac{1}{2}$ ou 2, on dira $6 : 3 = 2 : 1$. On aura de même $18 : 12 = 3 : 2$, et $24 : 18 = 4 : 3$, et $30 : 45 = 2 : 3$, etc. Que si la fraction ne peut se réduire, le rapport ne deviendra pas plus clair ; on ne simplifie pas en disant $9 : 7 = 9 : 7$.

448. On peut, au contraire, transformer quelquefois en un rapport clair et simple celui de deux très-grands nombres, ce qui arrive lorsque la fraction se réduit à de très-petits termes. Par exemple, on peut dire

$$28844 : 14422 = 2 : 1, \text{ ou } 10566 : 7044 = 3 : 2,$$
$$\text{ou } 57600 : 25200 = 16 : 7.$$

449. Il est donc essentiel, pour exprimer un rapport quelconque de la manière la plus claire qu'il soit possible, de chercher à le réduire aux plus petits nombres possibles. Cela se fait facilement en divisant les deux termes du rapport par leur plus grand commun diviseur. Par exemple, pour réduire le rapport $57600 : 25200$ à celui-ci, $16 : 7$, tout consiste dans la seule opération de diviser les nombres 576 et 252 par 36, qui est leur plus grand commun diviseur.

450. On voit donc aussi combien il importe qu'on sache toujours trouver le plus grand commun diviseur de deux nombres donnés ; mais cette recherche requiert une méthode que nous détaillerons dans le chapitre suivant.

CHAPITRE VII.

Du plus grand commun Diviseur de deux Nombres donnés.

451. IL est des nombres qui n'ont entre eux d'autre commun diviseur que l'unité, et quand le numérateur et le dénominateur d'une fraction sont de cette nature, il n'est pas possible de la réduire à une forme plus commode.

On voit, par exemple, que les deux nombres 48 et 35 n'ont pas de commun diviseur, quoique chacun ait ses diviseurs en particulier. C'est pourquoi on ne peut exprimer plus simplement le rapport 48 : 35, parceque la division de deux nombres par 1 ne les rend pas plus petits.

452. Mais lorsque les deux nombres ont un commun diviseur, on le trouve, et même le plus grand qu'ils aient, par la règle suivante :

Il faut diviser le plus grand des deux nombres par le plus petit ; on divisera ensuite le diviseur precedent par le reste, le second reste servira de diviseur dans la troisieme division, dans laquelle le diviseur precedent sera le dividende, et on continuera de la même manière jusqu'à ce qu'on arrive à une division sans reste ; le diviseur de cette division, et parconsequent le dernier diviseur, sera le plus grand commun diviseur des deux nombres donnees.

Voici cette operation pour les deux nombres 576 et 252 :

$$
\begin{array}{llll}
576 \left\lceil \dfrac{252}{2} \right. & \left\lceil \dfrac{72}{3} \right. & \left\lceil \dfrac{36}{2} \right. \\
504 \\
\overline{72} & 252 & 72 \\
& 216 & 36 \\
& \overline{36} & \overline{0}
\end{array}
$$

Ainsi le plus grand commun diviseur est ici 36.

453. Il sera bon d'éclaircir encore cette règle par quelques autres exemples.

Supposons qu'on cherche le plus grand commun diviseur des nombres 504 et 312, on aura :

$$
\begin{array}{llllll}
504 & \{312 & \{192 & \{120 & \{72 & \{48 & \{24 \\
312 & \{\dfrac{}{1} & \{\dfrac{}{1} & \{\dfrac{}{1} & \{\dfrac{}{1} & \{\dfrac{}{1} & \{\dfrac{}{2} \\
\hline
192 & 312 & 192 & 120 & 72 & 48 \\
 & 192 & 120 & 72 & 48 & 48 \\
\hline
 & 120 & 72 & 48 & 24 & 0
\end{array}
$$

Ainsi 24 est le plus grand commun diviseur, et par conséquent le rapport 504 : 312 se réduit à la forme 21 : 13.

454. Soit donné le rapport 625 : 529, et qu'on cherche le plus grand diviseur commun entre ces deux nombres :

$$
\begin{array}{llllll}
625 & \{529 & \{96 & \{49 & \{47 & \{2 & \{1 \\
529 & \{\dfrac{}{1} & \{\dfrac{}{5} & \{\dfrac{}{1} & \{\dfrac{}{1} & \{\dfrac{}{23} & \{\dfrac{}{2} \\
\hline
96 & 529 & 96 & 49 & 47 & 2 \\
 & 480 & 49 & 47 & 46 & 2 \\
\hline
 & 49 & 47 & 2 & 1 & 0
\end{array}
$$

Donc 1 est ici le plus grand commun diviseur, et par conséquent on ne peut exprimer le rapport 625 : 529 par des nombres plus petits.

455. Il sera nécessaire à présent de donner aussi la démonstration de cette règle. Supposons pour cela que a soit le plus grand et b le plus petit des nombre donnés, et que d soit un de leurs communs diviseurs : on comprendra d'abord que a et b étant divisibles par d, on pourra aussi diviser par d les quantités $a-b$, $a-2b$, $a-3b$, et en général $a-nb$.

456. Le réciproque n'est pas moins vrai ; c'est-à-dire que si les nombres b et $a-nb$ sont divisibles par d, le nombre a sera aussi divisible par d. Car nb pouvant être divisés par d, on ne

pourrait diviser $a - nb$ par d, si a n'était pas divisible de même par d.

457. Nous remarquerons de plus que si d est le plus grand commun diviseur des deux nombres b et $a - nb$, il sera aussi le plus grand diviseur des deux nombres a et b. Car si, pour ces nombres a et b, un diviseur commun plus grand que d pouvait avoir lieu, ce nombre serait aussi un diviseur commun de b et $a - nb$, et par conséquent d ne serait pas le plus grand diviseur de ces deux nombres. Or nous venons de supposer d le plus grand diviseur commun à b et à $a - nb$; donc il faut que d soit aussi le plus grand commun diviseur de a et de b.

458. Ces trois choses étant posées, divisons, suivant la règle, le plus grand nombre a par le plus petit b; et supposons le quotient $= n$, nous aurons le reste $a - nb$, qui ne peut qu'être plus petit que b. Or ce reste $a - nb$ ayant le même plus grand commun diviseur avec b que les nombres donnés a et b, on n'a qu'à recommencer la division, en divisant le diviseur précédent b par ce reste $a - nb$; le nouveau reste qu'on obtiendra, aura encore avec le diviseur précédent, le même plus grand commun diviseur, et ainsi de suite.

459. On continuera donc de la même manière, jusqu'à ce qu'on parvienne à une division sans reste, c'est-à-dire où le reste soit zéro. Soit p ce dernier diviseur contenu exactement un certain nombre de fois dans son dividende, ce dividende sera donc divisible par p, et aura la forme mp; ainsi ces nombres p et mp sont tous les deux divisibles par p, et il est sûr qu'ils n'ont pas de plus grand commun diviseur, parce qu'aucun nombre ne peut être divisé réellement par un nombre plus grand que lui-même. Parconséquent c'est aussi ce dernier diviseur qui est le plus grand commun diviseur des nombres proposés a et b. Telle est la démonstration de la règle prescrite.

46o. Mettons ici encore un exemple de la même règle, en cherchant le plus grand commun diviseur des nombres 1728 ei 2304. Voici l'opération :

$$
\begin{array}{r|l|l}
2304 \big(& 1728 \big(& 576 \\
1728 \big(& 1 \big(& 3 \\
\hline
576 & 1728 & \\
& 1728 & \\
\hline
& 0. &
\end{array}
$$

Il suit de − là que 576 est le plus grand commun diviseur, et que le rapport 1728 : 2304 se réduit à celui-ci , 3:4; c'est-à-dire que 1728 et à 2304 comme 3 est à 4.

CHAPITRE VIII.

De la Proportion géométrique, ou de l'équi-quotient (*).

461. L'ÉGALITÉ de deux rapports géométriques se nomme une *proportion géométrique*, ou un *équi-quotient*; et on écrit, par exemple,

$$a : b = c : d, \text{ ou } a : b :: c : d,$$

pour indiquer que le rapport $a : b$ est égal au rapport $c : d$; mais on exprime plus simplement la signification de cette formule, en disant a contient b autant de fois que c contient d. Une telle proportion est celle-ci, $8 : 4 = 12 : 6$; car le rapport $8 : 4$ ou $\frac{2}{1}$, est égal au rapport $12 : 6$, qui est aussi $\frac{2}{1}$.

462. Ainsi

$$a : b = c : d$$

étant une proportion géométrique, il faut qu'on ait

$$\frac{a}{b} = \frac{c}{d};$$

et réciproquement si les fractions $\frac{a}{b}$ et $\frac{c}{d}$ sont égales, on a

$$a : b = c : d.$$

463. Une proportion géométrique consiste donc en quatre termes tels que le premier divisé par le second, donne le même quotient que le troisième divisé par le quatrième. On déduit de là une propriété importante commune à toutes les proportions géométriques, et qui consiste en ce que le produit du premier par le quatrième terme est toujours égal au produit du

---

(*) La dénomination d'*équi-quotient* est très-propre à indiquer une égalité entre deux rapports qui ne sont que des quotiens.

second par le troisième ; ou plus simplement, **que le produit des extrêmes est égal au produit des moyens.**

464. Prenons, pour démontrer cette propriété, la proportion géométrique.

$$a : b = c : d,$$

desorte que

$$\frac{a}{b} = \frac{c}{d}.$$

Si on multiplie l'une et l'autre de ces deux fractions par b, on obtient

$$a = \frac{bc}{d},$$

et multipliant de plus par d des deux côtés, on a

$$ad = bc.$$

Or ad est le produit des termes extrêmes, bc est celui des moyens, et ces deux produits se trouvent égaux.

465. Réciproquement si les quatre nombres a, b, c, d, sont tels que le produit des deux extrêmes, a et d est égal au produit des deux moyens b et c, on est certain qu'ils forment une proportion géométrique. Car, puisque

$$ad = bc,$$

on n'a qu'à diviser de part et d'autre par bd, on aura

$$\frac{ad}{bd} = \frac{bc}{bd}, \text{ ou } \frac{a}{b} = \frac{c}{d},$$

et parconséquent

$$a : b = c : d.$$

466. Les quatre termes d'une proportion géométrique, comme

$$a : b = c : d,$$

peuvent se transposer de différentes manières, sans que la proportion cesse de subsister. Car le caractère essentiel des proportions étant dans l'égalité entre le produit des extrêmes et celui des moyens, ou

$$ad = bc,$$

on peut dire :

1°. $b:a = d:c$; 2°. $a:c = b:d$; 3°. $d:b = c:a$; 4°. $d:c = b:a$.

467. Outre ces quatre proportions géométriques, on peut en déduire encore d'autres de la même proportion,

$$a:b = c:d.$$

On peut dire : $a+b:a$, ou le premier terme plus le second, est au premier, comme $c+d:c$, ou le troisième $+$ le quatrième est au troisième, c'est-à-dire,

$$a + b:a = c + d:c.$$

On peut ensuite dire : le premier — le second est au premier, comme le troisième — le quatrième est au troisième, ou bien

$$a - b:a = c - d:c.$$

Car si l'on prend le produit des extrêmes et des moyens, on a

$$ac - bc = ac - ad,$$

ce qui revient évidemment à l'égalité

$$ad = bc.$$

Enfin il est facile aussi de démontrer que

$$a + b:b = c + d:d,$$

et que

$$a - b:b = c - d:d.$$

468. Toutes les proportions que nous avions vu dériver de

$$a:b = c:d,$$

peuvent se représenter de la manière générale qui suit :

$$ma + nb : pa + qb = mc + nd : pc + qd.$$

Car le produit des termes extrêmes est $mpac + npbc + mqad + nqbd$, ou, puisque $ad = bc$, ce produit devient $mpac + npbc + mqbc + nqbd$. De plus le produit des termes moyens est $mpac + mqbc + npad + nqbd$, ou à cause de $ad = bc$, il est $mpac + mqbc + npbc + nqbd$, ainsi ces deux produits sont égaux.

469. Il est donc clair qu'une proportion géométrique étant donnée, par exemple, $6 : 3 = 10 : 5$, on peut en déduire une infinité d'autres. Nous n'indiquerons ici que les suivantes :

$$3:6=5:10; \quad 6:10=3:5; \quad 9:6=15:10,$$
$$3:3=5:5; \quad 9:15=3:5; \quad 9:3=15:5.$$

470. Puisque dans toute proportion géométrique le produit des extrêmes est égal au produit des moyens, on peut, les trois premiers termes étant connus, trouver par leur moyen le quatrième. Soient les trois premiers termes $24 : 15 = 40$ à un quatrième terme inconnu ; comme le produit des moyens est ici 600, il faut que le quatrième terme multiplié par le premier, c'est-à-dire par 24, fasse pareillement 600 ; parconséquent en divisant 600 par 24, le quotient 25 sera le quatrième terme cherché, et la proportion entière sera $24 : 15 = 40 : 25$. En général donc, si les trois premiers termes sont $a : b = c :$ un quatrième terme inconnu, on mettra d pour la quatrième lettre inconnue ; et puisqu'il faut que

$$ad = bc,$$

on divisera de part et d'autre par a, et on aura

$$d = \frac{bc}{a}.$$

Ainsi le quatrième terme est $= \dfrac{bc}{a}$, et on le trouve en multi-pliant le second terme par le troisième, et en divisant ce produit par le premier terme.

471. Voilà le fondement de cette *règle de trois* si célèbre dans l'arithmétique; et qui se réduit, trois nombres étant donnés, à assigner un quatrième nombre qui soit avec ceux-là en proportion géométrique, ensorte que le premier soit au second comme le troisième est au quatrième.

472. Quelques circonstances particulières se présentent à remarquer ici.

D'abord si dans deux proportions les premiers et les troisièmes termes sont les mêmes, comme dans

$$a:b=c:d \text{ et } a:f=c:g,$$

je dis que les deux seconds et les deux quatrièmes termes seront aussi en proportion géométrique, et que

$$b:d=f:g.$$

Car la première proportion se transformant en celle-ci,

$$a:c=b:d,$$

et la seconde en celle-ci,

$$a:c=f:g,$$

il suit que les rapports $b:d$ et $f:g$ sont égaux, puisque chacun d'eux est $a:c$. Par exemple, si

$$5:100=2:40, \text{ et } 5:15=2:6,$$

il faut que

$$100:40=15:6.$$

473. Mais si deux proportions sont telles que les termes

moyens soient les mêmes dans l'une et dans l'autre, je dis que les premiers termes seront en rapport inverse avec les quatrièmes. Ainsi des proportions

$$a:b=c:d, \text{ et } f:b=c:g$$

on déduit

$$a:f=g:d.$$

Soient, par exemple, les proportions

$$24:8=9:5, \text{ et } 6:8=9:12,$$

on aura

$$24:6=12:3.$$

La raison en est évidente : la première proportion donne

$$ad=bc \, ;$$

la seconde donne

$$fg=bc,$$

donc

$$ad=fg, \text{ et } a:f=g:d, \text{ ou } a:g=f:d.$$

474. Deux proportions étant données, on peut toujours en faire une nouvelle, en multipliant séparément le premier terme de l'une par le premier terme de l'autre, le second par le second, et ainsi des autres termes. C'est ainsi que les proportions

$$a:b=c:d \text{ et } e:f=g:h$$

fourniront celle-ci,

$$ae:bf=cg:dh :$$

car la première donnant

$$ad=bc,$$

et la seconde donnant

$$eh=fg,$$

on aura aussi
$$adeh = bcfg.$$

Or *adeh* est le produit des extrêmes, et *bcfg* est le produit des moyens de la nouvelle proportion ; ainsi ces deux produits étant égaux, la proportion est vraie.

475. Soient, par exemple, les deux proportions,

$$6:4 = 15:10 \text{ et } 9:12 = 15:20,$$

leur combinaisons donnera la proportion,

$$6.9:4.12 = 15.15:10.20,$$
ou.....................$54:48 = 225:200,$
ou................... $9: 8 = 9 : 8.$

476. Nous observerons enfin que si deux produits sont égaux, comme
$$ad = bc,$$

on peut réciproquement convertir cette égalité en une proportion géométrique.

On a toujours l'un des facteurs du premier produit est à un des facteurs du second produit, comme l'autre facteur du premier produit est à l'autre facteur du second produit ; c'est-à-dire, dans notre cas,

$$a:c = b:d, \text{ ou } a:b = c:d.$$
Soit
$$3.8 = 4.6,$$

on en formera cette proportion,
$$8:4 = 6:3,$$
ou celle-ci,
$$3:4 = 6:8.$$
De même si
$$3.5 = 1.15,$$
on aura

$$3:15 = 1:5, \text{ ou } 5:1 = 15:3, \text{ ou } 3:1 = 15:5.$$

CHAPITRE IX.

Remarques sur les proportions et sur leur usage (*).

477. CETTE théorie est tellement nécessaire dans la vie com‑
mune, que personne presque ne peut s'en passer. Il y a tou‑
jours proportion entre les prix et les marchandises ; et quand
il est question de différentes espèces de monnaies, tout se ré‑
duit à déterminer les rapports qui sont entre elles. Les
exemples que ces réflexions nous fournissent, seront très‑
propres à éclaircir les principes des proportions, et à en faire
voir l'utilité dans l'application.

478. On voudrait savoir, par exemple, *combien 2000 francs
valent de livres sterlings, ou combien on recevra à Londres de
livres sterlings, pour 2000 francs déposés chez un banquier de
Paris ?*

Il faut, pour résoudre cette question, exécuter une opéra‑
tion à laquelle on a donné le nom d'*opération de change*, et
qui consiste à convertir la somme proposée de francs en mon‑
naie d'Angleterre.

On parvient à cette réduction ou conversion, en prenant
pour base le rapport de la monnaie de Paris à celle de Londres.

Ce rapport, qui varie tous les jours, est consigné dans le
cours de *la bourse* de chaque pays. A Paris, par exemple, si le
change de Londres un certain jour, est *coté* 23 francs, cela

---

(*) Ce chapitre a été refait en entier par l'Auteur des Notes.

signifie que ce jour là Londres donne 1 livre sterling pour 23 francs.

Le nombre 23 francs est le rapport du jour, de la monnaie de France à celle d'Angleterre, et on doit s'en servir pour convertir les 2000 francs en livres sterlings. On dira donc : *Si 23 francs valent une livre sterling, combien 2000 francs vaudront-ils de livres sterlings ?* ce qui se traduit dans la proportion

$$23^{fr.} : 1^{\text{liv. sterl.}} :: 2000^{fr.} : \text{quatrième terme.}$$

En divisant 2000$^{\#}$ par 23$^{fr.}$, on obtiendra 86 $\frac{22}{23}$ livres sterlings.

Combien 1500 francs font-ils de florins banco de Hollande, en supposant que le change du jour soit à 55 deniers de gros pour 3 francs ?

Si 3 francs valent 55 deniers de gros, combien 1500 francs vaudront-ils de deniers de gros ? Ce qui se traduira par la proportion

$$3^{fr.} : 55^{\text{den. de gr.}} :: 1500 : \text{quatrième terme.}$$

Si on divise le produit des deux moyens par l'extrême connu, on trouvera 27500 deniers de gros pour 1500$^{fr.}$

Il ne s'agit plus maintenant que de réduire 27500 deniers de gros en florins. Pour cela, on dira : Si 40 deniers de gros valent 1 florin, combien 27500 deniers de gros produisent-ils de florins ? Nous aurons donc la proportion suivante :

$$40 : 1 :: 27500 : \text{au nombre cherché.}$$

En effectuant ce calcul, on trouve pour le quatrième terme de la proportion 687 $\frac{1}{2}$ florins ; c'est donc la somme que l'on recevrait pour 1500$^{fr.}$ en florins de Hollande.

479. Cette question admet une autre solution, qu'on pourra appliquer à la première. Je pose les égalités suivantes :

$$3 \text{ fr. valent} \dots\dots\dots 55 \text{ deniers de gros.}$$
$$40 \text{ den. de gros} \dots\dots 1 \text{ florin.}$$

Combien de florins pour 1500 francs?

Je multiplie l'un par l'autre les deux nombres de la première colonne, et j'ai 120 pour produit. Je multiplie entre eux les nombres de la deuxième, et le produit est 82500. Enfin je divise 82500 par 120, et je trouve $687\frac{1}{2}$ florins pour réponse à la question.

Il est facile de voir que cette seconde manière d'opérer n'est qu'une conséquence de la première; mais nous laisserons cette discussion à l'élève.

480. On est souvent forcé de faire le change ou d'opérer la réduction ou conversion des espèces, par le canal de plusieurs places intermédiaires

Un négociant de Pétersbourg veut faire compter à Berlin une somme de 1000 ducats, qu'il veut payer en roubles de Russie; mais Pétersbourg n'ayant pas de change ouvert avec Berlin, le change doit se faire par la Hollande. On sait que le change de Pétersbourg avec la Hollande est à $47\frac{1}{2}$, et que celui de la Hollande avec Berlin est à 142, c'est-à-dire que, pour un rouble de Russie, on donne en Hollande $47\frac{1}{2}$ stuvers, et que pour 100 rixdalles hollandaises, on paye à Berlin 142 rixdalles prussiennes. On sait, de plus, qu'en Hollande, 20 stuvers font 1 florin; que $2\frac{1}{2}$ florins font une rixdalle hollandaise; enfin que le ducat de Berlin équivaut à 3 rixdalles prussiennes.

Quelque compliquée que paraisse cette question, elle ne renferme cependant qu'une seule inconnue, savoir, le nombre de roubles que le négociant de Pétersbourg doit payer, et que ce nombre de roubles doit avoir avec 1000 ducats un rapport composé de ceux des différentes espèces de monnaie indiquées dans la question. La règle est donc plus longue que difficile, puisque tous ces rapports sont donnés. Essayons de lui donner une forme qui en rende le calcul facile.

A

A cet effet, on observera que si le change se faisait sans intermédiaire, le nombre cherché de roubles et celui des ducats seraient dans le rapport simple et inverse d'un ducat et d'un rouble, parceque le rouble vaut moins que le ducat; on a donc ces six proportions :

$$1^\circ \dots \ 1^{ro.} : 1^{du.} :: 1000^{du.} : x^{ro.}$$

$$2^\circ \dots \ 1^{stu.} : 1^{ro.} :: 1 : 47,5.$$

$$3^\circ \dots \ 1^{flor.\,holl.} : 1^{stu.} :: 20 : 1.$$

$$4^\circ \dots \ 1^{rix.\,holl.} : 1^{flo.} :: 2,5 : 1.$$

$$5^\circ \dots \ 1^{rix.\,pruss.} : 1^{rix.\,holl.} :: 100 : 142.$$

$$6^\circ \dots \ 1^{duc.\,berl.} : 1^{rix.\,pruss.} :: 3 : 1.$$

Les multipliant toutes par ordre, les produits sont en proportion et on a

$$1 : 1 :: 15000000 : 6745 \times x.$$

Les deux premiers termes de cette proportion étant égaux, les deux derniers le sont aussi ; ce qui donne

$$6745 \times x = 15000000, \text{ d'où } x = 2223^{ro.}, 87.$$

Ainsi le négociant de Pétersbourg devra compter $2223^{ro},87$ pour faire payer 1000 ducats à Berlin. En effet, d'après ces proportions,

$$1^{duc.\,berl.} = 3^{rix.\,pruss.} = \frac{3 \times 100^{rix.\,holl.}}{142}$$

$$= \frac{3 \times 100 \times 2,5^{fl.\,holl.}}{142} = \frac{3 \times 100 \times 2,5 \times 20^{stu.}}{142}$$

$$= \frac{3 \times 100 \times 2,5 \times 20 \times 1^{ro}}{132 \times 47,5};$$

donc

$$1000^{duc.\,berl.} = \frac{3 \times 100 \times 2,5 \times 20 \times 1 \times 1000^{rou.}}{142 \times 47,5} = 2223,27.$$

P

Combien 3000$^{fr.}$ *produiront-ils de florins courans d'Amster-dam, en supposant le change du jour à* 54 *deniers de gros banco pour* 3 *francs, et l'agio à* 5 p. $\frac{o}{o}$, *c'est-à-dire, en supposant que* 100 *florins de banque valent* 105 *florins courans?*

Ainsi

$$(A)\begin{cases} 3 \text{ francs valent}\ldots\ldots\ldots \ 54 \text{ den. de gros.} \\ 40 \text{ deniers de gros}\ldots\ldots \ 1 \text{ florin banco.} \\ 100 \text{ flor. banco}\ldots\ldots\ldots \ 105 \text{ florins courans.} \\ \text{Combien de flor. cour}\ldots\ldots \text{ pour } 3000 \text{ francs?} \end{cases}$$

On a cette première proportion

$$3^{fr.} : 3000^{fr.} :: 54^{den.\ de\ gros}$$

$$: \text{nombre cherché qui est } \frac{3000 \times 54^{den.\ de\ gros}}{3}.$$

Pour réduire ces deniers de gros en florins banco, on fera cette autre proportion

$$40^{den.\ de\ gros} : 1^{fl.\ b.} :: \frac{3000 \times 54^{den.\ de\ gros}}{3}$$

$$: \text{nombre cherché qui est } \frac{3000 \times 54 \times 1^{fl.\ b^o.}}{3 \times 40}$$

Enfin, pour réduire ce nombre de florins banco en florins courans, on fera cette dernière proportion

$$100^{fl.\ b^o} : 105^{fl.\ c.} :: \frac{3000 \times 54 \times 1^{fl.\ b^o}}{3 \times 40}$$

$$: \text{au nombre cherché} = \frac{3000 \times 54 \times 1 \times 105^{fl.\ c.}}{3 \times 40 \times 100}.$$

Ce qui donne pour le nombre cherché, 17010000 à diviser par 12000 ou 1417 $\frac{1}{2}$ pour quotient, c'est-à-dire, que 3000 francs produiront 1417 $\frac{1}{2}$ florins courans.

Qu'on fasse donc, pour toutes les questions semblables, un tableau de données, tel que (*A*); qu'on multiplie l'un par l'autre tous les nombres de la première colonne, et l'un par l'autre ceux de la seconde colonne, puisqu'on divise le second produit par le premier, et on aura, sans passer par toutes les proportions précédentes, la réponse à la question proposée.

481. *L'arbitrage* est l'opération qui sert à déduire de la comparaison des changes de deux places (de deux villes) avec ceux de plusieurs autres places, la manière la plus avantageuse de faire venir ou d'envoyer des fonds d'une de ces places dans l'autre.

Si, par exemple, connaissant le change de Paris sur Londres et sur Madrid, ainsi que celui d'Amsterdam pareillement sur Londres et sur Madrid, je veux connaître quel sera le rapport, par la combinaison des changes donnés, entre la monnaie de Paris et celle d'Amsterdam ; j'aurai à faire un calcul *d'arbitrage*, et ensuite à déterminer, d'après les résultats obtenus, la manière la plus avantageuse d'opérer entre Paris et Amsterdam.

Soit le change de Paris sur Londres à 23 francs pour 1 livre sterling.

Le change d'Amsterdam sur Londres, à 11 florins pour 1 livre sterling.

A combien reviendra le change de Paris sur Amsterdam, ou combien de deniers de gros aura-t-on pour 3 francs, en se servant de l'intermédiaire du papier sur Londres ?

Je fais ce tableau :

23 francs valent......... 1 livre sterling.

1 l. st.............. 11 florins.

1 flor............... 40 deniers de gros.

Combien de deniers de gros pour 3 francs ?

2

J'ai à diviser 1320 par 23, ce qui donne pour quotient 57 $\frac{6}{16}$ deniers de gros pour 3 francs. Ensorte que le change de Paris sur Amsterdam, par la voie de Londres, est 57 $\frac{6}{16}$ deniers de gros pour 3 francs ; c'est-à-dire, que 57 $\frac{6}{16}$ est le rapport qui, par la voie de Londres, s'établit entre la monnaie de France et celle d'Amsterdam.

Imaginons qu'un négociant de Paris ait de l'argent à faire passer à Amsterdam : soit le change de Paris sur Amsterdam à...................... 55 den.

$$
\text{Le change}
\begin{cases}
\textit{de Paris} \\
\textit{d'Amsterdam}
\end{cases}
\begin{cases}
\textit{sur Londres.} \\
\;
\end{cases}
$$

Le change { *de Paris* { *sur Londres.* .... 23 francs.
　　　　　{ *d'Amsterdam* } .... 10 florins.

Le change { *de Paris* { *sur Madrid.* .... 14 fr. 87 cent.
　　　　　{ *d'Amsterdam* } .... 92 den. $\frac{1}{4}$.

et cherchons s'il y aura plus d'avantage à remettre à Amsterdam du papier sur cette ville, ou d'y envoyer du papier, soit sur Londres, pour y être négocié à 10 florins ; soit sur Madrid, pour y être négocié à 14 fr. 87 cent.

Le résultat de l'arbitrage, obtenu comme nous l'avons dit ci-dessus, donne avec Londres............... 52 $\frac{3}{16}$ den.

Avec Madrid............................ 54 .....

Le change *direct* de Paris sur Amsterdam, c'est-à-dire, celui que fournit immédiatement le cours de la *bourse* de Paris, étant.......... 55 .....

Cela posé, si l'on remet à Amsterdam du papier sur cette ville, 3 fr. produiront 55 deniers à Amsterdam, tandis que si l'on remettait à Amsterdam du papier sur Londres pour y être négocié à 10 florins, ou du papier sur Madrid pour y être négocié à 14 francs 87 cent., 3 francs ne produiraient que 52 $\frac{3}{16}$ deniers, et 54 deniers dans le second cas. Il vaut donc mieux remettre du papier à Amsterdam.

482. Au surplus je n'ai voulu donner qu'un aperçu de cette doctrine des changes et des arbitrages, et faire voir que les questions auxquelles elle donne lieu, et qui se réduisent aux deux que nous venons de traiter, reviennent à calculer un terme d'une proportion dont trois sont connus ; ensorte qu'ayant pour chaque place, sa manière de changer avec Paris, et le tableau de ses monnaies de change, on peut calculer des for-mules pour les changes et les arbitrages.

CHAPITRE X.

Des Rapports ou quotiens composés.

483. On obtient des *rapports ou quotiens composés*, en multipliant par ordre les termes de deux ou de plusieurs rapports, les antécédens par les antécédens, et les conséquens par les conséquens ; et on dit alors que le rapport entre ces deux produits est *composé* des rapports donnés.

C'est ainsi que les rapports $a : b$, $c : d$, $e : f$ donnent le rapport composé $ace : bdf$.

484. Un rapport restant toujours le même, quand, pour l'abréger, on divise ses deux termes par un même nombre, on peut faciliter beaucoup la composition ci-dessus en comparant les antécédens et les conséquens dans le dessein de faire de telles réductions, ainsi que nous l'avons fait dans le chapitre précédent.

Voici, par exemple, comment on trouve le rapport composé des rapports donnés qui suivent.

Rapports donnés.

$$
\left.
\begin{aligned}
12 &: 25\\
28 &: 33\\
55 &: 56
\end{aligned}
\right\}
\text{ ou }
\left\{
\begin{aligned}
2 . x . x &: x . 5\\
x . x . 7 &: x x . x\\
x x . x &: x . x . x . 7
\end{aligned}
\right.
$$

$$2 : 5$$

Donc $2 : 5$ est le rapport composé qu'on cherchait.

485. Le même procédé a lieu quand il s'agit d'opérer en général sur des lettres ; et le cas le plus remarquable est celui

où chaque antécédent est égal au conséquent de la raison précédente. Si les rapports donnés sont

$$a : b$$
$$b : c$$
$$c : d$$
$$d : e$$
$$e : a ;$$

le rapport composé est $1 : 1$.

486. On verra l'utilité de ces principes, en remarquant que deux surfaces ont entre elles un rapport composé des longueurs et des largeurs.

Soient, par exemple, les deux surfaces A et B ; que A ait 500 mètres de longueur sur 60 mètres de largeur, et que la longueur de B soit de 360 mètres, et sa largeur de 100 mètres ; le rapport des longueurs sera $500 : 360$, et celui des largeurs $60 : 100$. Ainsi l'on a

$$\left.\begin{array}{c} 500 : 360 \\ 60 : 100 \end{array}\right\} \text{ou} \left\{\begin{array}{c} 5.\cancel{100} : 6.\cancel{60} \\ 1.\cancel{60} : 1:\cancel{100} \end{array}\right.$$
$$5 : 6$$

Donc A est au B comme 5 à 6.

Autre exemple. Soient le champ A long de 720 mètres, large de 88 mètres ; le champ B long de 660 mètres, et large de 90 mètres : on composera les rapports ainsi qu'il suit :

$$\left.\begin{array}{c} \text{Rapp. des long... } 720 : 660 \\ \text{Rapp. des larg... } 88 : 90 \end{array}\right\} \text{ou} \left\{\begin{array}{c} \cancel{6}.12.\cancel{10} : \cancel{6}.11.\cancel{10} \\ 11.4.\cancel{1}: \cancel{1}.45 \end{array}\right.$$

et réduisant de l'antécédent d'un rapport au conséquent de l'autre, et réciproquement, on trouve enfin $16 : 15$ pour le rapport entre les surfaces A et B.

4

487. De plus , s'il s'agit de comparer deux chambres relativement à l'espace ou au contenu , on observera que ce rapport est composé de celui des longueurs , de celui des largeurs et de celui des hauteurs. Soient , par exemple , la chambre A dont la longueur $=$ 36 mètres , la largeur $=$ 16 mètres , et la hauteur $=$ 14 mètres ; la chambre B dont la longueur $=$ 42 mètres, la largeur $=$ 24 mètres , et la hauteur $=$ 10 mètres : on aura ces trois rapports :

pour la longueur	36,6	:	42,7.
pour la largeur	16,4,2	:	24,4.
pour la hauteur	14,2	:	16,5.
	4	:	5.

Ainsi le contenu de la chambre A est au contenu de la chambre B comme 4 à 5.

488. Lorsque les rapports qu'on compose de cette manière sont égaux , il en résulte des rapports multiples. Savoir, deux rapports égaux donnent un *rapport double* ou *quarré ;* trois rapports égaux produisent un *rapport triple* ou *cubique*, et ainsi de suite. Par exemple, les rapports $a : b$ et $a : b$ donnent le rapport composé $aa : bb$; c'est pourquoi l'on dit que les quarrés sont en rapport doublé de leurs racines. Et le rapport $a : b$ multiplié trois fois , donnant le rapport $a^3 : b^3$, on dit que les cubes sont en rapport triplé de leurs racines.

489. On enseigne dans la Géométrie que deux espaces circulaires sont en rapport doublé de leurs diamètres; cela signifie qu'ils sont l'un à l'autre dans le rapport des quarrés de leurs diamètres.

Soient A un tel espace dont le diamètre $=$ 45 mètres , et B un autre espace circulaire dont le diamètre $=$ 30 mètres ; le premier espace sera au second comme 45.45 à 30.30 , ou , en composant ces deux rapports égaux ,

$$45 : 30 \brace 45 : 30 \quad \text{ou} \quad 3.\not5.\not8 : \not5.2.\not8 \brace 3.\not5.\not8 : \not5.2.\not8,$$

et multipliant l'un par l'autre les facteurs qui restent dans les antécédens, et ceux qui restent dans les conséquens, on trouve deux aires qui sont entr'elles comme 9 à 4.

490. On démontre aussi que les volumes des sphères sont en rapport cubique des diamètres. Ainsi le diamètre d'une sphère A étant 1 mètre, et le diamètre d'une sphère B étant 2 mètres, le volume de A sera à celui de B comme $1^3 : 2^3$, ou comme 1 à 8.

Si donc ces sphères sont d'une même matière, la sphère B pesera 8 fois autant que la sphère A.

491. On voit qu'on peut trouver par-là le poids d'une sphère, son diamètre étant donné avec le diamètre et le poids d'une autre sphère. Soient, par exemple, la sphère A dont le diamètre $= 2$ décimètres, et le poids $= 5$ grammes, et qu'on demande le poids d'une autre sphère dont le diamètre serait de 8 décimètres : on aura cette proportion,

$$2^3 : 8^3 = 5 : \dots \textit{Rép. } 320 \textit{ gr.}$$

On aurait pour une autre sphère C, dont le diamètre serait $= 15$ décimètres ;

$$2^3 : 15^3 = 5 : \dots \textit{Rép. } 2109 \tfrac{1}{3} \textit{ gr.}$$

492. Quand on cherche le rapport de deux fractions, comme $\frac{a}{b} : \frac{c}{d}$, on peut toujours l'exprimer en nombres entiers ; car on n'a qu'à multiplier les deux fractions par bd, on obtiendra le rapport $ad : bc$ qui est égal à l'autre, et d'où résulte la proportion

$$\frac{a}{b} : \frac{c}{d} = ad : bc.$$

Si donc ad et bc ont des diviseurs communs, le rapport pourra se réduire à de moindres termes. C'est ainsi que

$$\tfrac{11}{24} : \tfrac{25}{36} = 15.36 : 24.25 = 9 : 10.$$

493. On voudrait savoir encore quel est le rapport des fractions $\frac{1}{a}$ et $\frac{1}{b}$; il est clair qu'on aura

$$\frac{1}{a} : \frac{1}{b} = b : a ;$$

ce qu'on exprime en disant que deux fractions qui ont l'unité
pour numérateur , sont en rapport *réciproque* ou *inverse* de
leurs dénominateurs. On dit la même chose de deux fractions
qui ont un même numérateur quelconque ; car

$$\frac{c}{a} : \frac{c}{b} = b : a.$$

Mais si deux fractions ont leurs dénominateurs égaux , comme
$\frac{a}{c} : \frac{b}{c}$, elles sont en *rapport direct* des numérateurs, savoir ;
comme $a : b$ Ainsi

$$\tfrac{3}{8} : \tfrac{3}{16} = \tfrac{6}{16} : \tfrac{3}{16} = 6 : 3 = 2 : 1, \; \text{et} \; \tfrac{10}{7} : \tfrac{15}{7} = 10 : 15, = 2 : 3.$$

494. On a remarqué dans la chute libre des corps, qu'un
corps tombe de 4,904 mètres dans une seconde sexagésimale ;
que, dans deux secondes de temps, il tombe de la hauteur de
9,809 mètres, et que dans trois secondes il tombe de 14,713
mètres ; on en a conclu que les hauteurs sont entr'elles comme
les quarrés des temps, et que réciproquement les temps sont en
rapport sous-doublé des hauteurs, ou comme les racines quarrées des hauteurs.

Si donc on demande combien de temps il faut à une pierre
pour tomber de la hauteur de 4904 mètres ; on aura

$$4{,}904 : 4904 = 1 : x^2$$

au quarré du temps cherché. Ainsi le quarré du temps cherché
est 100 , et parconséquent le temps qu'on demande est 10 secondes sexagésimales.

495. On demande de quelle hauteur une pierre tombera si la durée de sa chute est une heure, c'est-à-dire 3600 secondes? On dira donc, comme les quarrés des temps, c'est-à-dire $1^2 : 3600^2$; ainsi la hauteur donnée $= 4,094$ mètres est à la hauteur cherchée.

$$1 : 12960000 = 4,094 : \dots\, 53058240 \text{ hauteur cherchée.}$$

Le diamètre de la terre, exprimé en mètres, est.......· $= 12732395$ mètres, donc cette hauteur est à-peu-près quatre fois le diamètre terrestre.

496. Il en est de même à l'égard du prix des pierres précieuses lesquelles ne se vendent pas dans la proportion des poids ; tout le monde sait que ces prix suivent un plus grand rapport. La règle pour les diamans est que le prix est en raison quarrée du poids, c'est-à-dire que le rapport des prix est égal au rapport doublé des poids. On exprime le poids des diamans en carats, et un carat vaut 4 grains ; si donc un diamant d'un carat vaut 10 francs, un diamant de 100 carats vaudra autant de fois 10 francs, que le quarré de 100 contient de fois 1 ; ainsi on aura, suivant la règle de trois,

$$1^2 : \quad 100^2 = 10 \text{ francs} :$$
$$\text{ou } 1 : 10000 = 10 : \dots\, \textit{Rép.}\ 100000 \text{ francs}$$

Il y a un diamant en Portugal qui pèse 1680 carats ; son prix se trouvera donc en faisant

$$1^2 : \quad 1680^2 = 10 \text{ fr.} : \dots$$
$$\text{ou } 1 : 2822400 = 10 : 28224000 \text{ francs.}$$

497. Les postes fournissent assez d'exemples de rapports composés, parcequ'elles se payent en raison composée du nombre des chevaux et de celui des lieues ou des postes. Par exemple, un cheval se payant 20 sous par poste, qu'on veuille savoir ce qu'on aura à payer pour 28 chevaux et pour $4\frac{1}{2}$

postes ? On écrira d'abord le rapport des chevaux,   1 : 28,

sous ce rapport on mettra celui des postes, ... 2 : 9,

et composant les deux rapports, on aura . . . . 2 : 252,

ou 1 : 126 = 1 fr. : 126 fr.

Autre question. Si on paye un ducat pour huit chevaux par trois milles d'Allemagne, combien coûteront trente chevaux pour quatre milles ? On fera le calcul suivant :

$$8 : 30 \atop 3 : 4 \Bigg\} \ \text{ou} \ \begin{cases} 4.x : 15.x \\ 3 \ : \ 4 \\ \hline 1 \ : \ 5 :: 1 \ \text{duc} : 5 \ \text{duc.} \end{cases}$$

498. La même composition des rapports se présente quand il est question de payer des ouvriers, puisque ces paiemens suivent ordinairement le rapport composé du nombre des ouvriers et de celui des jours pendant lesquels on les a employés.

Si on donne, par exemple, 25 sous par jour à un maçon, et qu'on demande ce qu'il faudra payer à vingt-quatre maçons qui auront travaillé pendant 50 jours ? On fera ce calcul :

$$\begin{aligned} &1 : 24 \\ &1 : 50 \\ \hline &1 : 1200 = 25 : \ldots\ldots 1500 \ \text{francs} \\ & 25 \\ \hline &30000 \begin{cases} 20 \\ \hline 1500 \ \text{francs.} \end{cases} \end{aligned}$$

Comme dans ces sortes d'exemples on a cinq données, on nomme dans les livres d'Arithmétique règle de cinq, celle qui sert à résoudre ces questions.

CHAPITRE IV.

Des progressions géométriques ou des suites par équi-quotiens (*).

499. Une suite de nombres dont chacun est toujours égal au précédent multiplié par un même facteur, se nomme une *progression* ou une *suite par équi-quotiens*, parceque le rapport d'un terme au suivant est toujours le même. Ainsi, quand le premier terme est 1 et le facteur constant $= 2$ (**), la progression géométrique devient :

Indices 1, 2, 3, 4, 5, 6, 7, 8, 9, etc.
Progr. 1, 2, 4, 8, 16, 32, 64, 128, 256, etc.

les nombres 1, 2, 3, etc. marquant toujours le rang de chaque terme de la suite.

500. Si on suppose, en général, le premier terme $= a$ et le facteur $= b$, on a la progression géométrique suivante :

Indices 1, 2, 3, 4, 5, 6, 7, 8.... n.
Progr. a, ab, ab^2, ab^3, ab^4, ab^5, ab^6, ab^7.... ab^{n-1}.

Ainsi, quand cette progression est de n termes, le dernier terme est $= ab^{n-1}$. Il faut remarquer ici que si le facteur b est plus grand que l'unité, les termes augmentent continuellement ; que si $b = 1$, les termes sont tous égaux ; enfin, que si le

---

(*) Nous préférons la dénomination de *suite par équi-quotiens*, parcequ'elle énonce une définition.

(**) L'auteur appelait *exposant* ce que nous nommons *facteur* ; mais nous observerons que la dénomination d'exposant ayant une autre acception, doit être rejetée.

facteur b est plus petit que 1 , ou s'il est une fraction, les termes décroissent sans cesse. Ainsi, quand $a = 1$ et $b = \frac{1}{2}$, on a cette progression géométrique :

$$1, \frac{1}{2}, \frac{1}{4}, \frac{1}{8}, \frac{1}{16}, \frac{1}{32}, \frac{1}{64}, \frac{1}{128}, \text{ etc.}$$

501. Ici se présentent donc à considérer :

1°. Le premier terme que nous avons nommé a.

2°. Le facteur constant, que nous appelons b.

3°. Le nombre des termes, que nous avons indiqué par n.

4°. Le dernier terme que nous avons trouvé $= ab^{n-1}$.

Ainsi quand les trois premiers nombres sont donnés, on trouve le dernier terme, en multipliant le premier terme a par la $n - 1^e$ puissance de b, ou par b^{n-1}.

Si on demandait donc le 50e terme de la progression géométrique 1 , 2 , 4 , 8 , etc. on aurait $a = 1$, $b = 2$ et $n = 50$; parconséquent le 50e terme $= 2^{49}$. Or 2^9 étant $= 512$; 2^{10} sera $= 1024$. Donc le quarré de 2^{10}, ou 2^{20}, $= 1048576$, et le quarré de ce nombre, ou $1099511627776 = 2^{40}$. Multipliant donc cette valeur 2^{40} par 2^9 ou par 512, on a

$$2^{49} = 562949953421312.$$

502. Une des principales questions qui se présentent dans cette matière, c'est de trouver la somme de tous les termes d'une telle suite ; nous allons donc en expliquer la méthode. Soit donnée d'abord la suite de dix termes :

$$1, 2, 4, 8, 16, 32, 64, 128, 256, 512,$$

dont nous indiquerons la somme par $\int$, de sorte que

$$\int = 1 + 2 + 4 + 8 + 16 + 32 + 64 + 128 + 256 + 512,$$

nous aurons, en prenant le double de part et d'autre,

$$2\int = 2 + 4 + 8 + 16 + 32 + 64 + 128 + 256 + 512 + 1024.$$

Otant la première égalité de la seconde, il reste

$$f = 1024 - 1 = 1023;$$

donc la somme cherchée $= 1023$.

503. Supposons maintenant que dans la même suite le nombre des termes soit déterminé et $= n$, de façon que la somme en question soit

$$f = 1 + 2 + 2^2 + 2^3 + 2^4 \ldots 2^{n-1}.$$

Si on multiplie par 2, on a

$$2f = 2 + 2^2 + 2^3 + 2^4 \ldots 2^n,$$

et soustrayant de cette égalité la précédente, on a

$$f = 2^n - 1.$$

On voit donc que la somme cherchée se trouve en multipliant le dernier terme, 2^{n-1}, par le facteur 2, afin d'avoir 2^n, puis soustrayant l'unité de ce produit.

504. Cela devient encore plus clair par les exemples suivans où nous substituerons successivement à n les nombres 1, 2, 3, 4, etc.

$$1 = 1; \; 1 + 2 = 3; \; 1 + 2 + 4 = 7; \; 1 + 2 + 4 + 8 = 15;$$
$$1 + 2 + 4 + 8 + 16 = 31; \; 1 + 2 + 4 + 8 + 16 + 32 = 63, \text{ etc.}$$

505. On propose ordinairement dans cette matière la question qui suit : Un homme veut vendre son cheval par les clous, qui sont au nombre de 32 ; il demande 1 liard pour le premier clou, 2 liards pour le second clou, 4 liards pour le troisième clou, 8 liards pour le quatrième, et ainsi de suite, en demandant pour chaque clou le double du prix du précédent. On demande quel serait le prix du cheval ?

Cette question se réduit évidemment à trouver la somme de tous les termes de la suite 1, 2, 4, 8, 16, etc. continuée jusqu'au 32e terme. Or ce dernier terme est 2^{31} ; et comme nous avons trouvé plus haut $2^{20} = 1048576$, et $2^{10} = 1024$, nous aurons $2^{20} \cdot 2^{10} = 2^{30}$ égal à 1073741824; et en multipliant encore par 2, le dernier terme $2^{31} = 2147483648$; en doublant donc ce nombre, et retranchant l'unité du produit, la somme cherchée devient 4294967295 liards. Ces liards font $1073741823 \frac{3}{4}$ sous, et divisant par 20 on a 53687091 liv. 3 s. 9 d. pour le prix cherché.

506. Soit à présent le facteur $= 3$, et qu'il s'agisse de trouver la somme de la suite $1, 3, 9, 27, 81, 243, 729$, composée de 7 termes. Supposons-la pour un moment $= \int$, de sorte que

$$\int = 1 + 3 + 9 + 27 + 81 + 243 + 729.$$

Nous aurons, en multipliant par 3 :

$$3\int = 3 + 9 + 27 + 81 + 243 + 729 + 2187.$$

Et soustrayant l'égalité précédente, nous avons

$$2\int = 2187 - 1 = 2186.$$

Ainsi le double de la somme est $= 2186$, et parconséquent la somme cherchée $= 1093$.

507. Soient dans la même suite le nombre des termes $= n$, et la somme $= \int$; de sorte que

$$\int = 1 + 3 + 3^2 + 3^3 + 3^4 + \ldots 3^{n-1}.$$

Si on multiplie par 3, on a

$$3\int = 3 + 3^2 + 3^3 + 3^4 + \ldots 3^n.$$

Soustrayant de cette égalité la précédente, comme tous les termes de celle-ci, excepté le premier, détruisent tous les termes de la valeur de $3\int$, excepté le dernier, on aura

$$2\int = 3^n - 1 ; \text{ donc } \int = \frac{3^n - 1}{2}.$$

Ainsi

Ainsi la somme cherchée se trouve en multipliant le dernier terme par 3, soustrayant 1 du produit, et divisant le reste par 2. C'est ce qu'on voit aussi par les exemples suivans :

$$1 = 1 ; \quad 1 + 3 = \frac{3.3 - 1}{2} = 4 ; \quad 1 + 3 + 9 = \frac{3.9 - 1}{2} = 13 ;$$

$$1 + 3 + 9 + 27 = \frac{3.27 - 1}{2} = 40 ;$$

$$1 + 3 + 9 + 27 + 81 = \frac{3.81 - 1}{2} = 121.$$

508. Supposons maintenant, en général, le premier terme $= a$, le facteur $= b$, le nombre des termes $= n$, et leur somme $= \int$, ensorte que

$$\int = a + ab + ab^2 + ab^3 + ab^4 + \dots ab^{n-1}.$$

Si nous multiplions par b, nous aurons

$$b\int = ab + ab^2 + ab^3 + ab^4 + ab^5 \dots ab^n,$$

et soustrayant l'égalité précédente, il reste

$$(b - 1)\int = ab^n - a ;$$

d'où nous tirons facilement la somme cherchée

$$\int = \frac{ab^n - a}{b - 1}.$$

Parconséquent la somme des termes d'une série quelconque par équi-quotiens, se trouve en multipliant le dernier terme par le facteur constant, soustrayant du produit le premier terme, et divisant le reste par le facteur diminué de l'unité.

509. Soit une suite de sept termes, dont le premier $= 3$, le facteur $= 2$: on aura $a = 3$, $b = 2$ et $n = 7$; donc le dernier terme $= 3.2^6$, ou $3.64 = 192$; et la suite entière sera

Q

$$3, 6, 12, 24, 48, 96, 192.$$

Si de plus on multiplie le dernier terme 192 par le facteur 2, on a 384; ôtant le premier terme 3, il reste 381; et divisant ce reste par $b - 1$ ou par 1, on a 381 pour la somme de tous les termes.

510. Soit encore une autre suite de six termes, commençant par 4 et ayant pour facteur $= \frac{3}{2}$. Cette suite sera

$$4, 6, 9, \frac{27}{2}, \frac{81}{4}, \frac{243}{8}.$$

Multiplions ce dernier terme $\frac{243}{8}$ par le facteur $\frac{3}{2}$, nous aurons $\frac{729}{16}$; la soustraction du premier terme 4 laisse le reste $\frac{665}{16}$ qui, divisé par $b - 1 = \frac{1}{2}$, donne $\frac{665}{8} = 83\frac{1}{8}$.

511. Lorsque le facteur est plus petit que 1, et que par-conséquent les termes de la suite vont toujours en diminuant, on peut assigner la somme d'une telle progression décroissante qui irait à l'infini.

Soient, par exemple, le premier terme $= 1$, le facteur $= \frac{1}{2}$, et la somme $= \int$, ensorte que :

$$\int = 1 + \frac{1}{2} + \frac{1}{4} + \frac{1}{8} + \frac{1}{16} + \frac{1}{32} + \frac{1}{64} + \text{ etc.}$$

Si on multiplie par 2, on a

$$2\int = 2 + 1 + \frac{1}{2} + \frac{1}{4} + \frac{1}{8} + \frac{1}{16} + \frac{1}{32} + \text{ etc.};$$

et soustrayant l'égalité précédente, il reste $\int = 2$ pour la somme cherchée.

512. Si le premier terme $= 1$, le facteur $= \frac{1}{3}$, et la somme $= \int$; de sorte que

$$\int = 1 + \frac{1}{3} + \frac{1}{9} + \frac{1}{27} + \frac{1}{81} + \text{ etc.}$$

à l'infini; on multipliera le tout par 3, et on aura

$$3\int = 3 + 1 + \frac{1}{3} + \frac{1}{9} + \frac{1}{27} + \text{ etc.};$$

et soustrayant la valeur de f, il reste

$$2f = 3 \text{; donc } f = 1\tfrac{1}{2}.$$

513. Qu'on ait une suite dont la somme $= f$, le premier terme $= 2$, le facteur $= \tfrac{3}{4}$; de sorte que

$$f = 2 + \tfrac{3}{2} + \tfrac{9}{8} + \tfrac{27}{32} + \tfrac{81}{128} + \text{etc.}$$

à l'infini; multipliant par $\tfrac{4}{3}$, on aura

$$\tfrac{4}{3} f = \tfrac{8}{3} + 2 + \tfrac{3}{2} + \tfrac{9}{8} + \tfrac{27}{32} + \tfrac{81}{128} + \text{etc.}$$

Or soustrayant la progression f, il reste

$$\tfrac{1}{3} f = \tfrac{8}{3} \text{, donc } f = 8.$$

514. Si on suppose, en général, le premier terme $= a$, et le facteur de la suite $= \dfrac{b}{c}$, de manière que cette fraction soit plus petite que 1, et parconséquent c plus grand que b; voici comment on trouvera la somme de la série continuée au-delà de toute limite : on fera

$$f = a + \frac{ab}{c} + \frac{ab^2}{cc} + \frac{ab^3}{c^3} + \frac{ab^4}{c^4} + \text{etc.}$$

multipliant par $\dfrac{b}{c}$, on aura

$$\frac{b}{c} f = \frac{ab}{c} + \frac{ab^2}{c^2} + \frac{ab^3}{c^3} + \frac{ab^4}{c^4} \text{ etc.};$$

et soustrayant cette égalité de la précédente, il reste

$$\left(1 - \frac{b}{c}\right) f = a \text{; donc } f = \frac{a}{1 - \dfrac{b}{c}} \text{, et } f = \frac{ac}{c - b}.$$

La somme de la suite infinie proposée, se trouve donc en

divisant le premier terme a par 1 moins le facteur, ou bien en multipliant le premier terme a par le dénominateur de ce facteur, et divisant le produit par le dénominateur moins le numérateur.

515. On trouve de la même manière les sommes des suites dont les termes sont affectés alternativement des signes $+$ et $-$. Soit, par exemple,

$$\int = a - \frac{ab}{c} + \frac{ab^2}{c^2} - \frac{ab^3}{c^3} + \frac{ab^4}{c^4} - \text{ etc.}$$

Si on multiplie par $\frac{b}{c}$, on a

$$\frac{b}{c}\int = \frac{ab}{c} - \frac{ab^2}{c^2} + \frac{ab^3}{c^3} - \frac{ab^4}{c^4} + \text{ etc.}$$

Si on ajoute cette égalité à la précédente, on obtient

$$\left(1 + \frac{b}{c}\right)\int = a:$$

d'où l'on tire la somme cherchée

$$\int = \frac{a}{1 + \frac{b}{c}} = \frac{ac}{c+b}.$$

516. On voit donc que si le premier terme $a = \frac{3}{5}$, et le facteur $= \frac{2}{5}$, c'est-à-dire, $b = 2$ et $c = 5$, on trouvera la somme de la suite $\frac{3}{5} + \frac{6}{25} + \frac{12}{125} + \frac{24}{625} +$ etc. $= 1$; puisqu'en soustrayant $\frac{2}{5}$ de 1, il restera $\frac{3}{5}$, et qu'en divisant le premier terme par ce reste, le quotient est 1.

517. On voit en second lieu que si les termes sont alternativement positifs et négatifs, et que la suite ait cette forme,

$$\frac{3}{5} - \frac{6}{25} + \frac{12}{125} - \frac{24}{625} + \text{ etc.},$$

la somme sera

$$\frac{a}{1+\dfrac{b}{c}} = \frac{\frac{3}{5}}{\frac{7}{5}} = \frac{3}{7}.$$

Autre exemple. Soit la suite infinie

$$\frac{3}{10} + \frac{3}{100} + \frac{3}{1000} + \frac{3}{10000} + \text{etc.}$$

Le premier terme est ici $\frac{3}{10}$, et le facteur est $\frac{1}{10}$: soustrayant ce dernier de 1, il reste $\frac{9}{10}$; et si l'on divise le premier terme par cette fraction, il vient $\frac{1}{3}$ pour la somme des termes de la suite donnée. Ainsi en ne prenant qu'un terme, savoir $\frac{3}{10}$, l'erreur serait de $\frac{1}{30}$. En prenant deux termes, $\frac{3}{10} + \frac{3}{100} = \frac{33}{100}$, il s'en faudrait encore de $\frac{1}{300}$ que la somme fût $= \frac{1}{3}$.

518. *Autre exemple.* Soit donnée la suite infinie,

$$9 + \frac{9}{10} + \frac{9}{100} + \frac{9}{1000} + \frac{9}{10000} + \text{etc.}$$

Le premier terme est 9, le facteur est $\frac{1}{10}$. Ainsi 1 moins le facteur fait $\frac{9}{10}$; et $\frac{9}{\frac{9}{10}} = 10$, somme cherchée.

On remarquera que cette suite s'exprime par la fraction décimale 9,9999999 etc.

CHAPITRE XII.

Des fractions décimales infinies.

519. Nous avons vu plus haut que dans les calculs logarithmiques on emploie des fractions décimales au lieu des fractions ordinaires ; cela se pratique aussi avec beaucoup d'avantage dans d'autres calculs. Il s'agira principalement ici de faire voir comment on transforme une fraction ordinaire en une fraction décimale, et comment on peut revenir d'une fraction décimale à la fraction ordinaire qui lui a donné naissance.

520. Qu'on ait généralement à changer en fraction décimale la fraction $\frac{a}{b}$: comme cette fraction exprime le quotient de la division du numérateur a par le dénominateur b, on écrira à la place de a le nombre a,0000000, dont la valeur ne diffère pas du tout de celle de a, puisqu'elle ne contient ni dixièmes, ni centièmes, etc. On divisera ensuite ce nombre par le nombre b, suivant les règles ordinaires de la division, et en observant seulement de mettre à la place convenable la virgule qui sépare les décimales et les entiers. Voilà tout le procédé que nous allons éclaircir par quelques exemples

521. Soit donnée d'abord la fraction $\frac{1}{2}$: la division en décimales prendra cette forme :

$$1,0000000 \left\{ \frac{2}{0,5000000 = \frac{1}{2}} \right. .$$

Nous voyons par-là que $\frac{1}{2}$ est autant que 0,5000000 ou que 0,5; et en effet cela est évident, puisque cette fraction décimale indique $\frac{5}{10}$ qui équivalent à $\frac{1}{2}$.

522. Que $\frac{1}{3}$ soit la fraction donnée, on aura

$$1,0000000 \left\{ \frac{3}{0,\overline{3333333}=\frac{1}{3}} \right.$$

Cela fait voir que la fraction décimale dont la valeur $=\frac{1}{3}$, ne peut, à la rigueur, être discontinuée nulle part, et qu'elle va à l'infini en conservant toujours le nombre 3. Aussi avons-nous trouvé plus haut que les fractions $\frac{3}{10}+\frac{3}{100}+\frac{3}{1000}+\frac{3}{10000}$, etc. à l'infini, ajoutées ensemble font $\frac{1}{3}$.

La fraction décimale qui exprime la valeur de $\frac{2}{3}$, se continue de même à l'infini, car on a

$$2,0000000 \left\{ \frac{3}{0,\overline{6666666}=\frac{2}{3}} \right.$$

et cela suit d'ailleurs évidemment de ce que nous venons de dire, puisque $\frac{2}{3}$ est le double de $\frac{1}{3}$.

523. Si $\frac{1}{4}$ est la fraction proposée, on a

$$1,0000000 \left\{ \frac{4}{0,\overline{2500000}=\frac{1}{4}} \right.$$

Ainsi $\frac{1}{4}$ est autant que 0,2500000 ou que 0,25; et cela est clair, puisque $\frac{2}{10}+\frac{5}{100}=\frac{25}{100}=\frac{1}{4}$.

On aurait pareillement pour la fraction $\frac{3}{4}$

$$3,0000000 \left\{ \frac{4}{0,\overline{7500000}=\frac{3}{4}} \right.$$

Ainsi $\frac{3}{4}=0,75$; et en effet

$$\frac{7}{10}+\frac{5}{100}=\frac{75}{100}=\frac{3}{4}.$$

4

La fraction $\frac{1}{4}$ se change en fraction décimale, en faisant la division

$$5,0000000 \left\{ \frac{4}{1,2500000 = \frac{1}{4}} \right.$$

Or $1 + \frac{25}{100} = \frac{5}{4}$.

524. On trouvera de la même manière $\frac{1}{5} = 0,2$; $\frac{2}{5} = 0,4$; $\frac{3}{5} = 0,6$; $\frac{4}{5} = 0,8$; $\frac{5}{5} = 1$; $\frac{6}{5} = 1,2$, etc.

Quand le dénominateur est 6, on trouve $\frac{1}{6} = 0,1666666$ etc. ce qui est autant que $0,666666 - 0,5$. Or $0,666666 = \frac{2}{3}$ et $0,5 = \frac{1}{2}$, donc en effet $0,1666666 = \frac{2}{3} - \frac{1}{2} = \frac{1}{6}$.

On trouve aussi $\frac{2}{6} = 0,333333$ etc. $= \frac{1}{3}$; mais $\frac{3}{6}$ devient $0,5000000 = \frac{1}{2}$. Ensuite $\frac{5}{6} = 0,833333 = 0,333333 + 0,5$, c'est-à-dire $\frac{1}{3} + \frac{1}{2} = \frac{5}{6}$.

525. Lorsque le dénominateur est 7, les fractions décimales deviennent plus compliquées. Par exemple on trouve

$$\frac{1}{7} = 0,142857, \text{ etc.}$$

cependant il faut remarquer que ces six chiffres 142857 reviennent constamment. Pour se convaincre donc que cette fraction décimale exprime précisément la valeur de $\frac{1}{7}$, on peut la transformer en une progression géométrique, dont le premier terme soit $= \frac{142857}{1000000}$, et le facteur $= \frac{1}{1000000}$; et parconséquent

$$\text{la somme} = \frac{\frac{142857}{1000000}}{1 - \frac{1}{1000000}} = \frac{142857}{999999} = \frac{1}{7}.$$

526. On peut prouver encore d'une manière plus facile, que la fraction décimale trouvée fait exactement $\frac{1}{7}$; car posant pour sa valeur la lettre $\int$, on a

$$f = 0,142857142857142857 \text{ etc.}$$
$$10f = 1,4285714285714285 \text{ etc.}$$
$$100f = 14,285714285714285 \text{ etc.}$$
$$1000f = 142,857142857142857 \text{ etc.}$$
$$10000f = 1428,5714285714285 \text{ etc.}$$
$$100000f = 14285,714285714285 \text{ etc.}$$
$$1000000f = 142857,142857142857 \text{ etc.}$$

Soustrayez $\qquad f = \qquad 0,142857142857 \text{ etc.}$

$$999999f = 142857.$$

En divisant par 999999, vous aurez

$$f = \frac{142857}{999999} = \frac{1}{7}.$$

527. On transformera de la même manière $\frac{2}{7}$ en une fraction décimale qui sera 0,28571428 etc., et cela nous conduit à trouver plus facilement la valeur de la fraction décimale que nous venons de supposer $= f$, parceque 0,28571428 etc. doit être le double de celle-là, et parconséquent $= 2f$. Car nous avons eu

$$100f = 14,28571428571 \text{ etc.}$$

ainsi en soustrayant $\quad 2f = 0,28571428571 \text{ etc.}$

il reste $\qquad 98f = 14$, donc $f = \frac{14}{98} = \frac{1}{7}.$

On trouve aussi

$$\frac{3}{7} = 0,42857142857 \text{ etc.}$$

ce qui, après notre supposition, doit être $= 3f$; or nous avons trouvé

$$10f = 1,42857142857 \text{ etc.}$$

ainsi en soustrayant $\quad 3f = 0,42857142857 \text{ etc.}$

nous avons $\qquad 7f = 1$, donc $f = \frac{1}{7}.$

528. Ainsi quand une fraction proposée a le dénominateur 7, la fraction décimale est infinie, et 6 chiffres y sont continuellement répétés. La raison en est, comme il est facile de s'en appercevoir, qu'en continuant la division il faut qu'on revienne tôt ou tard à un reste déjà trouvé. Or il ne peut rester dans cette division que 6 nombres différens, savoir 1, 2, 3, 4, 5, 6; ainsi après la sixième division au plus tard, il faut que les mêmes chiffres reviennent. Mais lorsque le dénominateur est de nature à faire parvenir à une division sans reste, ces circonstances ne peuvent avoir lieu.

529. Supposons à présent que 8 soit le dénominateur de la fraction proposée, on trouvera les fractions décimales qui suivent.

$$\tfrac{1}{8} = 0,125 ; \ \tfrac{2}{8} = 0,250 ; \ \tfrac{3}{8} = 0,375 ; \ \tfrac{4}{8} = 0,50 : \ \tfrac{5}{8} = 0,625 ;$$
$$\tfrac{6}{8} = 0,750 : \ \tfrac{7}{8} = 0,875 , \ \text{etc.}$$

528. Si le dénominateur est 9, on a

$$\tfrac{1}{9} = 0,111 \ \text{etc} ; \ \tfrac{2}{9} = 0,222 , \ \text{etc} ; \ \tfrac{3}{9} = 0,333 , \ \text{etc.}$$

Si le dénominateur est 10, on a

$$\tfrac{1}{10} = 0,100 ; \ \tfrac{2}{10} = 0,200 ; \ \tfrac{3}{10} = 0,300 , \ \text{etc.}$$

Cela est clair par la nature de la chose, de même que

$$\tfrac{1}{100} = 0,01 ; \ \text{que} \ \tfrac{37}{100} = 0,37 ; \ \text{que} \ \tfrac{256}{1000} = 0,256 \ \text{que}$$
$$\tfrac{24}{10000} = 0,0024 , \ \text{etc.}$$

530. Que 11 soit le dénominateur de la fraction proposée, on aura

$$\tfrac{1}{11} = 0,090909090 \ \text{etc.}$$

Or supposons qu'on veuille trouver la valeur de cette fraction décimale, et nommons-la f, nous aurons

$$f = 0,090909 \ \text{etc.}$$

et
$$10f = 0,909090 \, ,$$

de plus,
$$100f = 9,09090.$$

Si donc nous soustrayons de ceci la valeur de f, nous aurons

$$99f = 9 \, , \text{ et parconséquent } f = \tfrac{9}{99} = \tfrac{1}{11}.$$

Nous aurons aussi

$$\tfrac{2}{11} = 0,181818 \text{ etc}, \tfrac{3}{11} = 0,272727 \text{ etc}, \tfrac{6}{11} = 0,545454 \text{ etc}.$$

531. Il est donc un grand nombre de fractions décimales où un, deux ou plusieurs chiffres reviennent constamment, et qui continuent de cette manière jusqu'à l'infini. De telles fractions sont assez remarquables, et nous allons faire voir comment on peut trouver aisément leurs valeurs.

Supposons d'abord qu'un seul chiffre soit toujours répété, et indiquons-le par a, de sorte que

$$f = 0,aaaaaaa \text{ etc}.$$

Nous avons
$$10f = a,aaaaaaa \text{ etc}.$$

et soustrayant
$$f = 0,aaaaaaa \text{ etc}.$$

donc
$$9f = a \, ; \text{ et } f = \frac{a}{9}.$$

Lorsque deux chiffres sont répétés, comme ab, on a

$$f = 0,abababa \text{ etc}; \text{ donc } 100f = ab,ababab \text{ etc}.;$$

et si on en soustrait f, il reste

$$99f = ab \, ; \text{ donc } f = \frac{ab}{99},$$

Lorsque trois chiffres, comme abc, se trouvent répétés, on a

$$f = 0,abcabcabc \text{ etc.};$$

parconséquent

$$1000\,f = abc,abcabc \text{ etc.};$$

et soustrayant f, il reste

$$999\,f = abc\;;\;\text{ donc } f = \frac{abc}{999};$$

et ainsi de suite.

532. Toutes les fois donc qu'une fraction décimale de cette espèce se présente, il est facile d'en trouver la valeur. Soit donnée, par exemple, celle-ci 0,296296 etc., sa valeur sera $= \frac{296}{999} = \frac{8}{27}$, en divisant les deux termes par 37.

Cette fraction doit redonner la fraction décimale proposée; et on peut se convaincre facilement que ce résultat a lieu. En effet, en divisant 8 par 9, et après cela le quotient par 3, parceque $27 = 3.9$. On a

$$8,0000000 \left\{ \begin{array}{l} 9 \\ \overline{0,8888888} \left\{ \begin{array}{l} 3 \\ \overline{0,2962962 \text{ etc.}} \end{array} \right. \end{array} \right.$$

ce qui est la fraction décimale proposée.

533. Donnons encore un exemple assez curieux, en changeant en fraction décimale la fraction $\dfrac{1}{1.2.3.4.5.6.7.8.9.10}$, ce qui se fait ainsi qu'il suit :

$$1,000000000000000 \{ 2$$

$$0,500000000000000 \{ 3$$

$$0,166666666666 \{ 4$$

$$0,0416666666666 \{ 5$$

$$0,00833333333333 \{ 6$$

$$0,00138888888888 \{ 7$$

$$0,0001984126 9841 \{ 8$$

$$0,0000248015873o \{ 9$$

$$0,0000027557 3192 \{ 10$$

$$0,00000027557319.$$

CHAPITRE XIII.

Des calculs d'intérêts.

534. On a coutume d'exprimer les intérêts d'un capital en *pourcents*, en disant combien on paie annuellement d'intérêt de la somme de 100. Il est assez ordinaire qu'on place son capital à 5 pour cent, c'est-à-dire, de manière qu'on tire 5 écus d'intérêt d'un capital de 100 écus. Ainsi rien de plus facile que de calculer les intérêts d'un capital quelconque : on n'a qu'à dire, suivant la règle de trois :

100 donnent 5; que donne le capital proposé? Soit, par exemple, le capital 860 écus, on trouve son intérêt annuel, en disant :

$$860$$
$$5$$
$$\overline{4300} \left\{ \frac{100}{43} \right.$$

535. Nous ne nous arrêterons pas à ces calculs de l'intérêt simple, afin de passer aussitôt au calcul de l'*intérêt sur intérêt*. On demande principalement dans ce calcul, à quelle somme monte un capital donné après un certain nombre d'années, si on joint annuellement l'intérêt au capital, et que de cette manière on augmente continuellement le capital? On part, pour résoudre cette question, de ce que 100 écus placés à 5 pour cent se changent au bout d'une année en un capital de 105 écus. Soit le capital $= a$: on trouvera ce qu'il vaut au bout de l'année, en disant : 100 donne 105, que donne a; la réponse est $\frac{105a}{100} = \frac{21a}{20}$, ce que l'on peut aussi écrire de cette manière, $\frac{21}{20}a$, ou de celle-ci, $a + \frac{1}{20}.a$.

536. Ainsi quand on ajoute au capital actuel sa vingtième partie, on obtient la valeur du capital pour l'année prochaine. Ajoutant à celui-ci son vingtième, on sait ce que vaut le capital donné après deux ans, et ainsi de suite. Il est donc facile d'apprécier les accroissemens successifs et annuels du capital, et de continuer ce calcul aussi loin qu'on voudra.

537. Supposons un capital qui soit présentement de 1000 écus, qu'il soit placé à 5 pour cent, et qu'on joigne chaque année l'intérêt au capital. Comme ce calcul ne tarde pas à conduire à des fractions, nous nous servirons des fractions décimales, mais sans les pousser plus loin que jusqu'aux millièmes parties d'un écu, vu que des parties plus petites n'entrent pas ici en considération.

Le capital donné de 1000 écus vaudra

après 1 an...................... 1050 écus

$$52,5,$$

après 2 ans...................... 1102,5

$$55,125,$$

après 3 ans...................... 1157,625

$$57,881,$$

après 4 ans...................... 1215,506

$$60,775,$$

après 5 ans...................... 1276,281 etc.

538. On peut continuer de la même manière pour autant d'années qu'on voudra; mais lorsque le nombre des années est fort grand, le calcul devient long et ennuyeux; voici comment on peut l'abréger :

Soit le capital présent $= a$, et puisqu'un capital de 20 écus vaut 21 écus au bout de l'année, le capital a vaudra $\frac{21}{20} a$

après un an. Le même capital montera l'année suivante

$\frac{21^2}{20^2} . a = \left(\frac{21}{20}\right)^2 a$. Ce capital de deux ans vaudra $\left(\frac{21}{20}\right)^3$.

l'année d'après ; ce qui sera donc le capital de trois ans. Celui-

ci augmentant de même, le capital donné vaudra $\left(\frac{21}{20}\right)^4 . a$ au

bout de quatre ans. Il vaudra $\left(\frac{21}{20}\right)^5 . a$ au bout de cinq ans.

Après un siècle il vaudra $\left(\frac{21}{20}\right)^{100} . a$; et en général $\left(\frac{21}{20}\right)^{n} . a$

sera la valeur de ce capital après n années ; et cette formule

servira à déterminer la quantité du capital après un nombre

quelconque d'années.

539. La fraction $\frac{21}{20}$ qui est entrée dans ce calcul, se fonde

sur ce que les intérêts ont été comptés à 5 pour cent, et que

$\frac{21}{20}$ est autant que $\frac{105}{100}$. Que si les intérêts se comptaient à 6

pour cent, le capital a monterait à $\left(\frac{106}{100}\right) . a$ au bout d'un

an ; à $\left(\frac{106}{100}\right)^2 . a$ au bout de deux ans, et à $\left(\frac{106}{100}\right)^n .$ au bout

de n années.

Mais si les intérêts ne sont que de 4 pour cent, le capital

a ne vaudra que $\left(\frac{104}{100}\right)^n . a$ après n ans.

540. Or il est aisé, lorsque le capital a ainsi que le nombre

des années, sont donnés, de résoudre ces formules par les

logarithmes. Car s'il est question de celle que nous avons

trouvée dans la première supposition, on prendra le loga-

rithme de $\left(\frac{21}{20}\right)^n a$, qui est $= \log . \left(\frac{21}{20}\right)^n + \log . a$; parceque

la formule en question est le produit de $\left(\frac{21}{20}\right)^n$ par a. Et

comme $\left(\frac{21}{20}\right)^n$ est une puissance, on aura $L . \left(\frac{21}{20}\right)^n = n \, L . \frac{21}{20}.$

Ainsi

Ainsi le logarithme du capital cherché est $= n.$ L. $\frac{21}{20}$ $+$ L. a. De plus le logarithme de la fraction $\frac{21}{20} =$ L. 21 $-$ L. 20.

541. Soit à présent le capital $=$ 1000 écus, et qu'on demande de combien il sera au bout de 100 ans, en comptant les intérêts à 5 pour cent?

Nous avons ici $n =$ 100. Le logarithme du capital cherché sera parconséquent $=$ 100 L. $\frac{21}{20}$ $+$ L. 1000, et voici comment on évalue ce nombre :

$$\text{L. } 21 = 1{,}3222193$$
$$\text{soustrayant L. } 20 = 1{,}3010100$$
$$\text{L. } \tfrac{21}{20} = 0{,}0211893$$
$$\text{multipliant par } 100$$
$$100 \text{ L. } \tfrac{21}{20} = 2{,}1189300$$
$$\text{ajoutant L. } 1000 = 3{,}0000000$$
$$5{,}1189300 \text{ logarithme du capital.}$$

On voit par la caractéristique de ce logarithme, que le capital cherché sera un nombre de six chiffres, et on le trouve $=$ 131501 écus.

542. Un capital de 3452 livres à 6 pour cent, de combien sera-t-il après 64 ans?

Nous avons ici $a =$ 3452, et $n =$ 64. Donc le logarithme du capital cherché $=$ 64 L. $\frac{53}{50}$ $+$ L. 3452, ce qu'on calcule de cette manière :

$$\text{L. } 53 = 1{,}7242759$$
$$\text{soustrayant L. } 50 = 1{,}6989700$$
$$\text{L. } \tfrac{53}{50} = 0{,}0253059$$
$$\text{multipl. par } 64 : 64 \text{ L. } \tfrac{53}{50} = 1{,}6195776$$
$$\text{L. } 3452 = 3{,}5380708$$
$$5{,}1576484.$$

R

Et en prenant le nombre de ce logarithme, on trouve le capital cherché égal à 143763 livres.

543. Quand le nombre des années est fort grand, comme il s'agit de multiplier ce nombre par le logarithme d'une fraction, il pourrait provenir une assez grande erreur de ce que les logarithmes ne se trouvent calculés dans les tables qu'avec 7 décimales. C'est pourquoi il faudra employer des logarithmes poussés à un plus grand nombre de figures, comme on l'a fait dans l'exemple suivant :

Un capital d'un écu restant placé à 5 pour cent pendant 500 ans, et les intérêts s'y joignant annuellement, on demande à quelle somme se montera ce capital après les 500 années ?

On a ici $a = 1$ et $n = 500$; parconséquent le logarithme du capital cherché est égal à $500\ \mathrm{L}.\ \frac{21}{20} + \mathrm{L}.\ 1$, ce qui produit ce calcul :

$$\mathrm{L}.\ 21 = 1{,}3222192947339{1}9$$

$$\text{soustrayant}\ \mathrm{L}.\ 20 = 1{,}3010299956639981$$

$$\mathrm{L}.\ \tfrac{21}{20} = 0{,}0211892990699338$$

mult. par 500 on a $10{,}5946495349699000$.

Voilà donc le logarithme du capital cherché, lequel sera parconséquent égal à 39323200000 écus.

544. Si on ne se contentait pas de joindre annuellement l'intérêt au capital, et qu'on voulût encore l'augmenter tous les ans d'une nouvelle somme $= b$, le capital actuel que nous nommerons a, s'accroîtrait chaque année suivant cette loi :

après 1 an $\frac{21}{20}a + b$,

après 2 ans $\left(\frac{21}{20}\right)^2 a + \frac{21}{20}b + b$,

après 3 ans $\left(\frac{21}{20}\right)^3 a + \left(\frac{21}{20}\right)^2 b + \frac{21}{20}b + b$,

après 4 ans $\left(\frac{21}{20}\right)^4 a + \left(\frac{21}{20}\right)^3 b + \left(\frac{21}{20}\right)^2 b + \left(\frac{21}{20}\right)b + b$,

après n ans $\left(\frac{21}{20}\right)^n a + \left(\frac{21}{20}\right)^{n-1} b + \left(\frac{21}{20}\right)^{n-2} b + \ldots \frac{21}{20}b + b$.

Ce capital consiste, comme on voit, en deux parties, dont la première $= \left(\frac{21}{20}\right)^n a$, et dont l'autre, prise à rebours, forme la série $b + \frac{21}{20}b + \left(\frac{21}{20}\right)^2 b + \left(\frac{21}{20}\right)^3 b + \ldots + \left(\frac{21}{20}\right)^{n-1} b$. Cette suite est évidemment une progression géométrique, dont le facteur constant est égal à $\frac{21}{20}$. Nous en chercherons donc la somme, en multipliant d'abord le dernier terme $\left(\frac{21}{20}\right)^{n-1} b$ par le facteur $\frac{21}{20}$; nous aurons $\left(\frac{21}{20}\right)^n b$. Soustrayant ensuite le premier terme b, il reste $\left(\frac{21}{20}\right)^n b - b$; et divisant enfin par le facteur moins 1, c'est-à-dire par $\frac{1}{20}$, nous trouverons la somme cherchée $= 20\left(\frac{21}{20}\right)^n b - 20b$; donc le capital cherché est $\left(\frac{21}{20}\right)^n a + 20\left(\frac{21}{20}\right)^n b - 20b = \left(\frac{21}{20}\right)^n.(a + 20b) - 20b$.

545. Le développement de cette formule exige qu'on calcule séparément son premier terme $\left(\frac{21}{20}\right)^n.(a + 20b)$; ce qui se fait en prenant son logarithme qui est $n\, L.\frac{21}{20} + L.(a + 20b)$; car le nombre qui répond à ce logarithme dans les tables, sera la valeur de ce premier terme. Si l'on soustrait ensuite $20b$ de ce nombre, on connaîtra le capital cherché.

Question. Quelqu'un a un capital de 1000 écus, placé à cinq pour cent, il y ajoute annuellement 100 écus outre les intérêts, on demande la valeur de ce capital au bout de vingt-cinq ans ?

Nous avons ici $a = 1000$; $b = 100$; $n = 25$; voici donc le plan de l'opération :

$$\text{L. } \tfrac{21}{20} = 0,021189299.$$

Multipliant par 25 on a $25 \text{ L. } \tfrac{21}{20} = 0,5297324750$

$$\text{L. } (a + 20b) = 3,4771213135$$

$$= 4,0068537885.$$

Ainsi la première partie, ou le nombre qui répond à ce logarithme, est 10159,1 écus, et si on en soustrait $20b = 2000$, on trouve que le capital en question vaudra, après vingt-cinq ans, 8159,1 écus.

546. Puis donc que ce capital de 1000 écus va toujours en augmentant, et qu'après vingt-cinq ans il se monte à $8159\tfrac{1}{10}$ écus, on peut faire la question, en combien d'années il montera jusqu'à 1000000 écus.

Soit n ce nombre d'années, et puisque $a = 1000$, $b = 100$, le capital sera au bout de n ans : $\left(\dfrac{21}{20}\right)^n (3000) - 2000$, somme qui doit faire 1000000 d'écus ; de là résulte donc cette égalité ou équation :

$$3000 \left(\dfrac{21}{20}\right)^n - 2000 = 1000000.$$

Ajoutant des deux côtés 2000, on a

$$3000 \left(\dfrac{21}{20}\right)^n = 1002000.$$

Divisant de part et d'autre par 3000, il vient

$$\left(\frac{21}{20}\right)^n = 334.$$

Prenant les logarithmes, on a

$$n \, L. \, \tfrac{21}{20} = L. \, 334;$$

et divisant par $L. \tfrac{21}{20}$, on obtient

$$n = \frac{L.334}{L \, \frac{21}{20}}.$$

Or $L. 334 = 2,5237465$, et $L. \tfrac{21}{20} = 0,0211893$; donc

$$n = \frac{2,5237465}{0,0211893}.$$

Et si l'on multiplie enfin les deux termes de cette fraction par 10000000, on aura

$$n = \frac{25237465}{211893},$$

ce qui fait cent dix-neuf ans, un mois, sept jours, et c'est là le temps après lequel le capital de 1000 écus se sera accru jusqu'à 1000000 d'écus.

547. Mais si on supposait que quelqu'un, au lieu d'augmenter annuellement son capital d'une certaine somme fixe, le diminuât, en employant, chaque année, une certaine somme pour son entretien, on aurait les gradations suivantes pour les valeurs de ce capital a, année par année, en le supposant placé à 5 pour cent, et en entendant par b la somme qu'on en ôte annuellement :

après 1 an, $\dfrac{21}{20} a - b,$

après 2 ans, $\left(\dfrac{21}{20}\right)^2 a - \dfrac{21}{20} b - b,$

après 3 ans, $\left(\dfrac{21}{20}\right)^3 a - \left(\dfrac{21}{20}\right)^2 b - \dfrac{21}{20} b - b,$

après n ans, $\left(\dfrac{21}{20}\right)^n a - \left(\dfrac{21}{20}\right)^{n-1} b - \left(\dfrac{21}{20}\right)^{n-2} b \ldots - \left(\dfrac{21}{20}\right) b - b.$

548. Ce capital consiste donc en deux parties ; l'une est $\left(\frac{21}{20}\right)^n a$, et l'autre qui doit en être soustraite, forme, en prenant les termes en rétrogradant, la progression géométrique suivante :

$$b + \left(\frac{21}{20}\right) b + \left(\frac{21}{20}\right)^2 b + \left(\frac{21}{20}\right)^3 b + \ldots + \left(\frac{21}{20}\right)^{n-1} b.$$

Nous avons déjà trouvé ci-dessus la somme de cette progression $= 20 \left(\frac{21}{20}\right)^n b - 20b$; si donc on soustrait cette quantité de $\left(\frac{21}{20}\right)^n a$, on aura le capital cherché, après n ans,

$$= \left(\frac{21}{20}\right)^n (a - 20b) + 20b.$$

549. On aurait pu tirer aussi cette formule immédiatement de la précédente. Car de même qu'on ajoutait, dans la supposition précédente annuellement la somme b, on ôte à présent chaque année la même somme b. On n'a donc qu'à mettre dans la formule précédente, partout $-b$ à la place de $+b$. Il faut remarquer principalement ici que, si $20b$ est plus grand que a, la première partie devient négative, et parconséquent que le capital va toujours en diminuant. Cela se comprend aisément, car si on ôte plus du capital annuellement qu'il ne s'y joint d'argent en intérêts, il est clair que ce capital doit devenir continuellement plus petit, et qu'à la fin il doit même se réduire absolument à rien. C'est ce que nous allons éclaircir par un exemple.

550. *Question.* Quelqu'un a un capital de 100000 écus placé à 5 pour cent ; il lui faut chaque année 6000 écus pour son entretien ; cela fait plus que les intérêts de son argent, lesquels ne se montent qu'à 5000 écus ; parconséquent le capital ira toujours en diminuant. On demande en combien de temps il s'évanouira tout-à-fait. Supposons ce nombre d'années $= n$, et puisque

$$a = 100000 \text{ et } b = 6000,$$

nous savons qu'après n ans, la valeur du capital sera

$$= -20000 \left(\frac{21}{20}\right)^n + 120000, \text{ ou } 120000 - 20000 \left(\frac{21}{20}\right)^n.$$

Ainsi le capital se réduira à zéro, lorsque $20000 \left(\frac{21}{20}\right)^n$ se montera à 120000 écus, ou lorsque $20000 \left(\frac{21}{20}\right)^n$ égalera 120000. Divisant des deux côtés par 20000, on a

$$\left(\frac{21}{20}\right)^n = 6.$$

Prenant les logarithmes, on a

$$n\,L.\,\tfrac{21}{20} = L.\,6.$$

Divisant par $L.\,\tfrac{21}{20}$, il vient

$$n = \frac{L.6}{L.\tfrac{21}{20}} = \frac{0,7781513}{0,0211893} = \frac{7781513}{211893}.$$

Donc $n = 36$ ans 8 mois 22 jours, au bout duquel temps il ne restera plus rien du capital.

551. Il sera bon de faire voir aussi comment, en partant des mêmes principes, on peut calculer les intérêts pour des temps plus courts que des années entières. On se sert pour cela de la formule $\left(\frac{21}{20}\right)^n a$ trouvée plus haut, qui exprime la valeur d'un capital placé à 5 pour cent après n années ; car si le temps est de moins d'un an, l'exposant n devient une fraction, et le calcul se fait par les logarithmes, comme auparavant. Si on demandait, par exemple, la valeur du capital après un jour, on ferait $n = \frac{1}{365}$; si c'est après deux jours, $n = \frac{2}{365}$, et ainsi de suite.

552. Soit le capital $a = 100000$ écus, placé à 5 pour cent, à combien montera-t-il en huit jours de temps ?

4

Nous avons

$$a = 100000, \text{ et } n = \tfrac{8}{365};$$

parconséquent le capital cherché $= \left(\tfrac{21}{20}\right)^{\frac{8}{365}} 100000$. Le logarithme de cette quantité est

$$= \text{L.} \left(\tfrac{21}{20}\right)^{\frac{8}{365}} + \text{L. } 100000 = \tfrac{8}{365} \text{L.} \tfrac{21}{20} + \text{L. } 100000.$$

Or L. $\tfrac{21}{20} = 0,0211893$,

multipliant par $\tfrac{8}{365}$, on a $0,0004644$
ajoutant L. $100000 = 5,0000000$

la somme est $= 5,0004644$.

Le nombre de ce logarithme est $= 100107$. Ainsi dans les premiers huit jours les intérêts du capital font déjà 107 écus.

553. Dans cette matière se présentent aussi les questions d'estimer la valeur présente d'une somme d'argent qui ne serait payable que dans quelques années. On considérera que puisque 20 écus en argent comptant, montent à 21 écus en douze mois, il faut que réciproquement 21 écus qu'on ne pourrait toucher qu'au bout d'un an, ne valent actuellement que 20 écus. Si donc on exprime par a une somme dont le payement écherrait au bout d'un an, la valeur présente de cette somme est $\tfrac{20}{21} a$. Ainsi, pour trouver combien un capital a, payable seulement au bout d'un certain temps, vaudrait une année plutôt, il faudra le multiplier par $\tfrac{20}{21}$; pour trouver sa valeur deux ans avant l'échéance, on le multipliera par $\left(\tfrac{20}{21}\right)^{2} a$; et en général sa valeur, n ans avant l'échéance, s'exprimera par $\left(\tfrac{20}{21}\right)^{n} a$.

554. Supposons qu'un homme ait à tirer pendant cinq années consécutives une rente annuelle de cent écus, et qu'il veuille

la céder pour de l'argent comptant, en supposant les intérêts à 5 pour cent, si on demande combien il doit recevoir, voici comment il faudra raisonner :

$$\text{Pour 100 écus qui échoient} \begin{cases} \text{après 1 an,} \\ \text{après 2 ans,} \\ \text{après 3 ans,} \\ \text{après 4 ans,} \\ \text{après 5 ans,} \end{cases} \text{il reçoit} \begin{cases} 95,239. \\ 90,704. \\ 86,385. \\ 82,272. \\ 78,355. \end{cases}$$

Somme des 5 termes   432,955.

Ainsi le possesseur de la rente ne peut prétendre en argent comptant que 432,955 écus, ou 1298 livres 17 sous $3\frac{3}{7}$ den.

555. On remarquera que si une telle rente devait durer un nombre d'années beaucoup plus grand, le calcul, de la manière que nous l'avons fait, deviendrait très-pénible ; voici les moyens de le faciliter :

Soit la rente annuelle $= a$, commençant dès à présent, et durant n années, elle vaudra actuellement :

$$a + \left(\frac{20}{21}\right)a + \left(\frac{20}{21}\right)^2 a + \left(\frac{20}{21}\right)^3 a + \left(\frac{20}{21}\right)^4 a \ldots + \left(\frac{20}{21}\right)^n a.$$

Voilà une progression géométrique, et tout se réduit à en trouver la somme. On multipliera donc le dernier terme par le facteur, ce qui donne $\left(\frac{20}{21}\right)^{n+1} a$; soustrayant le premier terme, il reste $\left(\frac{20}{21}\right)^{n+1} a - a$; divisant enfin par le facteur moins 1, c'est-à-dire, par $-\frac{1}{21}$, ou, ce qui revient au même, multipliant par -21, on aura la somme cherchée $= -21 \left(\frac{20}{21}\right)^{n+1} a + 21a$,

ou bien, $21 a - 21 \left(\frac{20}{21}\right)^{n+1} a$; et ce second terme qu'il s'agit de soustraire, se calcule facilement par les logarithmes.

SECTION QUATRIÈME.

Des Equations algébriques, et de la résolution de ces Equations.

CHAPITRE PREMIER.

De la résolution des Problémes en général.

556. Le but principal de l'algèbre, ainsi que de toutes les parties des mathématiques, est de déterminer la valeur de quantités qui auparavant étaient inconnues. On l'atteint en examinant avec attention les conditions prescrites. C'est aussi pourquoi on définit l'algèbre, *la science qui enseigne à déterminer les quantités inconnues par le moyen de quantités connues.*

557. Ce que nous venons de dire s'accorde aussi avec tout ce qui a été exposé jusqu'ici. Partout on a vu la connaissance de certaines quantités faire arriver à celle d'autres quantités qu'on pouvait auparavant regarder comme inconnues.

L'addition en offrait d'abord un exemple. Pour trouver la somme de deux ou de plusieurs nombres donnés, il fallait chercher un nombre inconnu qui fût égal à ces nombres connus pris ensemble.

Dans la soustraction on cherchait un nombre qui fût égal à la différence de deux nombres connus.

Une multitude d'autres exemples se sont présentés dans la multiplication et dans la division, dans l'élévation des puissances et dans l'extraction des racines ; la question se réduisait toujours à trouver, par le moyen de quantités connues, une autre quantité inconnue jusqu'alors.

558. Enfin dans la dernière section, nous avons aussi résolu différentes questions où il s'agissait de déterminer un nombre qui ne pouvait être conclu de la connaissance d'autres nombres donnés que sous de certaines conditions.

Toutes les questions se réduisent donc à trouver, par le secours de quelques nombres donnés, un nouveau nombre qui ait avec ceux-là une certaine relation ; et cette relation se détermine par de certaines conditions ou propriétés qui doivent convenir à la quantité cherchée.

559. Lorsqu'il se présente une question à résoudre, on indique par une des dernières lettres de l'alphabet, le nombre cherché, et on examine ensuite de quelle manière les conditions données peuvent former une égalité entre deux quantités ; cette égalité qui est représentée par une espèce de formule qu'on appelle *équation*, sert ensuite à déterminer la valeur du nombre cherché, et parconséquent à résoudre la question. Il arrive quelquefois qu'on cherche plusieurs nombres ; on les trouve pareillement par des équations.

560. Expliquons-nous par un exemple, et supposons la question ou le *problème* qui suit :

Vingt personnes, hommes et femmes, mangent dans une auberge ; l'écot d'un homme est 8 sous, celui d'une femme est 7 sous, et la dépense totale se monte à 7 liv. 5 sous ; on demande le nombre des hommes et celui des femmes ?

On supposera, pour résoudre cette question, que le nombre

des hommes soit $= x$, et regardant maintenant ce nombre comme connu, on procédera de la même manière que si on voulait faire la preuve et voir si ce nombre satisfait à la question. Or le nombre des hommes étant $= x$, et les hommes et les femmes faisant ensemble vingt personnes, il est facile de déterminer le nombre des femmes, on n'a qu'à soustraire de 20 celui des hommes, c'est-à-dire que le nombre des femmes $= 20 - x$.

Mais un homme dépense 8 sous, donc x hommes dépensent $8\,x$ sous.

Et puisqu'une femme dépense 7 sous, $20 - x$ femmes auront dépensé $140 - 7x$ sous.

Ainsi, ajoutant ensemble $8x$ et $140 - 7x$, on voit que toutes les 20 personnes auront dépensé $140 + x$ sous. Or, on sait d'avance combien elles ont dépensé, savoir 7 liv. 5 sous, ou 145 sous; il faut donc qu'il y ait égalité entre $140 + x$ et 145, c'est-à-dire qu'on ait l'équation

$$140 + x = 145,$$

et de là on tire facilement

$$x = 5.$$

Donc l'écot était fait par 5 hommes et 15 femmes.

561. Vingt personnes, hommes et femmes, se trouvent dans une auberge; les hommes dépensent 24 florins, et les femmes autant, et il se trouve qu'un homme a dépensé 1 florin de plus qu'une femme; on demande combien il y avait d'hommes et combien de femmes?

Soit le nombre des hommes $= x$, celui des femmes sera $= 20 - x$.

Or ces x hommes ayant dépensé 24 florins, l'écot de chaque homme est de $\dfrac{24}{x}$ florins.

De plus les $20-x$ femmes ayant aussi dépensé 24 florins, l'écot de chaque femme est $\dfrac{24}{20-x}$ florins.

Mais on sait que cet écot d'une femme est d'un florin plus petit que celui d'un homme ; si donc on soustrait 1 de l'écot d'un homme, il faut qu'on obtienne celui d'une femme, et parconséquent que

$$\frac{24}{x}-1=\frac{24}{20-x}.$$

Voilà donc l'équation de laquelle il s'agit de tirer la valeur de x ; on ne trouve pas cette valeur avec la même facilité que dans la question précédente ; mais on verra dans la suite que

$$x=8,$$

et cette valeur satisfait en effet à l'équation ; car $\frac{24}{8}-1=\frac{24}{12}$ renferme l'égalité $2=2$.

562. On voit bien à quel point il est essentiel, dans tous les problêmes, de peser avec attention toutes les circonstances de la question, afin d'en déduire une équation, en exprimant par des lettres les nombres cherchés et inconnus. Tout l'art consiste ensuite à résoudre ces équations pour en tirer les valeurs des nombres inconnus, et c'est de quoi nous nous occuperons dans cette section.

563. Nous avons à remarquer d'abord une diversité qui réside dans les questions elles-mêmes. Dans quelques-unes, on ne cherche qu'une seule quantité inconnue, dans d'autres on en cherche deux ou plusieurs ; et on doit observer dans ce dernier cas qu'il faut, pour les déterminer toutes, pouvoir déduire des circonstances ou des conditions du problème, autant d'équations qu'il y a d'inconnues.

564. On a déjà pu s'appercevoir qu'une équation consiste en deux *membres* qu'on sépare par le signe d'égalité, $=$, pour indiquer que ces deux quantités sont égales l'une à l'autre. On

est obligé souvent de faire subir bien des transformations à ces deux membres, afin d'en déduire la valeur de la quantité inconnue ; mais ces transformations cependant doivent toutes se fonder sur ce que deux quantités égales restent égales, soit qu'on leur ajoute ou qu'on en retranche des quantités égales, soit qu'on les multiplie ou qu'on les divise par un même nombre, soit qu'on les élève toutes deux à la même puissance, ou qu'on en extraie les racines d'un même degré, soit enfin que l'on prenne les logarithmes de ces quantités, comme nous l'avons déjà pratiqué dans la section précédente.

565. Les équations qu'on résout le plus facilement, sont celles où l'inconnue ne passe pas la première puissance après qu'on a mis les termes de l'équation en ordre, et on les appelle *équations du premier degré*. Mais lorsqu'ayant réduit et ordonné une équation, on y rencontre le quarré ou la seconde puissance de l'inconnue, on a une *équation du second degré*, qui est déjà plus difficile à résoudre. Ensuite viennent les *équations du troisième degré*, qui renferment le cube de l'inconnue, et ainsi de suite. Nous traiterons de toutes dans cette section.

CHAPITRE II.

De la résolution des équations du premier degré.

566. Lorsque le nombre cherché ou inconnu est indiqué par la lettre x, et que l'équation qu'on a obtenue est telle que l'un de ses membres renferme simplement x, et l'autre seulement un nombre connu, comme, par exemple $x = 25$, la valeur cherchée de x est toute trouvée. C'est donc à parvenir à une telle forme qu'il faut toujours faire ses efforts, quelque compliquée que soit l'équation qu'on a trouvée d'abord. Nous donnerons dans la suite les règles qui rendent ces réductions plus faciles.

567. Commençons par les cas les plus simples, et supposons d'abord qu'on soit parvenu à l'équation

$$x + 9 = 16,$$

on voit sur le champ que

$$x = 7.$$

Et en général si on a trouvé

$$x + a = b,$$

où a et b signifient des nombres quelconques, mais connus, on n'a qu'à soustraire a de l'un et de l'autre membre, et on obtient l'équation

$$x = b - a,$$

qui indique la valeur de x.

568. Si l'équation primitive a cette forme,

$$x - a + b = c,$$

on peut commencer par ajouter de part et d'autre a, on aura

$$x + b = c + a;$$

et en soustrayant ensuite b des deux côtés, on trouvera

$$x = c + a - b.$$

Mais on peut aussi ajouter $+ a - b$ de part et d'autre; on obtient par-là sur-le-champ

$$x = c + a - b.$$

Ainsi de

$$\left.\begin{array}{l} x - 2a + 3b = 0 \\ x - 3a + 2b = 25 + a + 2b \\ x - 9 + 6a = 25 + 2a \end{array}\right\} \text{ on déduit } \left\{\begin{array}{l} x = 2a - 3b \\ x = 25 + 4a \\ x = 34 - 4a \end{array}\right.$$

569. Quand l'équation trouvée est de la forme.

$$ax = b,$$

on divise seulement les deux membres par a, et on a

$$x = \frac{b}{a}.$$

Mais si l'équation est

$$ax + b - c = d;$$

il faudra d'abord faire disparaître les termes qui accompagnent ax, en ajoutant de part et d'autre $- b + c$; et après cela, en divisant par a la nouvelle équation

$$ax = d - b + c,$$

on

on aura

$$x = \frac{d-b+c}{a}.$$

On aurait trouvé la même chose en soustrayant $+b-c$ de l'équation donnée ; on aurait eu pareillement

$$ax = d-b+c, \text{ et } x = \frac{d-b+c}{a}.$$

En conséquence de cela,

$$\text{Si} \begin{cases} 2x+5=17 \\ 3x-8=7 \\ 4x-5-3a=15+9a \end{cases} \text{on a} \begin{cases} 2x=12 \\ 3x=15 \\ 4x=20+12a \end{cases} \text{et} \begin{cases} x=6 \\ x=5 \\ x=5+3a \end{cases}$$

570. Quand la première équation aura la forme

$$\frac{x}{a} = b,$$

on multipliera des deux côtés par a, pour avoir

$$x = ab.$$

Mais si l'on a

$$\frac{x}{a} + b - c = d,$$

il faudra d'abord faire

$$\frac{x}{a} = d - b + c,$$

après quoi on obtiendra

$$x = (d-b+c)a = ad - ab + ac.$$

Soit $\frac{1}{2}x - 3 = 4$, on a $\frac{1}{2}x = 7$ et $x = 14$.

Soit

$$\tfrac{1}{3}x - 1 + 2a = 3 + a,$$

on aura

$$\tfrac{1}{3}x = 4 - a, \text{ et } x = 12 - 3a.$$

Soit $\dfrac{x}{a-1} - 1 = a$, on aura $\dfrac{x}{a-1} = a + 1$, et $x = aa - 1.$

571. Quand on est parvenu à une équation, telle que

$$\frac{ax}{b} = c,$$

on multiplie d'abord par b, afin d'avoir

$$ax = bc,$$

et divisant ensuite par a, on trouve

$$x = \frac{bc}{a}.$$

Que si

$$\frac{ax}{b} - c = d,$$

on commencerait par donner à l'équation cette forme

$$\frac{ax}{b} = d + c,$$

après quoi on parviendrait à

$$ax = bd + bc, \text{ et à } x = \frac{bd + bc}{a}.$$

Supposons

$$\tfrac{2}{3}x - 4 = 1,$$

nous aurons

$$\tfrac{2}{3}x = 5, \text{ et } 2x = 15 \text{ ; donc } x = \tfrac{15}{2} = 7\tfrac{1}{2}.$$

Si

$$\tfrac{3}{4}x + \tfrac{1}{2} = 5,$$

nous avons

$$\tfrac{3}{4}x = 5 - \tfrac{1}{2} = \tfrac{9}{2} ; \text{ donc } 3x = 18, \text{ et } x = 6.$$

572. Considérons à présent le cas qui peut arriver fréquemment, où deux ou plusieurs termes contiennent la lettre x, soit dans un seul membre de l'équation, soit dans tous les deux.

Si ces termes sont tous du même côté, c'est-à-dire dans un seul membre, comme dans l'équation

$$x + \tfrac{1}{2}x + 5 = 11,$$

on a

$$x + \tfrac{1}{2}x = 6, \text{ et } 3x = 12, \text{ et enfin } x = 4.$$

Soit

$$x + \tfrac{1}{2}x + \tfrac{1}{3}x = 44,$$

et qu'on demande la valeur de x : si on multiplie d'abord par 3, on a

$$4x + \tfrac{1}{2}x = 132 ;$$

multipliant ensuite par 2, on a

$$11x = 264 ; \text{ donc } x = 24.$$

On aurait pu procéder plus briévement, en commençant par réduire les trois termes qui renferment x, au seul terme $\tfrac{11}{6}x$; et divisant ensuite par 11 l'équation

$$\tfrac{11}{6}x = 44,$$

on aurait eu

$$\tfrac{1}{6}x = 4, \text{ donc } x = 24.$$

Soit

$$\tfrac{2}{3}x - \tfrac{3}{4}x + \tfrac{1}{2}x = 1,$$

on aura, en réduisant,

$$\tfrac{5}{12}x = 1, \text{ et } x = 2\tfrac{2}{5}.$$

Soit plus généralement,

$$ax - bx + cx = d,$$

c'est comme si on avait

$$(a - b + c)\, x = d, \text{ d'où } x = \frac{d}{a - b + c}.$$

573. Lorsqu'il se trouve des termes renfermant x dans l'un et l'autre membre de l'équation, on commencera par faire disparaître ces termes du côté où cela est plus facile, c'est-à-dire où il y en a le moins. Si on a, par exemple, l'équation

$$3x + 2 = x + 10 ;$$

il faudra soustraire d'abord x des deux côtés, on aura

$$2x + 2 = 10 ; \text{ donc } 2x = 8, \text{ et } x = 4.$$

Qu'on ait
$$x + 4 = 20 - x ;$$
il est clair que

$$2x + 4 = 20 ; \text{ donc } 2x = 16, \text{ et } x = 8.$$

Soit
$$x + 8 = 32 - 3x,$$
on aura

$$4x + 8 = 32 ; \text{ puis } 4x = 24, \text{ et } x = 6.$$

Soit
$$15 - x = 20 - 2x,$$
on aura
$$15 + x = 20, \text{ et } x = 5.$$

Soit
$$1 + x = 5 - \tfrac{1}{2}x,$$
on aura

$$1 + \tfrac{1}{2}x = 5 ; \text{ puis } \tfrac{1}{2}x = 4 ; 3x = 8 ; \text{ enfin } x = \tfrac{8}{3} = 2\tfrac{2}{3}.$$

Si
$$\tfrac{1}{2} - \tfrac{1}{3}x = \tfrac{1}{3} - \tfrac{1}{4}x,$$

on ajoutera $\tfrac{1}{3}x$, ce qui donne

$$\tfrac{1}{2} = \tfrac{1}{3} + \tfrac{1}{12} x$$

soustrayant $\tfrac{1}{3}$, il reste

$$\tfrac{1}{12} x = \tfrac{1}{6}$$

et multipliant par 12, on obtient

$$x = 2.$$

Si

$$1\tfrac{1}{2} - \tfrac{2}{3} x = \tfrac{1}{4} + \tfrac{1}{2} x,$$

on ajoute $\tfrac{2}{3} x$, ce qui donne

$$1\tfrac{1}{2} = \tfrac{1}{4} + \tfrac{7}{6} x;$$

Soustrayant $\tfrac{1}{4}$, on a

$$\tfrac{7}{6} x = 1\tfrac{1}{4}, \text{ d'où } x = \tfrac{30}{28} = 1 + \tfrac{1}{14};$$

en multipliant par 6, et en divisant par 7.

574. Si on est parvenu à une équation où le nombre inconnu x est en dénominateur, il faut faire disparaître la fraction, en multipliant toute l'équation par ce dénominateur.

Supposons qu'on ait trouvé

$$\frac{100}{x} - 8 = 12,$$

on ajoutera d'abord 8, et on aura

$$\frac{100}{x} = 20;$$

multipliant ensuite par x, on a

$$100 = 20x;$$

et divisant par 20, on trouve

$$x = 5.$$

Soit

$$\frac{5x + 3}{x - 1} = 7.$$

Si on multiplie par $x - 1$, on a

$$5x + 3 = 7x - 7.$$

Soustrayant $5x$, il reste

$$3 = 2x - 7.$$

Ajoutant 7, il vient

$$2x = 10 \; ; \; \text{d'où } x = 5.$$

575. Quelquefois aussi on rencontre des signes radicaux, et l'équation ne laisse pas d'appartenir au premier degré. Par exemple, on cherche un nombre x au-dessous de 100, et tel que la racine quarrée de $100 - x$ devienne égale à 8, ou

$$\sqrt{(100 - x)} = 8 :$$

on prendra des deux côtés le quarré, ce qui donne,

$$100 - x = 64,$$

et en ajoutant x, on aura

$$100 = 64 + x \, ;$$

d'où

$$x = 100 - 64 = 36.$$

On pourrait aussi, puisque

$$100 - x = 64,$$

soustraire 100 de l'un et de l'autre membre ; on aurait

$$- x = - 36,$$

et en multipliant par $- 1$,

$$x = 36.$$

576. Quelquefois enfin le nombre inconnu x se trouve dans l'exposant, nous en avons vu des exemples plus haut, et il faut alors avoir recours aux logarithmes.

Ainsi, quand on a

$$2^x = 512;$$

on prend des deux côtés les logarithmes; on a

$$x\,\mathrm{L.}\,2 = \mathrm{L.}\,512;$$

et en divisant par L. 2, on trouve

$$x = \frac{\mathrm{L.}\,512}{\mathrm{L.}\,2}$$

Les tables donneront donc

$$x = \frac{2,7092700}{0,3010300} = \frac{2709270}{301030} = 9.$$

Soit

$$5.3^{2x} - 100 = 305,$$

on ajoutera 100; cela fait

$$5.3^{2x} = 405;$$

divisant par 5, on a

$$3^{2x} = 81;$$

prenant les logarithmes

$$2x\,\mathrm{L.}\,3 = \mathrm{L.}\,81;$$

et divisant par 2 L. 3, on a

$$x = \frac{\mathrm{L.}\,81}{2\,\mathrm{L.}\,3} = \frac{\mathrm{L.}\,81}{\mathrm{L.}\,9};$$

donc

$$x = \frac{1,9084850}{0,9542425} = \frac{19084850}{9542425} = 2.$$

4

CHAPITRE III.

De la solution de quelques questions relatives au Chapitre précédent.

577. PREMIÈRE QUESTION. Partager 7 en deux parties, telles que la plus grande surpasse de 3 la plus petite.

Soit la plus grande partie $= x$, la plus petite sera $= 7-x$; il faut donc que

$$x = 7 - x + 3 = 10 - x;$$

ajoutant x, on a

$$2x = 10;$$

et divisant par 2, le résultat est $x = 5$.

Réponse. La plus grande partie est 5, et la plus petite est 2.

Seconde question. On propose de partager a en deux parties, de façon que la plus grande surpasse de b la plus petite.

Soit la plus grande partie $= x$, l'autre sera $a - x$; ainsi

$$x = a - x + b;$$

ajoutant x, on a

$$2x = a + b;$$

et divisant par 2,

$$x = \frac{a + b}{2}.$$

Autre solution. Soit la plus grande partie $= x$; comme elle est plus grande de b que la plus petite, il est clair que celle-ci est de b plus petite que l'autre, et $= x - b$. Or ces deux parties, prises ensemble, doivent faire a; il faut donc que

$$2x - b = a,$$

ajoutant b, on a

$$2x = a + b ; \text{ donc } x = \frac{a + b}{2},$$

c'est la valeur de la plus grande partie, et celle de la plus petite
sera $\frac{a + b}{2} - b$, ou $\frac{a + b}{2} - \frac{2b}{2}$, ou $\frac{a - b}{2}$.

578. *Troisième question.* Un père qui a trois fils, leur laisse
1600 écus. Le testament porte que l'aîné aura 200 écus de plus
que le puîné, et que celui-ci aura 100 écus de plus que le cadet.
On demande quelle sera la portion de chacun ?

Soit la portion du troisième fils $= x$; celle du second sera
$= x + 100$, et celle du premier $= x + 300$. Or on sait que
ces trois portions font ensemble 1600 écus. On a donc

$$3x + 400 = 1600, \ 3x = 1200, \text{ et } x = 400.$$

Réponse. La part du cadet est 400 écus, celle du puîné est
500 écus, et celle de l'aîné est 700 écus.

579. *Quatrième question.* Un père laisse quatre fils et 8600 l. ;
suivant le testament, la part de l'aîné doit être double de celle
du second, moins 100 liv. ; le second doit recevoir trois fois
autant que le troisième, moins 200 liv., et le troisième doit
recevoir quatre fois autant que le quatrième, moins 300 liv.
On demande quelles sont les portions de ces quatre fils ? Nommons x la portion du cadet ; celle du troisième fils sera $= 4x$
$- 300$; celle du second $= 12x - 1100$, et celle de l'aîné
$= 24x - 2300$. La somme de ces quatre parts doit faire 8600 l.
On a donc l'équation

$$41x - 3700 = 8600, \text{ d'où } 41x = 12300, \text{ et } x = 300.$$

Réponse. Il revient au cadet 300 livres, au troisième fils
900 livres, au second 2500 livres, et à l'aîné 4900 livres.

580. *Cinquième question.* Un homme laisse 11000 écus à partager entre sa veuve , deux fils et trois filles. Il veut que la mère reçoive deux fois la portion d'un fils, et qu'un fils reçoive deux fois autant qu'une fille. On demande combien il revient à ces personnes séparément?

Supposons la portion d'une fille $= x$, celle d'un fils est par conséquent $= 2x$, et celle de la veuve $= 4x$; tout l'héritage est donc $3x + 4x + 4x$; ainsi

$$11x = 11000 \text{, et } x = 1000.$$

Réponse. Une fille tire 1000 écus,
   ainsi toutes les trois reçoivent............ 3000 écus
Un fils tire 2000 écus,
   ainsi les deux fils reçoivent.............. 4000
La mère reçoit........................... 4000

                        somme 11000 écus.

581. *Sixième question.* Un père veut par son testament, que ses trois fils partagent son bien de la manière suivante : l'aîné reçoit 1000 écus de moins que la moitié de tout l'héritage ; le second reçoit 800 écus de moins que le tiers de tout le bien ; et le troisième reçoit 600 écus de moins que le quart du bien. On demande à quelle somme se monte l'héritage entier , et quelle est la part de chaque héritier ?

Exprimons l'héritage par..... x :
   la part du premier fils est $\frac{1}{2} x - 1000$
   celle du second......... $\frac{1}{3} x - 800$
   celle du troisième........ $\frac{1}{4} x - 600$.

Ainsi les trois fils ensemble tirent $\frac{1}{2} x + \frac{1}{3} x + \frac{1}{4} x - 2400$, et cette somme doit être égale à x ; on a donc l'équation

$$\frac{13}{12} x - 2400 = x.$$

Soustrayant x, il reste

$$\tfrac{1}{12} x - 2400 = 0.$$

Ajoutant 2400, on a

$$\tfrac{1}{12} x = 2400.$$

Multipliant enfin par 12, il vient

$$x = 28800.$$

Réponse. L'héritage est de 28800 écus, et

l'aîné des fils reçoit...... 13400 écus.

le puîné................. 8800

le cadet............... 6600

tous trois ensemble.... 28800 écus.

582. *Septième question.* Un père laisse quatre fils qui partagent son bien de la manière qui suit :

Le premier prend la moitié de l'héritage, moins 3000 livres.

Le second prend le tiers, moins 1000 livres.

Le troisième prend exactement le quart du bien.

Le quatrième prend 600 livres, et la cinquième partie du bien.

De combien étoit l'héritage, et combien chaque fils a-t-il reçu ?

Soit l'héritage total $= x$:

l'aîné des fils aura.... $\tfrac{1}{2} x - 3000$

le puîné............. $\tfrac{1}{3} x - 1000$

le troisième......... $\tfrac{1}{4} x$

le cadet............ $\tfrac{1}{5} x + 600.$

Tous les quatre auront reçu $\tfrac{1}{2} x + \tfrac{1}{3} x + \tfrac{1}{4} x + \tfrac{1}{5} x + 3400$, ce qu'il faut égaler à x, d'où résulte l'équation

$$\tfrac{77}{60}\, x - 3400 = x\,;$$

soustrayant x, on a

$$\tfrac{17}{60}\, x - 3400 = 0\,;$$

ajoutant 3400, on a

$$\tfrac{17}{60}\, x = 3400\,;$$

divisant par 17 , on a

$$\tfrac{1}{60}\, x = 200\,;$$

multipliant par 60, on a

$$x = 12000.$$

> *Réponse.* L'héritage était de 12000 livres.
>
> le premier fils en a pris   3000
> le second............   3000
> le troisième.........   3000
> le quatrième........   3000.

583. *Huitième question.* Trouver un nombre tel que si on y ajoute sa moitié, la somme surpasse 60 d'autant que le nombre lui-même est au-dessous de 65.

Soit ce nombre $= x$, il faut que

$$x + \tfrac{1}{2}\, x - 60 = 65 - x, \quad \text{ou } \tfrac{1}{2}\, x - 60 = 65 - x\,;$$

ajoutant x, on a

$$\tfrac{5}{2}\, x - 60 = 65\,;$$

ajoutant 60, on a

$$\tfrac{5}{2}\, x = 125\,;$$

divisant par 5, on a

$$\tfrac{1}{2}\, x = 25\,;$$

multipliant par 2, on a

$$x = 50.$$

Réponse. Le nombre cherché est 50.

584. *Neuvième question.* Partager 32 en deux parties telles que si je divise la moindre par 6 , et la plus grande par 5 , les deux quotiens pris ensemble fassent 6.

Soit la plus petite des deux parties cherchées $= x$; la plus grande sera $= 32 - x$; la première , divisée par 6 , donne $\frac{x}{6}$: la seconde , divisée par 5 , donne $\frac{32 - x}{5}$; or il faut que

$$\frac{x}{6} + \frac{32 - x}{5} = 6.$$

Ainsi multipliant par 5 , on a

$$\tfrac{5}{6} x + 32 - x = 30, \quad \text{ou} - \tfrac{1}{6} x + 32 = 30.$$

ajoutant $\tfrac{1}{6} x$, il vient

$$32 = 30 + \tfrac{1}{6} x ;$$

soustrayant 30 , il reste

$$2 = \tfrac{1}{6} x ;$$

multipliant par 6 , on a

$$x = 12.$$

Réponse. Les deux parties sont la plus petite $= 12$, la plus grande $= 20$.

585. *Dixième question.* Trouver un nombre tel que si je le multiplie par 5 , le produit soit autant au-dessous de 40, que le nombre lui-même est au-dessous de 12. Je nommerai ce nombre x, il est au-dessous de 12 de $12 - x$; prenant le nombre x cinq fois, j'ai $5x$, ce qui est moindre que 40 de $40 - 5x$, et cette quantité doit être égale à $12 - x$.

J'ai donc

$$40 - 5x = 12 - x ;$$

ajoutant $5x$, j'ai

$$40 = 12 + 4x ;$$

soustrayant 12 , j'ai

$$28 = 4x ;$$

divisant par 4, j'ai

$$x = 7 ,$$

nombre cherché.

586. *Onzième question.* Partager 25 en deux parties telles que la plus grande contienne 49 fois la plus petite.

Soit cette dernière $= x$, la plus grande sera $= 25 - x$. Celle-ci divisée par celle-là doit donner le quotient 49 ; on a donc

$$\frac{25 - x}{x} = 49.$$

Multipliant par x, on a

$$25 - x = 49x ;$$

ajoutant x,

$$25 = 50x ;$$

divisant par 50,

$$x = \tfrac{1}{2}.$$

Réponse. La plus petite des deux parties cherchées est $\tfrac{1}{2}$, et la plus grande est $24\,\tfrac{1}{2}$; divisant celle-ci par $\tfrac{1}{2}$, ou multipliant par 2, on trouve 49.

587. *Douzième question.* Partager 48 en neuf parties, de façon que l'une soit toujours de $\tfrac{1}{2}$ plus grande que la précédente.

Soit la première et la plus petite partie $= x$, la seconde sera $= x + \tfrac{1}{2}$, la troisième $= x + 1$, etc.

Or ces parties formant une progression arithmétique dont le premier terme $= x$, le neuvième et dernier terme sera $= x + 4$. Ajoutant ces deux termes ensemble, on a $2x + 4$; multipliant cette quantité par le nombre des termes, ou par 9, on a $18x + 36$; et divisant ce produit par 2, on obtient la somme de toutes les neuf parties $= 9x + 18$, et qui doit équivaloir à 48. On a donc

$$9x + 18 = 48 ;$$

soustrayant 18, il reste

$$9x = 30;$$

et divisant par 9 on a

$$x = 3\tfrac{1}{3}.$$

Réponse. La première partie est $3\tfrac{1}{3}$, et les neuf parties se suivent dans l'ordre que voici :

$$
\begin{array}{ccccccccc}
1 & 2 & 3 & 4 & 5 & 6 & 7 & 8 & 9 \\
3\tfrac{1}{3} + & 3\tfrac{5}{6} + & 4\tfrac{1}{3} + & 4\tfrac{5}{6} + & 5\tfrac{1}{3} + & 5\tfrac{5}{6} + & 6\tfrac{1}{3} + & 6\tfrac{5}{6} + & 7\tfrac{1}{3}.
\end{array}
$$

Toutes ensemble font 48.

588. *Treizième question*. Trouver une progression arithmétique dont le premier terme $= 5$, le dernier $= 10$, et la somme $= 60$.

Nous ne connoissons ici ni la différence ni le nombre des termes, mais nous savons que le premier et le dernier terme nous suffiraient pour exprimer la somme de la progression, si seulement le nombre des termes était donné. Nous supposerons donc ce nombre $= x$, et la somme de la progression s'exprimera par $\dfrac{15\,x}{2}$; or nous savons d'ailleurs que cette somme est 60; ainsi

$$\frac{15\,x}{2} = 60; \; \tfrac{1}{2}x = 4, \text{ et } x = 8.$$

Maintenant, puisque le nombre des termes est 8, si nous supposons la différence $= z$, il ne s'agit plus que de chercher le huitième terme dans cette supposition, et de le faire $= 10$. Le second terme est $5 + z$; le troisième est $5 + 2z$, et le huitième est $5 + 7z$, ainsi

$$5 + 7z = 10; \quad 7z = 5; \quad z = \tfrac{5}{7}.$$

Réponse. La différence de la progression est $\frac{5}{7}$, et le nombre des termes est 8 , et parconséquent la progression est

$$\overset{1}{5} + \overset{2}{5\frac{5}{7}} + \overset{3}{6\frac{3}{7}} + \overset{4}{7\frac{1}{7}} + \overset{5}{7\frac{6}{7}} + \overset{6}{8\frac{4}{7}} + \overset{7}{9\frac{2}{7}} + \overset{8}{10},$$

dont la somme $= 60$.

589. *Quatorzième question.* Je cherche un nombre tel que si du double de ce nombre je soustrais 1 , et que je double le reste, qu'ensuite je soustraie 2, et que je divise le reste par 4, le nombre résultant de ces opérations soit de 1 plus petit que le nombre cherché.

Je supposerai ce nombre $= x$: le double est $2x$; soustrayant 1, il reste $2x - 1$; doublant ceci, j'ai $4x - 2$; soustrayant 2, il me reste $4x - 4$; divisant par 4, il me vient $x - 1$; et c'est ce qui doit être d'une unité plus petit que x ; ainsi

$$x - 1 = x - 1.$$

Mais voilà ce qu'on nomme une *équation identique* ; elle indique que x n'est pas du tout déterminé, et qu'on peut prendre à sa place un nombre quelconque à volonté.

590. *Quinzième question.* J'ai acheté quelques aunes de drap à raison de 7 écus pour 5 aunes ; j'ai revendu de ce drap à raison de 11 écus pour 7 aunes, et j'ai gagné 100 écus sur le tout : on demande combien il y avait de drap ?

Supposons qu'il y en ait eu x aunes ; il faudra voir d'abord combien l'emplette a coûté ; cela se trouve par la règle de trois suivante :

Cinq aunes coûtent 7 écus ; que coûtent x aunes ? *Réponse,* $\frac{7}{5}x$ écus.

Voilà ma dépense. Voyons à présent quelle est ma recette ; il faudra faire la règle de trois qui suit : Sept aunes me valent 11 écus, combien me rapportent x aunes ? *Rép.* $\frac{11}{7}x$ écus.

Cette

Cette recette doit surpasser de 100 écus la dépense ; on a donc cette équation :

$$\tfrac{11}{7}\, x = \tfrac{7}{8}\, x + 100 ;$$

soustrayant $\tfrac{7}{8}\, x$, il reste

$$\tfrac{6}{31}\, x = 100 ;$$

donc

$$6\, x = 3500 , \text{ et } x = 583\tfrac{1}{3}.$$

Réponse. Il y avait $583\tfrac{1}{3}$ aunes, qui ont été achetées pour $816\tfrac{2}{3}$ écus, et revendues ensuite pour $916\tfrac{2}{3}$ écus, moyennant quoi le profit a été de 100 écus.

591. *Seizième question.* Quelqu'un achète 12 pièces de drap pour 140 écus. Deux sont blanches, trois sont noires et sept bleues. Une pièce de drap noir coûte deux écus de plus qu'une pièce de drap blanc, et une pièce de drap bleu coûte trois écus de plus qu'une noire ; on demande le prix de chaque sorte ?

Supposez qu'une pièce blanche coûte x écus, les deux de cette sorte coûteront $2x$. De plus une pièce noire coûtant $x + 2$, les trois pièces de cette couleur coûteront $3x + 6$. Enfin une pièce bleue coûte $x + 5$; donc les sept bleues coûtent $7x + 35$. Ainsi toutes les douze pièces reviennent ensemble à $12x + 41$.

Or le prix réel et connu de ces douze pièces est 140 écus ; on a donc

$$12x + 41 = 140,$$

et

$$12x = 99 ; \text{ donc } x = 8\tfrac{1}{4} ;$$

$$\text{ainsi une pièce de} \begin{cases} \text{drap blanc} \\ \text{drap noir} \\ \text{drap bleu} \end{cases} \text{coûte} \begin{cases} 8\tfrac{1}{4} \text{ écus.} \\ 10\tfrac{1}{4} \\ 13\tfrac{1}{4} \end{cases}$$

592. *Dix-septième question.* Un homme qui a acheté des

T

noix muscades, dit que trois noix lui coûtent autant au-delà d'un sou que quatre lui coûtent au-delà de dix liards : on demande le prix de ces noix ?

On nommera x l'argent que trois noix coûtent de plus qu'un sou ou quatre liards, et on dira : trois noix coûtent $x + 4$ liards, et quatre coûteront, par la condition du problème, $x + 10$ liards. Or le prix de trois noix donne celui de quatre noix encore d'une autre manière, savoir par la règle de trois ; on fera

$$3 : x + 4 = 4 . : \frac{4x + 16}{3} ;$$

Ainsi

$$\frac{4x + 16}{3} = x + 10, \quad \text{ou } 4x + 16 = 3x + 30 ;$$

donc

$$x + 16 = 30, \quad \text{et } x = 14.$$

Réponse. Trois noix coûtent 18 liards, et quatre coûtent 6 sous ; donc chacune coûte 6 liards.

593. *Dix-huitième question.* Quelqu'un a deux gobelets d'argent avec un seul couvercle pour les deux. Le premier gobelet pese 12 onces, et si on y met le couvercle, il pèse deux fois plus que l'autre gobelet ; mais si on couvre l'autre gobelet, celui-ci pèse trois fois plus que le premier : il s'agit de trouver le poids du second gobelet et celui du couvercle.

Supposons le poids du couvercle $= x$ onces ; le premier gobelet étant couvert, pèsera $x + 12$ onces. Or ce poids étant le double de celui du second gobelet, il faut que ce celui-ci pèse $\frac{1}{2} x + 6$. Si on le couvre, il pèsera $\frac{3}{2} x + 6$, et ce poids doit être le triple de 12, ou du poids du premier gobelet. On aura donc l'équation

$$\tfrac{3}{2} x + 6 = 36, \quad \text{ou } \tfrac{3}{2} x = 30 ; \quad \text{donc } \tfrac{1}{2} x = 10 \text{ et } x = 20.$$

Réponse. Le couvercle pèse 20 onces, et le second gobelet pèse 16 onces.

594. *Dix-neuvième question.* Un Banquier a deux espèces de monnaie ; il faut a pièces de la première pour faire un écu ; il faut b pièces de la seconde pour faire la même somme. Quelqu'un vient et demande c pièces pour un écu ; combien le Banquier lui donnera-t il de pièces de chaque espèce pour le satisfaire ?

Supposons que le Banquier donne x pièces de la première espèce ; il est clair qu'il donnera $c - x$ pièces de l'autre espèce. Or les x pièces de la première valent $\frac{x}{a}$ écu par la proportion $a : 1 = x : \frac{x}{a}$; et les $c - x$ pièces de la seconde espèce valent $\frac{c-x}{b}$ écu, parcequ'on a $b : 1 = c - x : \frac{c-x}{b}$. Il faut donc que

$$\frac{x}{a} + \frac{c-x}{b} = 1, \quad \text{ou} \ \frac{bx}{a} + c - x = b, \quad \text{ou} \ bx + ac - ax = ab,$$

ou bien

$$bx - ax = ab - ac ;$$

d'où l'on tire

$$x = \frac{ab - ac}{b - a}, \quad \text{ou} \ x = \frac{a(b-c)}{b-a};$$

Parconséquent

$$c - x = \frac{bc - ab}{b - a} = \frac{b(c-a)}{b-a}$$

Réponse. Le Banquier donnera $\frac{a(b-c)}{b-a}$ pièces de la première espèce, et $\frac{b(c-a)}{b-a}$ pièces de la seconde espèce.

Remarque. Ces deux nombres se trouvent facilement par la règle de trois, lorsqu'il s'agit de faire une application de nos résultats. On dira, pour trouver le premier :

$$b - a : b - c = a : \frac{ab - ac}{b - a}.$$

Le second nombre se détermine en faisant :

$$b - a : c - a = b : \frac{bc - ab}{b - a}.$$

Il faut remarquer aussi que a est plus petit que b, et que c est pareillement plus petit que b, mais cependant plus grand que a, ainsi que la nature de la chose le demande.

595. *Vingtième question.* Un Banquier a deux sortes de monnaie : dix pièces de l'une font un écu, et il faut 20 pièces de l'autre pour faire un écu. Or quelqu'un demande à changer un écu contre dix-sept pièces de monnaie ; combien recevra-t-il donc de pièces de chaque sorte ?

Nous avons ici $a = 10$, $b = 20$, et $c = 17$; ce qui fournit les règles de trois suivantes :

1°. $10 : 3 = 10 : 3$ pièces de la première sorte.

2°. $10 : 7 = 20 : 14$ pièces de la seconde sorte.

596. *Vingt-unième question.* Un père laisse à sa mort quelques enfans, avec un bien qu'ils partagent de la manière suivante :

Le premier reçoit cent écus et la dixième partie du reste.

Le second tire deux cents écus, et la dixième partie de ce qui reste.

Le troisième prend trois cents écus et la dixième partie de ce qui reste.

Le quatrième prend quatre cents écus et la dixième partie de ce qui reste, et ainsi de suite.

Et il se trouve à la fin que le bien a été partagé également entre tous les enfans. On demande maintenant de combien était l'héritage, combien il y avait d'enfans, et combien chacun a reçu ?

Cette question est d'une nature toute particulière, et mérite par là qu'on y fasse attention. Pour la résoudre plus facilement, nous supposerons l'héritage total $= z$ écus ; et puisque tous les enfans tirent une même somme, soit cette portion de chacun $= x$, moyennant quoi le nombre des enfans s'exprime par $\frac{z}{x}$. Cela posé, voici comme nous nous y prendrons pour résoudre la question proposée.

La Masse ou le bien à partager.	Ordre des Enfans.	Portion de chacun.	Différences.
z	le 1r.	$x = 100 + \dfrac{z-100}{10}$	
$z - x$	le 2d.	$x = 200 + \dfrac{z-x-200}{10}$	$100 - \dfrac{x+100}{10} = 0$
$z - 2x$	le 3e.	$x = 300 + \dfrac{z-2x-300}{10}$	$100 - \dfrac{x+100}{10} = 0$
$z - 3x$	le 4e.	$x = 400 + \dfrac{z-3x-400}{10}$	$100 - \dfrac{x+100}{10} = 0$
$z - 4x$	le 5e.	$x = 500 + \dfrac{z-4x-500}{10}$	$100 - \dfrac{x+100}{10} = 0$
$z - 5x$	le 6e.	$x = 600 + \dfrac{z-5x-600}{10}$	et ainsi de suite.

Nous avons inséré dans la dernière colonne les différences qu'on obtient en soustrayant chaque portion de la suivante. Or toutes les portions étant égales, il faut que chacune de ces différences soit $= 0$. Et comme il arrive heureusement qu'une même expression a lieu pour toutes ces différences, il suffira d'en égaler une seule à zéro : on aura donc l'équation

$$100 - \frac{x+100}{10} = 0.$$

Multipliant par 10, on a

$$1000 - x - 100 = 0, \text{ ou } 900 - x = 0;$$

parconséquent

$$x = 900.$$

Nous savons donc déjà que la part de chaque enfant était 900 écus ; ainsi en prenant à présent à volonté une des équations de la troisième colonne, par exemple la première, elle devient, en substituant à x sa valeur,

$$900 = 100 + \frac{z-100}{10},$$

d'où l'on tire z sur le champ ; car on a

$$9000 = 1000 + z - 100, \text{ ou } 9000 = 900 + z;$$

donc

$$z = 8100 ; \text{ et parconséquent } \frac{z}{x} = 9.$$

Réponse. Ainsi le nombre des enfans $= 9$; l'héritage laissé par le père $= 8100$ écus ; et la portion de chaque enfant $= 900$ écus.

CHAPITRE IV.

De la résolution de deux ou de plusieurs Equations du premier degré.

597. Il arrive souvent qu'on est obligé de faire entrer dans le calcul deux ou plusieurs de ces nombres inconnus représentés par les lettres x, y, z, etc.; et si la question est déterminée, on parvient dans ce cas à autant d'équations desquelles il s'agit ensuite de tirer les inconnues. Comme nous ne considérons encore que les équations qui ne contiennent pas des puissances d'une inconnue, plus élevées que la première, ni des produits de deux ou de plusieurs inconnues, on voit que ces équations auront toutes la forme

$$az + by + cx = d.$$

598. Commençant donc par deux équations, nous chercherons à en tirer les valeurs de x et y; et pour traiter ce cas d'une manière générale, soient les deux équations :

$$1^\circ.\ ax + by = c;\ 2^\circ.\ fx + gy = h,$$

où a, b, c, et f, g, h signifient des nombres connus. Il s'agit donc ici de tirer de ces deux équations, les valeurs des deux inconnues x et y.

599. La voie la plus naturelle pour y parvenir, se présente aisément à l'esprit; c'est de déterminer d'après l'une et l'autre équation la valeur de l'une des inconnues, par exemple, de x, et de considérer ensuite l'égalité de ces deux valeurs; car on aura une équation dans laquelle l'inconnue y se trouvera seule et

4

pourra être déterminée par les règles que nous avons données
plus haut. Connaissant donc alors y, on n'aura plus qu'à substituer sa valeur dans une des équations qui donnent x.

600. D'après cette règle, nous tirons de la première équation :

$$x = \frac{c - by}{a},$$

et de la seconde,

$$x = \frac{h - gy}{f};$$

posant ces deux valeurs égales l'une à l'autre, nous avons cette
nouvelle équation :

$$\frac{c - by}{a} = \frac{h - gy}{f};$$

multipliant par a, le produit est

$$c - by = \frac{ah - agy}{f};$$

multipliant par f, le produit est

$$fc - fby = ah - agy;$$

ajoutant agy, on a

$$fc - fby + agy = ah;$$

soustrayant fc, il reste

$$-fby + agy = ah - fc;$$

ou bien

$$(ag - bf)y = ah - fc;$$

divisant enfin par $ag - bf$, nous avons

$$y = \frac{ah - fc}{ag - bf}.$$

Substituons donc cette valeur de y dans une des deux valeurs que nous avons trouvées pour x, par exemple dans la première

$$x = \frac{c - by}{a},$$

et nous aurons d'abord

$$-by = -\frac{abh - bcf}{ag - bf};$$

de-là

$$c - by = c - \frac{abh + bcf}{ag - bf},$$

ou

$$c - by = \frac{acg - bcf - abh + bcf}{ag - bf} = \frac{acg - abh}{ag - bf};$$

et divisant par a,

$$x = \frac{c - by}{a} = \frac{cg - bh}{ag - bf}.$$

601. *Première question.* Pour éclaircir cette méthode par des exemples, soit proposé de trouver deux nombres dont la somme soit $= 15$, et la différence $= 7$.

Nommons x le nombre qui est le plus grand, et y le plus petit. Nous aurons

$$1°. \ x + y = 15, \quad 2°. \ x - y = 7.$$

La première équation donne

$$x = 15 - y;$$

la seconde donne

$$x = 7 + y;$$

de-là résulte la nouvelle équation

$$15 - y = 7 + y.$$

Ainsi

$$15 = 7 + 2y ; \quad 2y = 8, \text{ et } y = 4 ;$$

au moyen de quoi on trouve

$$x = 11.$$

Réponse. Le plus petit nombre est 4, et le plus grand est 11.

602. *Seconde question.* On peut aussi généraliser la question précédente, en cherchant deux nombres dont la somme soit $= a$, et la différence $= b$.

Soient le plus grand des deux nombres $= x$, et le plus petit $= y$. On aura

$$1°. \ x + y = a ; \quad 2°. \ x - y = b.$$

La première équation donne

$$x = a - y ;$$

la seconde donne

$$x = b + y.$$

Donc

$$a - y = b + y ; \quad a = b + 2y ; \quad 2y = a - b ;$$

Enfin

$$y = \frac{a - b}{2},$$

et parconséquent

$$x = a - y = a - \frac{a + b}{2} = \frac{a + b}{2}.$$

Réponse. Le plus grand nombre, ou x est $= \dfrac{a + b}{2}$ et le plus petit, ou y est $= \dfrac{a - b}{2}$, ou, ce qui revient au même,

$$x = \tfrac{1}{2} a + \tfrac{1}{2} b, \text{ et } y = \tfrac{1}{2} a - \tfrac{1}{2} b ,$$

et de là résulte le théorême suivant. *Quand la somme de deux nombres quelconques est* a, *et que la différence de ces deux nombres est* b, *le plus grand des deux nombres est égal à la moitié de la somme plus la moitié de la différence ; et le plus petit des deux nombres est égal à la somme moins la moitié de la différence.*

603. On peut aussi résoudre la même question de la manière qui suit :

Puisque les deux équations sont,

$$x + y = a, \text{ et } x - y = b.$$

Si on les ajoute l'une avec l'autre, on a

$$2x = a + b ; \text{ donc } x = \frac{a+b}{2}.$$

Ensuite, soustrayant les mêmes équations l'une de l'autre, on a

$$2y = a - b ; \text{ donc } y = \frac{a-b}{2}.$$

604. *Troisième question.* Un mulet et un âne portent des charges de quelques quintaux. L'âne se plaint de la sienne et dit au mulet : il ne me manque que de porter encore un quintal de ta charge, pour être plus chargé que toi du double. Le mulet répond : oui, mais si tu me donnais un quintal de la tienne, je serais trois fois plus chargé que toi. On demande combien de quintaux ils portaient chacun ?

Supposons la charge du mulet de x quintaux, et celle de l'âne de y quintaux. Si le mulet donne à l'âne un quintal, celui-ci aura $y + 1$, et il restera à l'autre $x - 1$; et puisque dans ce cas l'âne est deux fois plus chargé que le mulet, on a

$$y + 1 = 2x - 2.$$

Mais si l'âne donne un quintal au mulet, celui-ci a $x + 1$, et l'âne garde $y - 1$; et la charge du premier étant maintenant triple de celle du second , on a

$$x + 1 = 3y - 3.$$

Nos deux équations seront parconséquent

$$1^\circ.\ y + 1 = 2x - 2\ ;\ \ 2^\circ.\ x + 1 = 3y - 3.$$

La première donne

$$x = \frac{y + 3}{2},$$

et la seconde donne

$$x = 3y - 4\ ;$$

de là résulte la nouvelle équation

$$\frac{y + 3}{2} = 3y - 4,$$

qui donne

$$y = 2\tfrac{1}{5}\ ;$$

de cette valeur on déduit $x = 2\tfrac{3}{5}$.

Réponse. Le mulet portait $2\tfrac{3}{5}$ quintaux, et l'âne portait $2\tfrac{1}{5}$ quintaux.

6o5. Dans l'hypothèse de trois nombres inconnus, et d'autant d'équations, comme, par exemple,

$$1^\circ.\ x + y - z = 8\ ;\ 2^\circ.\ x + z - y = 9\ ;\ 3^\circ.\ y + z - x = 10,$$

on commencera, comme auparavant, par tirer de chacune la valeur de x, et on aura par la première

$$x = 8 + z - y\ ;$$

par la deuxième

$$x = 9 + y - z,$$

et par la troisième

$$x = y + z - 10.$$

Comparant maintenant la première de ces valeurs avec la seconde, puis avec la troisième, on aura les équations suivantes :

$$4^o. \; 8 + z - y = 9 + y - z \; ; \; 5^o. \; 8 + z - y = y + z - 10.$$

Or la première donne

$$2z - 2y = 1 \, ,$$

et la seconde donne

$$2y = 18, \quad \text{ou } y = 9 \; ;$$

si donc on substitue cette valeur de y dans

$2z - 2y = 1$, on a $2z - 18 = 1$, et $2z = 19$, ainsi $z = 9\frac{1}{2}$:

il ne reste donc que x à déterminer, et on le trouve facilement $= 8\frac{1}{2}$.

Il est arrivé ici par hasard que la lettre z s'est éliminée dans la dernière équation, et qu'on a trouvé la valeur de y immédiatement. Si ce cas n'avait pas eu lieu, on aurait eu deux équations entre z et y, qu'il aurait fallu résoudre par la règle précédente.

6o6. Qu'on ait trouvé les trois équations suivantes :

$$1^o. \; 3x + 5y - 4z = 25 \; ; \; 2^o. \; 5x - 2y + 3z = 46 \; ;$$

$$3^o. \; 3y + 5z - x = 62.$$

Si on tire de chacune la valeur de x, on a

$$4^o. \; x = \frac{25 - 5y + 4z}{3} \; ; \; 5^o. \; x = \frac{46 + 2y - 3z}{5} \; ;$$

$$6^o. \; x = 3y + 5z - 62.$$

Comparant à présent ces trois valeurs entr'elles, et d'abord la troisième avec la première, on a

$$3y + 5z - 62 = \frac{25 - 5y + 4z}{3};$$

multipliant par 3,

$$9y + 15z - 186 = 25 - 5y + 4z;$$

ainsi

$$9y + 15z = 211 - 5y + 4z, \text{ et } 14y + 11z = 211.$$

Comparant aussi la troisième avec la seconde, on a

$$3y + 5z - 62 = \frac{46 + 2y - 3z}{5},$$

ou

$$46 + 2y - 3z = 15y + 25z - 310,$$

ce qui se réduit à

$$356 = 13y + 28z.$$

On tirera maintenant de ces deux nouvelles équations la valeur de y.

7°. $211 = 14y + 11z$; donc $14y = 211 - 11z$,

et

$$y = \frac{211 - 11z}{14}$$

8°. $356 = 13y + 28z$; donc $13y = 356 - 28z$,

et

$$y = \frac{356 - 28z}{13}$$

Ces deux valeurs forment la nouvelle équation

$$\frac{211 - 11z}{14} = \frac{356 - 28z}{13};$$

quelle se change en celle-ci ,

$$2743 - 143z = 4984 - 392z ;$$

se réduit à

$$249z = 2241 , \text{ d'où } z = 9.$$

Cette valeur étant substituée dans une des deux équations de y et z, on trouve

$$y = 8 ,$$

et enfin une substitution semblable dans une des trois valeurs de x , donnera

$$x = 7.$$

607. Si on avait plus de trois inconnues à déterminer , et autant d'équations à résoudre , on pourrait s'y prendre de la même manière ; mais on se trouverait engagé le plus souvent dans des calculs fort prolixes.

Il est donc à propos de remarquer que dans chaque cas particulier , on ne manque guère de rencontrer des moyens qui en facilitent beaucoup la résolution. Ces moyens sont d'introduire dans le calcul , à côté des inconnues principales , une nouvelle inconnue arbitraire telle qu'est , par exemple la somme de toutes les autres ; et quand on est un peu versé dans ces sortes de calculs , on juge assez facilement ce qu'il est le plus convenable de faire. Nous allons rapporter quelques exemples qui peuvent guider dans l'application de cette méthode.

608. *Quatrième question.* Trois personnes jouent ensemble ; dans la première partie le premier Joueur perd avec chacun des deux autres autant que chacun d'eux avait d'argent sur lui. Dans la seconde partie , c'est au second Joueur que les deux autres gagnent autant chacun qu'ils ont déjà d'argent. Dans la troisième partie enfin , le premier et le second Joueur gagnent au troisième autant d'argent chacun qu'ils en avaient. Ils cessent alors de jouer , et il se trouve qu'ils ont tous une

somme égale, savoir vingt-quatre louis chacun. On demande avec combien d'argent chacun s'est mis au jeu ?

Supposons que l'enjeu du premier joueur ait été de x louis, celui du second, y, et celui du troisième, z. Et faisons outre cela la somme de tous les enjeux, ou $x + y + z = \int$. Or le premier Joueur perdant dans la première partie autant d'argent qu'en ont les deux autres, il perd $\int - x$; car lui-même ayant eu x, les deux autres auront eu $\int - x$; donc il lui restera $2x - \int$; le second aura $2y$, et le troisième aura $2z$.

Voici donc ce que chacun aura après la première partie : le premier $2x - \int$; le deuxième $2y$; le troisième $2z$.

Dans la seconde partie, le second Joueur qui a maintenant $2y$, perd autant d'argent qu'en ont les deux autres, c'est-à-dire $\int - 2y$; il lui reste parconséquent $4y - \int$. Quant aux autres, ils auront le double chacun de ce qu'ils avaient ; ainsi après la seconde partie les trois Joueurs ont le premier $4x - 2\int$; le second $4y - \int$; le troisième $4z$.

Dans la troisième partie, c'est le troisième Joueur, lequel a actuellement $4z$, qui est le perdant ; il perd avec le premier $4x - 2\int$, et avec le second $4y - \int$; parconséquent après cette partie nos trois Joueurs auront : le premier $8x - 4\int$; le second $8y - 2\int$; le troisième $8z - \int$.

Or chacun ayant maintenant 24 louis, nous avons trois équations telles que la première donne sur-le-champ x, la seconde y, et la troisième z ; de plus $\int$ est connu et $= 72$, puisque les trois Joueurs ensemble ont 72 louis à la fin de la dernière partie ; mais c'est à quoi il n'est pas même nécessaire de faire attention d'abord, comme on va le voir. Nous avons

1°. $8x - 4\int = 24$, ou $8x = 24 + 4\int$, ou $x = 3 + \frac{1}{2}\int$;

2°. $8y - 2\int = 24$, ou $8y = 24 + 2\int$, ou $y = 3 + \frac{1}{4}\int$;

3°. $8z - \int = 24$, ou $8z = 24 + \int$, ou $z = 3 + \frac{1}{8}\int$.

Ajoutant

Ajoutant ces trois valeurs , on a

$$x + y + z = 9 + \tfrac{7}{8} f.$$

Ainsi , puisque

$$x + y + z = f, \quad \text{on a } f = 9 + \tfrac{7}{8} f ;$$

donc

$$\tfrac{1}{8} f = 9, \quad \text{et } f = 72.$$

Si on substitue à présent cette valeur de f dans les expressions trouvées pour x, y et z, on trouvera qu'avant que de se mettre au jeu, le premier joueur avait 39 louis ; le second , 21 louis ; et le troisième , 12 louis.

On voit par cette solution comment, par le secours de la somme des trois inconnues, on surmonte heureusement les obstacles qui se rencontrent dans la méthode ordinaire.

609. Quoique la question précédente paraisse d'abord assez difficile , nous remarquerons cependant qu'on peut la résoudre, même sans algèbre. On n'a qu'à chercher à le faire en retrogradant. On considérera que puisque les joueurs , en quittant le jeu, avaient chacun 24 louis, et que dans la troisième partie , le premier et le second ont doublé leur argent, ils doivent avoir eu avant cette dernière partie , le premier 12 , le second 12 , et le troisième 48.

Dans la seconde partie, ce sont le premier et le troisième qui ont doublé leur argent ; donc avant cette partie ils avaient, le premier 6 , le second 42 , le troisième 24.

Enfin, dans la première partie , le second et le troisième joueurs ont gagné chacun autant d'argent qu'il en avait mis au jeu ; c'est-à-dire que chaque joueur a doublé sa mise ; donc en commençant, les trois joueurs avaient devant eux , le premier 39 , le second 21 ; le troisième 12.

C'est ce que nous avons aussi trouvé par la solution précédente.

V

610. *Cinquième question.* Deux personnes doivent 29 pistoles ; elles ont de l'argent toutes les deux , mais pas assez chacune pour pouvoir acquitter seule cette dette commune ; le premier débiteur dit donc au second , si vous me donnez les $\frac{2}{3}$ de votre argent , je paierai seul la dette sur-le-champ. Le second lui réplique qu'il pourrait aussi acquitter seul la dette, si l'autre lui donnait les $\frac{3}{4}$ de son argent. On demande combien ils ont l'un et l'autre ?

Supposons que le premier ait x pistoles , et que le second ait y pistoles.

Nous aurons d'abord

$$x + \tfrac{2}{3}y = 29 ;$$

et en second lieu ,

$$y + \tfrac{3}{4}x = 29.$$

La première équation donne

$$x = 29 - \tfrac{2}{3}y ,$$

et la seconde donne

$$x = \frac{116 - 4y}{3} ;$$

ainsi

$$29 - \tfrac{2}{3}y = \frac{116 - 4y}{3}.$$

On tire de celle-ci

$$y = 14\tfrac{1}{2} ; \text{ donc } x = 19\tfrac{1}{3}.$$

Réponse. Le premier débiteur a $19\tfrac{1}{3}$ pistoles , et le second a $14\tfrac{1}{4}$ pistoles.

611. *Sixième question.* Trois frères ont acheté une vigne pour cent louis. Le cadet dit qu'il pourrait la payer seul, si le second lui donnait la moitié de l'argent qu'il a ; le second dit que si l'aîné lui donnait le tiers seulement de son argent, il

paierait la vigne seul ; enfin l'aîné ne demande que le quart de l'argent du cadet, pour payer seul la vigne. Combien chacun avait-il d'argent ? Que le premier ait eu x louis ; le second, y louis ; le troisième, z louis ; on aura les trois équations suivantes :

$$1^o.\ x + \tfrac{1}{2}y = 100 ;\quad 2^o.\ y + \tfrac{1}{3}z = 100 ;\quad 3^o.\ z + \tfrac{1}{4}x = 100 ;$$

deux desquelles seulement donnent la valeur de x, savoir ;

$$1^o.\ x = 100 - \tfrac{1}{2}y\ ;\quad 3^o.\ x = 400 - 4z.$$

Ainsi on a l'équation :

$$100 - \tfrac{1}{2}y = 400 - 4z,\quad \text{ou } 4z - \tfrac{1}{2}y = 300,$$

qu'il faudra combiner avec la seconde, afin de déterminer y et z. Or la seconde équation était

$$y + \tfrac{1}{3}z = 100 ;$$

on en tire donc

$$y = 100 - \tfrac{1}{3}z\ ;$$

et l'équation trouvée en dernier lieu étant

$$4z - \tfrac{1}{2}y = 300,$$

on a

$$y = 8z - 600.$$

Parconséquent la dernière équation est :

$$100 - \tfrac{1}{3}z = 8z - 600 ;$$

ainsi

$$8z + \tfrac{1}{3}z = 700,\quad \text{ou } \tfrac{25}{3}z = 700,\quad \text{et } z = 84.$$

Donc

$$y = 100 - 28 = 72,\quad \text{et } x = 64.$$

Réponse. Le cadet avait 64 louis, le puîné avait 72 louis, et l'aîné avait 84 louis.

612. Comme dans cet exemple chaque équation ne renferme que deux inconnues, on peut parvenir d'une façon plus commode à la solution cherchée.

La première équation donne

$$y = 200 - 2x \, ;$$

ainsi y est déterminé en x ; et si on substitue cette valeur dans la seconde équation, on a

$$200 - 2x + \tfrac{1}{3}z = 100 \, ;$$

donc

$$\tfrac{1}{3}z = 2x - 100, \;\; \text{et } z = 6x - 300.$$

Ainsi z est aussi déterminé en x ; et si on introduit cette valeur dans la troisième équation, on obtient

$$6x - 300 + \tfrac{1}{4}x = 100,$$

où x se trouve seul, et qu'on réduit à

$$25x - 1600 = 0,$$

d'où l'on tire

$$x = 64.$$

Parconséquent

$$y = 200 - 128 = 72, \;\; \text{et } z = 384 - 300 = 84.$$

613. On peut suivre le même procédé, lorsqu'on a un plus grand nombre d'équations. Supposons, par exemple, qu'on ait d'une manière générale :

$$1^{\circ}.\; u + \frac{x}{a} = n; \; 2^{\circ}.\; x + \frac{y}{b} = n; \; 3^{\circ}.\; y + \frac{z}{c} = n; \; 4^{\circ}.\; z + \frac{u}{d} = n;$$

ou, en chassant les fractions :

$$1^{\circ}.\; au + x = an; \; 2^{\circ}.\; bx + y = bn; \; 3^{\circ}.\; cy + z = cn; \; 4^{\circ}.\; dz + u = dn.$$

Ici la première équation donne d'abord

$$x = an - au,$$

et cette valeur étant substituée dans la seconde, on a

$$abn - abu + y = bn \; ; \; \text{ainsi } y = bn - abn + abu \; ;$$

la substitution de cette valeur dans la troisième équation, donne

$$bcn - abcn + abcu + z = cn \; ;$$

donc

$$z = cn - bcn + abcn - abcu \; ;$$

substituant enfin cette valeur dans la quatrième équation, on a

$$cdn - bcdn + abcdn - abcdu + u = dn.$$

Ainsi

$$dn - cdn + bcdn - abcdn = - abcdu + u \, ,$$

ou bien

$$(abcd - 1) \, u = abcdn - bcdn + cdn - dn \; ;$$

d'où l'on tire

$$u = \frac{abcdn - bcdn + cdn - dn}{abcd - 1} = n \, \frac{(abcd - bcd + cd - d)}{abcd - 1}.$$

Parconséquent on aura

$$x = \frac{abcdn - acdn + adn - an}{abcd - 1} = n. \frac{(abcd - acd + ad - a)}{abcd - 1}.$$

$$y = \frac{abcdn - abdn + abn - bn}{abcd - 1} = n. \frac{(abcd - abd + ab - b)}{abcd - 1}.$$

$$z = \frac{abcdn - abcn + bcn - cn}{abcd - 1} = n. \frac{(abcd - abc + bc - c)}{abcd - 1}.$$

$$u = \frac{abcdn - bcdn + cdn - dn}{abcd - 1} = n. \frac{(abcd - bcd + cd - d)}{abcd - 1}.$$

614. *Septième question.* Un capitaine a trois compagnies : l'une est de Suisses, l'autre est de Suabes, la troisième est de Saxons. Il veut donner un assaut avec une partie de ces troupes, et il promet une récompense de 901 écus sur le pied suivant :

Que chaque soldat de la compagnie qui montera à l'assaut, recevra 1 écu, et que le reste de l'argent sera distribué également aux deux autres compagnies.

Or il se trouve que si les Suisses donnent l'assaut, chaque Soldat des autres compagnies reçoit un demi-écu ; que si les Suabes vont à l'assaut, chacun des autres reçoit $\frac{1}{3}$ écu ; enfin, que si les Saxons donnent l'assaut, chacun des autres reçoit $\frac{1}{4}$ écu. On demande de combien d'hommes était chaque compagnie ?

Supposons le nombre des Suisses $= x$, celui des Suabes $= y$, et celui des Saxons $y = z$. Et faisons de plus

$$x + y + z = f,$$

parcequ'il est facile de voir que c'est le moyen d'abréger considérablement le calcul. Si donc les Suisses donnent l'assaut, leur nombre étant $= x$, celui des autres sera $f - x$; or ceux-là reçoivent 1 écu, et ceux-ci 1 demi-écu ; ainsi on aura

$$x + \tfrac{1}{2} f - \tfrac{1}{2} x = 901.$$

On trouvera de la même manière que si les Suabes donnent l'assaut, on a

$$y + \tfrac{1}{3} f - \tfrac{1}{3} y = 901.$$

Et enfin que, si ce sont les Saxons qui montent à l'assaut, on aura

$$z + \tfrac{1}{4} f - \tfrac{1}{4} z = 901.$$

Chacune de ces trois équations suffira pour déterminer une des inconnues x, y et z ;

car la première donne....$x = 1802 - ſ$,
la seconde donne...$2y = 2703 - ſ$,
la troisième donne...$3z = 3604 - ſ$.

Or si l'on prend maintenant les valeurs de $6x$, $6y$ et $6z$, et qu'on écrive ces valeurs l'une sous l'autre, on aura

$$6x = 10812 - 6ſ,$$
$$6y = 8109 - 3ſ,$$
$$6z = 7208 - 2ſ,$$

et ajoutant $\qquad 6ſ = 26129 - 11ſ$,
ou $\qquad\qquad 17ſ = 26129$; d'où $ſ = 1537$;

c'est le nombre total des soldats, au moyen duquel on trouve

$$x = 1802 - 1537 = 265\,;$$
$$2y = 2703 - 1537 = 1166,\ \text{d'où } y = 583\,;$$
$$3z = 3604 - 1537 = 2067,\ \text{d'où } z = 689.$$

Réponse. La compagnie des Suisses est de 265 hommes ; celles des Suabes, de 583 hommes, et celle des Saxons, de 689 hommes.

4

CHAPITRE V.

De la résolution des équations pures du second degré.

615. On dit qu'une équation est du second degré, quand elle renferme le quarré ou la seconde puissance de l'inconnue. Une équation qui renfermerait aussi la troisième puissance de l'inconnue, serait du troisième degré, et la résolution exigerait des règles particulières.

616. Il n'y a donc que trois espèces de termes dans une équation du second degré. En premier lieu, les termes où l'inconnue ne se trouve pas du tout, ou qui ne sont composés que de nombres connus.

En second lieu, les termes dans lesquels on rencontre seulement la première puissance de la quantité inconnue.

En troisième lieu, les termes qui contiennent le quarré de la quantité inconnue.

Ainsi x signifiant une quantité inconnue, les lettres a, b, c, d, etc. représentant des nombres connus, les termes de la première espèce seront de la forme a, les termes de la seconde espèce, de la forme bx, et les termes de la troisième espèce, de la forme cxx.

617. On a déjà vu suffisamment que deux ou plusieurs termes d'une même espèce peuvent se réunir ensemble, et être considérés comme un seul terme.

Par exemple, on peut considérer comme un seule terme la formule $axx - bxx + cxx$, en la représentant par $(a - b + c)xx$, puisqu'en effet $a - b + c$ est une somme connue.

Et quand même de tels termes se trouveraient des deux côtés du signe $=$, on a vu qu'on peut les faire passer d'un même côté, et les réduire ensuite à un seul terme. Soit, par exemple, l'équation

$$2xx - 3x + 4 = 5xx - 8x + 11 ;$$

on soustrait d'abord $2xx$, et il vient

$$- 3x + 4 = 3xx - 8x + 11 ;$$

ajoutant ensuite $8x$, on obtient

$$5x + 4 = 3xx + 11 ;$$

soustrayant 11, il reste

$$3xx = 5x - 7.$$

618. On peut aussi transporter tous les termes d'un même côté du signe $=$, de façon qu'il ne reste que o dans l'autre membre; l'essentiel est de faire attention que quand on transporte des termes d'un membre dans l'autre, il faut en changer les signes.

C'est ainsi que l'équation ci-dessus prendrait cette forme,

$$3xx - 5x + 7 = o,$$

et c'est aussi pourquoi on peut représenter généralement toute équation du second degré par cette formule,

$$axx \pm bx \pm c = o,$$

dans laquelle le signe $\pm$ se prononce *plus ou moins*, et indique que de tels termes peuvent être tantôt positifs et tantôt négatifs.

619. Quelle que soit la forme primitive d'une équation du second degré, on peut toujours la réduire à cette formule de trois termes : qu'on soit parvenu, par exemple, à l'équation

$$\frac{ax + b}{cx + d} = \frac{ex + f}{gx + h},$$

il faudra, avant toute chose, chasser les fractions : multipliant pour cet effet d'abord par $cx + d$, on a

$$ax + b = \frac{cexx + cfx + edx + fd}{gx + h};$$

ensuite par $gx + h$, on a

$$agxx + bgx + ahx + bh = cexx + cfx + edx + fd;$$

qui est une équation du second degré, et qu'on réduit aux trois termes suivans, en transposant tout dans un seul membre, et cumulant en un seul les termes qui renferment une même puissance de x :

$$\begin{aligned}
0 = {} & agxx + bgx + bh, \\
& - cexx + ahx - fd, \\
& \qquad - cfx, \\
& \qquad - edx,
\end{aligned}$$

On peut représenter aussi cette équation de la manière suivante qui est même plus claire :

$$0 = (ag - ce)\,xx + (bg + ah - cf - ed)\,x + bh - fd.$$

620. Ces équations du second degré, où toutes les trois espèces de termes se trouvent, se nomment *complètes*, et leur résolution est aussi sujette à plus de difficultés ; c'est pourquoi nous commencerons par considérer le cas où un de ces termes manque.

Or si c'était le terme xx qui ne se trouvât pas dans l'équation, elle ne serait que du premier degré, et nous avons déjà traité ces équations ; que si c'était le terme qui ne contient que des nombres connus, qui manquât, l'équation aurait cette forme

$$axx \pm bx = 0,$$

laquelle étant divisible par x, se réduit à

$$ax \pm b = 0,$$

qui est pareillement du premier degré.

621. Mais lorsque c'est le terme du milieu, ou celui qui contient la première puissance de x, qui manque, l'équation prend cette forme

$$axx \mp c = 0, \text{ ou } axx = \pm c ;$$

le signe de c pouvant être soit positif, soit négatif.

Nous appellerons une telle équation, une équation *pure* du second degré, par la raison que sa résolution ne souffre aucune difficulté. En effet, on n'a qu'à diviser par a, on obtient

$$xx = \frac{c}{a} ;$$

et prenant de part et d'autre la racine quarrée, on trouve

$$x = \sqrt{\frac{c}{a}} ;$$

622. Mais nous avons à présent trois cas à considérer ici : nous supposerons en premier lieu que $\frac{c}{a}$ soit un quarré dont on puisse parconséquent assigner réellement la racine ; on obtient dans ce cas pour la valeur de x un nombre rationnel, lequel peut être ou entier ou rompu. Par exemple, l'équation

$$xx = 144, \text{ donne } x = 12,$$

et celle-ci,

$$xx = \tfrac{9}{16}, \text{ donne } x = \tfrac{3}{4}.$$

Le second cas a lieu, quand $\dfrac{c}{a}$ n'est pas un quarré, et alors on ne peut qu'indiquer la racine : on se sert à cet effet du signe $\sqrt{\ }$. Si, par exemple,

$$xx = 12,, \text{ on a } x = \sqrt{12},$$

dont la valeur peut se déterminer par approximation, comme nous l'avons fait voir plus haut.

Le troisième cas enfin est celui où $\dfrac{c}{a}$ devient un nombre négatif ; alors la valeur de x est tout-à-fait impossible et imaginaire, et ce résultat prouve que la question qui a conduit à une telle équation, est impossible d'elle-même.

623. Nous observerons encore, avant d'aller plus loin, que toutes les fois qu'il est question d'extraire la racine quarrée d'un nombre, cette racine a toujours deux valeurs dont l'une est positive et l'autre négative. Nous avons déjà fait remarquer cela plus haut. Qu'on ait l'équation

$$xx = 49 ;$$

la valeur de x ne sera pas seulement $+7$, mais aussi -7, ce qu'on indique par $x = \pm 7$. Ainsi toutes ces questions admettent une solution double ; mais on remarquera cependant que, dans plusieurs cas, dans ceux, par exemple, où il s'agit d'un certain nombre d'hommes, l'on comprend bien que la valeur négative ne saurait avoir lieu.

624. Dans le cas précédent même, où c'est la quantité connue qui manque, les équations

$$axx = bx,$$

ne laissent pas d'admettre deux valeurs de x, quoiqu'on n'en trouve qu'une seule, si l'on divise par x. Car si l'on a, par exemple, l'équation $xx = 3x$, ensorte qu'il s'agisse d'assigner pour x une valeur telle que xx devienne égal à $3x$, on aura d'abord $x = 3$, valeur qu'on trouve en divisant l'équation par x; mais outre cette valeur, il en est encore une autre qui satisfait également, c'est $x = o$; car alors

$$xx = o, \text{ et } 3x = o.$$

Toutes les équations du second degré en général admettent deux solutions, tandis que les équations du premier n'en admettent qu'une.

Nous allons maintenant éclaircir par quelques exemples ce que nous avons dit sur les équations pures du second degré.

625. *Première question.* On cherche un nombre dont la moitié multipliée par le tiers, fasse 24?

Soit ce nombre $= x$: il faut que $\frac{1}{2} x$ multiplié par $\frac{1}{3} x$, donne 24, on aura donc l'équation

$$\tfrac{1}{6} xx = 24.$$

Multipliant par 6, on a

$$xx = 144;$$

et l'extraction de la racine donne

$$x = \pm 12.$$

On met $\pm$; car si $x = +12$, on a

$$\tfrac{1}{2} x = +6, \text{ et } \tfrac{1}{3} x = +4,$$

et le produit de ces deux nombres est 24; et si

$$\tfrac{1}{2} x = -6, \text{ et } \tfrac{1}{3} x = -4,$$

le produit est encore 24.

626. *Seconde question.* On cherche un nombre tel, qu'en

y ajoutant 5 , et en retranchant 5 , le produit de la somme par la différence soit $= 96$.

Soit ce nombre x : il faudra que $x + 5$, multiplié par $x - 5$, donne 96 ; d'où résulte l'équation

$$xx - 25 = 96.$$

Ajoutant 25, on a

$$xx = 121 ;$$

et extrayant la racine, il vient

$$x = 11.$$

Ainsi $x + 5 = 16$, et $x - 5 = 6$; or en effet

$$6 . 16 = 96.$$

627. *Troisième question.* On cherche un nombre tel, qu'en l'ajoutant à 10, et en le retranchant de 10, la somme multipliée par le reste ou par la différence, donne 51.

Que x soit ce nombre ; il faut que $10 + x$, multiplié par $10 - x$, fasse 51, et qu'ainsi

$$100 - xx = 51.$$

Ajoutant xx, et soustrayant 51 , on a

$$xx = 49 ,$$

dont la racine quarrée donne

$$x = 7.$$

628. *Quatrième question.* Trois joueurs qui ont fait une partie , se retirent ; le premier avec autant de fois 7 écus que le second a de fois trois écus ; et le second avec autant de fois 17 écus que le troisième a de fois 5 écus ; et si on multiplie l'argent du premier par l'argent du second , et l'argent

du second par celui du troisième, et enfin l'argent du troisième par celui du premier, la somme de ces trois produits est $3830\frac{2}{3}$. Combien d'argent ont-ils chacun ?

Supposons que le premier joueur ait x écus; et puisqu'il a autant de fois 7 écus, que le second a de fois 3 écus, cela signifie que son argent est à celui du second, en raison de $7 : 3$.

On fera donc $7 : 3 = x$ est à l'argent du second joueur; qui est donc $\frac{3}{7}x$.

De plus, comme l'argent du second joueur est à celui du troisième en raison de $17 : 5$, on dira $17 : 5 = \frac{3}{7}x$ est à l'argent du troisième joueur, ou à $\frac{15}{119}x$.

Multipliant à présent x, ou l'argent du premier joueur, par $\frac{3}{7}x$, argent du second, on a le produit $\frac{3}{7}xx$.

Après cela, $\frac{3}{7}x$, argent du second, multiplié par l'argent du troisième, ou par $\frac{15}{119}x$, donne $\frac{45}{833}xx$. Enfin l'argent du troisième, ou $\frac{15}{119}x$, multiplié par x, ou l'argent du premier, donne $\frac{15}{119}xx$. La somme de ces trois produits est $\frac{3}{7}xx + \frac{45}{833}xx + \frac{15}{119}xx$; et réduisant au même dénominateur, on la trouve $= \frac{507}{833}xx$, ce qui doit équivaloir au nombre $3830\frac{2}{3}$.

On a donc

$$\frac{507}{833}xx = 3830\frac{2}{3},$$

Ainsi

$$\frac{1521}{833}xx = 11492,$$

et $1521\,xx$ étant égal à 9572836; si l'on divise de part et d'autre par 1521, on a

$$xx = \frac{9572836}{1521};$$

et prenant la racine carrée, on trouve

$$x = \frac{3094}{39}.$$

Cette fraction est encore réductible à de moindres termes, en divisant par 13 ; ainsi

$$x = \frac{238}{3} = 79\tfrac{1}{3};$$

et on conclut de là que

$$\tfrac{3}{7}x = 34, \quad \text{et} \quad \tfrac{17}{119}x = 10.$$

Réponse. Le premier joueur a 79 $\tfrac{1}{3}$ écus, le second en a 34, et le troisième se retire avec 10 écus.

Remarque. Ce calcul peut se faire encore d'une manière plus facile ; savoir en prenant les facteurs des nombres qui s'y présentent, et en faisant attention principalement aux carrés de ces facteurs.

On voit que $507 = 3 . 169$, et que 169 est le quarré de 13; ensuite que $833 = 7 . 119$, et que $119 = 7 . 17$. Or on a

$$\frac{3 . 169}{17 . 49}xx = 3830\tfrac{2}{3},$$

et si on multiplie par 3, on a

$$\frac{9 . 169}{17 . 49}xx = 11492.$$

Qu'on résolve aussi ce nombre en ses facteurs; on voit d'abord que le premier est 4, c'est-à-dire que $11492 = 4 . 2873$, que 2873 est divisible par 17, desorte que $2873 = 17 . 169$. Par-conséquent notre équation aura la forme suivante :

$$\frac{9 . 169}{17 . 49}xx = 4 . 17 . 169,$$

laquelle divisée par 169, se réduit à

$$\frac{9}{17 . 49}xx = 4 . 17;$$

multipliant de plus par $17 . 49$, et divisant par 9, on a

$$xx = \frac{4 . 289 . 49}{9},$$

où

où tous les facteurs sont des quarrés ; d'où il suit qu'on a, sans autre calcul, la racine

$$x = \frac{2 \cdot 17 \cdot 7}{3} = \frac{238}{3},$$

comme ci-devant.

629. *Cinquième question.* Quelques négocians établissent un facteur à Archangel. Chacun d'eux met dans le commerce qu'ils ont en vue, dix fois autant d'écus qu'ils sont d'associés. Le produit du facteur est fixé à deux fois autant d'écus qu'il y a d'associés pour 100 écus. Et si l'on multiplie la $\frac{1}{100}$ partie de son gain total par $2\frac{1}{9}$, on trouve le nombre des associés. On demande quel est ce nombre ?

Soit ce nombre $= x$; et puisque chaque associé a fourni $10x$, le capital entier est $= 10xx$. Or avec chaque centaine d'écus, le facteur gagne $2x$, son profit sera donc $\frac{1}{5}x^3$ avec le capital $10xx$. La $\frac{1}{100}$ partie de ce gain est $\frac{1}{500}x^3$; multipliant par $2\frac{2}{9}$, ou par $\frac{20}{9}$, on a $\frac{20}{4500}x^3$, ou $\frac{1}{225}x^3$, et c'est ce qui doit être égal au nombre des associés x.

On a donc l'équation

$$\tfrac{1}{225}x^3 = x, \text{ ou } x^3 = 225x:$$

elle paraît d'abord être du troisième degré ; mais comme on peut diviser par x, elle se réduit à l'équation du second degré

$$xx = 225, \text{ d'où } x = 15.$$

Réponse. Il y a quinze associés, et la contribution de chacun est de 150 écus.

CHAPITRE IV.

De la résolution des équations mixtes du second degré.

630. On dit d'une équation du second degré, qu'elle est *mixte* ou complète, lorsqu'on y rencontre trois espèces de termes, savoir celui qui contient le quarré de la quantité inconnue, comme axx : celui où l'inconnue se trouve seulement élevée à la première puissance, comme bx ; enfin un terme tout connu. Et puisqu'on peut réunir deux ou plusieurs termes d'une même espèce en un seul, et qu'on peut porter tous les termes d'un même côté du signe $=$, la forme de l'équation mixte du second degré sera celle-ci :

$$axx \pm bx \pm c = 0.$$

Nous montrerons dans ce Chapitre comment on doit tirer la valeur de x de ces sortes d'équations ; on verra qu'il y a deux routes pour y parvenir.

631. Une équation de l'espèce dont il s'agit, peut se réduire, par le moyen de la division, à une forme telle que le premier terme ne contienne purement que le quarré xx de l'inconnue x. On laissera le second terme du même côté où est x, et on portera le terme connu de l'autre côté du signe $=$. Notre équation prendra de cette manière la forme

$$xx \pm px = \mp q,$$

où p et q signifient des nombres connus quelconques, positifs ou négatifs ; et tout se réduit à présent à déterminer la vraie valeur de x. Nous commencerons par remarquer que si $xx + px$

était un quarré effectif, la résolution n'aurait aucune difficulté, parcequ'il ne s'agirait que de prendre des deux côtés la racine quarrée.

632. Mais il est clair que $xx + px$ ne saurait être un quarré, puisque nous avons vu plus haut que si une racine est de deux termes, par exemple $x + n$, son quarré contient toujours trois termes, savoir, outre le quarré de chaque partie, encore le double du produit des deux parties; c'est-à-dire, que le quarré de $x + n$ est $xx + 2nx + nn$. Or nous avons déjà d'un côté $xx + px$, nous pouvons donc regarder xx comme le quarré de la première partie de la racine, et il faut en ce cas que px représente le double du produit de la première partie x de la racine par la seconde partie ; parconséquent cette seconde partie doit être $\frac{1}{2}p$, et en effet le quarré de $x + \frac{1}{2}p$ se trouve etre $xx + px + \frac{1}{4}pp$.

633. Or $xx + px + \frac{1}{4}pp$ étant un quarré complet qui a pour racine $x + \frac{1}{2}p$, si nous représentons notre équation par

$$xx + px = q,$$

nous n'avons qu'à ajouter de part et d'autre $\frac{1}{4}pp$, ce qui nous donne

$$xx + px + \frac{1}{4}pp = q + \frac{1}{4}pp,$$

dont le premier membre est effectivement un quarré, tandis que le second ne renferme que des quantités connues. Si donc nous prenons des deux côtés la racine quarrée, nous trouverons

$$x + \frac{1}{2}p = \sqrt{(\frac{1}{4}pp + q)} ;$$

et soustrayant $\frac{1}{2}p$, nous obtenons

$$x = -\frac{1}{2}p + \sqrt{\frac{1}{4}pp + q} ;$$

et comme toute racine quarrée peut être prise soit affirmativement, soit négativement, nous aurons pour x deux valeurs exprimées de cette manière ;

$$x = -\tfrac{1}{2}p \pm \sqrt{\tfrac{1}{4}pp + q}.$$

634. Telle est la formule qui contient la règle d'après laquelle toutes les équations du second degré peuvent être résolues, et il sera bon d'en imprimer la substance dans la mémoire, afin qu'on n'ait pas besoin de répéter à chaque fois toute l'opération que nous venons de faire. On pourra toujours ordonner l'équation de façon que le quarré de xx se trouve seul d'un côté, et qu'ainsi l'équation ci-dessus ait la forme

$$xx = -px + q,$$

où l'on voit alors sur-le-champ que

$$x = -\tfrac{1}{2}p \pm \sqrt{\tfrac{1}{4}pp + q}.$$

635. La règle générale que nous déduisons de là pour résoudre l'équation

$$xx = -px + q,$$

consiste donc en ceci :

Que la quantité inconnue x est égale à la moitié du nombre qui multiplie x dans l'autre membre de l'équation, *plus* ou *moins* la racine quarrée du quarré du nombre que l'on vient de dire, ajouté à la quantité connue qui forme le troisième terme de l'équation.

C'est ainsi que si on avait l'équation

$$xx = 6x + 7,$$

on dirait aussitôt que

$$x = 3 \pm \sqrt{9 + 7} = 3 \pm 4,$$

d'où résultent ces deux valeurs de x,

$$1^{\circ}. \ x = 7; \qquad 2^{\circ}. \ x = -1.$$

Pareillement l'équation

$$xx = 10x - 9$$

donnerait

$$x = 5 \pm \sqrt{25 - 9} = 5 \pm 4,$$

c'est-à-dire que les deux valeurs de x sont 9 et 1.

636. On se mettra encore mieux au fait de cette règle en distinguant les cas suivans, 1°. p nombre pair ; 2°. p nombre impair, et 3°. p nombre rompu.

Soit 1°. p un nombre pair, et l'équation telle que

$$xx = 2px + q,$$

on aura

$$x = p \pm \sqrt{pp + q}.$$

Soit 2°. p un nombre impair, et l'équation

$$xx = px + q,$$

on aura

$$x = \tfrac{1}{2}p \pm \sqrt{\tfrac{1}{4}pp + q};$$

et puisque

$$\tfrac{1}{4}pp + q = \frac{pp + 4q}{4},$$

on pourra extraire la racine quarrée de ce dénominateur, et écrire

$$x = \tfrac{1}{2}p \pm \frac{\sqrt{pp + 4q}}{2} = \frac{p \pm \sqrt{pp + 4q}}{2}.$$

Enfin 3°. Soit p une fraction, on pourra résoudre l'équation de la manière qui suit : que l'équation en question soit celle-ci,

$$axx = bx + c, \text{ ou } xx = \frac{bx}{a} + \frac{c}{a},$$

on aura, par la règle,

$$x = \frac{b}{2a} \pm \sqrt{\frac{bb}{4aa} + \frac{c}{a}}.$$

Or

$$= \frac{b}{2a} \pm \sqrt{\frac{bb + 4ac}{4aa}}.$$

où le dénominateur est un quarré ; ainsi

$$x = \frac{b \pm \sqrt{bb + 4ac}}{2a}.$$

637. L'autre voie qui conduit à la résolution des équations du second degré, mixtes, est de les transformer en des équations pures. Cela se fait en substituant, par exemple, dans l'équation

$$xx = px + q,$$

à la place de l'inconnue x, une autre inconnue y, telle que

$$x = y + \tfrac{1}{2}p ;$$

au moyen de quoi, lorsqu'on a déterminé y, on trouve aussitôt la valeur de x.

Si nous faisons cette substitution de $y + \frac{1}{2}p$ à la place de x, nous avons

$$xx = yy + py + \tfrac{1}{4}pp, \quad \text{et} \quad px = py + \tfrac{1}{2}pp ;$$

parconséquent notre équation se change en celle-ci :

$$yy + py + \tfrac{1}{4}pp = py + \tfrac{1}{2}pp + q,$$

qui se réduit, en soustrayant py, d'abord à

$$yy + \tfrac{1}{4}pp = \tfrac{1}{2}pp + q ;$$

et ensuite, en soustrayant $\tfrac{1}{4}pp$, à

$$yy = \tfrac{1}{4}pp + q.$$

Celle-ci est une équation du second degré pure, de laquelle on déduit immédiatement

$$y = \pm \sqrt{\tfrac{1}{4}pp + q}.$$

Or puisque

$$x = y + \tfrac{1}{2}p,$$

on a

$$x = \tfrac{1}{2}p \pm \sqrt{\tfrac{1}{4}pp + q},$$

ainsi que nous l'avons trouvé ci-dessus. Il ne nous reste donc qu'à éclaircir cette règle par quelques exemples.

638. *Première question.* J'ai deux nombres; l'un surpasse l'autre de 6, et leur produit est 91. Quels sont ces nombres?

Si le plus petit est x, l'autre est $x + 6$, et leur produit

$$91 = xx + 6x.$$

Soustrayant $6x$, il reste

$$xx = 91 - 6x,$$

et la règle donne

$$x = -3 \pm \sqrt{9 + 91} = -3 \pm 10\,;$$

ainsi

$$x = 7, \text{ et } x = -13.$$

Réponse. La question admet deux solutions :

Suivant l'une, le plus petit nombre x est $= 7$, et le plus grand $x + 6 = 13$.

Suivant l'autre, le plus petit nombre $x = -13$, et le plus grand $x + 6 = -7$.

639. *Seconde question.* Trouver un nombre tel que si de son quarré on retranche 9, on obtienne un nombre qui soit d'autant d'unités au-dessus de 100, que le nombre cherché est au-dessous de 23.

Soit le nombre cherché $= x$; je vois que $xx - 9$ surpasse

4

100 de $xx - 109$. Et puisque x est au-dessous de $23 - x$, j'aurai cette équation :

$$xx - 109 = 23 - x.$$

Donc

$$xx = -x + 132,$$

et par la règle

$$x = -\tfrac{1}{2} \pm \sqrt{\tfrac{1}{4} + 132}, \; = -\tfrac{1}{2} \pm \sqrt{\tfrac{529}{4}} = -\tfrac{1}{2} \pm \tfrac{23}{2}.$$

Ainsi

$$x = 11 \text{ et } x = -12.$$

Réponse. Lorsqu'on ne demande qu'un nombre positif, ce nombre cherché est 11, dont le quarré moins 9 est 112, et parconséquent de 12 plus grand que 100, de même que 11 est de 12 plus petit que 23.

640. *Troisième question.* Trouver un nombre tel que si on multiplie sa moitié par son tiers, et qu'au produit on ajoute la moitié du nombre qu'on cherche, le résultat soit 30.

Qu'on suppose ce nombre $= x$, sa moitié multipliée par son tiers, fera $\tfrac{1}{6}xx$; il faut donc que

$$\tfrac{1}{6}xx + \tfrac{1}{2}x = 30.$$

Multipliant par 6, on a

$$xx + 3x = 180,$$

ou

$$xx = -3x + 180.$$

ce qui donne

$$x = -\tfrac{3}{2} \pm \sqrt{\tfrac{9}{4} + 180} = -\tfrac{3}{2} \pm \tfrac{27}{2},$$

Parconséquent x est ou $= 12$, ou égal -15.

641. *Quatrième question.* Trouver deux nombres qui soient en proportion double, et tels que si on ajoute leur somme à leur produit, on obtienne 90.

Soit l'un des nombres $= x$, le plus grand sera $= 2x$, leur produit sera $= 2xx$, et si on y ajoute $3x$ ou leur somme, la nouvelle somme doit faire 90. Ainsi

$$2xx + 3x = 90; \quad 2xx = 90 - 3x; \quad xx = -\tfrac{3}{2}x + 45,$$

d'où l'on tire

$$x = -\tfrac{3}{4} \pm \sqrt{\tfrac{9}{16} + 45} = -\tfrac{3}{4} \pm \tfrac{27}{4}.$$

Parconséquent

$$x = 6, \text{ ou } x = -7\tfrac{1}{2}.$$

642. *Cinquième question.* Un maquignon qui a acheté un cheval pour certain nombre d'écus, le revend pour 119 écus, et il gagne autant pour cent écus, que le cheval lui a coûté. On demande ce qu'il en avait payé ?

Supposons que le cheval ait coûté x écus ; comme le maquignon y gagne x pour cent, on dira : si 100 donnent le profit x : que donne x ? *Réponse*, $\dfrac{xx}{100}$. Puis donc qu'il a gagné $\dfrac{xx}{100}$ et que le cheval lui coûte x écus d'achat, il faut qu'il l'ait vendu pour $x + \dfrac{xx}{100}$; donc

$$x + \frac{xx}{100} = 119.$$

Soustrayant x, on a

$$\frac{xx}{100} = -x + 119;$$

et multipliant par 100, il vient

$$xx = -100x + 11900.$$

Appliquant maintenant la règle, on trouve

$$x = -50 \pm \sqrt{2500 + 11900} = -50 \pm \sqrt{14400} = -50 \pm 120.$$

Réponse. Le cheval a coûté 70 écus, et puisque le maquignon a gagné 70 pour cent en le revendant, le profit doit avoir été de 49 écus. Le cheval doit, parconséquent, avoir été revendu en effet pour $70 + 49$, c'est-à-dire pour 119 écus.

643. *Sixième question.* Quelqu'un achète un certain nombre de pièces de drap; il paie pour la première 2 écus; pour la seconde, 4 écus; pour la troisième, 6 écus, et de même toujours 2 écus de plus pour les suivantes; et toutes les pièces ensemble lui coûtent 110 écus. Combien y avait-il de pièces?

Soit le nombre cherché $= x$; et

$$\text{pour la } 1^{\text{ère}}, \quad 2^{\text{ème}}, \quad 3^{\text{ème}}, \quad 4^{\text{ème}}, \quad 5^{\text{ème}}, \ldots x^{\text{ème}},$$
$$\text{il paie } 2, \quad 4, \quad 6, \quad 8 \quad 10, \ldots 2x \text{ écus.}$$

Il s'agit parconséquent de sommer la progression arithmétique $2 + 4 + 6 + 8 + 10 + \ldots 2x$, qui est de x termes, afin d'en déduire le prix de toutes les pièces de drap prises ensemble. La règle que nous avons donnée plus haut pour cette opération, exige qu'on ajoute le dernier terme et le premier. La somme est $2x + 2$; qu'on multiplie cette somme par le nombre des termes x, le produit est $2xx + 2x$; qu'on divise enfin par la différence 2, le quotient est $xx + x$, c'est la somme de la progression; ainsi l'on a

$$xx + x = 110; \text{ donc } xx = -x + 110,$$

et

$$x = -\tfrac{1}{2} + \sqrt{\tfrac{1}{4} + 110} = -\tfrac{1}{2} + \sqrt{\tfrac{441}{4}} = -\tfrac{1}{2} + \tfrac{21}{2} = 10.$$

Réponse. Le nombre des pièces de drap achetées, est 10.

644. *Septième question.* Quelqu'un a acheté plusieurs pièces de drap pour 180 écus. S'il avoit reçu pour la même somme 3 pièces de plus, il aurait eu la pièce à meilleur marché de 3 écus. Combien a-t-il acheté de pièces?

Faisons le nombre cherché $= x$, chaque pièce aura

coûté réellement $\frac{180}{x}$ écus. Or si l'acheteur avait eu $x+3$ pièces pour 180 écus, la pièce lui serait revenue à $\frac{180}{x+3}$ écus ; et puisque ce prix est moindre de 3 écus que le prix réel, il faut que nous ayons l'équation

$$\frac{180}{x+3} = \frac{180}{x} - 3.$$

Multipliant par x, nous avons

$$\frac{180x}{x+3} = 180 - 3x ;$$

divisant par 3, l'on a

$$\frac{60x}{x+3} = 60 - x ;$$

multipliant par $x+3$,

$$60x = 180 + 57x - xx ;$$

ajoutant xx,

$$xx + 60x = 180 + 57x ;$$

soustrayant $60x$,

$$xx = -3x + 180.$$

La règle donne parconséquent

$$x = -\tfrac{3}{2} + \sqrt{\tfrac{9}{4} + 180}, \text{ ou } x = -\tfrac{3}{2} + \tfrac{27}{2} = 12.$$

Réponse. On a acheté pour 180 écus 12 pièces de drap à 15 écus la pièce, et si on eût obtenu 3 pièces de plus, savoir 15 pièces pour 180 écus, la pièce ne serait revenue qu'à 12 écus, c'est-à-dire, à 3 écus de moins.

645. *Huitième question.* Deux marchands entrent en société avec un fonds de 100 écus ; l'un d'eux laisse son argent dans la société pendant trois mois, l'autre laisse le sien pendant deux mois, et chacun retire 99 écus de capital et d'inté ets. On demande quelle part chacun avait fournie au fonds ?

Supposons que le premier Associé ait mis x écus, l'autre aura contribué de $100 - x$. Or celui-là retirant 99 écus, son profit est $99 - x$, qu'il aura acquis en trois mois avec le capital x ; et puisque le second retire pareillement 99 écus, son profit est $x - 2$, qu'il aura acquis en deux mois de temps avec le capital $100 - x$; et il est clair que le profit de ce second Associé eût été $\dfrac{3x - 3}{2}$, s'il était resté trois mois dans la société. Maintenant comme les profits acquis dans le même temps sont proportionnels aux capitaux, nous avons évidemment

$$ x : 99 - x = 100 - x : \frac{3x - 3}{2}. $$

L'égalité du produit des extrêmes et de celui des moyens, donne l'équation.

$$ \frac{3xx - 3x}{2} = 9900 - 199x + xx ; $$

multipliant par 2, nous aurons

$$ 3xx - 3x = 19800 - 398x + 2xx ; $$

soustrayant $2xx$,

$$ xx - 3x = 19800 - 398x ; $$

ajoutant $3x$,

$$ xx = 19800 - 395x. $$

Donc par la règle

$$x = -\frac{395}{2} + \sqrt{\frac{156025}{4} + \frac{79200}{4}} = -\frac{395}{2} + \frac{485}{2} = \frac{90}{2} = 45.$$

Réponse. Le premier a mis 45 écus, et l'autre 65 écus. Le premier ayant gagné en trois mois 54 écus, aurait gagné en un mois 18 écus; et le second ayant gagné en deux mois 44 écus, aurait gagné en un mois 22 écus : or ces deux profits s'accordent; car, si avec 45 écus on gagne 18 écus dans un mois de temps, on gagnera dans le même temps 22 écus avec 55 écus.

646. *Neuvième question.* Deux Paysannes portent ensemble 100 œufs au marché; l'une en porte plus que l'autre, et cependant le produit est le même pour l'une et pour l'autre. La première dit à la seconde : Si j'avais eu tes œufs, j'aurais retiré 15 sous. L'autre lui répond : Si j'avais eu les tiens, j'aurais retiré 6 $\frac{2}{3}$ sous. Combien d'œufs chacune a-t-elle portés au marché?

Que la première ait eu x œufs, la seconde en aura eu $100 - x$.

Puis donc que celle-là eût vendu $100 - x$ œufs pour 15 sous, on fera la règle de trois suivante :

$$100 - x : 15 = x : \frac{15x}{100 - x} \text{ sous.}$$

De même puisque la seconde eût vendu x œufs pour $6\frac{2}{3}$ sous, on trouvera combien $100 - x$ œufs lui eussent rendu, en disant

$$x : \frac{20}{3} = 100 - x : \frac{2000 - 20x}{3x}.$$

Or les deux Paysannes ont retiré autant d'argent l'une que l'autre ; nous avons parconséquent l'équation,

$$\frac{15x}{100 - x} = \frac{2000 - 20x}{3x},$$

qui se réduit à celle-ci,

$$25xx = 200000 - 4000x ;$$

et enfin à celle–ci,

$$xx = -160x + 8000 ;$$

d'où l'on tire

$$x = -80 + \sqrt{6400 + 8000} = -80 + 120 = 40.$$

Réponse. La première Paysanne avait 40 œufs , la seconde en avait 60 , et chacune a retiré 10 sous.

647. *Dixième question.* **Deux Marchands vendent chacun d'une certaine étoffe ; le second en vend 3 aunes de plus que le premier, et ils tirent ensemble 35 écus. Le premier dit au second : J'aurais retiré de votre étoffe 24 écus ; l'autre répond, et moi j'aurais retiré de la vôtre 12 écus et demi. Combien d'aunes avaient-ils chacun ?**

Supposons que le premier ait eu x aunes ; le second aura eu $x + 3$ aunes. Or puisque le premier eût vendu $x + 3$ aunes pour 24 écus, il faut qu'il ait retiré $\dfrac{24x}{x+3}$ écus de ses x aunes. Et quant au second, puisqu'il eût débité x aunes pour 12 – écus, il faut qu'il ait vendu ses $x + 3$ aunes pour $\dfrac{25x + 75}{2x}$; ainsi la somme totale qu'ils ont retirée, est

$$\frac{24x}{x+3} + \frac{25x + 75}{2x} = 35$$

écus. Cette équation se réduit à

$$xx = 20x - 75, \quad \text{d'où } x = 10 \pm \sqrt{100 - 75} = 10 \pm 5.$$

Réponse. La question a deux solutions : suivant la première, le premier Marchand avait 15 aunes, et le second en avait 18 ;

et puisque celui-là eût vendu 18 aunes pour 24 écus , il aura vendu ses 15 aunes pour 20 écus ; le second , qui eût vendu 15 aunes pour 12 écus et demi , aura vendu ses 18 aunes 15 écus ; donc en effet ils ont tiré 35 écus de leur marchandise.

Suivant la seconde solution , le premier Marchand avait 5 aunes , et l'autre 8 aunes ; ainsi , puisque le premier eût debité 8 aunes pour 24 écus , il aura retiré 15 écus de ses 5 aunes ; et puisque le second eût vendu 5 aunes pour 12 écus et demi , ses 18 aunes lui auront rendu 20 écus. La somme est encore 35 écus.

CHAPITRE VII.

De l'extraction des Racines des nombres polygones.

648. Nous avons fait voir plus haut comment on doit déterminer les nombres polygones ; or ce que nous avons nommé alors *un côté*, s'appelle aussi *une racine*. Si donc on indique la racine par x, on trouvera ce qui suit pour tous les nombres polygones :

le III   gone, ou le triangle, est $\dfrac{xx + x}{2}$,

le IV   gone, ou le quarré, xx,

le V   gone................... $\dfrac{3xx - x}{2}$,

le VI   gone................... $2xx - x$,

le VII   gone................... $\dfrac{5xx - 3x}{2}$,

le VIII   gone................... $3xx - 2x$,

le IX   gone................... $\dfrac{7xx - 5x}{2}$,

le X   gone................... $4xx - 3x$,

le m gone................... $\dfrac{(m-2)xx - (m-4)x}{2}$.

649. Nous avons montré qu'il est facile, par le moyen de ces formules, de trouver, pour une racine donnée quelconque,

conque, un nombre polygone cherché. Mais lorsqu'il s'agit de trouver réciproquement le côté, ou la racine d'un polygone dont on connaît le nombre des côtés, l'opération est plus difficile et demande toujours la résolution d'une équation du second degré. Cela fait que cet article mérite d'être traité ici séparément. Nous le ferons par ordre, en commençant par les nombres triangulaires, et passant de là à ceux d'un plus grand nombre d'angles.

650. Soit donc 91 le nombre triangulaire donné, et duquel on cherche le côté ou la racine.

Si nous faisons cette racine $= x$, il faut qu'on ait

$$\frac{xx + x}{2} = 91 \; ; \; \text{ou} \; xx + x = 182, \; \text{et} \; xx = -x + 182,$$

et parconséquent que

$$x = -\tfrac{1}{2} + \sqrt{\tfrac{1}{4} + 182} = -\tfrac{1}{2} + \sqrt{\tfrac{729}{4}} = -\tfrac{1}{2} + \tfrac{27}{2} = 13.$$

Nous en concluons que la racine trigonale cherchée est 13 ; car le triangle de 13 est 91.

651. Mais soit en général a le nombre trigonal donné, et qu'on en cherche la racine.

Si on la fait $= x$, on a

$$\frac{xx + x}{2} = a, \; \text{ou} \; xx + x = 2a;$$

donc

$$xx = -x + 2a,$$

et par la règle,

$$x = -\tfrac{1}{2} + \sqrt{\tfrac{1}{4} + 2a}, \; \text{ou} \; x = \frac{-1 + \sqrt{8a + 1}}{2}.$$

Ce résultat donne la règle qui suit : pour trouver une racine trigonale, il faut multiplier par 8 le nombre trigonal donné,

Y

ajouter 1 au produit, extraire la racine de la somme, soustraire 1 de cette racine, et diviser enfin le reste par 2.

652. On voit par là que tous les nombres trigonaux jouissent de cette propriété, que si on les multiplie par 8, et qu'on ajoute l'unité au produit, la somme est toujours un quarré : la petite table qui suit en donne quelques exemples.

Triangles : 1, 3, 6, 10, 15, 21, 28, 36, 45, 55, etc.

8 fois + 1 : 9, 25, 49, 81, 121, 169, 225, 289, 361, 441, etc.

On remarquera que si le nombre donné a ne satisfait pas à cette condition, c'est signe que ce n'est pas un nombre trigonal réel, ou qu'on ne peut en indiquer une racine rationnelle.

653. Qu'on cherche, suivant cette règle, la racine trigonale de 210, on aura $a = 210$, et $8a + 1 = 1681$ dont la racine quarrée est 41 ; d'où l'on voit que le nombre 210 est réellement triangulaire, et que sa racine est $= \dfrac{41 - 1}{2} = 20$. Mais si on donnait pour trigonal le nombre 4, et qu'on proposât d'en assigner la racine, elle se trouverait $= \dfrac{\sqrt{33}}{2} - \frac{1}{2}$, et parconséquent irrationnelle ; cependant on trouve réellement le triangle de cette racine $\dfrac{\sqrt{33}}{2} - \frac{1}{2}$, de la manière qui suit :

Puisque

$$x = \frac{\sqrt{33} - 1}{2}, \text{ on a } xx = \frac{17 - \sqrt{33}}{2},$$

et en ajoutant x, la somme est

$$xx + x = \frac{16}{2} = 8,$$

et parconséquent le triangle, ou le nombre trigonal

$$\frac{xx + x}{2} = 4.$$

654. Les nombres tétragones étant les mêmes que les quarrés, ne peuvent faire aucune difficulté. Car supposons le nombre tétragone donné $= a$, et sa racine cherchée $= x$, nous aurons

$$xx = a, \text{ d'où } x = \sqrt{a} ;$$

de sorte que la racine quarrée et la racine tétragone sont la même chose.

655. Passons donc aux nombres pentagones.

Soit 22 un nombre de cette espèce, et x sa racine ; il faudra que

$$\frac{3xx - x}{2} = 22, \text{ ou } 3xx - x = 44, \text{ ou } xx = \tfrac{1}{3}x + \tfrac{44}{3}.$$

On tire de là

$$x = \tfrac{1}{6} + \sqrt{\tfrac{1}{36} + \tfrac{44}{3}}, \text{ ou } x = \frac{1 + \sqrt{529}}{6} = \tfrac{1}{6} + \tfrac{23}{6} = 4.$$

Donc 4 est la racine pentagone du nombre 22.

656. Qu'on propose maintenant la question : étant donné le pentagone a, trouver sa racine.

Soit cette racine $= x$, on aura l'équation

$$\frac{3xx - x}{2} = a, \text{ ou } 3xx - x = 2a, \text{ ou } xx = \tfrac{1}{3}x + \tfrac{2a}{3} ;$$

d'où l'on déduit

$$x = \tfrac{1}{6} + \sqrt{\tfrac{1}{36} + \tfrac{2a}{3}}, \text{ ou } x = \frac{1 = \sqrt{24a + 1}}{6}.$$

Lors donc que a est un pentagone effectif, il faut que $24a + 1$ soit un quarré.

Que 330 soit, par exemple, le pentagone donné, la racine sera

$$x = \frac{1 + \sqrt{7921}}{6} = \frac{1 + 89}{6} = 15.$$

657. Soit à présent a un nombre hexagone donné, et qu'on en cherche la racine.

Si on la suppose $= x$, on aura

$$2xx - x = a, \quad \text{ou } xx = \tfrac{1}{2} x + \tfrac{1}{2} a ;$$

d'où l'on tire

$$x = \tfrac{1}{4} + \sqrt{\tfrac{1}{16} + \tfrac{1}{2} a} = \frac{1 + \sqrt{8a + 1}}{4}.$$

Ainsi pour que a soit réellement un hexagone, il faut que $8a + 1$ devienne un quarré ; d'où l'on voit que tous les nombres hexagones sont compris dans les trigonaux ; mais il n'en est pas de même des racines.

Soit, par exemple, le nombre hexagone 1225 : sa racine sera

$$x = 1 + \sqrt{9801} = \frac{1 + 99}{4} = 25.$$

658. Supposons a un nombre heptagone duquel il soit question de trouver le côté ou la racine.

Soit cette racine $= x$: on aura

$$\frac{5xx - 3x}{2} = a, \quad \text{ou } xx = \tfrac{3}{5} x + \tfrac{2}{5} a,$$

ce qui donne

$$x = \tfrac{3}{10} + \sqrt{\tfrac{9}{100} + \tfrac{2}{5} a} = \frac{3 + \sqrt{40a + 9}}{10}.$$

Tous les nombres heptagones ont parconséquent la propriété

que si on les multiplie par 40 et qu'on ajoute 9 au produit, la somme est toujours un quarré.

Soit, par exemple, le heptagone 2059 ; on trouvera sa racine

$$x = \frac{3 + \sqrt{82369}}{10} = \frac{3 + 287}{10} = 29.$$

659. Qu'on entende par a un nombre octogone duquel on veuille trouver la racine x.

On aura

$$3xx - 2x = a; \ \text{ou} \ xx = \tfrac{2}{3}x + \tfrac{1}{3}a,$$

d'où résulte

$$x = \tfrac{1}{3} + \sqrt{\tfrac{1}{9} + \tfrac{1}{3}a} = \frac{1 + \sqrt{3a + 1}}{3}.$$

Tous les nombres octogones sont tels, par conséquent, que si on les multiplie par 3, et qu'on ajoute l'unité au produit, la somme est constamment un quarré.

Soit, par exemple, 3816 ou octogone ; sa racine sera

$$x = \frac{1 + \sqrt{11449}}{3} = \frac{1 + 107}{3} = 36.$$

660. Soit enfin a un nombre m gone donné dont il s'agisse de déterminer la racine ; on aura cette équation

$$\frac{(m-2)\,xx - (m-4)\,x}{2} = a, \ \text{ou} \ (m-2)\,xx - (m-4)\,x = 2a,$$

par conséquent

$$xx = \frac{(m-4)\,x}{m-2} + \frac{2a}{m-2};$$

on en tire

$$x = \frac{m-4}{2(m-2)} + \sqrt{\frac{(m-4)^2}{4(m-2)^2} + \frac{2a}{m-2}}$$

ou

$$x = \frac{m-4}{2(m-2)} + \sqrt{\frac{(m-4)^2}{4(m-2)^2} + \frac{8(m-2)a}{4(m-2)^2}},$$

ou

$$x = \frac{m-4+\sqrt{8(m-2)a+(m-4)^2}}{2(m-2)}.$$

Cette formule renferme une règle générale pour trouver toutes les racines polygones possibles de nombres donnés.

Par exemple, soit donné le nombre XXIV gone 3009 ; puisque a est ici $= 3009$ et $m = 24$, on a $m - 2 = 22$ et $m - 4 = 20$; donc la racine

$$x = \frac{20+\sqrt{529584+400}}{44} = \frac{20+728}{44} = 17.$$

CHAPITRE VIII.

De l'extraction des Racines quarrées des Binomes.

661. Nous considérerons des *binomes* composés de deux parties qui soient l'une et l'autre affectées du signe de la racine quarrée, ou dont l'une au moins renferme ce signe. Tels sont, par exemple, $3 + \sqrt{5}$, $\sqrt{8} + \sqrt{3}$, $3 - \sqrt{5}$, etc.

662. La principale raison pour laquelle ces binomes méritent attention, c'est que, dans la résolution des équations du second degré, c'est toujours à des quantités de cette forme qu'on parvient, lorsque la résolution ne peut se faire. Par exemple, l'équation

$$xx = 6x - 4 \text{ donne } x = 3 + \sqrt{5}.$$

On sent bien, parconséquent, que ces formules doivent se présenter fréquemment dans les calculs algébriques ; aussi avons-nous eu soin plus haut de faire voir comment on doit les traiter dans les opérations ordinaires de l'Addition, de la Soustraction, de la Multiplication et de la Division ; mais ce n'est qu'à présent que nous sommes en état de montrer comment on doit en extraire les racines quarrées, c'est-à-dire, autant que cette extraction est possible ; car, quand elle ne l'est pas, on se contente de donner un nouveau signe radical à la quantité. La racine quarrée de $3 + \sqrt{2}$ est $\sqrt{3 + \sqrt{2}}$.

663. Il faut observer d'abord que les quarrés de tels binomes sont aussi des binomes pareils, dans lesquels même un des termes est toujours rationnel.

4

Car qu'on prenne le quarré de $a + \sqrt{b}$, on trouvera $(aa + b) + 2a\sqrt{b}$. Si donc il s'agissoit réciproquement de prendre la racine de la formule $(aa + b) + 2a\sqrt{b}$, on la trouverait $= a + \sqrt{b}$, et il est, sans contredit, bien plus facile de s'en faire une idée de cette manière, que si on avait simplement mis encore le signe $\sqrt{}$ devant cette formule. De même, si on prend le quarré de $\sqrt{a} + \sqrt{b}$, on trouve $(a+b) + 2\sqrt{ab}$; donc réciproquement la racine quarrée de $(a + b) + 2\sqrt{ab}$ sera $\sqrt{a} + \sqrt{b}$, laquelle sera pareillement plus facile à saisir, que si on se contentait de mettre le signe $\sqrt{}$ devant la quantité.

664. Il s'agit donc principalement de déterminer un caractère qui puisse faire reconnaître dans tous les cas, si une telle racine quarrée a lieu ou non. Nous commencerons, dans ce dessein, par une formule facile, en cherchant si on peut assigner, dans le sens que nous avons dit, la racine quarrée du binome $5 + 2\sqrt{6}$.

Supposons donc que cette racine soit $\sqrt{x} + \sqrt{y}$; le quarré en est $(x + y) + 2\sqrt{xy}$, et il doit être égal à la formule $5 + 2\sqrt{6}$. Parconséquent la partie rationnelle $x + y$ doit être égale à 5, et la partie irrationnelle $2\sqrt{xy}$ doit être égale à $2\sqrt{6}$. Cette dernière égalité donne

$$\sqrt{xy} = \sqrt{6}, \text{ et } xy = 6.$$

Or puisque

$$x + y = 5, \text{ on a } y = 5 - x,$$

et cette valeur substituée dans l'équation

$$xy = 6,$$

produira

$$5x - xx = 6, \text{ ou } xx = 5x - 6.$$

Donc

$$x = \tfrac{5}{2} + \sqrt{\tfrac{25}{4} - \tfrac{24}{4}} = \tfrac{5}{2} + \tfrac{1}{2} = 3.$$

Ainsi $x = 3$ et $y = 2$: d'où nous concluons que la racine quarrée de $5 + 2\sqrt{6}$ est $\sqrt{3} + \sqrt{2}$.

665. Comme nous avons trouvé ici les deux équations,

$$1^{\circ}.\ x + y = 5 \ ; \quad 2^{\circ}.\ xy = 6 \ ;$$

nous allons indiquer une voie particulière pour en tirer les valeurs de x et de y.

Puisque

$$x + y = 5,$$

qu'on prenne les quarrés

$$xx + 2xy + yy = 25 \ ;$$

faisant attention maintenant que $xx - 2xy + yy$ est le quarré de $x - y$, qu'on soustraie de

$$xx + 2xy + yy = 25$$

l'équation $xy = 6$ prise quatre fois, ou

$$4xy = 24,$$

afin d'avoir

$$xx - 2xy + yy = 1 \ ;$$

car prenant à présent les racines, on a

$$x - y = 1 \ ; \ \text{d'ailleurs } x + y = 5,$$

donc

$$x = 3 \ \text{ et } y = 2.$$

Donc la racine quarrée de $5 + 2\sqrt{6}$ est $\sqrt{3} + \sqrt{2}$.

666. Considérons le binome général $a + \sqrt{b}$, et supposons sa racine quarrée $= \sqrt{x} + \sqrt{y}$, nous aurons l'équation

$$(x + y) + 2\sqrt{xy} = a + \sqrt{b} \ ;$$

ainsi

$$x + y = a, \ \text{et } 2\sqrt{xy} = \sqrt{b}, \ \text{ou } 4xy = b \ ;$$

soustrayant ce quarré du quarré de l'équation

$$x + y = a, \ \text{ou de } xx + 2xy + yy = aa :$$

il reste

$$xx - 2\,y + yy = aa - b,$$

dont la racine quarrée est

$$x - y = \sqrt{aa - b}.$$

Or

$$x + y = a\,;$$

nous avons donc

$$x = \frac{a + \sqrt{aa - b}}{2} \quad \text{et } y = \frac{a - \sqrt{aa - b}}{2},$$

et parconséquent la racine quarrée cherchée de $a + \sqrt{b}$, est

$$\sqrt{\frac{a + \sqrt{aa - b}}{2}} + \sqrt{\frac{a - \sqrt{aa - b}}{2}}.$$

667. Nous conviendrons que cette formule est plus compliquée que si on eût mis simplement le signe radical $\sqrt{}$ devant le binome donné $a + \sqrt{b}$, et qu'on eût écrit $\sqrt{a + \sqrt{b}}$. Mais considérons que ladite formule peut se simplifier beaucoup, lorsque les nombres a et b sont tels que $aa - b$ devient un quarré, puisqu'alors le signe $\sqrt{}$ qui est sous le signe $\sqrt{}$ se trouve éliminé. Nous voyons en même temps qu'on ne peut extraire commodément la racine quarrée du binome $a + \sqrt{b}$, que lorsque $aa - b = cc$; car, dans ce cas, cette racine est $\sqrt{\dfrac{a + c}{2}} + \sqrt{\dfrac{a - c}{2}}$; et que si $aa - b$ n'est pas un quarré parfait, on ne peut indiquer plus convenablement la racine quarrée de $a + \sqrt{b}$, qu'en mettant le signe radical $\sqrt{}$ devant cette quantité.

668. La condition requise pour qu'on puisse exprimer d'une façon plus commode la racine quarrée d'un binome $a + \sqrt{b}$, c'est que $aa - b$ soit un quarré ; et si on

indique ce quarré par cc, on aura pour la racine quarrée en

question $\sqrt{\dfrac{a+c}{2}} + \sqrt{\dfrac{a-c}{2}}$. Il faut remarquer de

plus que la racine quarrée de $a - \sqrt{b}$ sera... ....

$\sqrt{\dfrac{a+c}{2}} - \sqrt{\dfrac{a-c}{2}}$; car en prenant le quarré de

cette formule, on trouve $a - 2\sqrt{\dfrac{aa-cc}{4}}$; or puisque

$cc = aa - b$, et parconséquent $aa - cc = b$, le même quarré

se trouve $= a - 2\sqrt{\dfrac{b}{4}} = a - \dfrac{2\sqrt{b}}{2} = a - \sqrt{b}$.

669. Lors donc qu'il s'agit d'extraire la racine quarrée d'un binome tel que $a \pm \sqrt{b}$; la règle est de soustraire du quarré aa de la partie rationnelle, le quarré b de la partie irrationnelle, de prendre la racine quarrée du reste, et nommant cette racine c, d'écrire pour la racine cherchée..................

$\sqrt{\dfrac{a+c}{2}} \pm \sqrt{\dfrac{a-c}{2}}$.

670. Qu'on cherche la racine quarrée de $2 + \sqrt{3}$, on a

$a = 2$ et $b = 3$; donc $aa - b = cc = 1$, d'où $c = 1$;

ainsi la racine cherchée $= \sqrt{\tfrac{3}{2}} + \sqrt{\tfrac{1}{2}}$.

Qu'il s'agisse de trouver la racine quarrée du binome $11 + 6\sqrt{2}$, on aura

$$a = 11, \text{ et } \sqrt{b} = 6\sqrt{2};$$

parconséquent

$$b = 36.2 = 72, \text{ et } aa - b = 49, \text{ d'où } c = 7;$$

et il résulte de là que la racine quarrée de $11 + 6\sqrt{2}$ est $\sqrt{9} + \sqrt{2}$, ou $3 + \sqrt{2}$.

Qu'on cherche la racine quarrée de $11 + 2\sqrt{30}$: ici

$$a = 11 \text{ et } \sqrt{b} = 2\sqrt{30} ;$$

parconséquent

$$b = 4.30 = 120, \text{ et } aa - b = 1, c = 1 ;$$

donc la racine cherchée $= \sqrt{6} - \sqrt{5}$.

671. Cette règle a lieu également, lors même que le binome renferme des quantités imaginaires ou impossibles.

Soit proposé, par exemple, le binome $1 + 4\sqrt{-3}$: on aura

$$a = 1 \text{ et } \sqrt{b} = 4\sqrt{-3},$$

c'est-à-dire,

$$b = -48 \text{ et } aa - b = 49 ; \text{ donc } c = 7,$$

et parconséquent la racine quarrée qu'on cherche.........
$= \sqrt{4} + \sqrt{-3} = 2 + \sqrt{-3}$.

Autre exemple. Soit donné $-\frac{1}{2} + \frac{1}{2}\sqrt{-3}$: nous avons

$$a = -\tfrac{1}{2} ; \sqrt{b} = \tfrac{1}{2}\sqrt{-3}, \text{ et } b = \tfrac{1}{4} . -3 = -\tfrac{3}{4}.$$

Donc

$$aa - b = \tfrac{1}{4} + \tfrac{3}{4} = 1, \text{ et } c = 1 ;$$

et le résultat cherché est

$$\sqrt{\tfrac{1}{4}} + \sqrt{-\tfrac{3}{4}} = \tfrac{1}{2} + \frac{\sqrt{-3}}{2} = \tfrac{1}{2} + \tfrac{1}{2}\sqrt{-3}.$$

Un autre exemple remarquable est celui où il s'agit de trouver la racine quarrée de $2\sqrt{-1}$. Comme il n'y a point ici la partie rationnelle, on aura

$$a = 0 ; \text{ or } \sqrt{b} = 2\sqrt{-1} \text{ et } b = -4,$$

donc

$$aa - b = 4 \text{ et } c = 2 ;$$

parconséquent la racine quarrée qu'on cherche est $\sqrt{1 + \sqrt{-1}}$ $= 1 + \sqrt{1}$, et en effet le quarré de cette quantité est $1 + 2\sqrt{-1} - 1 = 2\sqrt{-1}$.

672. Supposons encore qu'il se présente une équation telle que

$$xx = a \pm \sqrt{b},$$

et que $aa - b = cc$; on en conclura la valeur

$$x = \sqrt{\frac{a+c}{2}} \pm \sqrt{\frac{a-c}{2}},$$

ce qui peut être utile en bien des cas.

Soit, par exemple,

$$xx = 17 + 12\sqrt{2} :$$

on aura

$$x = 3 + \sqrt{8} = 3 + 2\sqrt{2}.$$

673. Ce cas a lieu principalement dans la résolution de quelques équations du quatrième degré, par exemple, de

$$x^4 = 2axx + d.$$

Car si l'on suppose

$$xx = y, \text{ on a } x^4 = yy,$$

ce qui réduit l'équation donnée à

$$yy = 2ay + d :$$

d'où l'on tire

$$y = a \pm \sqrt{aa+d}.$$

On a donc

$$xx = a \pm \sqrt{aa+d},$$

et parconséquent encore une extraction de racine à faire. Or, puisqu'ici

$$\sqrt{b} = \sqrt{aa+d},$$

on aura

$$b = aa + d, \text{ d'où } aa - b = -d.$$

Si donc $-d$ est un quarré comme cc, c'est-à-dire que $d = -cc$, on pourra assigner la racine demandée.

Supposons qu'effectivement

$$d = -cc,$$

ou bien que l'équation du quatrième degré proposée soit

$$x^4 = 2axx - cc,$$

nous trouverons donc

$$x = \sqrt{\frac{a+c}{2}} \pm \sqrt{\frac{a-c}{2}}.$$

574. Nous rendrons plus sensible par quelques exemples, ce que nous venons de dire.

1°. On cherche deux nombres dont le produit soit 105, et dont les quarrés fassent ensemble 274.

Indiquons ces deux nombres par x et y, nous aurons les deux équations,

$$1°. \ xy = 105, \quad 2°. \ xx + yy = 274.$$

La première donne

$$y = \frac{105}{x},$$

et cette valeur de y étant substituée dans la seconde équation, onne

$$xx + \frac{105^2}{xx} = 274.$$

Donc

$$x^4 + 105^2 = 274xx, \text{ ou } x^4 = 274xx - 105^2.$$

Si nous comparons maintenant cette équation avec celle de l'article précédent, nous avons

$$2a = 274, \text{ et } - cc = - 105^2 ;$$

parconséquent

$$c = 105, \text{ et } a = 137.$$

Nous trouverons donc

$$\sqrt{\frac{137 + 105}{2}} \pm \sqrt{\frac{137 - 105}{2}} = 11 \pm 4.$$

Il suit de là que x est ou $= 15$, ou $= 7$. Dans le premier cas $y = 7$, dans le second cas $y = 15$. Donc les deux nombres cherchés sont 15 et 7.

675. Il sera bon cependant de remarquer que ce calcul peut se faire beaucoup plus facilement d'une autre manière. Car puisque $xx + 2xy + yy$ et $xx - 2xy + yy$ sont des quarrés, et que nous connaissons les valeurs de $xx + yy$ et de xy, nous n'avons qu'à prendre le double de cette dernière quantité, l'ajouter à la première et l'en soustraire, comme on va voir :

$$xx + yy = 274.$$

Si on ajoute

$$2xy = 210,$$

on a

$$xx + 2xy + yy = 484,$$

d'où

$$x + y = 22.$$

Soustrayant à présent $2xy$, il reste

$$xx - 2xy + yy = 64,$$

d'où
$$x - y = 8.$$

Ainsi

$$2x = 30 \text{ et } 2y = 14,$$

et parconséquent

$$x = 15 \text{ et } y = 7.$$

La question générale qui suit, se résout par la même méthode.

2°. On cherche deux nombres dont le produit soit $= m$, et la somme des quarrés $= n$.

Si ces nombres sont l'un $= x$, l'autre $= y$, on a les deux équations suivantes :

$$1°.\ xy = m ; \quad 2°.\ xx + yy = n.$$

Or $2xy = 2m$ étant ajouté à $xx + yy = n$, on a

$$xx + 2xy + yy = n + 2m,$$

et parconséquent

$$x + y = \sqrt{n + 2m}.$$

Mais soustrayant $2xy$, il reste

$$xx - 2xy + yy = n - 2m,$$

d'où l'on tire

$$x - y = \sqrt{n - 2m} ;$$

on aura donc

$$x = \tfrac{1}{2} \sqrt{n + 2m} + \tfrac{1}{2} \sqrt{n - 2m},$$

et

$$y = \tfrac{1}{2} \sqrt{n + 2m} - \tfrac{1}{2} \sqrt{n - 2m}.$$

676.

676. 3°. On cherche deux nombres tels que leur produit $= 35$, et la différence de leurs quarrés $= 24$.

Soient le plus grand des deux nombres $= x$ et le plus petit $= y$, on aura les deux équations,

$$xy = 35, \text{ et } xx - yy = 24;$$

et les mêmes circonstances n'ayant pas lieu ici, on procédera par la voie ordinaire. La première équation donne

$$y = \frac{35}{x},$$

et, en substituant cette valeur de y dans la seconde, on a

$$xx - \frac{1225}{xx} = 24.$$

Multipliant par xx, on a

$$x^4 - 1225 = 24xx, \text{ et } x^4 = 24\,xx + 1225.$$

Or le second membre de cette équation étant affecté du signe $+$, on ne pourra pas faire usage de la formule donnée ci-dessus, parceque cc étant $= -1225$, c deviendrait imaginaire.

Qu'on fasse donc

$$xx = z,$$

on aura

$$zz = 24z + 1225,$$

d'où l'on tire

$$z = 12 \pm \sqrt{144 + 1225}, \text{ ou } z = 12 \pm 37;$$

parconséquent

$$xx = 12 \pm 37,$$

c'est-à-dire

$$xx = 49, \quad xx = -25.$$

Si on adopte la première valeur, on a

$$x = 7, \quad y = 5.$$

Z

Si on adopte la seconde valeur, on a

$$x = V - 25, \quad y = \frac{35}{V - 25} = V\frac{1225}{-25} = V - 49.$$

677. Nous terminerons ce chapitre par la question suivante.

4°. On cherche deux nombres tels qu'il y ait égalité entre leur somme, leur produit et la différence de leurs quarrés.

Soient x le plus grand des deux nombres, et y le plus petit; il faudra que les trois formules qui suivent, soient égales entre elles : 1°. la somme $x + y$; 2°. le produit xy; 3°. la différence des quarrés $xx - yy$. Si l'on compare la première avec la seconde, on a

$$x + y = xy,$$

ce qui donnera une valeur de x; car on aura

$$y = xy - x = x(y - 1), \text{ et } x = \frac{y}{y - 1}.$$

Parconséquent

$$x + y = \frac{yy}{y - 1} \text{ et } xy = \frac{yy}{y - 1},$$

c'est-à-dire que la somme est en effet égale au produit, et c'est à quoi doit être égale aussi la différence des quarrés. Or on a

$$xx - yy = \frac{yy}{yy - 2y + 1} - yy = \frac{-y^4 + 2y^3}{yy - 2y + 1};$$

faisant donc ceci égal à la quantité trouvée $\frac{yy}{y - 1}$, on obtient

$$\frac{yy}{y - 1} = \frac{-y^4 + 2y^3}{yy - 2y + 1};$$

divisant par yy, il vient

$$\frac{1}{y-1} = \frac{-yy+2y}{yy-2y+1};$$

multipliant par $(y-1)^2$, on a

$$y-1 = -yy+2y;$$

parconséquent

$$yy = y+1.$$

Cela donne

$$y = \tfrac{1}{2} \pm \sqrt{\tfrac{1}{4}+1} = \tfrac{1}{2} + \sqrt{\tfrac{5}{4}} = \frac{1+\sqrt{5}}{2};$$

on aura donc

$$x = \frac{1+\sqrt{5}}{\sqrt{5}-1}.$$

Pour chasser la quantité sourde du dénominateur, on multipliera les deux termes par $\sqrt{5}+1$, et on obtiendra

$$x = \frac{6+2\sqrt{5}}{4} = \frac{3+\sqrt{5}}{2}.$$

Réponse. Le plus grand des nombres cherchés, ou

$$x = \frac{3+\sqrt{5}}{2};$$

et le plus petit,

$$y = \frac{1+\sqrt{5}}{2}.$$

Ainsi leur somme

$$x+y = 2+\sqrt{5};$$

leur produit

$$xy = 2+\sqrt{5};$$

et puisque

$$xx = \frac{7+3\sqrt{5}}{2}, \; yy = \frac{3+\sqrt{5}}{2},$$

on a aussi la différence des quarrés

$$xx - yy = 2 + \sqrt{5}.$$

678. Comme cette solution est assez longue, il sera bon de faire remarquer qu'on peut l'abréger. Qu'on commence par faire la somme $x + y$ égale à la différence des quarrés $xx - yy$, on aura

$$x + y = xx - yy \, ;$$

et divisant par $x + y$, à cause de

$$xx - yy = (x + y)(x - y),$$

on trouve

$$1 = x - y, \text{ d'où } x = y + 1.$$

Parconséquent

$$x + y = 2y + 1, \; xx - yy = 2y + 1 \, ;$$

de plus le produit xy ou $yy + y$ devant être égal à la même quantité, on a

$$yy + y = 2y + 1, \text{ ou } yy = y + 1,$$

ce qui donne, comme ci-dessus,

$$y = \frac{1 + \sqrt{5}}{2}.$$

679. 5°. La question précédente nous conduit à considérer encore celle-ci. Trouver deux nombres tels qu'il y ait égalité entre leur somme, leur produit et la somme de leurs quarrés.

Nommons x et y les nombres cherchés ; il faut qu'il y ait égalité entre 1°. $x + y$, 2°. xy, et 3°. $xx + yy$.

Comparant la première et la seconde formule, nous avons

$$x + y = xy,$$

où nous tirons

$$x = \frac{y}{y-1},$$

parconséquent

$$xy = x + y = \frac{yy}{y-1}.$$

Or la même quantité équivaut à $xx + yy$, ainsi nous avons

$$\frac{yy}{yy-2y+1} + yy = \frac{yy}{y-1}.$$

Multipliant par $yy - 2y + 1$, le produit est

$$y^4 - 2y^3 + 2yy = y^3 - yy, \text{ d'où } y^4 = 3y^3 - 3yy,$$

et en divisant par yy, nous avons

$$yy = 3y - 3;$$

ce qui donne

$$y = \tfrac{3}{2} \pm \sqrt{\tfrac{9}{4} - 3} = \frac{3 + \sqrt{-3}}{2};$$

parconséquent

$$y - 1 = \frac{1 + \sqrt{-3}}{2}, \text{ d'où } x = \frac{3 + \sqrt{-3}}{1 + \sqrt{-3}};$$

et en multipliant les deux termes par $1 - \sqrt{-3}$, le résultat est

$$x = \frac{6 - 2\sqrt{-3}}{4} = \frac{3 - \sqrt{-3}}{2}.$$

Réponse. Donc les deux nombres cherchés sont,

$$x = \frac{3 - \sqrt{-3}}{2}, \quad y = \frac{3 + \sqrt{-3}}{2}.$$

La somme est $x + y = 3$, et le produit $xy = 3$;

3

enfin , puisque

$$xx = \frac{3 - 3\sqrt{-3}}{2} , \quad yy = \frac{3 + 3\sqrt{-3}}{2},$$

la somme des quarrés

$$xx + yy = 3.$$

680. On peut abréger considérablement ce calcul par un artifice particulier qui est applicable aussi dans d'autres cas. Il consiste à exprimer les nombres cherchés par la somme et par la différence de deux lettres, au lieu de les indiquer par des lettres simples.

Qu'on suppose , dans notre dernière question , l'un des nombres cherchés $= p + q$, et l'autre $= p - q$, leur somme sera $2p$, leur produit sera $pp - qq$, et la somme de leurs quarrés sera $= 2pp + 2qq$. Ces trois quantités doivent être égales entr'elles : égalant d'abord la première à la seconde , on a

$$2p = pp - qq , \quad \text{d'où résulte } qq = pp - 2p.$$

Substituant cette valeur de qq dans la troisième quantité, et comparant le résultat $4pp - 4p$ avec la première , on trouve

$$2p = 4pp - 4p , \quad \text{d'où } p = \tfrac{3}{2}.$$

Parconséquent

$$qq = -\tfrac{3}{4} , \quad \text{et } q = \frac{\sqrt{-3}}{2},$$

de sorte que les nombres que nous cherchons sont

$$p + q = \frac{3 + \sqrt{-3}}{2} , \quad \text{et } p - q = \frac{3 - \sqrt{-3}}{2},$$

comme nous les avons trouvés ci-dessus.

CHAPITRE IX.

De la nature des Équations du second degré.

681. ON a vu suffisamment par ce qui précède, que les équations du second degré sont résolubles de deux manières, et cette propriété mérite à tous égards d'être examinée, parceque la nature des équations d'un degré supérieur ne peut que recevoir par là beaucoup de jour. En examinant donc avec plus d'attention pourquoi toute équation du second degré admet une double solution ; nous découvrirons indubitablement une propriété essentielle de ces équations.

682. Il est vrai que nous avons déjà vu que cette double solution provient de ce que la racine quarrée d'un nombre quelconque peut être prise soit positivement, soit négativement : cependant, comme ce principe ne s'appliquerait pas aisément à des équations d'un degré plus élevé, il sera bon de développer clairement la même propriété encore d'une autre manière. Nous prendrons pour exemple l'équation du second degré,

$$xx = 12x - 35,$$

et nous donnerons une nouvelle raison, pour laquelle cette équation est résoluble de deux façons, en admettant pour x les deux valeurs 5 et 7 qui lui satisfont également.

683. Il est plus convenable pour notre but, de commencer par transposer les termes de l'équation, de manière qu'un des membres devienne o ; cette équation prend parconséquent la forme

$$xx - 12x + 35 = o,$$

4

et il s'agit à présent de trouver un nombre tel que si on le substitue pour x, la formule $xx - 12x + 35$ se réduise effectivement à zéro ; il sera question après cela de montrer pourquoi cela peut arriver de deux manières.

684. Or la chose se réduit à faire voir avec clarté, qu'une quantité de la forme $xx - 12x + 35$, peut être envisagée comme le produit de deux facteurs ; en effet la formule en question est composée des deux facteurs $(x - 5).(x - 7)$. Or puisque cette quantité doit se réduire à o, il faut aussi que le produit

$$(x - 5).(x - 7) = o\,;$$

mais un produit, quel qu'en soit le nombre de facteurs, devient $= o$, pourvu qu'un de ses facteurs se réduise à o ; c'est un principe fondamental auquel il faut faire attention, surtout quand il s'agit d'équations d'un degré élevé.

685. On comprend donc aisément, que le produit ..... $(x - 5).(x - 7)$ peut devenir o de deux façons : 1°. quand le premier facteur

$$x - 5 = o\,;$$

2°. quand le second facteur

$$x - 7 = o.$$

Dans le premier cas

$$x = 5,$$

dans l'autre cas

$$x = 7.$$

On voit donc très-clairement pourquoi une telle equation

$$xx - 12x + 35 = o,$$

admet deux solutions : c'est-à-dire pourquoi on peut assigner pour x deux valeurs qui satisfont également à l'équation. Cette raison fondamentale consiste en ce que la formule $xx-12x+35$ peut être représentée par le produit de deux facteurs.

686. Les mêmes circonstances se retrouvent dans toutes les équations du second degré. Car après avoir porté tous les termes d'un même côté, on parvient nécessairement à une équation de la forme

$$xx - ax + b = 0,$$

et cette formule peut être aussi regardée comme le produit de deux facteurs que nous représenterons par $(x-p)(x-q)$, indépendamment des valeurs de p et de q. Or ce produit devant être $= 0$ par la nature de notre équation, il est clair que cela peut arriver de deux manières : en premier lieu, lorsque

$$x = p ;$$

et en second lieu, lorsque

$$x = q ;$$

et telles sont les deux valeurs de x qui satisfont à l'équation.

687. Voyons maintenant de quelle nature doivent être ces deux facteurs, pour que la multiplication de l'un par l'autre reproduise exactement notre formule $xx - ax + b$. Nous trouvons, en les multipliant l'un par l'autre, $xx-(p+q)x+pq$; or cette quantité doit être la même que $xx-ax+b$, il faut donc évidemment que

$$p + q = a, \text{ et } pq = b.$$

Ainsi nous apprenons cette propriété bien remarquable, que dans toute équation de la forme

$$xx - ax + b = 0,$$

les deux valeurs de x sont telles que leur somme est égale à a, et leur produit égal à b; d'où il suit que, dès qu'on connaît l'une des valeurs, on trouve aussi l'autre facilement.

688. Nous venons de considérer le cas où les deux valeurs de x sont positives, ce qui exige que le second terme de l'équation ait le signe —, et que le troisième terme ait le signe +. Considérons donc aussi les cas dans lesquels soit l'une ou les deux valeurs de x deviennent négatives. Le premier de ces cas a lieu, lorsque les deux facteurs de l'équation donnent un produit de cette forme $(x-p)(x+q)$; car alors les deux valeurs de x sont

$$x = p \ \text{ et } x = -q;$$

l'équation elle-même devient

$$xx + (q-p)x - pq = 0;$$

le second terme a le signe +, quand q est plus grand que p, et le signe —, quand q est plus petit que p; enfin le troisième terme est toujours négatif.

Le second cas où les deux valeurs de x sont négatives, est donné par ces deux facteurs $(x+p)(x+q)$; car on a

$$x = -p \ \text{ et } x = -q;$$

l'équation elle-même devient

$$xx + (p+q)x + pq = 0,$$

où le second comme le troisième terme sont affectés du signe +.

689. Les signes des second et troisième termes, nous font connaître parconséquent ceux des racines d'une équation quelconque du second degré. Soit l'équation

$$xx \ldots ax \ldots b = 0;$$

si le second et le troisième terme ont le signe +, les deux valeurs de x sont négatives; si le second terme a le signe —, et que le troisième terme ait le signe $+$, les deux valeurs sont positives; enfin, si le troisième terme est précédé du signe $-$, une des valeurs en question est positive. Mais dans tous les cas, le second terme contient la somme des deux valeurs, et le troisième terme contient leur produit.

690. On trouvera très-facile, après ce qui a été dit, de former des équations du second degré, qui aient deux racines données. On demande, par exemple, une équation telle que l'une des valeurs de x soit 7, et que l'autre soit -3. Qu'on forme d'abord les équations simples

$$x = 7, \; x = -3;$$

d'où l'on déduit celles-ci,

$$x - 7 = 0, \; x + 3 = 0;$$

on aura de cette manière les facteurs de l'équation cherchée, laquelle devient parconséquent

$$xx - 4x - 21 = 0.$$

Aussi en appliquant ici la règle donnée plus haut, trouve-t-on les deux valeurs de x supposées; car si

$$xx = 4x + 21,$$

on a

$$x = 2 \pm \sqrt{25} = 2 \pm 5,$$

c'est-à-dire

$$x = 7, \; \text{ou} \; x = -3.$$

691. Il peut arriver aussi que les valeurs de x deviennent égales : qu'on cherche, par exemple, une équation où ces deux valeurs soient $= 5$, les deux facteurs seront .... $(x - 5)(x - 5)$, et l'équation cherchée sera

$$xx - 10x + 25 = 0.$$

Dans cette équation x paraît n'avoir qu'une valeur ; mais c'est que x se trouve doublement $= 5$, comme la solution ordinaire le fait voir pareillement ; car on a

$$xx = 10x - 25 \text{ ; donc } x = 5 \pm \sqrt{0} = 5 \pm 0,$$

c'est-à-dire que x est deux fois $= 5$.

692. Un cas remarquable surtout, et qui arrive quelquefois, c'est celui où les deux valeurs de x deviennent imaginaires ou impossibles ; car il est tout-à-fait impossible alors d'assigner pour x une valeur telle qu'elle satisfasse à l'équation. Qu'on se propose, par exemple, de partager le nombre 10 en deux parties telles que leur produit soit 30 ; si on nomme x une de ces parties, l'autre sera $= 10 - x$, et leur produit sera

$$10x - xx = 30 \text{ ; donc } xx = 10x - 30, \text{ et } x = 5 \pm \sqrt{-5},$$

nombre imaginaire qui apprend que la question est impossible.

693. Il est donc très important de trouver un signe auquel on puisse reconnaître sur-le-champ si une équation du second degré est impossible, ou si elle ne l'est pas.

Reprenons l'équation générale

$$xx - ax + b = 0,$$

nous aurons

$$xx = ax - b, \text{ et } x = \tfrac{1}{2}a \pm \sqrt{\tfrac{1}{4}aa - b}.$$

On voit par là que si b est plus grand que $\tfrac{1}{4}aa$, ou si $4b$ est plus grand que aa, les deux valeurs de x deviennent toujours imaginaires, puisqu'il s'agirait d'extraire la racine quarrée d'une quantité négative ; et au contraire, que si b est plus petit que $\tfrac{1}{4}aa$, ou même plus petit que 0, c'est-à-dire que ce soit un nombre négatif, les deux valeurs seront possibles ou réelles.

Au reste, qu'elles soient réelles ou qu'elles soient imaginaires, il n'en est pas moins vrai qu'on pourra toujours les exprimer, et qu'elles ont aussi toujours la propriété que leur somme est $= a$, et leur produit $= b$. Dans l'équation

$$xx - 6x + 10 = 0 ;$$

par exemple, la somme des deux valeurs de x doit être $= 6$, et le produit de ces deux valeurs doit être $= 10$; or on trouve,

$$1°. \ x = 3 + \sqrt{-1}, \ \text{ et } 2°. \ x = 3 - \sqrt{-1},$$

quantités dont la somme $= 6$, et le produit $= 10$.

694. Le caractère que nous venons de trouver peut s'exprimer d'une manière encore plus générale, et de façon à pouvoir même être appliqué aux équations de cette forme,

$$fxx \pm gx + h = 0 ;$$

car cette équation donne

$$xx = \mp \frac{gx}{f} - \frac{h}{f}, \ \text{ et } x = \mp \frac{g}{2f} \pm \sqrt{\frac{gg}{4ff} - \frac{h}{f}},$$

ou

$$x = \frac{\mp g \pm \sqrt{gg - 4hf}}{2f} ;$$

d'où l'on conclut que les deux valeurs sont imaginaires, et par-conséquent l'équation impossible, quand $4fh$ est plus grand que gg ; c'est-à-dire, lorsque dans l'équation

$$fxx \pm gx + h = 0,$$

le quadruple du produit du premier et du dernier terme surpasse le quarré du second terme ; car ce produit du premier et du dernier terme, pris quatre fois, est $4fhxx$, et le quarré du terme moyen est $ggxx$; or si $4fhxx$ est plus grand que $ggxx$, $4fh$ est aussi plus grand que gg, et, dans ce cas, l'équation est évidemment impossible. Dans tous les autres cas, l'équation est possible, et on peut assigner deux valeurs réelles pour x ; il est vrai que souvent elles deviennent irrationnelles ; mais nous avons vu plus haut qu'alors on peut les obtenir avec toute l'approximation que requiert l'état de la question ; au lieu qu'aucune approximation ne saurait avoir lieu pour les expressions imaginaires telles que $\sqrt{-5}$; car 100 est aussi éloigné d'être la valeur de cette racine, que l'est 1 ou un autre nombre quelconque.

695. Nous avons encore à faire remarquer qu'une formule quelconque du second degré, $xx \pm ax \pm b$, est toujours nécessairement résolue en deux facteurs, tels que $(x \pm p)$ $(x \pm q)$. Car si l'on prenait trois facteurs pareils à ceux-là, on parviendrait à un polynome du troisième degré, et en ne prenant qu'un seul facteur pareil, on ne passerait pas le premier degré.

C'est donc un point qui est au-dessus de toute contestation, que toute équation du second degré renferme nécessairement deux valeurs de x, et qu'elle ne peut en admettre ni plus ni moins.

696. Nous avons déjà vu que connaissant les deux facteurs, on connaît en même temps les deux valeurs de x, puisque chaque facteur égalé à zéro, donne une de ces valeurs. L'inverse a lieu pareillement, c'est-à-dire que dès qu'on a trouvé une valeur de x, on connaît aussi un des facteurs de l'équation ; car si $x = p$ indique une des valeurs de x dans une équation quelconque du second degré, $x - p$ est un des facteurs de cette équation ; c'est-à-dire que tous les termes ayant été portés du même côté, l'équation est divisible par $x - p$, et de plus le quotient exprime l'autre facteur.

697. Soit donnée, pour mieux éclaircir ce que nous venons de dire, l'équation

$$xx + 4x - 21 = 0,$$

pour laquelle $x = 3$, puisque

$$3.3 + 4.3 - 21 = 0 ;$$

nous savons que $x - 3$ est un des facteurs de cette équation, ou que $xx + 4x - 21$ est divisible par $x - 3$, et en effet la division suivante le fait voir.

$$
\begin{array}{r|l}
xx + 4x - 21 & x - 3 \\
xx - 3x & \overline{x + 7} \\
\hline
7x - 21 & \\
7x - 21 & \\
\hline
0. &
\end{array}
$$

Ainsi l'autre facteur est $x + 7$, et notre équation équivaut à

$$(x - 3)(x + 7) = 0 ;$$

d'où résultent immédiatement les deux valeurs de x, le premier facteur donnant

$$x = 3,$$

et l'autre facteur donnant

$$x = -7.$$

CHAPITRE X.

Des Équations pures du troisième degré.

698. On dit d'une équation du troisième degré, qu'elle est *pure*, lorsque le cube de la quantité inconnue est égal à une quantité connue, sans que ni le quarré de l'inconnue ni l'inconnue à la première puissance se trouvent dans l'équation, par exemple,

$$x^3 = 125,$$

ou plus généralement

$$x^3 = a, \quad x^3 = \frac{a}{b},$$

sont des équations de ce genre.

699. On apperçoit aisément le moyen de tirer la valeur de x d'une telle équation, car on n'a besoin que d'extraire la racine cubique de part et d'autre. L'équation

$$x^3 = 125$$

donne

$$x = 5,$$

l'équation

$$x^3 = a$$

donne

$$x = \sqrt[3]{a},$$

et l'équation

$$x^3 = \frac{a}{b}$$

donne

donne

$$x = \sqrt[3]{\frac{a}{b}} = \frac{\sqrt[3]{a}}{\sqrt[3]{b}}$$

Il suffit donc qu'on ait appris à extraire la racine cubique d'un nombre proposé, pour qu'on soit en état de résoudre de semblables équations.

700. On n'obtient de cette manière qu'une seule valeur pour x; cependant toute équation du second degré ayant deux racines, on est fondé à soupçonner qu'une équation du troisième degré a pareillement plus d'une racine : la chose mérite d'être approfondie, et si l'on découvre qu'une telle équation doit avoir plusieurs valeurs pour x, il s'agira de déterminer ces valeurs.

701. Considérons, par exemple, l'équation

$$x^3 = 8,$$

dans la vue d'en conclure tous les nombres dont le cube est 8. Comme

$$x = 2$$

est sans contredit un tel nombre, il faut, d'après le chapitre précédent, que la formule

$$x^3 - 8 = 0,$$

soit nécessairement divisible par $x - 2$. Faisons donc cette division :

$$
\begin{array}{l}
x^3 - 8 \,\bigl)\ \dfrac{x-2}{xx + 2x + 4} \\[2pt]
\underline{x^3 - 2xx} \\[2pt]
\quad 2xx - 8 \\[2pt]
\quad \underline{2xx - 4x} \\[2pt]
\qquad 4x - 8 \\[2pt]
\qquad \underline{4x - 8} \\[2pt]
\qquad\qquad 0.
\end{array}
$$

A a

Il suit de là que notre équation

$$x^3 - 8 = 0$$

peut se représenter par ces facteurs-ci :

$$(x - 2)(xx + 2x + 4) = 0.$$

702. Or la question est de savoir quel nombre on doit substituer à la place de x, pour que

$$x^3 = 8, \quad \text{ou} \quad x^3 - 8 = 0;$$

et il est clair qu'on satisfait à cette condition, en supposant $= 0$ le produit que nous venons de trouver ; mais cela arrive non-seulement quand le premier facteur

$$x - 2 = 0, \quad \text{d'où} \quad x = 2,$$

mais aussi quand le second facteur

$$xx + 2x + 4 = 0.$$

Qu'on fasse donc

$$xx + 2x + 4 = 0,$$

on aura

$$xx = -2x - 4, \text{ et de là } x = -1 \pm \sqrt{-3}.$$

703. Outre le cas donc où

$$x = 2,$$

qui satisfait à l'équation

$$x^3 = 8,$$

nous avons encore pour x deux autres valeurs dont les cubes sont pareillement 8, et qui sont :

$$x = -1 + \sqrt{-3}, \ x = -1 - \sqrt{-3}$$

On n'en doutera plus, si on prend effectivement les cubes de chacune de ces racines, comme nous allons le faire :

$$-1 + \sqrt{-3}$$
$$-1 + \sqrt{-3}$$
$$\overline{}$$
$$1 - \sqrt{-3}$$
$$-\sqrt{-3}-3$$
$$\overline{}$$
$$-2 - 2\sqrt{-3} \quad \text{quarré}$$
$$-1 + \sqrt{-3}$$
$$\overline{}$$
$$2 + 2\sqrt{-3}$$
$$-2\sqrt{-3}+6$$
$$\overline{}$$
$$8 \quad \text{cube.}$$

$$-1 - \sqrt{-3}$$
$$-1 - \sqrt{-3}$$
$$\overline{}$$
$$1 + \sqrt{-3}$$
$$+\sqrt{-3}-3$$
$$\overline{}$$
$$-2 + 2\sqrt{-3}$$
$$-1 - \sqrt{-3}$$
$$\overline{}$$
$$2 - 2\sqrt{-3}$$
$$+2\sqrt{-3}+6$$
$$\overline{}$$
$$8. \quad \text{cube.}$$

Il est vrai que ces deux valeurs sont imaginaires ou impossibles ; mais elles méritent cependant qu'on en tienne compte.

704. Ce que nous venons de voir a lieu en général pour toute équation cubique, telle que

$$x^3 = a;$$

on trouvera toujours, outre la valeur

$$x = \sqrt[3]{a},$$

encore deux autres valeurs. Qu'on suppose, pour abréger,

$$\sqrt[3]{a} = c, \text{ d'où } a = c^3,$$

notre équation prendra cette forme,

$$x^3 - c^3 = 0,$$

qui sera divisible par $x - c$, comme la division effective le fait voir :

$$x^3 - c^3 \left\{ \frac{x-c}{xx + cx + cc} \right.$$

$$\underline{x^3 - cxx}$$

$$\underline{cxx - c^3}$$
$$cxx - ccx$$

$$\underline{ccx - c^3}$$
$$ccx - c^3$$
$$\overline{\qquad 0.}$$

Parconséquent l'équation en question peut être représentée par le produit

$$(x - c)(xx + cx + cc) = 0,$$

qui est en effet $= 0$, non-seulement lorsque

$$x - c = 0, \text{ ou } x = c,$$

mais aussi quand

$$xx + cx + cc = 0.$$

Or cette formule contient deux autres valeurs de x; car elle donne

$$xx = - cx - cc, \text{ et } x = - \frac{c}{2} \pm \sqrt{\frac{cc}{4} - cc},$$

ou

$$x = \frac{-c \pm \sqrt{-3cc}}{2}, \; = \frac{-c \pm c\sqrt{-3}}{2} = \frac{-1 \pm \sqrt{-3}}{2} . c.$$

705. Or comme c avait été mis à la place de $\sqrt[3]{a}$, nous en inférons que toute équation du troisième degré, de la forme

$$x^3 = a,$$

fournit pour x trois valeurs exprimées de la manière suivante :

$$1^{o}.\ x = \sqrt[3]{a},\ 2^{o}.\ x = \frac{-1+\sqrt{-3}}{2} \cdot \sqrt[3]{a},$$

$$3^{o}.\ x = \frac{-1-\sqrt{-3}}{2} \cdot \sqrt[3]{a}.$$

On voit par là que chaque racine cubique a trois différentes valeurs, mais qu'une seule est réelle ou possible, les deux autres étant imaginaires. Cela est d'autant plus à remarquer, que toute racine quarrée a deux valeurs, et que nous verrons plus bas qu'une racine quatrième a quatre valeurs différentes, qu'une racine cinquième a cinq valeurs, et ainsi de suite.

Il est vrai que dans les calculs ordinaires, on n'emploie que la première de ces trois valeurs, parceque les deux autres sont imaginaires ; c'est ce que nous confirmerons par quelques exemples.

706. *Première question*. Trouver un nombre tel que son quarré multiplié par son quart produise 432.

Que x soit ce nombre, il faut que le produit de xx multiplié par $\frac{1}{4} x$ soit égal au nombre 432, c'est-à-dire que

$$\frac{1}{4} x^3 = 432,\ \text{d'où}\ x^3 = 1728.$$

Qu'on extraie la racine cubique, on aura

$$x = 12.$$

Réponse. Le nombre cherché est 12 ; car son quarré 144, multiplié par son quart ou par 3, donne 432.

707. *Seconde question*. Je cherche un nombre tel qu'en divisant sa quatrième puissance par sa moitié, et ajoutant $14\frac{1}{4}$ au produit, il me vienne 100.

Je nommerai ce nombre x ; sa quatrième puissance sera x^4 divisant par la moitié $\frac{1}{2} x$, j'ai $2x^3$, et il faut qu'en ajoutant $14\frac{1}{4}$, la somme soit 100 ; j'ai donc

$$2x^3 + 14\frac{1}{4} = 100;$$

3

soustrayant $14\frac{1}{4}$, il reste

$$2x^3 = \tfrac{143}{4};$$

divisant par 2, j'ai

$$x^3 = \tfrac{143}{8},$$

et prenant la racine cubique, j'obtiens enfin

$$x = \tfrac{7}{2}.$$

708. *Troisième question.* Quelques capitaines se trouvent en campagne ; chacun commande à trois fois autant de cavaliers, et à vingt fois autant de fantassins qu'ils sont de capitaines. Un cavalier reçoit chaque mois pour sa paye autant de florins qu'il y a de capitaines, et chaque fantassin reçoit la moitié de cette paye ; la dépense totale par mois est de 13000 florins ; on demande combien il y a de capitaines ?

Soit x le nombre cherché, chaque capitaine aura sous lui $3x$ cavaliers et $20x$ fantassins. Ainsi le nombre total des cavaliers est $3xx$, et celui des fantassins est $20xx$. Or chaque cavalier recevant par mois x florins, et chaque fantassin recevant $\frac{1}{2}x$ flor., la paye des cavaliers, à chaque mois, se monte à $3x^3$, et celle des fantassins est $10x^3$; ils reçoivent donc tous ensemble $13x^3$ flor., et cette somme doit équivaloir à 13000 florins ; on a donc

$$13x^3 = 13000, \text{ ou } x^3 = 1000, \text{ et } x = 10,$$

nombre cherché des capitaines.

709. *Quatrième question.* Quelques négocians entrent en société, et chacun met cent fois autant qu'il y a d'associés ; ils envoient un facteur à Venise pour faire valoir ce capital ; ce facteur gagne pour cent sequins deux fois autant de sequins qu'il y a d'intéressés, et il revient avec 2662 sequins de profit ; on demande le nombre des associés ?

Si ce nombre est supposé $= x$, chacun des négocians associés aura fourni $100x$ sequins, et le capital entier aura été de $100xx$ sequins; or le profit étant de $2x$ pour 100, le capital rapporte $2x^3$; ainsi il faut faire

$$2x^3 = 2662, \text{ ou } x^3 = 1331;$$

cela donne

$$x = 11,$$

et c'est le nombre des associés.

710. *Cinquième question.* Une paysanne échange des fromages contre des poules, à raison de deux fromages pour trois poules; ces poules pondent chacune $\frac{1}{3}$ autant d'œufs qu'il y a de poules; la paysanne vend au marché neuf œufs pour autant de sous que chaque poule a pondu d'œufs, et elle tire 72 sous; on demande combien de fromages elle a échangés?

Soit ce nombre des fromages $= x$, celui des poules que la paysanne aura reçues en échange sera $= \frac{3}{2}x$, et chaque poule pondant $\frac{1}{2}x$ œufs, le nombre des œufs sera $= \frac{3}{4}xx$. Or neuf œufs se vendent pour $\frac{1}{2}x$ sous; ainsi l'argent que $\frac{3}{4}xx$ œufs produisent, est $\frac{1}{24}x^3$, et il faut que

$$\tfrac{1}{24} x^3 = 72.$$

Parconséquent

$$x^3 = 24 . 72 = 8 . 3 . 8 . 9 = 8 . 8 . 27, \text{ et } x = 12;$$

c'est-à-dire que la paysanne a échangé douze fromages contre dix-huit poules.

4

CHAPITRE XI.

De la résolution des Equations complètes du troisième degré.

711. Une équation du troisième degré est dite *complète*, lorsqu'elle renferme outre le cube de l'inconnue cette quantité inconnue elle-même; de sorte que la formule générale pour toutes ces équations, en portant tous les termes d'un même côté, est

$$ax^3 \pm bx^2 \pm cx \pm d = 0.$$

C'est à faire voir comment on doit tirer de telles équations les valeurs de x, qu'on nomme aussi les *racines* de l'équation, que nous destinons ce chapitre. Nous supposerons qu'on n'a aucun doute qu'une telle équation n'ait trois racines, après que nous avons fait voir dans le chapitre précédent, que cela est vrai à l'égard des équations pures du même degré.

712. Nous considérerons d'abord l'équation

$$x^3 - 6xx + 11x - 6 = 0.$$

De même qu'une équation du second degré peut être regardée comme étant le produit de deux facteurs, on peut représenter une équation du troisième degré par le produit de trois facteurs qui sont, dans notre cas,

$$(x-1)(x-2)(x-3) = 0;$$

puisqu'en les multipliant effectivement on parvient à l'équation donnée; car $(x-1) \cdot (x-2)$ donne $xx-3x+2$, et multipliant ceci par $x-3$, on trouve $x^3-6xx+11x-6$, qui est en effet le premier membre de la proposée. Comme le produit $(x-1)(x-2)(x-3)$ se reduit à zéro, lorsqu'un seul facteur est $=0$, on a donc à distinguer en premier lieu

$$x-1=0, \text{ ou } x=1;$$

en second lieu,

$$x-2=0, \text{ ou } x=2;$$

et en troisième lieu,

$$x-3=0, \text{ ou } x=3.$$

On voit sur-le-champ aussi que si on substituait à la place de x un nombre quelconque autre qu'un des trois ci-dessus, aucun des trois facteurs ne deviendrait $=0$, et que parconséquent le produit proposé ne deviendrait pas 0; ce qui prouve que notre équation ne peut admettre que ces trois racines.

713. Si l'on pouvait, dans tout autre cas, assigner de même les trois facteurs d'une telle équation, on aurait immédiatement ses trois racines. Considérons donc d'une manière plus générale ces trois facteurs, $x-p$, $x-q$, $x-r$; si nous cherchons leur produit, le premier multiplié par le second donne $xx-(p+q)x+pq$, et ce produit multiplié par $x-r$ fait $x^3-(p+q+r)xx+(pq+pr+qr)x-pqr$.

Or cette formule est nulle, 1°. par

$$x-p=0, \text{ ou } x=p;$$

2°. par

$$x-q=0, \text{ ou } x=q;$$

3° par

$$x-r=0, \text{ ou de } x=r.$$

714. Représentons maintenant la formule trouvée par l'équa-

tion

$$x^3 - axx + bx - c = 0;$$

il est clair que pour que ses trois racines soient

$$1^\circ.\ x = p\ ,\ 2^\circ.\ x = q,\ 3^\circ.\ x = r,$$

il faut qu'on ait les trois relations

$$a = p + q + r,$$
$$b = pq + pr + qr,$$
$$c = pqr.$$

Ainsi nous apprenons par là que le second terme contient la somme des trois racines, que le troisième terme contient la somme des produits des racines multipliées deux à deux, enfin que le quatrième terme est formé du produit des trois racines.

Cette dernière propriété nous présente aussitôt une vérité importante, qui est qu'une équation du troisième degré ne peut certainement avoir d'autres racines rationnelles que des diviseurs du dernier terme ; car puisque ce terme est le produit des trois racines, il faut qu'il soit divisible par chacune d'elles. On voit donc sur-le-champ, lorsqu'on veut chercher une racine par le tâtonnement, de quels nombres on doit faire l'essai.

Si nous considérons, pour nous expliquer mieux, l'équation

$$x^3 = x + 6,\ \text{ou}\ x^3 - x - 6 = 0,$$

comme cette équation ne peut avoir d'autres racines rationnelles que des nombres qui sont facteurs du dernier terme 6, nous n'avons besoin d'essayer que les nombres 1, 2, 3, 6, et voici le détail de ces essais :

$$
\begin{array}{l}
1^\circ. \\
2^\circ. \\
3^\circ. \\
4^\circ.
\end{array}
\left. \right\} \text{Si}
\left\{ \begin{array}{l} x = 1 \\ x = 2 \\ x = 3 \\ x = 6 \end{array} \right\} \text{on a}
\left\{ \begin{array}{l} 1 - 1 - 6 = -6. \\ 8 - 2 - 6 = 0. \\ 27 - 3 - 6 = 18. \\ 216 - 6 - 6 = 204. \end{array} \right.
$$

Nous voyons par là que $x = 2$ est une des racines de l'équation proposée, et d'après cela, il nous est facile de trouver les deux autres ; car $x = 2$ étant une des racines, $x - 2$ est un facteur de l'équation : on n'a donc qu'à chercher l'autre facteur par la division, ainsi que nous allons le faire.

$$
\begin{array}{l}
x^3 - x - 6 \left\{ \dfrac{x - 2}{xx + 2x + 3} \right. \\[2ex]
\underline{x^3 - 2xx} \\[1ex]
\quad\quad \underline{2x.x - x - 6} \\
\quad\quad 2xx - 4x \\[1ex]
\quad\quad\quad\quad \underline{3x - 6} \\
\quad\quad\quad\quad 3x - 6 \\[1ex]
\quad\quad\quad\quad\quad\quad 0.
\end{array}
$$

Puis donc que notre formule se représente par le produit $(x - 2)(xx + 2x + 3)$, elle deviendra $= 0$, non-seulement quand

$$x - 2 = 0,$$

mais aussi quand

$$xx + 2x + 3 = 0.$$

Or ce dernier facteur donne

$$xx = -2x - 3,$$

et parconséquent

$$x = -1 \pm \sqrt{-2}.$$

Ce sont donc ici les deux autres racines de notre équation, lesquelles sont, comme on le voit, impossibles ou imaginaires.

715. La méthode que nous venons d'indiquer, n'est applicable immédiatement que lorsque le premier terme x^3 est multiplié par 1, et que les autres termes de l'équation ont pour coefficiens des nombres entiers. Quand cette condition n'a pas lieu, il faut commencer par une préparation qui consiste à transformer l'équation en une autre qui ait la condition requise, après quoi on fait l'essai que nous avons dit prescrit.

Soit donnée, par exemple, l'équation

$$x^3 - 3xx + \tfrac{11}{4}x - \tfrac{3}{4} = 0;$$

comme elle renferme des fractions qui ont 4 pour dénominateur, qu'on fasse

$$x = \frac{y}{2},$$

on aura

$$\frac{y^3}{8} - \frac{3yy}{4} + \frac{11y}{8} - \frac{3}{4} = 0,$$

et en multipliant par 8, on obtiendra l'équation

$$y^3 - 6yy + 11y - 6 = 0,$$

dont les racines sont, comme nous l'avons vu plus haut,

$$y = 1, \; y = 2, \; y = 3;$$

d'où il suit que celles de la proposée sont

$$x = \tfrac{1}{2}, \; x = 1, \; x = \tfrac{3}{2}.$$

716. Qu'on ait à résoudre une équation, dont le premier terme ait pour coefficient un nombre entier autre que 1, et dont le dernier terme soit 1; par exemple,

$$6x^3 - 11xx + 6x - 1 = 0;$$

si on divise par 6, on aura

$$x^3 - \tfrac{11}{6} xx + x - \tfrac{1}{6} = 0;$$

on pourrait purger cette équation des fractions, par la règle que nous venons de donner, en supposant $x = \tfrac{y}{6}$; car on aurait

$$\frac{y^3}{216} - \frac{11yy}{216} + \frac{y}{6} - \frac{1}{6} = 0;$$

et en multipliant par 216, il viendrait

$$y^3 - 11yy + 36y - 36 = 0.$$

Mais comme il serait trop long de faire l'essai de tous les diviseurs du nombre 36, remarquons que puisque le dernier terme de l'équation primitive est 1, il vaut mieux supposer dans cette équation

$$x = \frac{1}{z};$$

car on aura la suivante

$$\frac{6}{z^3} - \frac{11}{z^2} + \frac{6}{z} - 1 = 0,$$

qui multipliée par z^3 donne

$$6 - 11z + 6z^2 - z^3 = 0,$$

et en transposant tous les termes,

$$z^3 - 6zz + 11z - 6 = 0.$$

Les racines sont ici

$$z = 1, \ z = 2, \ z = 3;$$

d'où il suit que, dans notre équation,

$$x = 1, \ x = \tfrac{1}{2}, \ x = \tfrac{1}{3}.$$

717. On aura observé dans les articles précédens, que pour que les racines soient toutes des nombres positifs; il faut que les signes *plus* et *moins* se suivent alternativement; moyennant quoi l'équation prend cette forme,

$$x^3 - axx + bx - c = 0,$$

dans laquelle les signes changent autant de fois qu'il y a de racines positives. Si toutes les trois racines eussent été négatives, et qu'on eût multiplié entr'eux les trois facteurs $x+p$, $x+q$, $x+r$, tous les termes auraient eu le signe *plus*, et la forme de l'équation aurait été

$$x^3 + axx + bx + c = 0,$$

où on voit les mêmes signes se suivre *trois* fois.

On a donc conclu qu'autant de fois les signes changent, autant l'équation a de racines positives, et qu'autant de fois les mêmes signes se succèdent, autant l'équation a de racines négatives; et cette remarque est très-importante, parcequ'on sait par là si c'est en *plus* ou en *moins* qu'on doit prendre les diviseurs du dernier terme, quand on veut faire l'essai dont nous avons parlé.

718. Considérons, afin d'éclaircir par un exemple ce que nous venons de dire, l'équation

$$x^3 + xx - 34x + 56 = 0,$$

dans laquelle les signes changent deux fois, et où le même signe ne revient qu'une fois. Nous concluons que l'équation a deux racines positives et une racine négative; et comme ces racines doivent être des diviseurs du dernier terme 56, il faut qu'elles soient comprises dans les nombres $\pm$ 1, 2, 4, 7, 8, 14, 28, 56.

Si nous faisons maintenant $x = 2$, nous avons

$$8 + 4 - 68 + 56 = 0;$$

d'où nous concluons que $x=2$ est une racine positive, et qu'ainsi $x-2$ est un diviseur de notre équation, au moyen de quoi nous trouvons facilement les deux autres racines ; car divisant effectivement par $x-2$, on a

$$x^3 + xx - 34x + 56 \left] \frac{x-2}{xx + 3x - 28}\right.$$

$$x^3 - 2xx$$

$$\overline{3xx - 34x + 56}$$
$$3xx - 6x$$

$$\overline{\quad\; \cdot\; -28x + 56}$$
$$-28x + 56$$

$$\overline{\qquad\qquad 0.}$$

Qu'on pose

$$xx + 3x - 28 = 0,$$

on trouvera les deux autres racines qui seront

$$x = -\tfrac{3}{2} \pm \sqrt{\tfrac{9}{4} + 28} = -\tfrac{3}{2} \pm \tfrac{11}{2},$$

c'est-à-dire,

$$x = 4 \text{ et } x = -7;$$

et tenant compte de la racine trouvée ci-dessus, $x=2$, on voit clairement qu'en effet l'équation a deux racines positives et une négative. Nous donnerons encore quelques autres exemples pour rendre la chose plus évidente.

719. *Première question.* On a deux nombres, leur différence est 12, leur produit multiplié par leur somme fait 14560. Quels sont ces nombres?

Soit x le plus petit des deux nombres, le plus grand sera $x+12$, leur produit $= xx + 12x$, multiplié par la somme $2x + 12$, donne

$$2x^3 + 36xx + 144x = 14560;$$

et divisant par 2, on a

$$x^3 + 18xx + 72x = 7280.$$

Or le dernier terme 7280 est trop grand pour qu'on puisse entreprendre l'essai de tous ses diviseurs, et nous remarquons qu'il est divisible par 8; c'est pourquoi on fera $x = 2y$, parce qu'après la substitution, la nouvelle équation,

$$8y^3 + 72yy + 144y = 7280,$$

étant divisée par 8, se réduira à celle-ci,

$$y^3 + 9yy + 18y = 910,$$

pour laquelle on n'a besoin d'essayer que les diviseurs 1, 2, 5, 7, 10, 13, etc. du nombre 910. Or il est évident que les premiers, 1, 2, 5, sont trop petits; en commençant donc par la supposition de $y = 7$, on trouve aussitôt que c'est là une des racines; car la substitution donne

$$343 + 441 + 126 = 910.$$

Il suit que $x = 14$, et on trouvera les deux autres racines en divisant $y^3 + 9yy + 18y - 910$ par $y - 7$, opération qu'on voit ici :

$$
\begin{array}{l}
y^3 + 9yy + 18y - 910 \left\{ \dfrac{y - 7}{yy + 16y + 130} \right. \\[2mm]
\underline{y^3 - 7yy} \\
\qquad \underline{16yy + 18y - 910} \\
\qquad 16yy - 112y \\
\qquad\qquad \underline{130y - 910} \\
\qquad\qquad 130y - 910 \\
\qquad\qquad\qquad 0.
\end{array}
$$

Supposant

Supposant maintenant ce quotient

$$yy + 16y + 130 = 0,$$

on aura

$$yy = -16y - 130, \text{ d'où } y = -8 \pm \sqrt{-66} :$$

preuve que les deux autres racines sont impossibles.

Réponse. Les deux nombres cherchés sont 14 et 26 ; leur produit 364 multiplié par leur somme 40, donne 14560.

720. *Seconde question.* Trouver deux nombres dont la différence soit 18, et qui soient tels que si on multiplie ensemble leur somme et la différence de leurs cubes, on obtienne le nombre 275184.

Soit x le plus petit des deux nombres, $x + 18$ sera le plus grand ; le cube du premier sera $= x^3$, et le cube du second $= x^3 + 54xx + 972x + 5832$; la différence des cubes $= 54xx + 972x + 5832 = 54(xx + 18x + 108)$, multipliée par la somme $2x + 18$ ou $2(x+9)$, donne le produit

$$108 \, (x^3 + 27xx + 270x + 972) = 275184.$$

Divisant par 108, on a

$$x^3 + 27xx + 270x + 972 = 2548,$$

ou

$$x^3 + 27xx + 270x = 1576.$$

Les diviseurs de 1576 sont 1, 2, 4, 8, etc. les premiers 1, 2 sont trop petits ; mais si on essaie $x = 4$, on trouve que ce nombre satisfait à l'équation.

Il reste donc à la diviser par $x - 4$, afin de trouver les deux autres racines. Cette division donne le quotient $xx + 31x + 394$; faisant donc

$$xx = -31x - 394,$$

on trouvera

B b

$$x = -\tfrac{31}{2} \pm \sqrt{\tfrac{961}{4} - \tfrac{1710}{4}},$$

c'est-à-dire, deux racines imaginaires.

Réponse. Les nombres cherchés sont 4 et 22.

721. *Troisième question.* Je cherche deux nombres dont la différence $= 720$, et tels que si je multiplie le plus petit par la racine quarrée du plus grand, il me vienne 20736.

Si le plus petit est x, le plus grand sera $x + 720$, et il faut que

$$x \sqrt{x + 720} = 20736 = 8.8.4.81.$$

Quarrant les deux membres, j'ai

$$xx\,(x + 720) = x^3 + 720xx = 8^2\, 8^2\, 4^2\, 81^2.$$

Je fais

$$x = 8y;$$

cette supposition me donne

$$8^3 y^3 + 720.8^2 y^2 = 8^2\, 8^2\, 4^2\, 81^2,$$

et divisant par 8^3, j'ai

$$y^3 + 90yy = 8.4^2\, 81^2.$$

Je suppose de plus

$$y = 2z,$$

et j'ai

$$8z^3 + 4.90zz = 8.4^2\, 81^2,$$

ou, en divisant par 8,

$$z^3 + 45zz = 4^2\, 81^2.$$

Je fais encore

$$z = 9u,$$

pour avoir

$$9^3 u^3 + 45 \cdot 9^2 \, uu = 4^2 \, 9^4,$$

parceque divisant à présent par 9^3, l'équation se réduit à

$$u^3 + 5uu = 4^2 \, 9,$$

ou

$$uu\,(u + 5) = 16 \cdot 9 = 144.$$

On n'a pas de peine à voir ici que

$$u = 4;$$

car dans ce cas

$$uu = 16 \text{ et } u = 5 + 9.$$

Puis donc que $u = 4$, on a

$$z = 36, \; y = 72 \text{ et } x = 576;$$

c'est le plus petit des deux nombres cherchés; ainsi le plus grand est 1296, et en effet la racine quarrée de celui-ci, ou 36, multipliée par l'autre nombre 576, donne 20736.

722. *Remarque.* Cette question admettait une solution plus simple; car puisque la racine quarrée du plus grand nombre, multipliée par le plus petit nombre, doit donner un produit égal à un nombre donné, il faut que le plus grand des deux nombres soit un quarré. Si donc, d'après cette considération, nous le supposons $= xx$, l'autre nombre sera $xx - 720$. Celui-ci étant multiplié par la racine quarrée du plus grand, ou par x, nous avons

$$x^3 - 720x = 20736 = 64 \cdot 27 \cdot 12.$$

Faisons

$$x = 4y,$$

nous aurons

$$64y^3 - 720 \cdot 4y = 64 \cdot 27 \cdot 12,$$

ou bien

$$y^3 - 45y = 27 \cdot 12.$$

2

Supposant de plus

$$y = 3z,$$

nous trouvons

$$27z^3 - 135z = 27.12,$$

ou en divisant par 27,

$$z^3 - 5z = 12, \text{ ou } z^3 - 5z - 12 = 0.$$

Les diviseurs de 12 sont 1, 2, 3, 4, 6, 12; les deux premiers sont trop petits; mais la supposition de

$$z = 3$$

donne précisément

$$27 - 15 - 12 = 0.$$

Parconséquent

$$z = 3, \ y = 9 \text{ et } x = 36,$$

d'où nous concluons que le plus grand des deux nombres cherchés, ou

$$xx = 1296,$$

et que le plus petit ou

$$xx - 720 = 576,$$

comme ci-dessus.

723. *Quatrième question.* On a deux nombres dont la différence est 12; le produit de cette différence par la somme des cubes est 102144; quels sont ces deux nombres?

Nommant x le plus petit de ces deux nombres, le plus grand est $x + 12$; le cube du premier est x^3, et le cube du second est $x^3 + 36xx + 432x + 1728$; le produit de la somme de ces cubes par la différence 12, est

$$12(2x^3 + 36xx + 432x + 1728) = 102144;$$

divisant successivement par 12 et par 2, on a

$$x^3 + 18xx + 216x + 864 = 4256,$$

ou

$$x^3 + 18xx + 216x = 3392 = 8.8.53.$$

Qu'on suppose

$$x = 2y,$$

qu'on substitue et qu'on divise par 8, on aura

$$y^3 + 9yy + 54y = 8.53 = 424.$$

Les diviseurs du dernier membre sont 1, 2, 4, 8, 53, etc., 1 et 2 sont trop petits; mais si l'on fait $y = 4$, on trouve

$$64 + 144 + 216 = 424.$$

Desorte que

$$y = 4 \text{ et } x = 8;$$

d'où l'on conclut que les deux nombres cherchés sont 8 et 20.

724. *Cinquième question.* Quelques personnes forment une société et établissent un fonds, chacune d'elles met dix fois autant d'écus qu'elles sont de personnes; elles gagnent sur chaque centaine d'écus 6 écus au-delà du nombre d'écus égal à leur nombre; le profit total est de 392 écus. On demande combien ils sont d'Associés?

Soit x le nombre cherché; chaque Associé aura fourni $10x$ écus, et tous ensemble $10xx$ écus, et puisqu'ils gagnent $x + 6$ pour cent, ils auront gagné avec le capital entier $\dfrac{x^3 + 6xx}{10}$, ce qu'il faut égaler à 392.

On a donc

$$x^3 + 6xx = 3920,$$

et en faisant

$$x = 2y$$

et divisant par 8,

$$y^3 + 3yy = 490.$$

Les diviseurs du second membre sont 1, 2, 5, 7 10, etc. : les trois premiers sont trop petits ; mais en supposant $y = 7$, on a

$$343 + 147 = 490 ;$$

desorte que

$$y = 7 \text{ et } x = 14.$$

Réponse. Il y avait quatorze Associés, et chacun d'eux a mis 140 écus dans la masse commune.

725. *Sixième question.* Quelques Négocians ont en commun un capital de 8240 écus ; chacun y ajoute quarante fois autant d'écus qu'ils sont d'Associés ; ils gagnent avec la somme totale autant de fois pour cent, qu'ils sont d'Associés ; en partageant le profit, il se trouve qu'après que chacun a pris dix fois autant d'écus qu'ils sont d'Associés, il reste 224 écus. On demande quel était donc le nombre de ces Associés ?

Si ce nombre est x, chacun aura ajouté $40x$ écus au capital 8240 écus ; parconséquent tous ensemble auront ajouté $40xx$, ce qui a rendu le capital $= 40xx + 8240$; ils gagnent avec cette somme x écus pour cent ; ainsi le gain total est

$$\frac{40x^3}{100} + \frac{8240x}{100} = \frac{4}{10} x^3 + \frac{824}{10} x = \frac{2}{5} x^3 + \frac{412}{5} x.$$

C'est de cette somme que chacun prélève $10x$, et parconséquent tous ensemble $10xx$, en laissant un reste de 224 écus ; il faut donc que le profit ait été $10xx + 224$, et qu'on ait l'équation

$$\frac{2x^3}{5} + \frac{412x}{5} = 10xx + 224.$$

Multipliant par 5 et divisant par 2, on a

$$x^3 + 206x = 25xx + 560,$$

ou

$$x^3 - 25xx + 206x - 560 = 0.$$

Les diviseurs du dernier terme sont 1, 2, 4, 5, 7, 8, 10, 14, 16 etc., et il faut les prendre positifs, paroeque dans la seconde forme de l'équation, les signes varient trois fois, ce qui donne à connaître avec certitude que toutes les trois racines sont positives.

Or si l'on essaye d'abord

$$x = 1 \text{ et } x = 2,$$

il est évident que le premier membre deviendrait plus petit que le second. Nous ferons donc l'essai des autres diviseurs.

Quand

$$x = 4, \text{ on a } 64 + 824 = 400 + 560,$$

ce qui ne satisfait point.

Quand

$$x = 5, \text{ on a } 125 + 1030 = 625 + 560,$$

ce qui ne satisfait pas non plus.

Quand

$$x = 7, \text{ on a } 343 + 1442 = 1225 + 560,$$

ce qui satisfait à l'équation ; desorte que $x = 7$ en est une racine. Cherchons donc à présent les deux autres, en divisant par $x - 7$ la seconde forme de notre équation.

$$
\begin{array}{ll}
x^3 - 25xx + 206x - 560 & \left\{ \dfrac{x - 7}{xx - 18x + 80} \right. \\
x^3 - 7xx & \\
\hline
-18xx + 206x & \\
-18xx + 126x & \\
\hline
80x - 560 & \\
80x - 560 & \\
\hline
0. &
\end{array}
$$

Egalant le quotient à zéro, nous avons

$$xx - 18x + 80 = 0 \text{ ou } xx = 18x - 80,$$

ce qui donne

$$x = 9 \pm 1,$$

desorte que les deux autres racines sont

$$x = 8 \text{ et } x = 10.$$

Réponse. Trois réponses ont lieu pour la question proposée : suivant la première, le nombre des Négocians est 7, suivant la seconde il est 8, et suivant la troisième il est 10 ; le tableau suivant présente la preuve de toutes.

Nombre des Négocians.	7	8	10'
Chacun fournit $40x$	280	320	400
Tous ensemble ajoutent $40xx$	1960	2560	4000
L'ancien capital était	8240	8240	8240
Le capital entier est $48xx + 8240$ . .	10200	10800	12240
Ils gagnent avec ce capital autant pour cent qu'ils sont d'Associés . .	714	864	1224
Chacun en ôte $10x$	70	80	100
Ainsi tous ensemble prennent $10xx$	490	640	1000
Donc il reste	224	224	224

CHAPITRE XII.

De la Règle de CARDAN ou de SCIPION FERREO.

726. Lorsqu'on a chassé les fractions d'une équation du troisième degré, suivant la manière enseignée, et qu'aucun des diviseurs du dernier terme ne se trouve être une racine de l'équation, c'est une preuve certaine, non-seulement que l'équation n'a pas de racines en nombres entiers, mais qu'une racine fractionnaire même ne peut avoir lieu ; c'est ce que nous allons prouver.

Soit l'équation

$$x^3 - axx + bx - c = 0,$$

où a, b, c signifient des nombres entiers ; si on voulait supposer, par exemple,

$$x = \tfrac{1}{2},$$

on aurait

$$\tfrac{27}{8} - \tfrac{9}{4} a + \tfrac{3}{2} b - c ;$$

or le premier terme a seul ici 8 pour dénominateur, tous les autres sont ou des nombres entiers, ou divisés seulement par 4 ou par 2, et ne peuvent parconséquent faire 0 avec le premier terme : la même chose a lieu pour toute autre fraction.

727. Comme dans ces cas, les racines de l'équation ne sont ni des nombres entiers, ni des fractions, elles sont irrationnelles, ou même, ce qui arrive souvent, imaginaires. Or la manière de les exprimer alors et de déterminer les signes radicaux qui les affectent, fait un point très-important, et qui

mérite d'être expliqué ici avec soin. On attribue cette méthode, qu'on nomme *la règle de Cardan*, *à Cardan*, ou plutôt à *Scipion Ferreo*, qui ont vécu il y a quelques siècles.

728. Il faut, pour entrer dans l'esprit de cette règle, considérer d'abord avec attention la nature d'un cube, dont la racine est un binome.

Soit $a+b$ cette racine, le cube en est $a^3+3aab+3abb+b^3$, et nous voyons qu'il est composé des cubes des deux termes du binome, et, outre cela, de deux termes moyens $3aab+3abb$, qui ont le facteur commun $3ab$, lequel multiplie l'autre facteur $a+b$; c'est-à-dire que ces deux termes contiennent le triple produit des deux termes du binome, multiplié par la somme de ces termes.

729. Qu'on suppose maintenant

$$x=a+b,$$

et qu'on prenne de part et d'autre le cube, on a

$$x^3=a^3+b^3+3ab(a+b).$$

Or puisque

$$a+b=x,$$

on aura l'équation du troisième degré,

$$x^3=a^3+b^3+3abx,$$

ou

$$x^3=3abx+a^3+b^3,$$

dont nous savons qu'une des racines est

$$x=a+b.$$

Toutes les fois donc qu'il se présente une telle équation, nous pouvons en assigner une racine.

Soient, par exemple, $a=2$ et $b=3$: on aura l'équation

$$x^3=18x+35,$$

que nous savons avec certitude avoir

$$x = 5$$

pour racine.

730. Que de plus on suppose à présent

$$a^3 = p, \; b^3 = q,$$

on aura

$$a = \sqrt[3]{p}, \; b = \sqrt[3]{q},$$

parconséquent

$$ab = \sqrt[3]{pq};$$

lors donc que l'on rencontre une équation du troisième degré de la forme

$$x^3 = 3x\sqrt[3]{pq} + p + q,$$

on sait qu'une des racines est $\sqrt[3]{p} + \sqrt[3]{q}$.

Or on peut toujours déterminer p et q, de manière que $3\sqrt[3]{pq}$ et $p + q$ soient des quantités égales à un nombre donné; ainsi on est toujours en état de résoudre une équation du troisième degré de l'espèce dont nous parlons.

731. Soit proposée en général l'équation

$$x^3 = fx + g,$$

il s'agira ici de comparer f avec $3\sqrt[3]{pq}$, et g avec $p + q$, c'est-à-dire qu'il faudra déterminer p et q de manière que $3\sqrt[3]{pq}$ devienne égal à f, et que $p + q$ devienne égal à g; car nous savons alors qu'une des racines de notre équation sera ...
$$x = \sqrt[3]{p} + \sqrt[3]{q}.$$

732. Nous avons donc à résoudre ces deux équations

$$3\sqrt[3]{pq} = f, \; p + q = g.$$

La première donne

$$\sqrt[3]{pq}=\frac{f}{3}, \text{ d'où } pq=\frac{f^3}{27}=\frac{1}{27}f^3 \,, \ 4pq=\frac{4}{27}f^3.$$

La seconde équation éta t quarrée, donne

$$pp+2pq+qq=gg\,;$$

si l'on en soustrait

$$4pq=\tfrac{4}{27}f^3\,,$$

on a

$$pp-2pq+qq=gg-\tfrac{4}{27}f^3\,,$$

et prenant la racine quarrée de part et d'autre, on a

$$p-q=\sqrt{gg-\tfrac{4}{27}f^3}.$$

Or puisque

$$p+q=g\,,$$

on a

$$2p=g+\sqrt{gg-\tfrac{4}{27}f^3}\,, \ \ 2q=g\sqrt{gg-\tfrac{4}{27}f^3}\,;$$

parconséquent

$$p=\frac{g+\sqrt{gg-\tfrac{4}{27}f^3}}{2}\,, \ \ q=\frac{g-\sqrt{gg-\tfrac{4}{27}f^3}}{2}.$$

733. Toutes les fois donc qu'on a une équation du troisième degré de la forme

$$x^3=fx+g\,,$$

quels que soient les nombres f et g, on a toujours pour une des racines

$$x=\sqrt[3]{\frac{g+\sqrt{gg-\tfrac{4}{27}f^3}}{2}}+\sqrt[3]{\frac{g-\sqrt{gg-\tfrac{4}{27}f^3}}{2}}\,:$$

c'est-à-dire une quantité irrationnelle, qui renferme non-seulement le signe radical quarré, mais aussi le signe de la racine cubique; et c'est cette formule qu'on nomme proprement la *règle de Cardan*.

734. Appliquons cette formule à quelques exemples, pour en mieux faire comprendre l'usage.

Soit

$$x^3 = 6x + 9,$$

on aura

$$f = 6, \quad g = 9;$$

ainsi

$$gg = 81, \quad f^3 = 216, \quad \tfrac{4}{27} f^3 = 32,$$

puis

$$gg - \tfrac{4}{27} f^3 = 49, \quad \sqrt{gg - \tfrac{4}{27} f^3} = 7.$$

Donc une des racines de l'équation donnée est

$$x = \sqrt[3]{\frac{9+7}{2}} + \sqrt[3]{\frac{9-7}{2}} = \sqrt[3]{\tfrac{16}{2}} + \sqrt[3]{\tfrac{2}{2}}$$
$$= \sqrt[3]{8} + \sqrt[3]{1} = 2 + 1 = 3.$$

735. Soit proposée cette autre équation

$$x^3 = 3x + 2,$$

on aura

$$f = 3, \quad g = 2,$$

parconséquent

$$gg = 4, \quad f^3 = 27 \text{ et } \tfrac{4}{27} f^3 = 4;$$

ce qui nous donne

$$\sqrt{gg - \tfrac{4}{27} f^3} = 0;$$

d'où il résulte qu'une des racines est

$$x = \sqrt[3]{\frac{2+0}{2}} + \sqrt[3]{\frac{2-0}{2}} = 1 + 1 = 2.$$

736. Il arrive souvent cependant que, quoiqu'une telle équation ait une racine rationnelle, on ne peut trouver cette racine par la règle dont nous nous occupons.

Soit donnée l'équation

$$x^3 = 6x + 40,$$

où $x = 4$ est une des racines. Nous avons ici

$$f = 6, \ g = 40,$$

de plus

$$gg = 1600, \ \tfrac{4}{27} f^3 = 32;$$

ainsi

$$gg - \tfrac{4}{27} f^3 = 1568,$$

et

$$\sqrt{gg - \tfrac{4}{27} f^3} = \sqrt{1568} = \sqrt{4.4.49.2} = 28\sqrt{2};$$

parconséquent une des racines

$$x = \sqrt[3]{\frac{40 + 28\sqrt{2}}{2}} + \sqrt[3]{\frac{40 - 28\sqrt{2}}{2}},$$

ou

$$x = \sqrt[3]{20 + 14\sqrt{2}} + \sqrt[3]{20 - 14\sqrt{2}};$$

et cette quantité est réellement $= 4$, quoiqu'à la première inspection on ne s'en doute pas. En effet le cube de $2 + \sqrt{2}$ étant $20 + 14\sqrt{2}$, on a reciproquement la racine cubique de $20 + 14\sqrt{2}$ égale à $2 + \sqrt{2}$; de même

$$\sqrt[3]{20 - 14\sqrt{2}} = 2 - \sqrt{2};$$

donc notre racine

$$x = 2 + \sqrt{2} + 2 - \sqrt{2} = 4.$$

737. On pourrait objecter à cette règle, qu'elle ne s'étend pas à toutes les équations du troisieme degré, parceque le quarré de x ne s'y rencontre point, c'est-à-dire que le second terme

manque dans l'équation. Mais nous remarquerons que toute équation complète peut se transformer en une autre qni manque du second terme, et à laquelle on peut parconséquent appliquer la règle.

Soit, pour le prouver, l'équation complète

$$x^3 - 6xx + 11x - 6 = 0.$$

Si l'on prend ici le tiers du coefficient 6 du second terme, et qu'on fasse

$$x - 2 = y;$$

on aura

$$x = y + 2, \quad xx = yy + 4y + 4, \quad x^3 = y^3 + 6yy + 12y + 8;$$

parconséquent

$$\begin{cases} x^3 & = y^3 + 6yy + 12y + 8 \\ - 6xx = & -6yy - 24y - 24 \\ + 11x = & + 11y + 22 \\ - 6 = & - 6 \end{cases}$$

d'où résulte cette transformation du premier nombre,

$$x^3 - 6xx + 11x - 6 \quad = y^3 \qquad - y.$$

On a donc l'équation

$$y^3 - y = 0,$$

dont la résolution est manifeste, puisqu'on voit sur le champ qu'elle est le produit des facteurs

$$y(yy - 1) = y(y + 1)(y - 1) = 0.$$

Si l'on fait maintenant chacun de ces facteurs $= 0$, on a

$$1^\circ. \begin{cases} y = 0, \\ x = 2, \end{cases} \quad 2^\circ. \begin{cases} y = -1, \\ x = 1, \end{cases} \quad 3^\circ. \begin{cases} y = 1, \\ x = 3, \end{cases}$$

c'est à dire les trois racines trouvées déjà plus haut.

738. Soit donnée à présent l'équation générale du troisième

degré

$$x^3 + axx + bx + c = 0,$$

de laquelle il s'agisse d'éliminer le second terme.

On ajoutera, pour cet effet, à x le tiers du coefficient du second terme, en conservant le même signe, et on écrira pour cette somme une nouvelle lettre, par exemple, y, desorte qu'on aura

$$x + \tfrac{1}{3} a = y, \text{ d'où } x = y - \tfrac{1}{3} a,$$

conséquemment :

$$x = y - \tfrac{1}{3} a, \quad xx = yy - \tfrac{2}{3} ay + \tfrac{1}{9} aa, \quad x^3 = y^3 - ayy + \tfrac{1}{3} aay - \tfrac{1}{27} a^3;$$

donc

$$\begin{aligned}
x^3 &= y^3 - ayy + \tfrac{1}{3} aay - \tfrac{1}{27} a^3 \\
axx &= + ayy - \tfrac{2}{3} aay + \tfrac{1}{9} a^3 \\
bx &= + by - \tfrac{1}{3} ab \\
c &= + c
\end{aligned}$$

de là résulte cette transformée en y

$$y^3 - (\tfrac{1}{3} aa - b)y + \tfrac{2}{27} a^3 - \tfrac{1}{3} ab + c = 0,$$

équation dans laquelle le second terme manque.

739. Nous sommes en état, moyennant cette transformation, de trouver les racines de toutes les équations du troisième degré; l'exemple qui suit en fournira une preuve.

L'équation proposée est

$$x^3 - 6xx + 13x - 12 = 0.$$

Il s'agit d'abord de chasser le second terme; on fera pour cet effet

$$x - 2 = y,$$

et on aura

$$x = y + 2, \quad xx = yy + 4y + 4, \quad x^3 = y^3 + 6yy + 12y + 8;$$

donc

donc

$$x^3 = y^3 + 6yy + 12y + 8$$
$$-6xx = \quad -6yy - 24y - 24$$
$$+13x = \quad\quad +13y + 26$$
$$-12 = \quad\quad\quad -12$$

$$\overline{\quad\quad y^3 + y - 2 = 0,}$$

ou

$$y^3 = -y + 2.$$

Si on compare cette équation avec la formule

$$x^3 = fx + g,$$

on a

$$f = -1, \; g = 2;$$

donc

$$gg = 4, \; \tfrac{4}{27} f^3 = -\tfrac{4}{27};$$

de plus

$$gg - \tfrac{4}{27} f^3 = 4 + \tfrac{4}{27} = \tfrac{112}{27},$$

et

$$\sqrt{gg - \tfrac{4}{27} f^3} = \sqrt{\tfrac{112}{27}} = \frac{4\sqrt{21}}{9};$$

parconséquent

$$y = \sqrt[3]{\left(\frac{2 + \dfrac{4\sqrt{21}}{9}}{2}\right)} + \sqrt[3]{\left(\frac{2 - \dfrac{4\sqrt{21}}{9}}{2}\right)},$$

ou

$$y = \sqrt[3]{1 + \frac{2\sqrt{21}}{9}} + \sqrt[3]{1 - \frac{2\sqrt{21}}{9}} = \sqrt[3]{\frac{9 + 2\sqrt{21}}{9}}$$

$$+ \sqrt[3]{\frac{9 - 2\sqrt{21}}{9}} = \sqrt[3]{\frac{27 + 6\sqrt{21}}{27}} + \sqrt[3]{\frac{27 - 6\sqrt{21}}{27}} =$$

$$\tfrac{1}{3}\sqrt[3]{27 + 6\sqrt{21}} + \tfrac{1}{3}\sqrt[3]{27 - 6\sqrt{21}};$$

et il reste à substituer cette valeur dans

$$x = y + 2.$$

740. Nous sommes parvenus dans la solution de cet exemple, à une quantité doublement irrationnelle ; mais il ne faut pas en conclure sur-le-champ que la racine est irrationnelle, parce-qu'il pourrait arriver par un heureux hasard, que les binomes $27 \pm 6 \sqrt{21}$ fussent des cubes effectifs ; et c'est aussi ce qui

a lieu ici ; car le cube de $\dfrac{3 + \sqrt{21}}{2}$ étant

$$\frac{216 + 48 \sqrt{21}}{8} = 27 + 6\sqrt{21},$$

il suit que la racine cubique de $27 + 6 \sqrt{21}$ est $\dfrac{3 + \sqrt{21}}{2}$,

et que la racine cubique de $27 - 6 \sqrt{21}$ est $\dfrac{3 - \sqrt{21}}{2}$. Cela

fait donc que la valeur trouvée pour y, devient

$$y = \tfrac{1}{3}\left(\frac{3 + \sqrt{21}}{2}\right) + \tfrac{1}{3}\left(\frac{3 - \sqrt{21}}{2}\right) = \tfrac{1}{2} + \tfrac{1}{2} = 1.$$

Or puisque $y = 1$, nous avons $x = 3$ pour une des racines de l'équation proposée, et les deux autres se trouveront en divisant l'équation par $x - 3$.

$$
\begin{array}{l}
x^3 - 6xx + 13x - 12 \enspace \Big\lfloor \dfrac{x - 3}{xx - 3x + 4} \\[2mm]
\underline{x^3 - 3xx} \\[1mm]
\qquad -3xx + 13x - 12 \\
\qquad \underline{-3xx + 9x} \\
\qquad\qquad 4x - 12 \\
\qquad\qquad \underline{4x - 12} \\
\qquad\qquad\qquad 0 :
\end{array}
$$

et égalant à o le quotient $xx - 3x + 4$, l'on a

$$xx = 3x - 4,$$

et

$$x = \tfrac{3}{2} \pm \sqrt{\tfrac{9}{4} - \tfrac{16}{4}} = \tfrac{3}{2} \pm \sqrt{-\tfrac{7}{4}} = \frac{3 \pm \sqrt{-7}}{2}.$$

Ce sont les deux racines en question, mais elles sont imaginaires.

741. C'est par hasard, comme nous l'avons remarqué, qu'on a pu, dans l'exemple précédent, extraire la racine cubique des binomes trouvés, et ce cas n'a lieu que lorsque l'équation a une racine rationnelle, et alors on emploie avec plus de facilité, pour trouver cette racine, les règles du Chapitre précédent. Mais quand l'équation ne comporte pas une telle racine, ou quand elle est irrationnelle, il n'est pas possible d'exprimer cette racine par une formule plus simple que la précédente, desorte qu'elle ne peut être réduite. Par exemple, dans l'équation

$$x^3 = 6x + 4,$$

on a

$$f = 6, \quad g = 4;$$

desorte que

$$x = \sqrt[3]{2 + 2\sqrt{-1}} + \sqrt[3]{2 - 2\sqrt{-1}},$$

formule qui ne peut se simplifier.

CHAPITRE XIII.

De la résolution des Equations du quatrième degré.

742. $\mathbf{L}$ORSQUE la plus haute puissance de la quantité x, monte au quatrième degré, on a des *équations du quatrième degré*, et la formule générale en est

$$x^4 + ax^3 + bxx + cx + d = 0.$$

Nous considérerons, en premier lieu, les équations du quatrième degré, *pures*, dont la formule est simplement

$$x^4 = f,$$

et dont on trouve aussitôt la racine en prenant de part et d'autre la racine bi-quarrée, puisqu'on obtient

$$x = \sqrt[4]{f}.$$

743. Comme x^4 est le quarré de xx, on facilite beaucoup le calcul, en commençant par extraire la racine quarrée ; car alors on a

$$xx = \sqrt{f},$$

et prenant ensuite de nouveau la racinee quarrée, on a

$$x = \sqrt{\sqrt{f}};$$

desorte que $\sqrt[4]{f}$ n'est autre chose que la racine quarrée de la racine quarrée de f.

Si on avait, par exemple, l'équation

$$x^4 = 2401 \,;$$

on aurait d'abord $xx = 49$, puis $x = 7$.

744. Il est vrai que voilà seulement une racine, et cependant puisqu'on trouve toujours trois racines cubiques, il n'est pas douteux que quatre racines ne doivent avoir lieu ici ; mais remarquons que la méthode indiquée ne laisse pas de donner en effet ces quatre racines. Car, dans l'exemple ci-dessus, on a non-seulement $xx = 49$, mais aussi $xx = -49$; or la première valeur donne les deux racines

$$x = 7, \; x = -7,$$

et la seconde valeur donne

$$x = V - 49 = 7 V - 1,$$

et

$$x = -V - 49 = -7 V - 1.$$

Telles sont les quatre racines quatrièmes de 2401. Il en serait de même à l'égard d'autres nombres.

745. Après ces équations pures, viennent dans l'ordre celles où le second et le quatrième terme manquent, et qui ont la forme

$$x^4 + fxx + g = 0.$$

Elles sont résolubles à la manière des équations du second degré ; car si l'on fait

$$xx = y,$$

on a

$$yy + fy + g = 0, \text{ ou } yy = -fy - g,$$

d'où l'on tire

$$y = -\tfrac{1}{2} f \pm \sqrt{\tfrac{1}{4} ff - g} = \frac{-f \pm \sqrt{ff - 4g}}{2} \, ;$$

or $xx = y$; ainsi

$$x = \pm \sqrt{\frac{-f \pm \sqrt{ff - 4g}}{2}}$$

où les signes doubles $\pm$ indiquent toutes les quatre racines.

746. Mais si l'équation contient tous les termes possibles, on peut toujours la regarder comme le produit de quatre facteurs. En effet, si l'on multiplie entr'eux ces quatre facteurs, $(x - p)\,(x - q)\,(x - r)\,(x - f)$, on trouve le produit $x^4 - (p+q+r+f)\, x^3 + (pq+pr+pf+qr+qf+rf)\, xx - (pqr+pqf+prf+qrf)\, x + pqrf$, et cette formule ne peut devenir égale à o, que lorsqu'un de ces quatre facteurs est $= o$. Or cela peut arriver de quatre manières : 1°. par $x = p$; 2°. par $x = q$; 3°. par $x = r$; 4°. par $x = f$; et ce sont là parconséquent les quatre racines de l'équation.

747. Si nous considérons cette formule avec quelque attention, nous remarquons, dans le second terme, la somme des quatre racines, multipliée par $-x^3$; dans le troisième terme, la somme de tous les produits possibles de deux racines, multipliée par xx ; dans le quatrième terme, la somme des produits des racines multipliées trois à trois, multipliée par $-x$; enfin dans le cinquième terme, le produit des quatre racines.

748. Comme le dernier terme contient le produit de toutes les racines, il est clair qu'une telle équation du quatrième degré ne peut avoir une racine rationnelle qui ne soit en même temps un diviseur du dernier terme. Ce principe fournit donc un moyen facile de découvrir toutes les racines rationnelles, lorsqu'il y en a ; puisqu'on n'a qu'à substituer successivement à x tous les diviseurs du dernier terme, jusqu'à ce qu'on en

trouve un qui satisfasse à l'équation ; car ayant obtenu une telle racine, par exemple, $x = p$, on divisera l'équation par $x - p$, après avoir porté tous les termes du même côté, et supposant le quotient $= 0$, on obtiendra une équation du troisième degré, qu'on pourra résoudre par les règles données ci-dessus.

749. Or il est absolument nécessaire pour cela que tous les termes soient des nombres entiers, et que le premier n'ait que l'unité pour coefficient ; toutes les fois donc que quelques termes renferment des fractions, il faudra commencer par éliminer ces fractions, et c'est ce qu'on peut toujours faire en substituant, au lieu de x, la quantité y, divisée par un nombre qui soit le produit des facteurs premiers, pris chacun une fois, des dénominateurs de ces fractions.

Par exemple, si l'on a l'équation

$$x^4 - \tfrac{1}{2} x^3 + \tfrac{1}{3} xx + \tfrac{3}{4} x + \tfrac{1}{18} = 0.$$

comme on y rencontre des fractions qui ont pour dénominateurs 2, 3 et des puissances de ces nombres, on supposera $x = \dfrac{y}{6}$, et on aura

$$\frac{y^4}{6^4} - \frac{\tfrac{1}{2} y^3}{6^3} + \frac{\tfrac{1}{3} yy}{6^2} - \frac{\tfrac{3}{4} y}{6} + \frac{1}{18} = 0,$$

équation, qui multipliée par 6^4 devient

$$y^4 - 3y^3 + 12yy - 162y + 72 = 0.$$

Si l'on voulait chercher maintenant si cette équation a des racines rationnelles, il faudrait écrire à la place de y successivement les diviseurs de 72, afin de voir dans quels cas la formule se réduirait réellement à 0.

750. Mais comme les racines peuvent être aussi bien positives que négatives, il faudrait avec chaque diviseur faire deux

4

essais, l'un en supposant ce diviseur positif, l'autre en le regardant comme négatif ; cependant une nouvelle remarque en dispense souvent. Toutes les fois que les signes $+$ et $-$ se suivent régulièrement, l'équation a autant de racines positives qu'il y a de changemens dans les signes ; et autant de racines négatives qu'il y a de répétitions du même signe. Or notre exemple contient quatre changemens de signes et aucune succession ; ainsi toutes les racines sont positives, et on n'a pas besoin de prendre aucun des diviseurs du dernier terme en moins.

751. Soit donnée l'équation

$$x^4 + 2x^3 - 7xx - 8x + 12 = 0.$$

Nous voyons ici deux changemens de signes, mais aussi deux successions ; d'où nous concluons avec certitude, que cette équation contient deux racines positives et autant de racines négatives, qui doivent toutes être des diviseurs du nombre 12. Or ces diviseurs sont 1, 2, 3, 4, 6, 12 ; qu'on essaye donc d'abord $x = +1$, on parviendra réellement à 0 ; donc une des racines est $x = 1$.

Si l'on fait ensuite $x = -1$, on trouve

$$+1 - 2 - 7 + 8 + 12 = 21 - 9 = 12 ;$$

ainsi $x = -1$ n'est pas une des racines. Qu'on fasse après cela $x = 2$, on trouve de nouveau la formule $= 0$, et par conséquent, pour une des racines, $x = 2$; mais $x = -2$ au contraire ne se trouve pas être une racine. Lorsqu'on fait ensuite $x = 3$, on a

$$81 + 54 - 63 - 24 + 12 = 60,$$

c'est-à-dire que cette supposition ne satisfait pas ; au lieu que $x = -3$, donnant

$$81 - 54 - 63 + 24 + 12 = 0.$$

est évidemment une des racines qu'on cherche. Enfin, quand on aura essayé $x = -4$, on verra pareillement l'équation se réduire à zéro ; desorte donc que toutes les quatre racines sont rationnelles, et ont les valeurs suivantes :

$$x = 1, \; x = 2, \; x = -3, \; x = -4;$$

et conformément à la règle donnée ci-dessus, deux de ces racines sont positives, et les deux autres sont négatives.

752. Mais aucune racine ne pouvant être déterminée par cette voie, lorsqu'elles sont toutes irrationnelles, il a fallu songer à des expédiens pour exprimer les racines dans ces cas. On a découvert deux routes différentes pour parvenir à la connaissance de semblables racines, quelle que soit la nature de l'équation du quatrième degré.

Il sera bon, avant que d'expliquer ces méthodes générales, que nous donnions les solutions de quelques cas particuliers, lesquelles peuvent souvent s'appliquer très-utilement.

753. Lorsque l'équation est telle que les coefficiens des termes se suivent de la même manière, tant dans l'ordre direct des termes, que dans l'ordre rétrograde, comme il arrive dans l'équation suivante :

$$x^4 + m\,x^3 + nxx + mx + 1 = 0.$$

ou dans cette autre équation qui est plus générale :

$$x^4 + max^3 + naaxx + ma^3\,x + a^4 = 0.$$

on peut toujours en regarder le premier membre comme le produit de deux facteurs qui sont des formules du second degré, et qu'on résout facilement. En effet, qu'on représente cette dernière équation par le produit

$$(xx + pax + aa) (xx + qax + aa) = 0,$$

où il s'agisse de déterminer p et q de manière qu'on obtienne la proposée : on trouvera, en effectuant la multiplication ;

$$x^4 + (p+q)\,ax^3 + (pq+2)\,aaxx + (p+q)\,a^3 x + a^4 = 0 ;$$

et pour que cette équation soit la même que la précédente ; il faut 1°. que

$$p + q = m,$$

2°. que

$$pq + 2 = n, \text{ d'où } pq = n - 2.$$

Maintenant, quarrant la première de ces égalités, on a

$$pp + 2pq + qq = mm ;$$

si on soustrait de ceci la seconde prise quatre fois, ou

$$4pq = 4n - 8,$$

il reste

$$pp - 2pq + qq = mm - 4n + 8 ;$$

et prenant la racine quarrée, on trouve

$$p - q = \sqrt{mm - 4n + 8}.$$

Or

$$p + q = m,$$

on aura donc par l'addition,

$$2p = m + \sqrt{mm - 4n + 8}, \text{ ou } p = \frac{m + \sqrt{mm - 4n + 8}}{2} ;$$

et par la soustraction,

$$2q = m - \sqrt{mm - 4n + 8}, \text{ ou } q = \frac{m - \sqrt{mm - 4n + 8}}{2}.$$

Ayant ainsi trouvé p et q, on n'a plus qu'à supposer chaque facteur $= 0$; afin de déterminer les valeurs de x : le premier

donne

$$xx + pax + aa = 0, \text{ d'où } xx = -pax - aa,$$

d'où l'on tire

$$x = -\frac{pa}{2} \pm \tfrac{1}{2}\, a \sqrt{pp - 4}\,;$$

le second facteur donne

$$x = -\frac{qa}{2} \pm \tfrac{1}{2}\, a \sqrt{qq - 4}\,;$$

et ce sont là quatre racines de l'équation proposée.

754. Pour rendre la chose plus claire, soit donnée l'équation

$$x^4 - 4x^3 - 3xx - 4x + 1 = 0.$$

Nous avons ici

$$a = 1,\; m = -4,\; n = -3\,;$$

parconséquent

$$mm - 4n + 8 = 36,$$

et la racine quarrée de cette quantité $= 6$; donc

$$p = \frac{-4 + 6}{2} = 1\,,\quad q = \frac{-4 - 6}{2} = -5\,;$$

de là résultent les quatre racines

$$x = -\tfrac{1}{2} \pm \tfrac{1}{2}\sqrt{-3} = \frac{-1 \pm \sqrt{-3}}{2}\,;$$

$$x = \tfrac{5}{2} \pm \tfrac{1}{2}\sqrt{21} = \frac{5 \pm \sqrt{21}}{2}\,,$$

c'est-à-dire

$$x = \frac{-1 + \sqrt{-3}}{2}\,,\quad x = \frac{5 + \sqrt{21}}{2}\,,$$

$$x = \frac{-1 - \sqrt{-3}}{2}\,,\quad x = \frac{5 - \sqrt{21}}{2}\,.$$

Les deux premières de ces racines sont imaginaires ou impossibles ; mais les deux dernières sont possibles ; puisqu'on peut indiquer $\sqrt{21}$ aussi exactement qu'on le souhaite, en exprimant cette racine par des fractions décimales. En effet, 21 étant autant que 21,00000000, on n'a qu'à tirer la racine quarrée par les règles données, et on trouvera que $\sqrt{21} = 4,5825$; la troisième racine approche d'assez près $x = 4,7912$, et la quatrième, $x = 0,2087$; et il eût été facile de les déterminer avec encore plus de précision.

Remarquons que la quatrième racine étant à très-peu près $\frac{2}{10}$ ou $\frac{1}{5}$, cette valeur satisfera déjà assez exactement à l'équation ; en effet, si l'on fait $x = \frac{1}{5}$, on trouve

$$\frac{1}{625} - \frac{4}{125} - \frac{3}{25} - \frac{4}{5} + 1 = \frac{31}{625} \ ;$$

on aurait dû trouver 0 ; mais la différence, comme on voit, n'est pas grande.

755. Le second cas où une résolution semblable a lieu, est le même que le premier quant aux coefficiens, mais il en diffère dans les signes ; car nous supposerons que le second et le quatrième termes aient des signes différens ; une telle équation est donc, par exemple ,

$$x^4 + max^3 + naaxx - ma^3 x + a^4 = 0,$$

qui peut être représentée par le produit ,

$$(xx + pax - aa)(xx + qax - aa) = 0.$$

En effet la multiplication de ces facteurs donne

$$x^4 + (p+q)ax^3 + (pq-2)aaxx - (p+q)a^3 x + a^4,$$

quantité qui est égale à la formule proposée, si on suppose en premier lieu

$$p + q = m,$$

et en second lieu

$$pq - 2 = n, \text{ d'où } pq = n + 2$$

parceque de cette façon les quatrièmes termes deviennent égaux d'eux-mêmes. Qu'on quarre, comme ci-dessus, la première équation, on aura

$$pp + 2pq + qq = mm;$$

qu'on soustraye de celle-ci la seconde prise quatre fois, ou

$$4pq = 4n + 8,$$

il restera

$$pp - 2pq + qq = mm - 4n - 8;$$

la racine quarrée est

$$p - q = \sqrt{mm - 4n - 8},$$

et de là on obtient

$$p = \frac{m + \sqrt{mm - 4n - 8}}{2}, \quad q = \frac{m - \sqrt{mm - 4n - 8}}{2}.$$

Ayant donc trouvé p et q, on connaîtra par le premier facteur les deux racines

$$x = -\tfrac{1}{2} pa \pm \tfrac{1}{2} a \sqrt{pp + 4},$$

et par le second facteur les deux racines

$$x = -\tfrac{1}{2} qa \pm \tfrac{1}{2} a \sqrt{qq + 4},$$

c'est-à-dire qu'on aura les quatre racines de l'équation proposée.

756. Soit donnée l'équation

$$x^4 - 3.2\, x^3 + 3.8 + 16 = 0,$$

nous avons

$$a = 2, \quad m = -3, \quad n = 0;$$

ainsi

$$\sqrt{mm - 4n - 8} = 1,$$

et parconséquent

$$p = \frac{-3+1}{2} = -1, \quad q = \frac{-3-1}{2} = -2.$$

Donc les deux premières racines sont

$$x = 1 \pm \sqrt{5},$$

et les deux dernières sont

$$x = 2 \pm \sqrt{8};$$

donc les quatre racines cherchées seront :

$$x = 1 + \sqrt{5}, \quad x = 1 - \sqrt{5}, \quad x = 2 + \sqrt{8}, \quad x = 2 - \sqrt{8}.$$

et les quatre facteurs de notre équation

$$(x - 1 - \sqrt{5})(x - 1 + \sqrt{5})(x - 2 - \sqrt{8})(x - 2 + \sqrt{8}),$$

dont la multiplication effective produit réellement la proposée ; car les deux premiers étant multipliés entr'eux, donnent $xx - 2x - 4$, et les deux autres donnent $xx - 4x - 4$; or ces deux produits multipliés pareillement l'un par l'autre, font $x^4 - 6x^3 + 24x + 16$, ce qui est précisément l'équation donnée.

CHAPITRE XIV.

De la Règle de BOMBELLI, pour réduire la résolution des Équations du quatrième degré à celle des Équations du troisième degré.

757. N o u s avons fait voir plus haut, comment on résout, par la règle de *Cardan*, les équations du troisième degré ; ainsi tout consiste principalement, pour les équations du quatrième, à en réduire la résolution à celle des équations du troisième. En effet il n'est pas possible de résoudre généralement les équations du quatrième degré sans le secours de celles du troisième, puisqu'ayant déterminé une des racines, les autres dépendent d'une équation du troisième degré. Et on peut conclure de là qu'aussi les équations de dimensions plus hautes, présupposent la résolution de toutes les équations des degrés inférieurs.

758. Or il y a déjà quelques siècles qu'un Italien, nommé *Bombelli*, a donné une règle pour cela ; c'est celle que nous nous proposons d'expliquer dans ce Chapitre.

Soit donnée l'équation générale du quatrième degré ,

$$x^4 + ax^3 + bxx + cx + d = 0,$$

où les lettres a, b, c, d signifient tous les nombres imaginables. Qu'on suppose maintenant que cette équation soit la même que celle-ci ,

$$(xx + \tfrac{1}{2}ax + p)^2 - (qx + r)^2 = 0,$$

où il s'agisse de déterminer les lettres p, q et r, de manière qu'on obtienne l'équation proposée. Si on ordonne la nouvelle équation suivant les puissances de x, on aura

$$x^4 + ax^3 + \tfrac{1}{4}aaxx + apx + pp = 0$$
$$+ \; 2pxx - 2qrx - rr$$
$$- \; qqxx.$$

Or les deux premiers termes sont ici déjà les mêmes que dans l'équation donnée ; le troisième terme exige qu'on fasse

$$\tfrac{1}{4}aa + 2p - qq = b,$$

ce qui donne

$$qq = \tfrac{1}{4}aa + 2p - b;$$

le quatrième terme indique qu'on doit faire

$$ap - 2qr = c, \text{ ou } 2qr = ap - c;$$

enfin on a pour le dernier terme

$$pp - rr = d, \text{ ou } rr = pp - d.$$

Voilà donc trois équations qui doivent donner les valeurs de p, q et r.

759. La manière la plus facile de les résoudre est la suivante : qu'on prenne la première équation quatre fois, on aura

$$4qq = aa + 8p - 4b;$$

cette équation multipliée par la dernière,

$$rr = pp - d,$$

donne

$$4qqrr = 8p^3 + (aa - 4b)pp - 8dp - d(aa - 4b).$$

Si de plus on quarre la seconde équation, on aura

$$4qqrr = aapp - 2acp + cc.$$

Ains

Ainsi nous avons pour $4qqrr$ deux valeurs qu'on peut égaler entr'elles, ce qui fournit l'équation

$$8p^3 + (aa - 4b)\, pp - 8dp - d\,(aa - 4b) = aapp - 2acp + cc,$$

ou, en portant tous les termes d'un même côté,

$$8p^3 - 4bpp + (2ac - 8d)\, p - aad + 4bd - cc = 0,$$

équation du troisième degré, qui donnera toujours la valeur de p par les règles exposées plus haut.

760. Ayant donc déterminé les trois valeurs de p par les données a, b, c, d, ce qui ne demande que d'avoir trouvé une seule de ces valeurs, on aura aussi les valeurs des deux autres lettres q et r; car la première équation donnera

$$q = \sqrt{\tfrac{1}{4} aa + 2p - b},$$

et la seconde donne

$$r = \frac{ap - c}{2q}.$$

Or ces trois valeurs étant déterminées pour chaque cas donné, voici comment on pourra trouver enfin les quatre racines de l'équation proposée :

Cette équation ayant été réduite à la forme

$$(xx + \tfrac{1}{2} ax + p)^2 - (qx + r)^2 = 0,$$

on aura

$$(xx + \tfrac{1}{2} ax + p)^2 = (qx + r)^2,$$

et en tirant la racine,

$$xx + \tfrac{1}{2} ax + p = qx + r,$$

ou bien

$$xx + \tfrac{1}{2} ax + p = - qx - r.$$

La première équation donne

$$xx = (q - \tfrac{1}{2} a) x - p + r,$$

d'où l'on peut déduire deux racines ; et la seconde équation à laquelle on peut donner la forme

$$xx = -(q + \tfrac{1}{2} a) x - p - r,$$

fournira les deux autres racines.

761. Eclaircissons cette règle par un exemple, et supposons donnée l'équation

$$x^4 - 10x^3 + 35xx - 50x + 24 = 0.$$

Si nous la comparons avec notre formule générale , nous avons

$$a = -10 , \; b = 35 , \; c = -50 , d = 24,$$

et parconséquent l'équation qui doit donner la valeur de p , est

$$8p^3 - 140pp + 808p - 1540 = 0,$$

ou

$$2p^3 - 35pp + 202p - 385 = 0.$$

Les diviseurs du dernier terme sont 1 , 5 , 7 , 11 , etc. Le premier 1 ne satisfait pas ; mais en faisant $p = 5$, on trouve

$$250 - 875 + 1010 - 385 = 0,$$

ensorte que $p = 5$. Si on suppose de plus $p = 7$, on trouve

$$686 - 1715 + 1414 - 385 = 0,$$

donc $p = 7$ est la seconde racine. Il reste à trouver la troisième racine : qu'on divise l'équation par 2 , pour avoir

$$p^3 - \tfrac{35}{2} pp + 101p - \tfrac{385}{2} = 0,$$

et qu'on considère que le coefficient du second terme, ou $\tfrac{35}{2}$, étant la somme de toutes les trois racines, et les deux premières faisant ensemble 12, la troisième doit nécessairement être $\tfrac{11}{2}$.

Nous connaissons parconséquent les trois racines en question. Mais remarquons qu'une seule eût suffi, parceque chacune donne également les quatre racines de notre équation du quatrième degré.

762. Pour le prouver, soit d'abord $p = 5$, nous aurons

$$q = \sqrt{25 + 10 - 35} = 0,$$

et

$$r = \frac{-50 + 50}{0} = \frac{0}{0}.$$

Or rien n'étant déterminé par là, prenons la troisième équation

$$rr = pp - d = 25 - 24 = 1,$$

desorte que $r = 1$; nos deux équations du second degré seront :

$$1^\circ.\ xx = 5x - 4 ;\quad 2^\circ.\ xx = 5x - 6.$$

La première donne les deux racines

$$x = \tfrac{5}{2} \pm \sqrt{\tfrac{9}{4}},\ \text{ou}\ x = \frac{5 \pm 3}{2},$$

c'est-à-dire

$$x = 4\ \text{et}\ x = 1.$$

La seconde équation donne

$$x = \tfrac{5}{2} \pm \sqrt{\tfrac{1}{4}} = \frac{5 \pm 1}{2},$$

c'est-à-dire,

$$x = 3\ \text{et}\ x = 2.$$

Mais supposons maintenant $p = 7$, nous aurons

$$q = \sqrt{25 + 14 - 35} = 2,\quad r = \frac{-70 + 50}{4} = -5,$$

d'où résultent les deux équations du second degré,

$$1^\circ.\ xx = 7x - 12 ;\quad 2^\circ.\ xx = 3x - 2 :$$

la première donne

$$x = \tfrac{7}{2} \pm \sqrt{\tfrac{1}{4}}, \text{ ou } x = \frac{7 \pm 1}{2},$$

ainsi

$$x = 4 \text{ et } x = 3;$$

la seconde fournit la racine

$$x = \tfrac{3}{2} \pm \sqrt{\tfrac{1}{4}} = \frac{3 \pm 1}{2},$$

et parconséquent

$$x = 2, \text{ et } x = 1;$$

desorte que par cette seconde supposition on trouve les mêmes quatre racines que par la première.

Enfin les mêmes racines se trouvent par la troisième valeur $p = \tfrac{11}{2}$. Car on a dans ce cas

$$q = \sqrt{25 + 11 - 35} = 1, \quad r = \frac{-55 + 50}{2} = -\tfrac{5}{2};$$

et par là les deux équations du second degré ;

$$1^\circ.\ xx = 6x - 8\ ;\quad 2^\circ.\ xx = 4x - 3.$$

On tire de la première,

$$x = 3 \pm \sqrt{1},$$

c'est-à-dire,

$$x = 4 \text{ et } x = 2;$$

et de la seconde,

$$x = 2 \pm \sqrt{1},$$

c'est-à-dire,

$$x = 3 \text{ et } x = 1,$$

ce qui forme encore les quatre racines trouvées ci-dessus.

763. Soit proposée cette autre équation,

$$x^4 - 16x - 12 = 0,$$

dans laquelle

$$a = 0, \quad b = 0, \quad c = -16, \quad d = -12.$$

Notre équation du troisième degré sera,

$$8p^3 + 96p - 256 = 0, \quad \text{ou } p^3 + 12p - 32 = 0,$$

et on peut rendre cette équation encore plus simple, en faisant $p = 2t$; car on a alors

$$8t^3 + 24t - 32 = 0, \quad \text{ou } t^3 + 3t - 4 = 0.$$

Les diviseurs du dernier terme sont 1, 2, 4. Une des racines se trouve être $t = 1$; donc

$$p = 2, \quad q = \sqrt{4} = 2, \quad r = \tfrac{16}{4} = 4.$$

Parconséquent les deux équations du second degré sont $xx = 2x + 2$, et $xx = -2x - 6$, et elles fournissent les racines

$$x = 1 \pm \sqrt{3}, \quad x = -1 \pm \sqrt{-5}.$$

764. Nous tâcherons de rendre encore plus familière la résolution dont nous parlons, en la répétant toute entière dans l'exemple suivant :

On a l'équation

$$x^4 - 6x^3 + 12xx - 12x + 4 = 0,$$

qui doit être contenue dans la formule

$$(xx - 3x + p)^2 - (qx + r)^2 = 0,$$

dans la première partie de laquelle on a mis $-3x$, parceque -3 est la moitié du coefficient -6 du second terme de l'équation proposée. Cette formule étant développée, donne

$$x^4 - 6x^3 + (2p + 9 - qq) xx - (6p + 2qr) x + pp - rr = 0,$$

à comparer avec notre équation, et il en résulte les égalités

3

suivantes :

$$1^{\circ}.\ 2p + 9 - qq = 12,\ 2^{\circ}.\ 6p + 2qr = 12,\ 3^{\circ}.\ pp - rr = 4.$$

La première donne,

$$qq = 2p - 3\ ;$$

la seconde ,

$$2qr = 12 - 6p,\ \text{ou}\ qr = 6 - 3p\ ;$$

la troisième ,

$$rr = pp - 4.$$

Multipliant rr par qq , on a

$$qqrr = 2p^3 - 3pp - 8p + 12\ ;$$

et d'un autre côté , si on quarre la valeur de qr, on a

$$qqrr = 36 - 36p + 9pp\ ;$$

ainsi nous avons l'équation

$$2p^3 - 3pp - 8p + 12 = 9pp - 36p + 36\ ,$$

ou

$$2p^3 - 12pp + 28p - 24 = 0,$$

ou

$$p^3 - 6pp + 14p - 12 = 0,$$

dont une des racines est $p = 2$; et il suit de là que $qq = 1, q = 1$
et $qr = r = 0$. Donc notre équation sera

$$(xx - 3x + 2)^2 = xx ,$$

et elle aura pour racine quarrée

$$xx - 3x + 2 = +x.$$

Si on adopte le signe supérieur , on a

$$xx = 4x - 2 \; ;$$

et en admettant le signe inférieur, on obtient

$$xx = 2x - 2,$$

d'où se tirent les quatre racines

$$x = 2 \pm \sqrt{2}, \quad x = 1 \pm \sqrt{-1}.$$

CHAPITRE XV.

D'une nouvelle méthode de résoudre les Equations du quatrième degré.

765. Nous avons vu comment, par la règle de *Bombelli*, on résout les équations du quatrième degré par le moyen d'une équation du troisième degré ; mais on a trouvé, depuis l'invention de cette règle, une autre voie pour parvenir à cette résolution ; et comme cette méthode est tout-à-fait différente de la première, elle mérite d'être expliquée séparément.

766. On suppose que la racine d'une équation du quatrième degré, soit de la forme

$$x = \sqrt{p} + \sqrt{q} + \sqrt{r},$$

où les lettres p, q, r signifient les racines d'une équation du troisième degré,

$$z^3 - fzz + gz - h = 0 ;$$

ensorte que

$$p + q + r = f, \quad pq + pr + qr = g, \quad pqr = h.$$

Cela posé, on quarre la formule adoptée,

$$x = \sqrt{p} + \sqrt{q} + \sqrt{r},$$

et on a

$$xx = p + q + r + 2\sqrt{pq} + 2\sqrt{pr} + 2\sqrt{qr},$$

et puisque

$$p + q + r = f,$$

on a

$$xx - f = 2\sqrt{pq} + 2\sqrt{pr} + 2\sqrt{qr};$$

on prend de nouveau les quarrés, et on trouve

$$x^4 - 2fxx + ff = 4pq + 4pr + 4qr + 8\sqrt{ppqr} + 8\sqrt{pqqr} + 8\sqrt{pqrr}.$$

Or

$$4pq + 4pr + 4qr = 4g;$$

ainsi l'équation devient

$$x^4 - 2fxx + ff - 4g = 8\sqrt{pqr}.(\sqrt{p} + \sqrt{q} + \sqrt{r});$$

mais

$$\sqrt{p} + \sqrt{q} + \sqrt{r} = x,$$

et

$$pqr = h, \text{ d'où } \sqrt{pqr} = \sqrt{h};$$

donc on parvient à l'équation du quatrième degré

$$x^4 - 2fxx - 8x\sqrt{h} + ff - 4g = 0,$$

dont une des racines est sûrement

$$x = \sqrt{p} + \sqrt{q} + \sqrt{r},$$

et où p, q et r sont les racines de l'équation du troisième degré,

$$z^3 - fzz + gz - h = 0.$$

767. L'équation du quatrième degré, à laquelle nous sommes parvenus, peut être regardée comme générale, quoique le second terme x^3 y manque ; car nous ferons voir plus bas qu'une équation complète quelconque peut être transformée en une autre où le second terme ne se trouve plus.

Soit donc proposée l'équation

$$x^4 - axx - bx - c = 0,$$

pour en déterminer une racine. Nous la comparerons avec la

formule trouvée, afin de parvenir aux valeurs de f, g, et h; il faut, 1°. que

$$2f = a, \text{ d'où } f = \frac{a}{2};$$

2°. que

$$8\sqrt{h} = b, \text{ d'où } h = \frac{bb}{64};$$

3°. que

$$ff - 4g = -c, \text{ d'où } \frac{aa}{4} - 4g + c = 0, \text{ ou } \tfrac{1}{4}aa + c = 4g;$$

parconséquent que

$$g = \tfrac{1}{16}aa + \tfrac{1}{4}c.$$

768. Puis donc que l'équation

$$x^4 - axx - bx - c = 0,$$

donne les valeurs des lettres f, g et h, de manière que

$$f = \tfrac{1}{2}a, \quad g = \tfrac{1}{16}aa + \tfrac{1}{4}c, \quad h = \tfrac{1}{64}bb, \quad \text{ou } \sqrt{h} = \tfrac{1}{8}b,$$

on formera de ces valeurs l'équation du troisième degré

$$z^3 - fzz + gz - h = 0,$$

pour en chercher les trois racines par la règle connue. Et si l'on suppose ces racines,

$$1°. \; z = p, \quad 2°. \; z = q, \quad 3°. \; z = r;$$

il faut qu'une des racines de notre équation du quatrième degré soit

$$x = \sqrt{p} + \sqrt{q} + \sqrt{r}.$$

769. Il semble d'abord que cette méthode ne fournit qu'une seule des racines de l'équation proposée ; mais si on réfléchit que chaque signe $\sqrt{}$ peut être pris, tant négativement que positivement, on sentira sur-le-champ que cette formule contient même toutes les quatre racines.

Il y a plus, si on voulait admettre tous les changemens possibles des signes, on aurait huit valeurs différentes pour x, et cependant quatre seulement peuvent avoir lieu. Mais remarquons que le produit de ces trois termes, qui est $\sqrt{pqr}$, doit être égal à $\sqrt{h} = \frac{1}{8} b$, et que si $\frac{1}{8} b$ est positif, le produit des termes $\sqrt{p}$, $\sqrt{q}$ et $\sqrt{r}$, doit pareillement être positif, desorte que les variations admissibles se réduisent aux quatre qui suivent :

$$1^\circ.\ x = \ \ \ \sqrt{p} + \sqrt{q} - \sqrt{r},$$
$$2^\circ.\ x = \ \ \ \sqrt{p} - \sqrt{q} - \sqrt{r},$$
$$3^\circ.\ x = -\sqrt{p} + \sqrt{q} - \sqrt{r},$$
$$4^\circ.\ x = -\sqrt{p} - \sqrt{q} + \sqrt{r}.$$

De même, quand $\frac{1}{8} b$ est négatif, on a simplement les quatre valeurs de x qui suivent :

$$1^\circ.\ x = \ \ \ \sqrt{p} + \sqrt{q} - \sqrt{r},$$
$$2^\circ.\ x = \ \ \ \sqrt{p} - \sqrt{q} + \sqrt{r},$$
$$3^\circ.\ x = -\sqrt{p} + \sqrt{q} + \sqrt{r},$$
$$4^\circ.\ x = -\sqrt{p} - \sqrt{q} - \sqrt{r}.$$

Cette remarque nous met en état de déterminer les quatre racines dans tous les cas ; l'exemple suivant le fera voir.

770. Soit proposée l'équation du quatrième degré

$$x^4 - 25xx + 60x - 36 = 0,$$

dans laquelle le second terme manque. Si nous la comparons avec la formule générale, nous avons

$$a = 25,\ b = -60 \text{ et } c = 36,$$

et après cela

$$f = \tfrac{25}{2},\ g = \tfrac{625}{16} + 9 = \tfrac{769}{16},\ h = \tfrac{225}{4};$$

moyennant quoi notre équation du troisième degré devient

$$z^3 - \tfrac{25}{2} zz + \tfrac{769}{16} z - \tfrac{225}{4} = 0.$$

Pour chasser d'abord les fractions, faisons $z = \dfrac{u}{4}$; nous aurons

$$\frac{u^3}{64} - \frac{25}{2} \cdot \frac{u^2}{16} + \frac{769}{16} \cdot \frac{u}{4} - \frac{225}{4} = 0,$$

et en multipliant par le plus grand dénominateur,

$$u^3 - 50uu + 769u - 3600 = 0.$$

Il faut déterminer les trois racines de cette équation; elles se trouvent toutes trois positives; l'une d'elles est $u = 9$, et en divisant l'équation par $u - 9$, on trouve la nouvelle équation

$$uu - 41u + 400 = 0, \quad \text{ou} \quad uu = 41u - 400,$$

qui donne

$$u = \frac{41}{2} \pm \sqrt{\frac{1681}{4} - \frac{1600}{4}} = \frac{41 \pm 9}{2};$$

desorte que les trois racines sont

$$u = 9, \quad u = 16, \quad u = 25.$$

Parconséquent,

$$1^\circ.\ z = \tfrac{9}{4}, \quad 2^\circ.\ z = 4, \quad 3^\circ.\ z = \tfrac{25}{4}.$$

Telles sont donc les valeurs des lettres p, q et r, c'est-à-dire que

$$p = \tfrac{9}{4}, \quad q = 4, \quad r = \tfrac{25}{4}.$$

Maintenant si nous faisons attention que

$$\sqrt{pqr} = \sqrt{h} = -\tfrac{15}{2},$$

et qu'ainsi cette valeur $= \tfrac{1}{8}b$ est négative, il nous faudra, pour nous conformer à ce qui a été dit à l'égard des signes des racines $\sqrt{p}$, $\sqrt{q}$ et $\sqrt{r}$, prendre tous ces trois radicaux en *moins*, ou n'en prendre qu'un seul en *moins*, et parconséquent comme

$$V p = \tfrac{1}{2}, \quad V q = 2, \quad V r = \tfrac{5}{2},$$

les quatre racines de l'équation proposée se trouvent être,

$$1^\circ. \; x = \tfrac{3}{2} + 2 - \tfrac{5}{2} = 1,$$
$$2^\circ. \; x = \tfrac{3}{2} - 2 + \tfrac{5}{2} = 2,$$
$$3^\circ. \; x = -\tfrac{3}{2} + 2 + \tfrac{5}{2} = 3,$$
$$4^\circ. \; x = -\tfrac{1}{2} - 2 - \tfrac{5}{2} = -6.$$

De ces racines résultent les quatre facteurs

$$(x-1)(x-2)(x-3)(x+6)=0.$$

Les deux premiers multipliés ensemble, donnent $xx-3x+2$; le produit des deux derniers est $xx+3x-18$, et en multipliant ces deux produits l'un par l'autre, on trouve exactement l'équation proposée.

771. Il nous reste à faire voir comment une équation du quatrième degré, dans laquelle le second terme se trouve, peut être transformée en une autre où ce terme manque. Nous donnerons pour cet effet la règle suivante.

Soit proposée l'équation générale

$$y^4 + ay^3 + byy + cy + d = 0.$$

Qu'on ajoute à y la quatrième partie du coefficient du second terme, ou bien $\tfrac{1}{4}a$, et qu'on écrive à la place de la somme une nouvelle lettre x, de façon que

$$y + \tfrac{1}{4}a = x,$$

et parconséquent

$$y = x - \tfrac{1}{4}a;$$

on aura

$$yy = xx - \tfrac{1}{2}ax + \tfrac{1}{16}aa,$$
$$y^3 = x^3 - \tfrac{3}{4}axx + \tfrac{3}{16}aax - \tfrac{1}{64}a^3,$$

et enfin ce qui suit:

$$
\begin{aligned}
y^4 &= x^4 - ax^3 + \tfrac{3}{8}aaxx - \tfrac{1}{16}a^3x + \tfrac{1}{256}a^4 \\
+\, ay^3 &= + ax^3 - \tfrac{3}{4}aaxx + \tfrac{3}{16}a^3x - \tfrac{1}{64}a^4 \\
+\, byy &= + bxx - \tfrac{1}{2}abx + \tfrac{1}{16}aab \\
+\, cy &= + cx - \tfrac{1}{4}ac \\
+\, d &= + d
\end{aligned}
$$

la transformée en x sera donc

$$
\left.
\begin{aligned}
x^4 + 0 - \tfrac{3}{8}aaxx &+ \tfrac{1}{8}a^3x - \tfrac{3}{256}a^4 \\
+ bxx &- \tfrac{1}{2}abx + \tfrac{1}{16}aab \\
&+ cx - \tfrac{1}{4}ac \\
&+ d
\end{aligned}
\right\} = 0.
$$

On a donc à présent une équation dans laquelle le second terme manque, et à laquelle rien n'empêche d'appliquer la règle donnée. Après quoi ces valeurs de x étant trouvées, on déterminera facilement celles de y, puisque $y = x - \tfrac{1}{4}a$.

772. Voilà où on est parvenu jusqu'à présent dans la résolution des équations algébriques; c'est inutilement qu'on s'est donné beaucoup de peines pour résoudre de la même manière les équations du cinquième degré et des degrés plus élevés, ou pour les réduire du moins à des degrés inférieurs desorte qu'on n'est pas en état de donner des règles générales pour trouver les racines des équations qui passent le quatrième degré.

Tout ce qu'on a eu de succès ne s'étend qu'à des cas très-particuliers; 'e principal de ces cas est celui où une racine rationnelle a lieu, car on la trouve facilement par la méthode des diviseurs, parcequ'on sait qu'une telle racine doit toujours être facteur du dernier terme. Le procédé, au reste, est le même que celui que nous avons enseigné pour les équations du troisième et du quatrième degré.

773. Il sera cependant nécessaire d'appliquer encore la règle de *Bombelli* à une équation qui n'ait point de racines rationnelles.

Soit donnée l'équation

$$y^4 - 8y^3 + 14yy + 4y - 8 = 0.$$

Il faudra commencer par faire disparaître le second terme, en ajoutant le quart de son coefficient à y : donc

$$y - 2 = x,$$

et en substituant dans l'équation, au lieu de y sa nouvelle valeur $x + 2$, au lieu de yy la valeur $xx + 4x + 4$, et au lieu de y^3 la valeur $x^3 + 6xx + 12x + 8$; et faisant de même à l'égard de y^4, on aura

$$
\begin{aligned}
y^4 &= x^4 + 8x^3 + 24xx + 32x + 16 \\
-8y^3 &= \quad\;\; -8x^3 - 48xx - 96x - 64 \\
+14yy &= \qquad\qquad +14xx + 56x + 56 \\
+4y &= \qquad\qquad\qquad\;\; +4x + 8 \\
-8 &= \qquad\qquad\qquad\qquad\;\; -8
\end{aligned}
$$

$$x^4 + 0 - 10xx - 4x + 8 = 0.$$

Cette équation étant comparée avec notre formule générale, donne

$$a = 10, b = 4, c = -8 ;$$

d'où nous concluons que

$$f = 5, \; g = \tfrac{17}{4}, \; h = \tfrac{1}{4}, \; \sqrt{h} = \tfrac{1}{2} ;$$

que le produit $\sqrt{pqr}$ sera positif, et que c'est de l'équation du troisième degré

$$z^3 - 5zz + \tfrac{17}{4}z - \tfrac{1}{4} = 0,$$

qu'il faut chercher les trois racines p, q, r.

774. Faisons d'abord disparaître les fractions, et posons, à cet effet,

$$z = \frac{u}{2},$$

nous aurons, après avoir multiplié par 8, l'équation

$$u^3 - 10uu + 17u - 2 = 0,$$

où toutes les racines sont positives. Or les diviseurs du dernier terme sont 1 et 2; si nous essayons $u = 1$, nous trouvons

$$1 - 10 + 17 - 2 = 6;$$

ainsi l'équation ne se réduit pas à zéro; mais en essayant $u = 2$, nous trouvons

$$8 - 40 + 34 - 2 = 0,$$

ce qui satisfait à l'équation, et donne à connaître que $u = 2$ est une des racines. Les deux autres se trouveront en divisant par $u - 2$, le quotient

$$uu - 8u + 1 = 0$$

donne

$$uu = 8u - 1, \text{ d'où } u = 4 \pm \sqrt{15}.$$

Et puisque

$$z = \tfrac{1}{2}u,$$

les trois racines de l'équation du troisième degré, sont

$$z = p = 1, \quad z = q = \frac{4 + \sqrt{15}}{2}, \quad z = r = \frac{4 - \sqrt{15}}{2}.$$

775. Ayant donc déterminé p, q, r, nous avons aussi leurs racines quarrées, savoir:

$$\sqrt{p} = 1, \quad \sqrt{q} = \frac{\sqrt{8 + 2\sqrt{15}}}{2}, \quad \sqrt{r} = \frac{\sqrt{8 - 2\sqrt{15}}}{2}.$$

Mais nous avons vu plus haut (672, 673), que la racine quarrée de $a \pm \sqrt{b}$, lorsqu'on à la condition

$$\sqrt{aa - b} = c,$$

s'exprime

s'exprime par

$$\sqrt{a \pm b} = \sqrt{\frac{a+c}{2}} \pm \sqrt{\frac{a-c}{2}};$$

ainsi, comme dans notre cas

$$a = 8, \quad \sqrt{b} = 2\sqrt{15},$$

et que parconséquent

$$b = 60, \quad c = 2,$$

nous avons

$$\sqrt{8 + 2\sqrt{15}} = \sqrt{5} + \sqrt{3}, \qquad \sqrt{8 - 2\sqrt{15}} = \sqrt{5} - \sqrt{3}.$$

Or nous avons maintenant

$$\sqrt{p} = 1, \quad \sqrt{q} = \frac{\sqrt{5} + \sqrt{3}}{2}, \quad \sqrt{r} = \frac{\sqrt{5} - \sqrt{3}}{2};$$

donc, puisque nous savons aussi que le produit de ces quantités est positif, les quatre valeurs de x seront celles-ci :

$$x = \sqrt{p} + \sqrt{q} + \sqrt{r} = 1 + \frac{\sqrt{5} + \sqrt{3} + \sqrt{5} - \sqrt{3}}{2} = 1 + \sqrt{5},$$

$$x = \sqrt{p} - \sqrt{q} - \sqrt{r} = 1 + \frac{-\sqrt{5} - \sqrt{3} - \sqrt{5} + \sqrt{3}}{2} = 1 - \sqrt{5},$$

$$x = -\sqrt{p} + \sqrt{q} - \sqrt{r} = -1 + \frac{\sqrt{5} + \sqrt{3} - \sqrt{5} + \sqrt{3}}{2} = -1 + \sqrt{3},$$

$$x = -\sqrt{p} - \sqrt{q} + \sqrt{r} = -1 + \frac{-\sqrt{5} - \sqrt{3} + \sqrt{5} - \sqrt{3}}{2} = -1 - \sqrt{3}.$$

Enfin, comme nous avions

$$y = x + 2,$$

les quatre racines de l'équation proposée sont

$$y = 3 + \sqrt{5}, \qquad y = 1 + \sqrt{3},$$
$$y = 3 - \sqrt{5}, \qquad y = 1 - \sqrt{3}.$$

———————————

E e

CHAPITRE XVI.

De la résolution des Equations par approximation.

776. Lorsque les racines d'une équation ne sont pas rationnelles, soit qu'on puisse les exprimer par des quantités radicales, soit qu'on n'ait pas même cette ressource, comme il arrive à l'égard des équations qui passent le quatrième degré, on est réduit à chercher des valeurs approchées des racines, en subordonnant cette approximation aux besoins de la question. On a proposé différentes méthodes à cet effet; nous allons en détailler les principales.

777. Le premier moyen dont nous parlerons, suppose qu'on ait déterminé assez exactement la valeur d'une racine. Qu'on sache, par exemple, qu'une telle valeur surpasse 4, et qu'elle est plus petite que 5. Dans ce ce cas, si l'on suppose cette valeur $= 4 + p$, on est sûr que p exprime une fraction. Or si p est une fraction entre zéro et l'unité, le quarré de p, son cube, et en général toutes les puissances plus hautes de p, seront encore beaucoup plus petites à l'égard de l'unité, et d'après cela, puisqu'il ne s'agit que d'une approximation, on peut les omettre dans le calcul. Quand donc on aura déterminé à peu près la fraction p, on connaîtra déjà plus exactement la racine $4 + p$; on partira de là pour déterminer une nouvelle valeur encore plus exacte, et on continuera de la même manière jusqu'à ce qu'on ait obtenu l'approximation requise.

778. Nous éclaircirons cette méthode d'abord par un exemple

facile, en cherchant par approximation la racine de l'équation

$$xx = 20.$$

On voit ici que x est plus grand que 4 et plus petit que 5; en conséquence on fera

$$x = 4 + p,$$

et on aura

$$xx = 16 + 8p + pp = 20;$$

mais comme pp est très-petit, on négligera ce terme et restera l'équation

$$16 + 8p = 20, \text{ d'où } 8p = 4;$$

on déduit de là

$$p = \tfrac{1}{2}, \quad x = 4\tfrac{1}{2},$$

ce qui approche déjà beaucoup plus de la vérité. Si donc on suppose à présent

$$x = 4\tfrac{1}{2} + p,$$

on est assuré que p signifie une fraction encore beaucoup plus petite qu'auparavant, et qu'on pourra négliger pp à bien plus forte raison. On aura donc

$$xx = 20\tfrac{1}{4} + 9p = 20, \text{ ou } 9p = -\tfrac{1}{4},$$

et parconséquent

$$p = -\tfrac{1}{36};$$

donc

$$x = 4\tfrac{1}{2} - \tfrac{1}{36} = 4\tfrac{17}{36}.$$

Que si l'on voulait approcher encore davantage de la vraie valeur, on ferait

$$x = 4\tfrac{17}{36} + p,$$

et on aurait

$$xx = 20\tfrac{1}{1296} + 8\tfrac{34}{36}p = 20;$$

ainsi

$$8\tfrac{34}{36}p=-\tfrac{1}{1296}, \quad 322p=-\tfrac{36}{1296}=-\tfrac{1}{36}, \quad \text{d'où } p=-\tfrac{1}{36\cdot322}=-\tfrac{1}{11592}.$$

Donc

$$x=4\tfrac{17}{36}-\tfrac{1}{11592}=4\tfrac{4473}{11592},$$

valeur qui approche si fort de la vérité qu'on peut avec confiance regarder l'erreur comme nulle.

779. Généralisons ce que nous venons d'exposer. En supposant que l'équation donnée soit

$$xx=a,$$

et qu'on sache d'avance que x est plus grand que n, mais plus petit que $n+1$. Si après cela nous supposons

$$x=n+p,$$

ensorte que p doive être une fraction, et que pp puisse se négliger comme une quantité très-petite, nous aurons

$$xx=nn+2np=a;$$

ainsi

$$2np=a-nn, \quad \text{d'où } p=\frac{a-nn}{2n},$$

parconséquent

$$x=n+\frac{a-nn}{2n}=\frac{nn+a}{2n}.$$

Or si n approchait déjà de la racine exacte, cette nouvelle valeur $\frac{nn+a}{2n}$ en approchera encore plus. Ainsi en la substituant à n, on aura un résultat plus conforme à la vérité, et on continuera à en approcher par le même procédé.

Soit, par exemple, $a=2$, c'est-à-dire qu'on demande la

racine quarrée de 2 ; si on connaît déjà une valeur assez approchée, et qu'on l'exprime par n, on aura une valeur de la racine encore plus approchante, exprimée par $\dfrac{nn + 2}{2n}$. Soit donc

$$\left.\begin{array}{l} 1^\circ.\ n = 1 \\ 2^\circ.\ n = \frac{3}{2} \\ 3^\circ.\ n = \frac{17}{12} \end{array}\right\} \text{ on aura } \left\{\begin{array}{l} x = \frac{3}{2}, \\ x = \frac{17}{12}, \\ x = \frac{177}{408}; \end{array}\right.$$

et cette dernière valeur est tellement voisine de $\sqrt{2}$, que son quarré $\frac{332929}{166464}$ ne diffère du nombre 2 que de la petite quantité $\frac{1}{166464}$, dont il le surpasse.

780. On pourra procéder de la même manière quand il s'agira de trouver par approximation des racines cubiques, quarré-quarrées, etc.

Soit donnée l'équation du troisième degré,

$$x^3 = a,$$

et qu'on se propose de trouver la valeur de $\sqrt[3]{a}$. Sachant qu'elle est à peu près n, on supposera,

$$x = n + p;$$

et omettant pp et p^3, on aura

$$x^3 = n^3 + 3nnp = a;$$

ainsi

$$3nnp = a - n^3, \text{ d'où } p = \frac{a - n^3}{3nn};$$

donc

$$x = \frac{2n^3 + a}{3nn}.$$

Si donc n est à peu près $= \sqrt[3]{a}$, la formule que l'on vient de trouver en approchera encore beaucoup plus. Mais pour obtenir une différence encore moindre, on pourra la substituer à son tour à la place de n, et ainsi de suite.

Soit, par exemple,

$$x^3 = 2,$$

et qu'on veuille déterminer $\sqrt[3]{2}$. Si n approche de près le nombre cherché, la formule $\dfrac{2n^3 + 2}{3nn}$ exprimera ce nombre encore plus exactement, qu'on fasse donc

$$\left. \begin{array}{l} 1^{\circ}. \quad n = 1 \\ 2^{\circ}. \quad n = \frac{4}{3} \\ 3^{\circ}. \quad n = \frac{91}{72} \end{array} \right\} \text{ on aura } \left\{ \begin{array}{l} x = \frac{4}{3}, \\ x = \frac{91}{72}, \\ x = \frac{162130896}{128634294}. \end{array} \right.$$

781. On emploie cette méthode avec le même succès pour trouver par approximation les racines de toutes les équations.

Supposons, pour mettre la chose en évidence, qu'on ait l'équation du troisième degré

$$x^3 + axx + bx + c = 0,$$

où n approche déjà beaucoup d'une des racines. Faisons

$$x = n - p,$$

et puisque p sera une fraction, négligeant les puissances de cette lettre, plus hautes que la premiere, nous aurons

$$xx = nn - 2np, \quad x^3 = n^3 - 3npp,$$

d'où résulte l'équation

$$n^3 - 3nnp + ann - 2anp + bn - bp + c = 0,$$

ou

$$n^3 + ann + bn + c = 3nnp + 2anp + bp = (3nn + 2an + b)p;$$

ainsi

$$p = \frac{n^3 + ann + bn + c}{3nn + 2an + b}.$$

et

$$x = n - \left(\frac{n^3 + ann + bn + c}{3nn + 2an + b}\right) = \frac{2n^3 + ann - c}{3nn + 2an + b}.$$

Cette valeur qui est déjà plus exacte que la première, étant substituée à la place de n, en fournira une nouvelle encore plus exacte.

782. Pour appliquer ce procédé à un exemple, prenons l'équation

$$x^3 + 2xx + 3x - 50 = 0,$$

où

$$a = 2, \quad b = 3, \quad c = -50.$$

Si n est censé une première approximation de l'une des racines, la valeur

$$x = \frac{2n^3 + 2nn + 50}{3nn + 4n + 3},$$

sera une approximation plus grande. Or la valeur $x = 3$ n'étant pas éloignée de la véritable, nous supposerons $n = 3$, et nous trouvons $x = \frac{62}{21}$. Que si nous écrivions cette nouvelle valeur à la place de n, nous en trouverions une autre encore plus exacte.

783. Nous ne donnerons pour les équations des degrés supérieurs au troisième, que l'exemple suivant.

Soit

$$x^5 = 6x + 10, \text{ ou } x^5 - 6x - 10 = 0 :$$

on remarque facilement que 1 est trop petit et que 2 est trop grand. Or si $x = n$ est une valeur assez voisine de la véritable, et qu'on fasse

$$x = n + p,$$

on aura

$$x^5 = n^5 + 5n^4 p,$$

et parconséquent

$$n^5 + 5n^4 p = 6n + 6p + 10,$$

ou

$$5n^4p - 6p = 6n + 10 - n^5.$$

Donc

$$p = \frac{6n + 10 - n^5}{5n^4 - 6},$$

et

$$x = \frac{4n^5 + 10}{5n^4 - 6}.$$

Qu'on suppose

$$n = 1,$$

on aura

$$x = \frac{14}{-1} = -14;$$

cette valeur est tout-à-fait impropre, et cela vient de ce que la valeur approchée de n était de beaucoup trop petite. On fera donc

$$n = 2,$$

et on aura

$$x = \frac{138}{74} = \frac{69}{37},$$

valeur qui s'écarte beaucoup moins de la véritable. Si on se donnait la peine de substituer maintenant, au lieu de n, la fraction $\frac{69}{37}$, on parviendrait à une valeur encore bien plus exacte de la racine x.

784. Voilà la méthode la plus ordinaire pour trouver par approximation les racines d'une équation, et elle s'applique utilement dans tous les cas.

Nous allons indiquer cependant une autre méthode qui mérite attention à cause de la facilité du calcul : elle se réduit à déterminer, pour chaque équation, une suite de nombres comme a, b, c etc., tels que chaque terme de la suite, divisé par le précédent, indique la valeur de la racine d'autant plus exactement qu'on aura continué plus loin cette série de nombres.

Supposons que nous soyons parvenus déjà aux termes p, q,

r, s, t, etc.; il faudra que $\dfrac{p}{q}$ indique la racine x déjà assez exactement, c'est-à-dire qu'on ait à très-peu près

$$\frac{q}{p} = x:$$

on aura de même

$$\frac{r}{q} = x,$$

et la multiplication des deux valeurs donnera

$$\frac{r}{p} = xx.$$

De plus, comme

$$\frac{\int}{r} = x,$$

on aura aussi

$$\frac{\int}{p} = x^3;$$

ensuite, puisque

$$\frac{t}{\int} = x,$$

on aura

$$\frac{t}{p} = x^4,$$

et ainsi de suite.

785. Afin de nous expliquer mieux sur cette méthode, nous commencerons par l'équation du second degré

$$xx = x + 1,$$

et nous supposerons que dans la série ci-dessus, se présentent les termes p, q, r, $\int$, t, etc. Or, comme

$$\frac{q}{p} = x, \qquad \frac{r}{p} = xx,$$

nous obtiendrons l'équation

$$\frac{r}{p} = \frac{q}{p} + 1, \text{ ou } r = q + p.$$

Et comme nous trouvons de la même manière que

$$f = r + q, \quad t = f + r;$$

nous en concluons que chaque terme de notre suite, est la somme des deux termes précédens; desorte qu'ayant les deux premiers termes, on est en état de continuer facilement la suite aussi loin qu'on voudra. Quant à ces deux premiers termes, on peut les prendre à volonté ; si nous supposons donc qu'ils soient 0, 1, notre suite sera 0, 1, 1, 2, 3, 5, 8, 13, 21, 34, 55, 89, 144, etc. et telle que si on en divise un terme quelconque par celui qui le précède immédiatement, on aura une valeur de x d'autant plus approchante de la véritable, qu'on aura choisi un terme plus éloigné. L'erreur, à la vérité, est très-grande au commencement ; mais plus on avance, et plus elle diminue. Voici la suite de ces valeurs de x, dans l'ordre où elles s'approchent toujours davantage de la véritable :

$$x = \frac{1}{0}, \ \frac{1}{1}, \ \frac{2}{1}, \ \frac{3}{2}, \ \frac{5}{3}, \ \frac{8}{5}, \ \frac{13}{8}, \ \frac{21}{13}, \ \frac{34}{21}, \ \frac{55}{34}, \ \frac{89}{55}, \ \frac{144}{89}, \text{ etc.}$$

Si, par exemple, on fait

$$x = \frac{21}{13}, \text{ on a } \frac{441}{169} = \frac{21}{13} + 1 = \frac{442}{169},$$

où l'erreur n'est que de $\frac{1}{169}$: les termes suivans la donneraient encore plus petite.

786. Considérons aussi l'équation

$$xx = 2x + 1 ;$$

et puisque toujours

$$x = \frac{q}{p}, \quad xx = \frac{r}{p};$$

nous aurons

$$\frac{r}{p} = \frac{2q}{p} + 1, \text{ d'où } r = 2q + p;$$

d'où nous concluons que le double de chaque terme ajouté au terme précédent, donne le terme suivant. Si nous commençons donc encore par 0, 1, nous aurons la série :

$$0,\ 1,\ 2,\ 5,\ 12,\ 29,\ 70,\ 169,\ 408,\ \text{etc.}$$

d'où il suit que la valeur cherchée de x, sera exprimée de plus en plus exactement par les fractions suivantes :

$$x = \tfrac{1}{0},\ \tfrac{2}{1},\ \tfrac{5}{2},\ \tfrac{12}{5},\ \tfrac{29}{12},\ \tfrac{70}{29},\ \tfrac{169}{70},\ \tfrac{408}{169},\ \text{etc.}$$

lesquelles, parconséquent, approcheront toujours davantage de la vraie valeur

$$x = 1 + \sqrt 2;$$

desorte que si on retranche de ces fractions l'unité, la valeur de $\sqrt 2$ se trouvera exprimée de plus en plus exactement par les fractions :

$$\tfrac{1}{0},\ \tfrac{1}{1},\ \tfrac{3}{2},\ \tfrac{7}{5},\ \tfrac{17}{12},\ \tfrac{41}{29},\ \tfrac{99}{70},\ \tfrac{239}{169},\ \text{etc.}$$

Par exemple, $\tfrac{99}{70}$ a pour quarré $\tfrac{9801}{4900}$, ce qui ne diffère que de $\tfrac{1}{4900}$ du nombre 2.

787. Cette méthode n'est pas moins applicable aux équations qui ont un plus grand nombre de dimensions. Si l'on a, par exemple, l'équation du troisième degré

$$x^3 = xx + 2x + 1,$$

on fera

$$x = \frac{q}{p},\ xx = \frac{r}{p},\ x^3 = \frac{f}{p}.$$

et on aura

$$f = r + 2q + p.$$

On voit comment des trois termes p, q, r se forme le suivant $\ldots$ et comme le commencement est toujours arbitraire, on peut former cette série

$$0,\ 0,\ 1,\ 1,\ 3,\ 6,\ 13,\ 28,\ 60,\ 129, \text{ etc.}$$

de laquelle résultent les fractions suivantes pour les valeurs approchées de x :

$$x = \frac{0}{0},\ \frac{1}{0},\ \frac{1}{1},\ \frac{3}{1},\ \frac{6}{3},\ \frac{13}{6},\ \frac{28}{13},\ \frac{60}{28},\ \frac{129}{60}, \text{ etc.}$$

les premières de ces valeurs sont prodigieusement en défaut ; mais si on fait dans l'équation $x = \frac{60}{28} = \frac{15}{7}$, on trouve

$$\frac{3375}{343} = \frac{225}{49} + \frac{30}{7} + 1 = \frac{3388}{343},$$

où l'erreur n'est que de $\frac{13}{343}$.

788. Il faut remarquer cependant que toutes les équations ne sont pas de nature à se prêter à cette méthode, c'est ce qui arrive lorsque le second terme manque. Car soit, par exemple ,

$$xx = 2 ;$$

si on voulait faire

$$x = \frac{q}{p} \text{ et } xx = \frac{r}{p},$$

on aurait

$$\frac{r}{p} = 2, \text{ ou } r = 2p,$$

c'est-à-dire

$$r = 0q + 2p,$$

d'où résulterait la suite

$$1,\ 1,\ 2,\ 2,\ 4,\ 4,\ 8,\ 8,\ 16,\ 16,\ 32,\ 32, \text{ etc.}$$

de laquelle on ne peut rien conclure , parceque chaque terme divisé par le précédent, donne toujours

$$x = 1, \text{ ou } x = 2.$$

Mais on peut obvier à cet inconvénient, en faisant

$$x = y - 1;$$

car alors on a

$$yy + 2y - 1 = 2;$$

et si l'on fait maintenant

$$y = \frac{q}{p}, \quad yy = \frac{r}{p};$$

on trouve l'approximation que nous avons déjà donnée ci-dessus.

789. Il en serait de même de l'équation $x^3 = 2$; mais on n'a qu'à supposer

$$x = y - 1,$$

afin d'avoir l'équation

$$y^3 - 3yy + 3y - 1 = 2; \text{ ou } y^3 = 3yy - 3y + 1;$$

car faisant à présent

$$y = \frac{q}{p}, \; yy = \frac{r}{p}, \text{ et } y^3 = \frac{s}{p};$$

on a

$$s = 3r - 3q + 3p,$$

et l'on voit ici comment trois termes donnés déterminent le suivant.

Adoptant donc trois termes quelconques pour les premiers, par exemple 0, 0, 1, on a la série qui suit

$$0, \; 0, \; 1, \; 3, \; 6, \; 12, \; 27, \; 63, \; 144, \; 324, \text{ etc.}$$

Les deux derniers termes de cette suite donnent $y = \frac{314}{144}$ et $x = \frac{5}{4}$; et cette fraction approche en effet assez de la racine cubique de 2; car le cube de $\frac{5}{4}$ est $\frac{125}{64}$, et celui de $2 = \frac{128}{64}$.

790. Il faut observer de plus, au sujet de cette méthode, que lorsque l'équation a une racine rationnelle, et qu'on choisit le commencement de la période, tel que cette racine en résulte, chaque terme de la suite, divisé par le terme précédent, donnera également la racine exactement.

Pour le faire voir, soit donnée l'équation

$$xx = x + 2,$$

dont une des racines est

$$x = 2;$$

comme on a ici, pour la série, la formule

$$r = q + 2p,$$

si on prend 1, 2 pour les deux premiers termes, on a la suite 1, 2, 4, 8, 16, 32, 64, etc. qui est une progression géométrique dont l'expression $= 2$.

La même première propriété se trouve par l'équation du troisième degré

$$x^3 = xx + 3x + 9,$$

qui a

$$x = 3$$

pour une des racines. Si on suppose les premiers termes 1, 3, 9, on trouvera par la formule

$$\int = r + 3q + 9p,$$

la série 1, 3, 9, 27, 81, 243, etc. qui est pareillement une progression géométrique.

791. Mais lorsque le commencement de la suite s'écarte de

racine, il ne faut pas croire qu'on ira du moins en s'appro-
chant de cette racine ; car lorsque l'équation a plus d'une racine, la suite ne donne par approximation que la plus grande
racine ; on ne trouve pas une des moindres, à moins d'avoir
choisi les premiers termes convenablement pour cet effet ; cela
s'éclaircira par l'exemple suivant :

Soit l'équation

$$xx = 4x - 3,$$

dont les deux racines sont

$$x = 1, \ x = 3.$$

La formule pour la suite, est

$$r = 4q - 3p,$$

si l'on prend 1, 1, pour le commencement de la série, qui
indique parconséquent la plus petite racine, on a pour la suite
entière : 1, 1, 1, 1, 1, 1, 1, 1, etc. ; mais si on adopte pour
premiers termes les nombres 1, 3, qui contiennent la plus
grande de racine, on a la suite : 1, 3, 9, 27, 81, 243, 729, etc.
où tous les termes indiquent avec précision la racine 3. Enfin,
si on adopte un autre commencement quelconque, pourvu qu'il
soit tel que la plus petite racine n'y soit pas comprise, la série
approchera toujours davantage de la plus grande racine 3 ;
c'est ce qu'on peut voir par les séries qui suivent :

$$1, \quad 4, \quad 13, \quad 40, \quad 121, \quad 364, \text{ etc.}$$
$$2, \quad 5, \quad 14, \quad 41, \quad 122, \quad 365, \text{ etc.}$$
$$3, \quad 6, \quad 15, \quad 42, \quad 123, \quad 366, \quad 1095, \text{ etc.}$$
$$1, -2, -11, -38, -118, -362, -1091, -3278, \text{ etc.}$$

où les quotiens de la division des derniers termes par les précédens, approchent toujours de plus en plus de la racine plus
grande 3, et jamais de la plus petite.

792. On peut appliquer cette méthode même à des équations qui vont à l'infini ; la suivante en fournira un exemple :

$$x^\infty = x^{\infty-1} + x^{\infty-2} + x^{\infty-3} + x^{\infty-4} + \text{etc.}$$

La série doit être telle pour cette équation, que chaque terme soit égal à la somme de tous les précédens, c'est-à-dire qu'on aura

$$1, 1, 2, 4, 8, 16, 32, 64, 128, \text{etc.}$$

d'où l'on voit que la plus grande racine de l'équation proposée est exactement

$$x = 2 ;$$

et c'est ce qu'on peut faire voir aussi de la manière suivante. Qu'on divise l'équation par x^∞, on a la suivante

$$1 = \frac{1}{x} + \frac{1}{x^2} + \frac{1}{x^3} + \frac{1}{x^4} + \text{etc.}$$

dont le second membre est une progression géométrique dont la somme se trouve $= \dfrac{1}{x-1}$; desorte que

$$1 = \frac{1}{x-1} ;$$

multipliant donc par $x - 1$, on a

$$x - 1 = 1, \text{ et } x = 2.$$

793. Outre ces deux méthodes, on en trouve çà et là quelques autres, mais qui sont toutes ou trop pénibles ou qui n'ont pas toute la généralité desirable. La méthode qui mérite la préférence sur toutes, est celle que nous avons expliquée en premier lieu ; car elle s'applique avec succès à toutes les espèces d'équations, tandis que l'autre exige souvent que l'équation soit préparée d'une certaine manière, sans quoi on ne pourrait en faire usage ; nous en avons vu la preuve dans différens exemples.

FIN.

NOTES

NOTES

ET ADDITIONS

A L'ALGÈBRE D'EULER;

PAR J. G. GARNIER,

*Ex - Professeur à l'École Polytechnique
et Instituteur.*

NOTES

SUR

L'ALGÈBRE D'EULER.

NOTE PREMIÈRE,

SUR LE CHAPITRE PREMIER.

Notions préliminaires.

Newton appelle l'Algèbre *Arithmétique universelle*. Cette dénomination, dit *Lagrange, dans la Résolution des Équations numériques*, est exacte à quelques égards; mais elle ne fait pas assez connaître la véritable différence entre l'Arithmétique et l'Algèbre. Le caractère essentiel de celle-ci consiste en ce que les résultats de ses opérations ne donnent pas les valeurs individuelles des quantités qu'on cherche, comme ceux des calculs arithmétiques ou des constructions géométriques, mais représentent seulement les opérations soit arithmétiques, soit géométriques qu'il faut faire sur les quantités données pour obtenir les valeurs cherchées. Ces opérations ne seront effectuées que lorsqu'on en voudra venir à une application spéciale.

Ces généralités paraîtront abstraites à ceux qui n'ont pas les premières notions de l'Algèbre, car cette science est encore

2

plus que toute autre difficile à résumer. Pour les mettre plus à la portée des commençans, et leur faire mieux sentir la distinction énoncée entre l'Algèbre et l'Arithmétique, nous supposerons qu'on ait à ajouter les trois nombres 3, 6 et 7; on trouve leur somme égale à 16. Ce résultat 16, pris isolément, ne porte aucune empreinte de l'opération qu'il a fallu faire pour l'obtenir, et il ne rappelle en aucune manière les nombres sur lesquels on a opéré. Un tel résultat peut venir de l'addition d'autres nombres que 3, 6 et 7; il peut encore être donné par toutes les opérations de l'Arithmétique sur certains nombres.

Mais si au lieu de fondre en quelque sorte ces trois nombres en un seul, en consommant l'addition, on n'avait fait qu'indiquer le calcul à effectuer, en écrivant, par exemple, 3 plus 6 plus 7, on aurait lu dans cette énonciation du résultat, et l'opération qu'on a faite et les nombres sur lesquels on l'a pratiquée; mais à ce mot *plus*, emprunté du langage ordinaire, on pouvait substituer un signe abrégé, celui-ci, par exemple, $+$, pour rappeler l'addition, et alors on avait cette expression brième de la somme $3+6+7$. En créant ainsi un signe particulier pour noter chaque opération de l'Arithmétique, on peut représenter tous les résultats au moyen des nombres donnés et des signes convenus. Les opérations qu'ils rappellent, peuvent être effectuées dans un ordre quelconque.

Mais en passant d'un système à un autre système de numération, les phrases numériques varient pour le même nombre. Pour rendre les résultats numériques indépendans de toute convention faite sur le module arithmétique, on a représenté les nombres par des caractères généraux tels que les lettres de l'alphabet; ensorte qu'on énonce de la manière la plus générale la somme de trois nombres, en écrivant $a+b+c$, a, b et c étant des symboles de nombres, sans acception d'aucun système d'arithmétique, et ce signe $+$ rappelant l'opération de l'addition.

Viete ayant senti que les raisonnemens qui servaient à découvrir la série d'opérations à effectuer sur les données d'une question, pouvaient être rendus indépendans de ces données, en empêchant celles-ci de se mêler et de se fondre, pour ainsi dire, les unes avec les autres par les calculs arithmétiques, étendit à la désignation des quantités connues, l'usage des lettres, adopté, à ce qu'il paraît avant lui, pour celle des nombres inconnus seulement. Cette innovation fit faire un grand pas à la science, et *Descartes*, par sa notation des exposans, compléta l'ensemble des symboles nécessaires pour exprimer les diverses relations que les opérations de l'arithmétique établissent entre les nombres, et pour donner à chacun de ces nombres, une espèce de nom auquel on attache toutes les propriétés dont il doit jouir dans l'état de la question.

Pour rendre plus sensible ce que nous venons de dire, supposons *que l'on se soit proposé de partager le nombre treize en deux parties telles que la première surpasse la seconde de cinq unités.* Puisque la seconde partie est égale à la première diminuée de cinq, les parties réunies sont égales au double de la première diminuée de cinq, ou au double de la première moins cinq : mais d'après l'énoncé de la question, la somme de ces deux parties est égale à treize ; retranchant donc cinq du double de la première partie, on aura treize, et parconséquent la première prise deux fois est égale à treize plus cinq. Cette partie est donc égale à neuf, et la seconde est égale à quatre.

En considérant d'autres nombres que treize et cinq, on trouve par le même raisonnement, les deux parties demandées ; mais pour ne pas le recommencer à chaque fois que l'on considère de nouveaux nombres, on a cherché à exprimer le résultat final d'une manière indépendante de leurs valeurs. À cet effet on a représenté, comme nous l'avons déjà dit, les deux nombres par des caractères généraux, et les plus simples et ceux qui nous sont le plus familiers, sont les caractères de l'alphabet. Soient donc a le plus grand de ces deux nombres, et b le plus petit ; en appliquant à ces caractères les raisonnemens que nous venons de faire sur les nombres treize et cinq, on trouve aisément que la première partie demandée est égale à la moitié de la somme des deux nombres a et b. Pour indiquer cette somme, c'est-à-dire, l'addition des nombres a et b, on se sert, d'après la convention déjà faite, du signe $+$, dont on fait précéder le nombre qu'on veut ajouter, ou qu'on interpose entre ces deux nombres en cette manière : $a+b$: donc $\frac{a+b}{2}$ est l'expression générale de la première partie demandée. Quelles que soient les valeurs numériques que l'on assigne aux lettres a et b, ou que doivent représenter ces lettres dans une question particulière, il ne s'agit que de les substituer dans cette expression, pour avoir cette première partie.

Ces expressions générales dont la précédente n'est qu'un exemple très-simple, sont un des plus grands avantages de l'Algèbre, parceque tout problème dont l'énoncé est compris dans l'énoncé général qui a conduit à cette expression, est résolu sur-le-champ, sans qu'on ait besoin de recommencer les raisonnemens souvent très-compliqués qui en ont fait découvrir la solution.

Un autre avantage de l'Algèbre, dit *Laplace*, avantage qu'elle doit à la simplicité de son langage, est de faire appercevoir très-facilement certains rapports des nombres. Nous citerons en preuve cette proposition : *Le plus grand de deux nombres est égal à la moitié de leur somme plus la moitié de leur différence*. L'identité de cet énoncé exige une assez grande attention pour être reconnue; mais traduite en langage algébrique, elle devient évidente. En effet, soient m le plus grand des deux nombres et n le plus petit, la somme sera $m+n$. Pour indiquer la différence ou l'excès du nombre m, qui est supposé le plus grand, sur le nombre n, nous adopterons ce signe $-$ (qu'on prononce *moins*), dont nous ferons précéder le nombre à soustraire, ensorte que $m-n$ sera la traduction ou l'abréviation de cette phrase : *excès du nombre* m *sur le nombre* n. Il s'agit d'écrire cette relation : le nombre m est autant que $\dfrac{m+n}{2} + \dfrac{m-n}{2}$. On sent ici le besoin d'un nouveau signe qui exprime la *relation d'égalité*, qui tienne lieu de : *est autant que*, *est égal à*, et on est convenu de se servir de celui-ci $=$, interposé entre les phrases algébriques équivalentes, ensorte que la proposition traduite est

$$m = \dfrac{m+n}{2} + \dfrac{m-n}{2}.$$

Dans cette égalité la vérité de l'énoncé se manifeste avec évidence, car à droite du signe $=$ se trouve le nombre $\dfrac{n}{2}$ ajouté et soustrait, reste donc

$$m = \dfrac{m}{2} + \dfrac{m}{2} = m.$$

Non-seulement l'Algèbre donne la facilité de saisir les rapports, mais elle réduit les raisonnemens à des opérations en quelque sorte mécaniques. Reprenons le problême que nous nous sommes proposé d'abord, et qui a pour énoncé : *partager le nombre a en deux parties telles que la première surpasse la seconde de* b. Nous observerons que résoudre une question, se réduit à découvrir un nombre inconnu d'après ses relations avec d'autres nombres donnés ; qu'ainsi il est convenable de distinguer les quantités connues ou données, des quantités inconnues ou cherchées. A cet effet on est convenu de représenter celles-là par les premières lettres de l'Alphabet, et celles-ci par les dernières x, y, z, etc. Nommons donc x la première des deux parties dans lesquelles on doit partager le nombre a, $x-b$ sera la seconde, d'après l'énoncé de la question ; mais d'ailleurs cette somme est a : on a donc la relation d'égalité

$$x + x - b = a.$$

Cette traduction algébrique de la question, est nommée *équa-*

tion ; elle est composée de deux parties séparées par le signe $=$, qu'on appelle membres de l'équation ; chacun d'eux exprime une des phrases équivalentes dont se compose l'énoncé. Quoique x soit la représentation d'un nombre inconnu, en tant que c'est un nombre, on a cette réduction dans le premier membre, $x + x$ qu'on note ainsi : $2x$, ou le double de x ; ensorte que l'égalité précédente se transforme dans celle-ci :

$$2x - b = a.$$

Cette égalité ne sera pas troublée ou altérée en ajoutant à chaque membre le nombre b, et alors elle devient

$$2x - b + b = a + b, \text{ ou } 2x = a + b,$$

puisque $b - b$ est zéro, d'après l'acception des signes et l'égalité des nombres. On peut encore multiplier ou diviser les deux membres par un même nombre, sans altérer l'égalité. Divisant donc par 2 les deux membres de la précédente, on aura celle-ci

$$x = \frac{a + b}{2},$$

dans laquelle on lit que le nombre cherché est égal à la moitié de la somme des deux nombres a et b. Ainsi la relation entre les nombres connus et inconnus, restant la même, la question est généralement résolue pour tous les nombres a et b.

On a donc ici, non pas la valeur numérique de la quantité inconnue, mais le système d'opérations à faire sur les quantités données, pour en déduire, d'après les conditions du problême, la valeur de la quantité qu'on cherche, et le tableau de ces opérations représentées par les caractères algébriques, se nomme *une formule.* C'est ainsi, par exemple, que si l'on dénote par a les dixaines d'un nombre, et par b ses unités, et qu'on adopte ce signe $\times$ pour indiquer la multiplication à faire de deux nombres, on a cette composition constante d'un quarré, ou cette formule,

$$a \times a + 2 \times a \times b + b \times b,$$

ainsi que nous l'avons fait voir en arithmétique. Cette phrase algébrique est une énonciation briève des règles à suivre pour passer d'un nombre à son carré.

C'est dans la suite des transformations qu'on fait subir à la traduction immédiate d'une question, à l'effet de la ramener à la forme

$$x = N,$$

ou d'opérer la séparation des nombres connus et inconnus, que consiste la résolution de l'équation. La suite d'opérations, pour ainsi dire, mécaniques, à effectuer pour en venir à cette dernière forme, équivaut à un raisonnement complet, et les transformations successives dont nous venons de parler, correspondent aux différentes formes que reçoit la proposition énoncée. Ainsi, lorsqu'on s'est procuré une expression concise de l'énoncé d'une question, on lui fait subir une suite de réductions par lesquelles on groupe peu à peu toutes les données dans un seul membre, et on isole dans l'autre la représentation du nombre inconnu.

L'art de raisonner, dit *Condillac*, se réduit à une langue bien faite : l'Algèbre est une langue dont la grammaire est d'autant plus simple, que les signes qu'elle emploie pour fixer les idées, sont en très-petit nombre. On doit donc en bien fixer la signification, entrer dans les plus grands détails sur les premiers principes, rappeler souvent l'attention des commençans sur les notions premières, et faire souvent aussi l'inventaire des matériaux qu'on a mis en œuvre ; il faut encore donner aux démonstrations la forme syllogistique, afin qu'en rendant visible la logique qui préside à toutes les opérations, on ne s'accoutume pas à réduire l'Algèbre au mécanisme du calcul.

Cette propriété de l'égalité, évidente par elle-même, de n'être pas altérée, lorsqu'on opère de la même manière sur les deux membres, est extrêmement féconde en conséquences ; aussi a-t-on tiré de ce fonds toutes les ressources qu'il offre naturellement. Mais comme la valeur du nombre inconnu, qui est la réponse à la question, est toujours exprimée, ainsi que nous l'avons bien fait remarquer, au moyen d'opérations à faire sur les quantités données, il était nécessaire avant tout de démontrer les règles de l'addition, soustraction, multiplication, division, formation de puissances, extraction de racines des quantités littérales ou algébriques.

NOTE II,

SUR LES CHAPITRES II, Ire SECTION ; Ier ET IIe DE LA IIe SECTION.

Addition et Soustraction.

D'APRÈS l'acception convenue de ce signe $+$, la somme de deux quantités a et b, sera $a + b$. Si dans tel cas particulier, a vaut 5 et b vaut 7, la somme effective sera $5 + 7$ ou 12. Maintenant si à la somme $a + b$ on veut ajouter $a + b$, on aura pour nouvelle somme $a + b + a + b$, ou plus briévement $2a + 2b$; le chiffre 2 qui précède les lettres a et b indique le nombre de fois que chacune d'elles est répétée dans la somme : on le nomme *coefficient*. Ces *réductions* $2a$, $2b$ sont les seules parties de l'addition proposée, qu'on puisse effectuer, indépendamment de toute valeur numérique des lettres a et b. Pareillement les quantités $5a + 3b$, $9a + 2c$, $9b + 3d$, qu'on peut déjà regarder comme des résultats d'additions, auront pour somme indiquée $5a + 3b + 9a + 2c + 9b + 3d$, et par une réduction analogue à la précédente, cette somme pourra être exprimée plus briévement, ainsi qu'il suit : $14a + 12b + 2c + 3d$, les nombres 14, 12, 2, 3 étant des coefficiens dont nous avons défini l'acception ci-dessus.

Lorsqu'une lettre doit avoir l'unité pour coefficient, on est convenu de sous-entendre ce coefficient.

Nous n'avons pas écrit le signe $+$ en avant de $14a$ dans la

somme ci – dessus , parceque nous n'avons pas à indiquer l'addition de $14a$ à une quantité précédente.

D'après l'acception convenue du signe — , la soustraction
de la quantité b de la quantité a , sera indiquée par $a - b$.
Les nombres a et b étant donnés , il peut arriver , 1°. que
a soit plus grand que b , relation qu'on désigne ainsi : $a > b$,
(ce signe $>$ étant ce que devient celui-ci $=$, lorsqu'on in-
cline les parallèles, et on place du côté de la pointe la plus
petite des deux quantités comparées) ; 2°. que $a = b$. Dans
ces deux cas, la soustraction numérique est possible. Mais on
peut être conduit par l'énoncé d'une question , ainsi qu'on le
verra dans dans la suite , à considérer le cas de $a < b$, et alors
nous fixerons d'une manière plus précise les idées sur ces sortes
de restes : si l'on imagine qu'on prenne dans b , une partie $= a$,
ce qui est toujours possible dans l'hypothèse présente , on aura
d'abord

$$a - a = 0,$$

et il restera à soustraire l'excédant de b sur a. Quoique la soustraction suppose deux nombres , et qu'ici il n'y ait que le nombre d, on pourra néanmoins le noter comme nombre à soustraire, en écrivant $- d$; et le signe — rappellera que le nombre d
doit entrer soustractivement dans toutes les combinaisons dont
il fera partie. Qu'on ait , par exemple , à combiner par voie
d'addition $- d$ avec un nombre c ; on aura pour somme $c - d$,
ce qui signifie que le nombre d doit être retranché du nombre c.

En effet, il revient au même de retrancher b de $a + c$, ou
de retrancher de a une partie de b égale à a, et d'ôter le surplus de c. Par exemple, que de la somme $3 + 5$ on ait à
retrancher 7, on aura $3 + 5$, ou $8 - 7 = 1$; ou bien $3 - 7 = - 4$,
d'après la notation convenue, et $5 - 4 = 1$.

Ainsi ajouter à a la quantité $- b$, ou retrancher b de a,
revient numériquement au même : ajouter, en algèbre, une
quantité à une autre .. c'est , à proprement parler , écrire la

première quantité précédée de son signe à la suite de la seconde. Reste ensuite à effectuer les opérations rappelées par les signes, lorsque les valeurs numériques des lettres sont données.

Qu'on ait à ajouter les quatre résultats

$$(1)\ldots\ldots 5a + 3b - 4c.$$
$$(2)\ldots\ldots 2a - 5b + 6c + 2d$$
$$(3)\ldots\ldots a - 4b - 2c + 3e$$
$$(4)\ldots\ldots 7a + 4b - 3c - 6e$$

d'additions et de soustractions déjà faites sur les lettres a, b, c, d, e : on pourra d'abord indiquer la somme de toutes les quantités précédées du signe $+$, puis celle des quantités affectées du signe $-$, et écrire la seconde à la suite de la première, ensorte que l'une sera diminuée de l'autre ; ou bien encore, on pourra écrire, l'une à la suite de l'autre, chacune des lignes numérotées (1), (2), (3) et (4), ce qui donnera

$$\text{somme} = 5a + 3b - 4c + 2a - 5b + 6c + 2d + a - 4b - 2c$$
$$+ 3e + 7a + 4b - 3c - 6e.$$

Faisant maintenant la *réduction*, c'est-à-dire, effectuant toutes les additions possibles, celles qui sont indépendantes des valeurs numériques des lettres, on trouve $15a$; $7b$ d'une part, et $-9b$ de l'autre, ce qui fait $-2b$; $-9c$ d'une part, et $+6c$ de l'autre, ce qui donne $-3c$; enfin $2d$ et $-3e$. La somme réduite est donc

$$15a - 2b - 3c + 2d - 3e.$$

On doit pratiquer cette réduction lorsqu'il y a lieu, afin d'abréger les résultats, et d'en rendre conséquemment l'évaluation numérique plus facile.

Supposons que de la quantité a on ait à retrancher $c - b$; on déterminera le reste en quantité et en signe, d'après la condition à laquelle doit satisfaire tout reste de soustraction, on ajouté à ce qu'on retranche, la somme soit la quantité de laquelle on retranche. On a donc $a - c + b$ pour résultat, puisque

$$a - c + b + c - b = a.$$

Ainsi retrancher une quantité d'une autre, c'est écrire la quantité retranchée après en avoir changé les signes, à la suite de celle dont il faut la retrancher.

Autrement on peut écrire, d'après M. *Laplace,*

$$a = a + b - b \dots\dots\dots\dots (5)$$
$$a - c = a - c + b - b \dots\dots\dots (6);$$

ensorte que si de a on doit retrancher ou ôter $+ b$ ou $- b$, ou, ce qui revient au même, si dans a on doit supprimer $+ b$ ou $-b$, le reste, d'après la transformation (5), doit être $a - b$ dans le premier cas, et $a + b$ dans le second. Si de $a - c$ on doit ôter $+ b$ ou $- b$, il reste d'après (6) $a - c - b$, ou $a - c + b$.

Ce que nous venons de dire, deviendra plus sensible encore au moyen de la considération qui suit : soit

$$8 - 4 = 4:$$

qu'on ôte ou qu'on supprime la diminution $- 4$, on repassera de $8 - 4$ à 8, c'est-à-dire qu'au nombre 4 on aura véritablement ajouté 4.

Ainsi, retrancher un nombre déjà pris sous le signe —, *n'est autre chose que l'ajouter.*

Le premier raisonnement s'applique avec succès aux polynomes : pour en donner un exemple, supposons que de

$$6a - 3b + 4c \dots\dots (7)$$

on ait à retrancher

$$5a - 5b + 6c \dots\dots (8);$$

en désignant le reste par R, on doit avoir l'égalité

$$R + 5a - 5b + 6c = 6a - 3b + 4c :$$

laquelle ne sera pas altérée en retranchant $5a$ de part et d'autre, ajoutant $5b$ et retranchant $6c$; d'où résulte

$$R = 6a - 3b + 4c - 5a + 5b - 6c = a + 2b - 2c.$$

Mais la règle sera plus facile à déduire en mettant le polynome (7) sous la forme

$$6a - 3b + 4c + 5a - 5b + 6c - 5a + 5b - 6c \ldots (9);$$

car retrancher $5a - 5b + 6c$, se réduit à effacer dans (9) le polynome qui en fait partie. Il est alors évident qu'on aura pour reste

$$R = 6a - 3b + 4c - 5a + 5b - 6c,$$

et après les réductions

$$R = a + 2b - 2c.$$

Ainsi pour soustraire un polynome d'un autre, il faut changer les signes du premier, l'écrire à la suite du second, puis pratiquer les réductions.

Les termes précédés du signe $+$, sont dits *additifs* ou *positifs*; ceux qui le sont du signe $-$, se nomment *soustractifs* ou *négatifs*. Nous ferons remarquer qu'il n'en est pas, en Algèbre, comme en Arithmétique, où soustraire est toujours diminuer, tandis qu'ici le reste est souvent plus grand que la quantité retranchée; en effet que de 12 on ait à retrancher $3 - 11$, on aura d'après la règle, ce reste $12 - 3 + 11$, ou $12 + 11 - 3 = 20$, nombre plus grand que 12. Cela tient à ce qu'une quantité n'a que deux manières d'être : si son état change deux fois de suite, elle repasse à l'état primitif. Si cette considération paraît abstraite, on s'en tiendra au fait algébrique démontré plus haut.

NOTE III,

SUR LES CHAPITRES III, Iʳᵉ SECTION, ET IIIᵉ DE LA IIᵉ SECTION.

De la Multiplication.

LA multiplication est en Algèbre comme en Arithmétique, une modification que reçoit l'opération de l'addition, lorsque les quantités qu'on ajoute, sont toutes les mêmes.

Le résultat de la répétition de a, autant de fois qu'il est marqué par b, ne peut que s'indiquer, sauf à l'effectuer lorsque les nombres a et b sont connus. Il y a donc nécessité de créer un nouveau signe pour cette nouvelle opération : on est déjà convenu d'employer celui-ci $\times$, qu'on interpose entre les quantités à multiplier : ainsi $b \times a$, veut dire b fois a, ce qui n'est, à proprement parler, que la réduction de $a+a+a+a+$ etc., la lettre a étant écrite b fois. Souvent on emploie le point au lieu du signe $\times$, et on écrit $b \cdot a$; ou bien encore on écrit simplement ba, ce qui ne peut faire équivoque, puisque dans l'addition ou la soustraction, les deux termes sont séparés par les signes $+$ ou $-$. Si l'on doit multiplier par c le produit ab, on écrit $a \times b \times c$, ou $a.b.c$, ou abc, et ainsi de suite, quel que soit le nombre des lettres facteurs.

Si les lettres facteurs sont les mêmes, le produit est aa, aaa, $aaaa$, etc. d'après la notation abrégée la plus simple : dans ce cas, pour abréger l'écriture et la lecture de ces produits, on est convenu de n'écrire qu'une seule fois la lettre a, et d'indiquer par un chiffre placé au-dessus et à droite, le nombre de fois qu'elle est facteur. Ainsi les produits précédens s'écriront comme il suit : a^2, a^3, a^4, etc.; enfin a^m si la lettre a est m fois facteur, m étant, bien entendu, un nombre entier et positif.

Ces chiffres 2 , 3.........*m* sont nommés *exposans* : il ne faut pas les confondre avec les *coefficiens* dont l'origine et l'acception sont bien différentes. En effet, si a vaut 10, a^2 vaut 100, et $2a$ valent 20. Cette quantité a^m se nomme *exponentielle*.

Toute lettre qui ne porte pas d'exposant, est censée avoir l'exposant 1 , puisqu'une lettre est toujours une fois facteur.

De la manière dont les exposans s'introduisent dans le calcul, on peut déduire que, pour multiplier a^2 par a^3, il faut écrire une seule fois la lettre a, et lui donner pour exposant la somme $2+3$ des exposans des facteurs. En général, le produit de a^m par a^n, m et n étant toujours des nombres entiers positifs, est a^{m+n}. En effet a^m est l'abréviation de a facteur m fois, et a^n celle de a facteur n fois; donc, dans le produit, d'après la règle de la multiplication des lettres, a est $m+n$ fois facteur , et d'après cela, on a cette identité

$$a^m \times a^n = a^{m+n} \dots\dots(1).$$

Ainsi le produit de $a^2 b^3 c$ par $a^3 bc^2 d$ sera $a^5 b^4 c^3 d$.

La pratique de la multiplication des quantités monomes, se réduit donc , *pour les lettres non communes, à les écrire les unes à la suite des autres ; et pour les lettres communes, à n'écrire chacune d'elles qu'une fois, en lui donnant pour exposant la somme des exposans de la même lettre dans les facteurs. Réciproquement, l'exponentielle* a^{m+n} *pourra être remplacée par* $a^m \times a^n$.

Tenons maintenant compte des coefficiens , et supposons qu'on ait à multiplier $8a^2 bc$ par $3abm$: en prenant abm pour multiplicateur, le produit $8a^3 b^2 cm$ ne sera que le tiers du véritable ; il faudra donc le prendre trois fois , ce qui donnera $24 a^3 b^2 cm$, dont le coefficient 24 est le produit des coefficiens des facteurs.

Donc *le coefficient d'un produit est le produit des coefficiens des facteurs.*

Passona

Passons à la multiplication d'un binome $a-b$ par un monome c : en répétant a autant de fois qu'il est indiqué par c, ce qui donne ac, on a un produit trop grand de bc, puisqu'en répétant c fois a, on prend c fois trop la lettre b : il faut donc diminuer ac de bc, ensorte que le véritable produit est $ac-bc$. Qu'on ait, par exemple, $7-2$ à multiplier par 4, ou à répéter 4 fois, on dira 7×4 ou 28 est trop grand de 2×4 ou de 8 ; donc le vrai produit sera le premier diminué du second, ou $28-8$, c'est-à-dire 20. En effet $7-2$, ou 5 multiplié par 4 donne 20.

Donc le produit de $-b$ *par* c *est* $-bc$.

On trouverait, par le même raisonnement, que le produit de c par $a-b$, doit être $ac-bc$, et on en conclurait,

1°. *Que le produit de* c *par* $-b$ *est* $-bc$; 2°. *qu'il est indifférent de multiplier* $-b$ *par* c, *ou* c *par* $-b$.

Soit enfin $a-b$ à multiplier par $c-d$: on multipliera par c, mais alors le produit sera trop grand de $a-b$ par d, puisque le multiplicateur c est trop grand de d ; il faudra donc du premier produit $ac-bc$ retrancher le second $ad-bd$, et la différence sera $ac-bc-ad+bd$. Ici le terme $+bd$ résulte de $-b$ qu'on a multiplié par $-d$.

Donc le produit de $-b$ *par* $-d$ *est* $+bd$; *il est le même que celui de* $+b$ *par* $+d$.

Donc, en général, *si les deux termes qu'on multiplie, ont des signes différens, le produit a le signe* $-$, *et s'ils ont le même signe, le produit est affecté du signe* $+$.

Nous donnerons de cette règle une autre démonstration due à M. *Laplace*.

Soit $a-a$ à multiplier par b, ou à répéter autant de fois qu'il est indiqué par b ; le multiplicande étant zéro, le produit doit être zéro ; or son premier terme est ab, le second sera donc $-ab$, d'où résulte

$$-a \times +b = -ab \dots \ (2)$$

Qu'il s'agisse de multiplier a par $b - b$ ou par zéro, on aura pour premier terme du produit ab; mais ce produit doit être nul, donc le second terme sera $-ab$, ensorte que

$$+a \times -b = -ab \ldots . (3).$$

Enfin si l'on multiplie $c - a$ par $b - b$ ou par zéro, la première partie du produit, ou $c - a$ par b étant, d'après ce qu'on vient de démontrer, $cb - ab$, la seconde sera nécessairement $-bc + ab$; conséquemment

$$-a \times -b = +ab \ldots . (4).$$

Les résultats (2), (3) et (4) nous ramènent aux règles déjà trouvées.

Ainsi nous ne démontrons pas directement qu'on a........ $a \times -b = -ab$, $-a \times -b = +ab$, parceque jusqu'ici nous n'avons été conduits par aucune question à ces quantités soustractives isolées $-a$, $-b$: nous en rencontrerons dans la suite, et leur véritable signification sera fixée.

En suivant les règles précédemment établies à l'égard des lettres, des coefficiens, des exposans et des signes, on pourra multiplier un monome par un monome, un polynome par un monome, et enfin deux polynomes l'un par l'autre.

Nous supposerons qu'on ait le polynome............. $2a^4 - 3ba^3 - 5b^2a^2 + b^3a$ à multiplier par le monome a^3. Désignant $-3ba^3 - 5b^2a^2 + b^3a$ par M, cette multiplication se réduira à celle de $2a^4 + M$ par a^3, produit qu'on sait faire et qui est $2a^7 + Ma^3$; mais Ma^3 est le produit indiqué de $-3ba^3 - 5b^2a^2 + b^3a$ par a^3. Qu'on représente encore $-5b^2a^2 + b^3a$ par N, et on aura à multiplier $-3ba^3 + N$ par a^3, ce qui fait $-3ba^6 + N \times a^3$. On sait faire le produit de N par a^3, qui est $-5b^2a^5 + b^3a^4$. Le produit demandé est donc $2a^7 - 3ba^6 - 5b^2a^5 + b^3a^4$. En résumant l'opération précédente, on voit *qu'on a multiplié chacun des termes du polynome multiplicande par le monome multiplicateur.*

Passons au cas d'un polynome à multiplier par un polynome, et soit $2a^4 - 3ba^3 - 5b^2a^2$ à multiplier par $a^3 - 2ba^2 + 3b^2a$, et représentons $- 2ba^2 + 3b^2a$ par N. Au produit du multiplicande par a^3, qu'on sait faire, il faut ajouter celui du même multiplicande par la lettre N, ou par $- 2ba^2 + 3b^2a$; mais pour obtenir celui-ci, il faut augmenter le produit du multiplicande par $- 2ba^2$ de celui du même multiplicande par $3b^2a$.

On étendra facilement ce raisonnement à des polynomes composés d'un nombre quelconque de termes, et l'on en déduira la règle suivante : *pour faire le produit de deux facteurs polynomes, il faut multiplier le multiplicande successivement par chacun des termes du multiplicateur, et ajouter les produits partiels, c'est-à-dire, faire toutes les additions possibles, ou les réductions.*

La multiplication faite, on doit ajouter tous les produits partiels pour avoir le produit total ; mais cette addition ne peut qu'être indiquée, si ce n'est à l'égard des *termes semblables*, et on entend par là ceux qui renferment les mêmes lettres, facteurs chacune le même nombre de fois, ou les mêmes lettres sous les mêmes exposans, les coefficiens et les signes n'entrant pour rien dans la *similitude.* Ces termes considérés, abstraction faite des signes et des coefficiens, sont effectivement les seuls qui donnent numériquement le même résultat, quelques valeurs qu'on attribue aux lettres, et, par la réduction, on fait d'avance cette partie de l'addition totale, qui ne dépend pas des valeurs particulières. Ainsi, par exemple, $- 5ba^5 + 6ba^5 + ba^5 = 2ba^5$ pour tous les nombres substitués aux lettres a et b. Cette réduction doit être pratiquée, s'il y a lieu, après chaque opération.

On distingue les produits par le nombre de tous les facteurs tant égaux qu'inégaux qui les composent : le produit a^2b^3c, par exemple, qui renferme 6 facteurs simples égaux et inégaux, sera dit *du sixième degré,* celui-ci a^7b^2c sera dit *du dixième degré,* et en général, ce que nous nommons *degré d'un produit,* sera le nombre de tous les facteurs de ce produit. Il résulte des règles précédemment établies, que si tous les termes du multiplicande sont, par exemple, du quatrième degré, et ceux du multiplicateur du troisième, chacun des termes du produit sera du degré $4+3$, ou du septième degré. De tels polynomes dont tous les termes sont d'un même degré, sont dits *homogènes*. Ainsi *quand deux facteurs sont homogènes, le produit l'est aussi*. Cette remarque qu'il ne faut pas oublier, sert à faire découvrir à la seule inspection, les erreurs du produit, résultantes de l'oubli de quelques-uns des facteurs dans les multiplications partielles.

Nous pouvons démontrer maintenant que le produit de deux nombres a et b, reste le même dans quelqu'ordre qu'on multiplie les facteurs, c'est-à-dire qu'on a

$$a\,b = b\,a.$$

Nous avons prouvé cette proposition dans nos *Elémens d'Arithmétique*, en décomposant les nombres a et b dans leurs unités que nous rangions suivant les deux côtés d'un rectangle, ensorte que la répétition de a par b, se réduisait à la sommation de la ligne horizontale qui représente a, écrite $b - 1$ fois au-dessous d'elle-même, sommation qu'on pouvait effectuer de deux manières dont la première donnait b fois a ou $a \times b$, et la seconde a fois b, ou $b \times a$. Ici nous démontrerons la chose d'une manière générale.

En supposant $a > b$, qu'on décompose a en autant de nombres tels que b, qu'il peut en contenir; il y aura un certain excédant que je désigne par r, ensorte qu'on aura

$$a \cdot b = (b + b + b + \ldots\ldots + r)\, b :$$

or dans tous les termes de la forme $b.b$, on peut intervertir à volonté l'ordre des facteurs; la chose reste donc à démontrer à l'égard du produit $r.b$, dans lequel on a $r < b$. On supposera de même b décomposé en tous les nombres r qu'il peut contenir, et désignant l'excédant par r', on aura

$$r.b = r(r + r + r + \dots + r'),$$

ensorte que, comme dans chacun des produits $r.r$, l'ordre des facteurs peut être changé, il ne s'agira que de prouver la chose à l'égard du produit $r.r'$.

On voit qu'en continuant à procéder de cette manière, on arrivera à une décomposition pour laquelle le reste sera zéro ou l'unité, comme on pourra s'en assurer sur deux nombres pris au hasard. Dans le premier cas, comme on pourra intervertir l'ordre des facteurs dans chacun des termes du produit correspondant, on conclura qu'on peut l'intervertir dans le produit $a.b$: dans le second cas, la proposition sera ramenée à prouver que

$$1 \times r^{(n)} = r^{(n)} \times 1,$$

n n'étant pas ici un exposant, mais un nombre d'accens, et $r^{(n)}$ celui des restes qui précède l'unité : ici la chose est évidente, donc la proposition a lieu.

On a donc

$$a \times b = b \times a$$

qu'on multiplie par c, et il viendra

$$a \times b \times c = b \times a \times c;$$

mais à cause de $b \times c = c \times b$ et de $a \times c = c \times a$, on aura

$$a \times b \times c = a \times c \times b = b \times a \times c = b \times c \times a,$$

et comme aussi $c \times a = a \times c$ et $b \times c = c \times b$, il viendra

$$a \times b \times c = a \times c \times b = c \times a \times b = c \times b \times a = b \times a \times c$$
$$= b \times c \times a.$$

On voit donc qu'on peut, dans un produit de trois nombres, intervertir à volonté l'ordre des facteurs ; ce qu'on démontrerait de la même manière pour quatre, cinq, et de proche en proche, pour un nombre quelconque de nombres.

Cette proposition s'étend à deux monomes ; car d'abord elle est vraie pour les signes et les coefficiens, et elle a lieu à l'égard des lettres, puisqu'il vient d'être démontré qu'on peut les écrire dans un ordre quelconque : donc aussi elle convient à deux et à un nombre quelconque de polynomes, ce que l'auteur vérifie (n°s 278, 279, 280).

NOTE IV,

SUR LES CHAP. V^e, Ière SECTION; ET IVe, IIe SECT.

De la Division.

De ce que le produit du diviseur par le quotient doit être le dividende, il suit de ce qui a été démontré, que lorsque le dividende et le diviseur ont même signe, le produit doit avoir le signe $+$, et que lorsqu'ils ont des signes différens, ce produit doit avoir le signe $-$.

Le coefficient du quotient doit être le quotient de celui du dividende, divisé par le coefficient du diviseur, ce qui résulte de ce que le coefficient d'un produit est le produit des coefficiens des facteurs.

Les lettres du quotient doivent être celles du dividende, non communes au diviseur, quand toutes les lettres du diviseur le sont au dividende : par exemple, le produit abc, divisé par ab, donne c pour quotient, parceque le produit de ab par c est abc. Lorsque le diviseur renferme en outre des lettres non communes au dividende, alors la division ne peut plus être qu'indiquée, et le quotient s'écrit sous forme de fraction dont le numérateur est le produit de toutes les lettres du dividende, non communes au diviseur, et le dénominateur celui de toutes les lettres du diviseur, non communes au dividende · ainsi abc divisé par abm, donne pour quotient $\dfrac{c}{m}$, en observant qu'on peut supprimer, tant au dividende qu'au diviseur, le facteur commun ab, sans altérer le quotient, et qu'ainsi la division se réduit à celle de c par m. Cette notation $\frac{c}{m}$, du quotient, a déjà été employée à l'égard des nombres. Cependant pour certaines valeurs numériques de c et m, la fraction $\frac{c}{m}$ peut devenir un nombre entier.

Faisons maintenant abstraction des signes et des coefficiens, et occupons-nous de la division de deux exponentielles d'une même lettre, savoir, de $\frac{a^p}{a^q}$, p et q étant des nombres entiers positifs. On peut avoir

$$p > q, \; p = q, \; p < q.$$

Si l'on observe que, d'après ce qui a été démontré, à l'égard de la multiplication de deux exponentielles d'une même lettre, la lettre du quotient doit encore être a, et si l'on désigne par x l'exposant inconnu de a dans le quotient, on doit avoir

$$a^p = a^q \times a^x = a^{q+x},$$

d'où résulte nécessairement cette égalité entre les exposans

$$p = q + x;$$

et comme en retranchant q de part et d'autre, les deux restes sont égaux, on aura la suivante

$$p - q = x \ldots \ldots (1),$$

dans laquelle on lit que l'*exposant du quotient est égal à celui du dividende, diminué de l'exposant du diviseur.*

Dans le second cas, on a

$$a^p = a^p \times a^x = a^{p+x},$$

d'où résulte l'égalité entre les exposans, ...

$$p = p + x \text{, et } x = p - p = 0 \dots (2);$$

donc on a pour quotient $a^x = a^0$, résultat qu'il s'agit d'interpréter. A cet effet, nous reprendrons la division de a^p par a^p, qui donne pour quotient l'unité, et, comme deux quotiens d'une même division, sont nécessairement égaux, on a donc

$$a^0 = 1,$$

ce qui signifie que *toute quantité élevée à la puissance zéro, vaut l'unité, et que réciproquement l'unité peut se traduire en a^0*. Cette conclusion a lieu quel que soit le nombre a.

Dans le troisième cas, soit $q = p + d$, **d** étant l'excès de q sur p : on aura toujours

$$a^p = a^{p+d} \times a^x = a^{p+d+x},$$

d'où résulte, en égalant les exposans, puisque l'égalité précédente ne peut avoir lieu que sous cette condition,

$$p = p + d + x,$$

et retranchant $p + d$ de part et d'autre, on obtient enfin

$$x = -d \dots (3);$$

donc le quotient est a^{-d}. Pour l'interpréter, reprenons la division de a^p par a^q, ou par $a^{p+d} = a^p \times a^d$: en effaçant le facteur a^p commun au dividende et au diviseur, d'après ce qui a été démontré à l'égard de la division des lettres, on a pour quotient $\frac{1}{a^d}$: donc

$$a^{-d} = \frac{1}{a^d} \dots (4),$$

ce qui donne une transformation d'un fréquent usage dans le calcul : pour s'en rendre raison, on se rappellera que a^{+d} n'est autre chose que la lettre a écrite d fois en facteur; donc, d'après l'acception des signes, a^{-d} doit représenter la même lettre a écrite d fois en diviseur.

La règle générale à suivre dans la division de deux exponentielles de même lettre, se réduit donc, d'après les résultats (1), (2) et (3), *à écrire la lettre, et à lui donner pour exposant celui du dividende, diminué de l'exposant du diviseur.*

Cet énoncé sera bientôt généralisé, c'est-à-dire, étendu à des exposans fractionnaires positifs et négatifs et même irrationnels.

On observera que si, par rapport aux exponentielles, on eût suivi la règle pour la division des lettres, on n'aurait pas rencontré ces deux résultats singuliers a^{0}, a^{-d}, que nous n'avons pu interpréter qu'en opérant d'après cette règle qui nous a donné deux autres expressions des mêmes quotiens.

La transformation $a^{-p} = \dfrac{1}{a^{p}}$ donne le moyen de faire passer une quantité de la forme fractionnaire à la forme entière et réciproquement. Ensorte qu'on a

$$\frac{b}{a} = ba^{-1}, \frac{b}{a^{-p}} = ba^{p}.$$

De ce que $0^{m} = 0$, il suit que

$$\frac{0^{m}}{0^{m}} = \frac{0}{0},$$

mais d'ailleurs $\dfrac{0^{m}}{0^{m}} = 0^{m-m} = 0^{0}$; donc aussi

$$0^{0} = \frac{0}{0}.$$

Ainsi on a toujours $a^{0} = 1$, excepté pour les cas de $a = 0$. Si l'on effectue réellement la division de 0 par 0, on pourra poser au quotient un nombre quelconque, puisque tout nombre multiplié par zéro, donne pour produit zéro qui est ici le dividende. Ainsi cette expression 0^0 est tout nombre qu'on voudra. Ce résultat $\frac{0}{0}$ est donc ici le symptôme d'une indétermination. Cependant, dans bien des cas, cette expression peut avoir une valeur fixe et déterminée.

Ces règles posées pour la division des monomes, nous passerons de suite au cas de deux polynomes à diviser l'un par l'autre. La règle pour opérer cette division, se trouve dans l'énoncé suivant :

On ordonnera le dividende et le diviseur par rapport au plus haut exposant d'une même lettre prise à volonté, c'est-à-dire qu'on écrira pour premier terme, tant au dividende qu'au diviseur, celui qui renferme le plus haut exposant de cette lettre, et à la suite tous les autres termes sous-ordonnés par rapport aux exposans successifs de la même lettre, puis divisant le premier terme du dividende par celui du diviseur, on obtiendra un terme du quotient : ce terme trouvé, on le multipliera par tous ceux du diviseur, et on retranchera le produit du dividende. Cette première opération faite, on divisera celui des termes du dividende-reste, qui a le plus haut exposant par le premier terme du diviseur, et on obtiendra le second terme du quotient. On continuera à procéder de la même manière.

On conçoit que le quotient obtenu de cette manière, sera lui-même ordonné suivant les puissances décroissantes de cette lettre. Nous donnerons la démonstration de cette règle sur des exemples.

$$
\begin{aligned}
&\text{Soit}\ldots\ldots\ a^4b \;+\; a^3b^2 \;+\; a^2b^3 \;+ab^4\\
&\text{à multiplier par}\ldots\ a^3m + a^2m^2 + am^3
\end{aligned}
$$

en aura pour produit
$$
\left\{
\begin{aligned}
&a^7bm + a^6b^2mi + a^5b^3m + a^4b^4m \ldots\ldots\ldots\ldots\ldots\ldots (1)\\
&a^6bm^2 + a^5b^2m^2 + a^4b^3m^2 + a^3b^4m^2 \ldots\ldots\ldots (2)\\
&\qquad + a^5bm^3 + a^4b^2m^3 + a^3b^3m^3 + a^2b^4m^3. (3)
\end{aligned}
\right.
$$

On remarquera, 1°. que, dans ce produit, il se trouvera un terme qui renferme la plus haute puissance de la lettre a.

2°. Que ce terme résulte du terme analogue du multiplicande par le terme analogue du multiplicateur (*).

On tire de là cette conclusion : si après avoir écrit pour premier terme, tant au dividende qu'au diviseur, celui qui renferme le plus haut exposant d'une lettre qui est a dans l'exemple proposé, on divise l'un par l'autre, le résultat est le terme du quotient, qui renferme aussi la plus haute puissance de la même lettre.

Ainsi, dans notre exemple, le produit étant considéré comme un dividende, et le multiplicande comme un diviseur, on divisera a^7bm par a^4b, ce qui donnera a^3m, premier terme du quotient.

Si dans un dividende proposé on distinguait, comme ici, les produits partiels numérotés (1), (2) et (3), il y aurait plusieurs manières d'obtenir le premier terme du quotient.

$$
\begin{array}{l}
1°. \\
2°. \\
3°. \\
4°.
\end{array}
\left. \begin{array}{}
\\ \\ \\
\end{array} \right\}
\text{en divisant}
\left\{ \begin{array}{l}
a^7b\,m \\
a^6b^2m \\
a^5b^3m \\
a^4b^4m
\end{array} \right\}
\text{par}
\left\{ \begin{array}{l}
a^4b \\
a^3b^2 \\
a^2b^3 \\
a\,b^4
\end{array} \right\}
\begin{array}{l}
\text{ce qui} \\
\text{donnerait}
\end{array}
\left\{ \begin{array}{l}
a^3m \\
a^3m \\
a^3m \\
a^3m
\end{array} \right\}
$$

ou enfin comme le produit partiel numéroté (1) est, en ne faisant que l'indiquer,

$$(a^4b + a^3b^2 + a^2b^3 + ab^4)\, a^3m,$$

on obtiendrait encore le même premier terme du quotient, en divisant $(a^4b+a^3b^2+a^2b^3+ab^4)\, a^3m$ par $a^4b+a^3b^2+a^2b^3+ab^4$:

(*) J'entends par termes analogues du dividende et du diviseur, ceux qui renferment la plus haute puissance de la même lettre a.

car ce dernier polynome étant facteur commun au dividende, et au diviseur, on l'effacerait et il viendrait $\dfrac{a^3m}{1}$ ou a^3m.

Il est donc démontré que, pour obtenir le premier terme du quotient, il suffit de diviser l'un par l'autre les termes du dividende et du diviseur, qui renferment la plus haute puissance d'une même lettre.

D'où l'on peut conclure encore que la division de ces deux termes, équivaut à celle de tout le produit partiel numéroté (1) par le multiplicande qui sert de diviseur.

Donc à cette dernière division qu'on devrait réellement faire, mais qui généralement n'est pas possible, à cause des réductions de termes semblables, on peut substituer la première qui l'est toujours, et qui, de plus, donne le même résultat.

Ceci fait, on multipliera tout le diviseur par ce premier terme du quotient, et le produit représentera la partie du dividende, qui a été effectivement divisée par le diviseur, d'après ce que nous venons de remarquer; on soustraira ensuite ce produit du dividende, ce qui détruira la ligne (1) dans notre exemple, ou son analogue dans un autre.

Ensuite on regarde le reste qui se compose des lignes (2) et (3), comme un nouveau produit, ayant toujours le même multiplicande, et pour multiplicateur le précédent moins son premier terme, ensorte qu'il s'agit encore, connaissant ce produit et le multiplicande, de trouver le multiplicateur correspondant. Le raisonnement que nous venons de faire, s'applique donc ici, et on en conclut qu'on pourrait se dispenser *d'ordonner*, en prenant à chaque nouvelle division, dans le dividende, le terme de plus haut exposant d'une lettre choisie une fois pour toutes, et le divisant par le terme analogue du diviseur.

Dans l'exemple sur lequel nous avons raisonné, le terme qui renferme la plus haute puissance de la lettre a, était unique ; mais on conçoit qu'il peut s'en rencontrer plusieurs de cette espèce, ce qui serait arrivé dans la division précédente, si l'on eût ordonné par rapport à la lettre b.

Le cas analogue sera fourni par la multiplication de

$$a^4b + a^3b^2 + a^2b^3 + ab^4$$

par......... $a^2m + a^2n + am^2 + an^2$

dont le pro-
duit est
$$
\begin{cases}
a^6bm + a^5b^2m + a^4b^3m + a^3b^4m \dots\dots\dots\dots (1) \\
a^6bn + a^5b^2n + a^4b^3n + a^3b^4n \dots\dots\dots\dots (2) \\
 + a^5bm^2 + a^4b^2m^2 + a^3b^3m^2 + a^2b^4m^2 \dots (3) \\
 + a^5bn^2 + a^4b^2n^2 + a^3b^3n^2 + a^2b^4n^2 \dots (4)
\end{cases}
$$

Nous supposerons d'abord qu'on propose de diviser le produit par le multiplicande.

Dans ce cas, après avoir ordonné le dividende et le diviseur, par rapport à la plus haute puissance de la lettre a, ce qui donnera au dividende deux termes de plus haut exposant, on commencera indifféremment la division par l'un ou l'autre de ces deux termes.

En effet, si c'est

$$
\left.\begin{matrix} a^6bm \\ a^6bn \end{matrix}\right\} \text{ qu'on divise } \left\{\begin{matrix} a^4b \\ a^4b \end{matrix}\right. \text{ par } \left.\begin{matrix} \\ \end{matrix}\right\} \text{ on aura pour } \left\{\begin{matrix} a^2m \\ a^2n \end{matrix}\right. \text{ quotient}
$$

Aussi l'ordre dans lequel se présentent ces deux termes du quotient doit-il être indifférent, puisqu'ils sont de même exposant par rapport à la lettre a.

L'un ou l'autre de ces termes trouvé, on le multiplie par le diviseur, ce qui donne l'une des deux lignes (1) ou (2), puis on fait la soustraction, ce qui efface l'une de ces deux lignes.

Cela fait, on trouve le terme du quotient de même exposant en a que le précédent, en divisant l'autre terme de même ordre en a du dividende par le premier du diviseur : on multiplie le diviseur par ce nouveau terme, et on soustrait.

Alors l'opération se continue comme dans l'exemple précédent.

On étendrait aisément ce que nous venons de dire, au cas où les termes de même plus haut exposant seraient en nombre quelconque au dividende seulement.

Nous supposerons pour second cas, qu'on prenne le multiplicateur dans l'exemple ci-dessus pour diviseur; et alors le dividende et le diviseur offrent plusieurs termes d'un même plus haut exposant.

On commencera toujours, pour plus de commodité, par ordonner le dividende et le diviseur : ceci fait, on choisira parmi les termes de même ordre du dividende, celui qui est exactement divisible par celui qu'on a écrit le premier au diviseur; ou, plus généralement, dans les termes de premier ordre du dividende et du diviseur, on en prendra deux qui se divisent exactement. Ainsi, dans notre exemple, on divisera

$$\left.\begin{array}{l} a^6bm \\ a^6bn \end{array}\right\} \text{ par } \left\{\begin{array}{l} a^2m \\ a^2n \end{array}\right\} \text{ ce qui donnera } \left.\begin{array}{l} a^4b \\ a^4b. \end{array}\right.$$

La raison de ce procédé est que, si l'on divisait a^6bm par a^2n, on aurait $\dfrac{a^4bm}{n}$ qui ne fait pas partie du multiplicande, et qui conséquemment ne doit pas être l'un des termes du quotient. Ce quotient obtenu, on le multipliera par tout le diviseur, puis on fera la soustraction. Mais on remarquera qu'alors on efface à-la-fois les deux termes du même plus haut exposant, plus, les deux termes a^5bm^2 et a^5bn^2.

Il sera facile, d'après ce que nous venons de dire, de terminer l'opération.

Il reste à supposer que les deux facteurs renferment plusieurs termes de même plus haut exposant de la lettre a, comme si l'on avait

$$a^4b + a^4c + a^2b^3 + ab^4$$

à multiplier par.... $a^2m + a^2n + am^2 + an^2$

$$\text{produit} = \begin{cases} a^5bm + a^5bm^2 + a^4b^3m + a^3b^4m \\ a^6cm + a^5cm^2 + a^4b^3n + a^3b^4n \\ a^6bn + a^5bn^2 \qquad + a^3b^3m^2 + a^2b^4m^2 \\ a^6cn + a^5cn^2 \qquad + a^3b^3n^2 + a^2b^4n^2 \end{cases}$$

Le multiplicande est pris pour diviseur. On chercherait parmi les quatre termes d'un même plus haut exposant dans le dividende, ceux qui sont exactement divisibles par celui qu'on a écrit le premier au diviseur; on divise alors l'un quelconque de ceux-là par ce terme du diviseur, ce qui donne un terme du quotient par lequel on multiplie le diviseur, et la soustraction de ce produit efface ceux des termes de même plus haut exposant du dividende, qui, divisés par le même terme du diviseur, donneraient le même quotient.

On se conduirait d'une manière analogue pour trouver le second terme du quotient. Il sera facile de généraliser ce que nous venons de dire.

Examinons maintenant ce qui aurait lieu, si, dans la division de deux polynomes, on s'écartait des principes que nous venons de poser. En divisant $a^2 - b^2$ par $a - b$ dans l'ordre où sont écrits les termes du dividende et du diviseur, on a pour quotient $a - b$; mais si l'on essaie la division de ces deux polynomes, en prenant $b - a$ pour diviseur, on est conduit à cette opération, qu'il sera facile de suivre en appliquant les règles démontrées à l'égard des fractions numériques.

$$a^2 - b^2 \left\{ \begin{array}{l} b + a \\ \overline{\text{Quot.} = \dfrac{a^2}{b} - \dfrac{a^3}{b^2} + \dfrac{a^4}{b^3} - \dfrac{a^5}{b^4} + \text{etc.}} \end{array} \right.$$

$$- a^2 - \dfrac{a^3}{b}$$

$$-\dfrac{a^3}{b} - b^2$$

$$+\dfrac{a^3}{b} + \dfrac{a^4}{b^2}$$

$$+\dfrac{a^4}{b^2} - b^2$$

$$-\dfrac{a^4}{b^2} - \dfrac{a^5}{b^3}$$

$$-\dfrac{a^5}{b^3} - b^2$$

etc.

Le quotient ne s'arrête pas, puisqu'on a toujours un reste, et, quoique donné par la division des deux mêmes polynomes, il est différent du premier par la forme. Nous reviendrons au chapitre 7 sur ces quotiens qui ne se terminent pas, et nous observerons ici que cette circonstance tient à ce qu'on ne doit prendre le quotient du premier terme du dividende par le premier terme du diviseur, pour celui de tout un dividende partiel par la totalité du diviseur, qu'autant que les polynomes sont ordonnés, ainsi que nous l'avons expliqué; autrement il faut faire la division complètement, c'est-à-dire, dans cet exemple, diviser $a^2 - b^2$ ou $(a-b)(a+b)$ par $b+a$, et alors on trouve l'autre facteur $a - b$.

On reconnaîtra qu'une division algébrique est terminée, ou qu'on a obtenu la partie entière du quotient, lorsque le plus haut exposant de la lettre par rapport à laquelle on a ordonné, est moindre dans le reste qu'au premier terme du diviseur.

NOTE

NOTE V,

SUR LE CHAPITRE VI, Ire SECTION.

Trouver tous les diviseurs d'un Nombre.

1°...Soient N un nombre, α, β, γ, etc. ses facteurs nombres premiers (*) : le nombre N pourra toujours être représenté par $\alpha^m \beta^n \gamma^p$ etc. En effet la méthode à suivre pour décomposer le nombre N en ses facteurs nombres premiers (*Arith.*), consiste à essayer la division de N successivement par les nombres 2, 3, 5, 7, etc. Lorsque la division réussit par le nombre premier α, que je suppose être le plus petit des diviseurs de cette espèce, on la répète autant de fois qu'il est possible, m fois, par exemple, et désignant le quotient par P, on a $N = \alpha^m . P$, le nombre P n'étant plus divisible par α (**), ni par un nombre premier $< \alpha$, puisqu'alors α ne serait plus, comme on l'a supposé, le plus petit nombre premier diviseur de N. On trouvera successivement $P = \beta^n Q$, $Q = \gamma^n R$, etc. ce qui donne $N = \alpha^m \beta^n \gamma^p$ etc. en observant que le dernier des quotiens P, Q, R, etc. sera nécessairement un nombre premier.

Si après avoir essayé la division du nombre N par les nombres 2, 3, 5, 7, etc. jusqu'à la racine carrée de N, qu'on note ainsi $\sqrt{N}$, on n'en trouve aucun qui divise N, on sera certain que N est un nombre premier ; car, supposons que N soit divisible par un nombre premier $\theta > \sqrt{N}$, et désignons le quotient par T : dans l'hypothèse actuelle, le quotient T du nombre N par θ, est moindre que celui de N par sa racine

---

(*) J'ai défini en arithmétique, les nombres premiers considérés isolément, et les nombres premiers entr'eux.

(**) On démontrera que si c ne divise pas α, il ne divisera pas α^m, que γ ne divisant pas c, ne pourra diviser c^n, et ainsi de suite.

carrée, ou moindre que la racine carrée de N, parceque si l'on divise le produit de deux facteurs par un nombre plus grand que l'un de ces facteurs, on aura un quotient plus petit que l'autre ; donc le nombre N serait divisible par un nombre T moindre que $\sqrt{N}$, et, *à fortiori*, par un nombre premier moindre que $\sqrt{N}$, ce qui est contre l'hypothèse.

Maintenant pour trouver les diviseurs autres que les nombres premiers α, β, γ, δ, etc. supposons qu'on ait $N = \alpha^2\gamma\beta\delta$, on reprendra les divisions

$$
\begin{array}{c|c}
\alpha^2\beta\gamma\delta & \alpha \\
\alpha\beta\gamma\delta & \alpha \\
\beta\gamma\delta & \beta \\
\gamma\delta & \gamma \\
\delta & \delta
\end{array}
$$

$\alpha\beta\gamma\delta$, $\beta\gamma\delta$, $\gamma\delta$, δ étant les quotiens successifs correspondans aux diviseurs α, α, β, γ et δ, puis on formera les lignes

$1^{\circ}\ldots\ldots\alpha$;

$2^{\circ}\ldots\ldots\alpha, \alpha^2$;

$3^{\circ}\ldots\ldots\beta, \alpha\beta, \alpha^2\beta$;

$4^{\circ}\ldots\ldots\gamma, \alpha\gamma, \beta\gamma, \alpha^2\gamma, \alpha\beta\gamma, \alpha^2\delta\gamma$;

$5^{\circ}\ldots\ldots\delta, \alpha\delta, \beta\delta, \gamma\delta, \alpha^2\delta, \alpha\beta\delta, \alpha^2\beta\delta, \alpha\gamma\delta, \beta\gamma\delta, \alpha^2\gamma\delta, \alpha\beta\gamma\delta, \alpha^2\beta\gamma\delta,$

dont chacune renferme les produits de tous les diviseurs déjà formés qui se trouvent au-dessus, par le diviseur nombre premier qui est en tête de la ligne. Il est visible que chacun de ces produits est diviseur du nombre N, puisqu'il n'est aucun d'eux qui n'ait pour facteurs les diviseurs même de N; d'ailleurs α ne peut être au plus que deux fois facteur dans l'un quelconque des diviseurs, β, γ et δ ne peuvent l'être qu'une fois ; donc on ne peut avoir d'autres diviseurs que les précédens.

Ainsi pour le nombre 120, on a ce tableau de diviseurs

$$
\begin{array}{r|l}
     & 1 \\
120 & 2 \\
60   & 2,\,4 \\
30   & 2,\,8 \\
15   & 3,\,6,\,12,\,24 \\
5   & 5,\,10,\,15,\,20,\,30,\,40,\,60,\,120.
\end{array}
$$

En général, le nombre N étant réduit à la forme $\alpha^m \epsilon^n \gamma^p \delta^q$, aura pour diviseurs tous les nombres résultans de toutes les combinaisons que l'on pourra former en prenant successivement pour m, n, p, q les nombres depuis zéro jusqu'à m, depuis zéro jusqu'à n, de zéro à p et à q. On obtiendra toutes ces combinaisons en développant le produit

$$(\alpha^0 + \alpha^1 + \alpha^2 + \ldots + \alpha^m)\,(\epsilon^0 + \epsilon^1 + \ldots \epsilon^n)\,(\gamma^0 + \gamma^1 + \gamma^2 \ldots + \gamma^p)$$

dont le nombre des termes, le même que celui des diviseurs, sera

$$(m+1)(n+1)(p+1)(q+1),\ \text{etc.}$$

En effet, en supposant $N = \alpha^m \epsilon^n \gamma^p$, le produit des trois polynomes se composera, 1°. de la somme $\alpha^0 + \alpha^1 + \ldots + \alpha^m$, multipliée par le produit $\epsilon^0 \gamma^0$, ou par l'unité; de la somme $\epsilon^0 + \epsilon^1 + \ldots + \epsilon^n$, multipliée par le produit $\alpha^0 \gamma^0$, ou par l'unité; de la somme $\gamma^0 + \gamma^1 + \ldots + \gamma^p$, multipliée par le produit $\alpha^0 \epsilon^0$ qui est l'unité. Or tous ces termes du produit sont évidemment diviseurs de N, et réciproquement tout diviseur de N, d'une seule lettre, est l'un de ces termes; 2°. du polynome $\alpha^1 + \ldots + \alpha^m$, multiplié par $\epsilon + \ldots + \epsilon^n$ et par γ^0; plus du produit $\alpha^1 + \ldots + \alpha^m$ par $\gamma^1 + \ldots \gamma^p$ par ϵ^0; plus du produit $\epsilon^1 + \ldots + \epsilon^n$ par $\gamma^1 + \ldots + \gamma^p$ par α^0. Tous ces produits de deux lettres, puisque le troisième facteur est l'unité, ayant chacune tous les exposans de 1 à m, de 1 à n et de 1 à p, sont autant de diviseurs de N; et réciproquement les diviseurs de deux lettres de N, devant diviser $\alpha^m \epsilon^n$, $\alpha^m \gamma^p$, $\epsilon^n \gamma^p$ ne peuvent être que les termes de ce produit; 3°. de

$\alpha^1 + \ldots + \alpha^m$ par $\zeta^1 + \ldots + \zeta^n$ par $\gamma^1 + \ldots + \gamma^p$, produits de trois lettres sous tous les exposans de 1 à m pour α, de 1 à n pour ζ, et de 1 à p pour γ. Il est visible que tout diviseur de $\alpha^m \zeta^n \gamma^p$ ne peut être que l'un de ces produits. Qu'on effectue d'ailleurs le calcul pour $m = 2$, $n = 1$, $p = 1$, $q = 1$, et on trouvera le tableau ci-dessus des diviseurs du nombre $\alpha^2 \zeta \gamma \delta$.

Le nombre 360 étant $2^3 \times 3^2 \times 5$, on formera tous les termes du produit

$$(1 + 2 + 4 + 8)(1 + 3 + 9)(1 + 5)$$

dont le nombre, qui sera celui des diviseurs, est

$$(3 + 1)(2 + 1)(1 + 1) = 24.$$

Lorsqu'on connaît tous les diviseurs nombres premiers d'un nombre, il est aisé de trouver le plus grand carré diviseur exact du nombre. En effet, un nombre étant de la forme $\alpha^3 \zeta^5 \gamma^8 \delta$, on pourra l'écrire ainsi $(\alpha \zeta^2 \gamma^4)^2 \alpha \zeta \delta$, et alors $\alpha \zeta^2 \gamma^4$ sera le nombre cherché. Pour 120 ce nombre est 4.

NOTE VI,

SUR LES CHAPITRES VII, VIII, IX, X, Ire SECTION.

Des Fractions littérales.

NOUS avons vu dans la division de deux monomes, que lorsque certaines lettres, facteurs dans le dividende, ne se trouvaient pas au diviseur, et réciproquement, le quotient ne pouvait être qu'indiqué, et qu'on le représentait alors par une fraction ayant pour numérateur le produit des lettres du dividende, non communes au diviseur, et pour dénominateur celui des lettres du diviseur, non communes au dividende, qu'ainsi on avait, par exemple,

$$\frac{abmn}{cdmn} = \frac{ab}{cd}.$$

On observera que la fraction $\frac{ab}{cd}$ peut bien être un nombre entier pour certaines valeurs numériques des lettres a, b, c et d comme si l'on avait $a=4$, $b=6$, $c=2$, $d=3$; mais que, généralement parlant, elle sera une fraction numérique pouvant être réduite à une plus simple expression.

Quoique ces fractions littérales partagent les propriétés des fractions numériques, et qu'elles en suivent les règles, puisqu'en dernier résultat, elles doivent être évaluées en nombre, néanmoins nous en établirons la théorie autrement qu'on ne le fait en arithmétique, en partant de ce principe évident, *que si l'on opère de la même manière sur les deux membres d'une égalité,* c'est-à-dire, *sur deux quantités ou sur deux nombres équivalens, les résultats sont toujours égaux.* C'est en passant ainsi de la notation fractionnaire à l'algorithme de l'égalité, que la marche à suivre dans la recherche des propriétés et des règles, devient simple et uniforme.

Soit donc l'égalité

$$a = b.v\ldots(1)$$

qu'on divise de part et d'autre par b qui n'a pas de facteur commun avec a, on aura

$$\frac{a}{b} = v\ldots(2).$$

Ainsi v représentera la valeur de la fraction $\frac{a}{b}$, ou le quotient de la division de a par b.

Si l'on multiplie par m les deux membres de l'égalité (1), on aura ces deux résultats équivalens

$$ma = mb \cdot v \ldots (3):$$

divisant de part et d'autre par mb, pour avoir v, on parvient cette propriété connue

$$\frac{ma}{mb} = v = \frac{a}{b} \ldots (4),$$

m étant un nombre quelconque entier ou fractionnaire.

Donc *on ne change pas la valeur d'une fraction en multipliant ou divisant ses deux termes par un même nombre.*

Si on divise par b les deux membres de l'égalité (3), on obtient la suivante

$$\frac{ma}{b} = m \times v \ldots (5).$$

L'égalité (1) peut encore se mettre sous la forme

$$a = \frac{1}{m} b \times mv \ldots (6),$$

de laquelle on tire, en divisant de part et d'autre par $\frac{1}{m} b$,

$$\frac{a}{\frac{1}{m} b} = m \times v \ldots (7).$$

Les égalités (5) et (7) démontrent *qu'on multiplie une fraction par m, soit en multipliant son numérateur, soit en divisant son dénominateur par m.*

Les égalités évidentes

$$(8) \ldots \frac{a}{m} = b \times \frac{v}{m}, \quad a = mb \times \frac{v}{m} \ldots (9),$$

divisées, la première par b et la seconde par mb pour avoir $\frac{v}{m}$, donnent

$$(10)\ldots\ldots \frac{\frac{a}{m}}{b}=\frac{v}{m}\ ;\quad \frac{a}{mb}=\frac{v}{m}\ldots\ldots(11).$$

D'où l'on voit que *pour diviser une fraction par* m, *il faut ou diviser son numérateur par* m, *ou multiplier son dénominateur par* m.

On observera que dans $\frac{\frac{a}{m}}{b}$, le numérateur est $\frac{a}{m}$, et le dénominateur b, et qu'on emploie le plus grand trait pour séparer le numérateur du dénominateur.

Soient maintenant les deux égalités

$$(12)\ldots\ldots a=b.v\ ;\quad a'=b.v'\ldots\ldots(13)$$

qui correspondent aux fractions

$$\frac{a}{b}=v,\quad \frac{a'}{b}=v',$$

lesquelles ont même dénominateur ; si on les ajoute membre à membre, on aura

$$a+a'=bv+bv'=b(v+v')\ ;$$

et divisant de part et d'autre par b, pour avoir la somme cherchée $v+v'$, il vient

$$\frac{a+a'}{b}=v+v'\ldots\ldots(14).$$

Donc pour *ajouter deux fractions qui ont même dénominateur, il faut faire la somme des numérateurs, et la diviser par le dénominateur commun.*

Si on opère sur les deux égalités (12) et (13), par voie de soustraction, on obtiendra cette différence

$$\frac{a - a'}{b} = v - v' \ldots (15),$$

résultat qui donne une règle connue.

Supposons que les deux fractions soient de dénomination différente, ou qu'on ait les égalités

$$a = b.v, \quad a' = b'.v' :$$

on pourra multiplier les deux membres de la première par b' et ceux de la seconde par b, opération qui donnera

$$ab' = bb'v, \quad a'b = bb'v' ;$$

puis ajoutant et soustrayant, on trouve

$$ab' \pm a'b = bb' (v \pm v') ;$$

le double signe $\pm$ indiquant l'addition et la soustraction : divisant de part et d'autre par bb' pour avoir la somme et la différence cherchée $v \pm v'$, on trouvera

$$\frac{ab' \pm a'b}{bb'} = v \pm v' \ldots (16),$$

d'où l'on tire la règle connue pour l'addition et la soustraction des fractions non réduites au même dénominateur.

Il serait sans doute plus simple de recourir à la propriété (4) pour réduire au même dénominateur les fractions

$$\frac{a}{b} = v, \quad \frac{a'}{b'} = v' ;$$

mais nous avons pour but de faire voir que le principe de l'égalité suffit pour établir toute la doctrine des fractions.

Nous avons donné la règle pour multiplier une fraction par

un entier m, laquelle convient encore à la multiplication d'un entier par une fraction. Nous allons supposer maintenant qu'on ait deux fractions à multiplier l'une par l'autre.

Soient les deux égalités

$$a = b.\nu, \quad a' = b'.\nu';$$

en les multipliant membre à membre, les deux produits seront égaux, c'est-à-dire qu'on aura

$$aa' = bb'.\nu\nu',$$

et divisant par bb' de part et d'autre pour avoir le produit $\nu\nu'$ qu'on cherche, on obtiendra

$$\frac{aa'}{bb'} = \nu\nu' \dots (17).$$

Donc *le produit de deux fractions, est une fraction ayant pour numérateur le produit des numérateurs, et pour dénominateur celui des dénominateurs.*

Reste à diviser un entier par une fraction et deux fractions l'une par l'autre.

Soient, pour le premier cas, les deux égalités

$$m = m; \quad a = b.\nu;$$

si on les divise l'une par l'autre, on aura les deux quotiens égaux

$$\frac{m}{a} = \frac{m}{b.\nu};$$

et multipliant de part et d'autre par b, pour avoir l'expression cherchée de $\frac{m}{\nu}$, on trouvera

$$\frac{mb}{a} = \frac{m}{\nu} \dots (18).$$

Donc *pour diviser un entier par une fraction, il faut multiplier l'entier par la fraction – diviseur renversée.*

Pour traiter le second cas, on partira des deux égalités

$$a = b.v, \quad a' = b'.v',$$

lesquelles divisées membre à membre, donnent les quotiens égaux

$$\frac{a}{a'} = \frac{b.v}{b'.v'} :$$

multipliant de part et d'autre par b' et divisant par b, afin d'en revenir à l'expression de $\frac{v}{v'}$, on parviendra à

$$\frac{ab'}{a'b} = \frac{v}{v'} = \frac{a}{b} \times \frac{b'}{a'} \dots \dots (19).$$

Donc *pour opérer la division de deux fractions, il faut multiplier la fraction-dividende par la fraction-diviseur renversée.*

NOTE VII,

SUR LES CHAPITRES XII, XIII, XV, XVIII, XIX, Iere SECTION.

Des Radicaux.

LA puissance de l'ordre m d'une quantité, m étant un nombre entier et positif, est le produit de cette quantité multipliée $m - 1$ fois de suite par elle-même, ou le produit de cette quantité m fois facteur. Ainsi on a

$$(a^p)^m = a^{pm}; \quad (a^p b^q c^r)^m = a^{pm} b^{qm} c^{rm} = (a^p)^m \times (b^q)^m \times (c^r)^m;$$

$$\left(\frac{a}{b}\right)^m = \frac{a^m}{b^m}; \quad \left(\frac{a^p b^q}{c^n d^r}\right)^m = \frac{a^{pm} b^{mq}}{c^{nr} d^{ms}} = \frac{(a^p b^q)^m}{(c^r d^s)^m}, \text{ etc.}$$

Toute puissance de degré pair d'une quantité positive ou négative, est nécessairement positive. En effet $2m$ étant la formule des nombres pairs, on a

$$(\pm a)^{2m} = \big((\pm a)^2\big)^m = (+a^2)^m = +a^{2m},$$

$2°$. *Toute puissance de degré impair d'une quantité est de même signe que cette quantité.* La formule générale des nombres impairs est $2m+1$, et on a

$$(\pm a)^{2m+1} = (\pm a)^{2m} \times (\pm a) = a^{2m} \times \pm a = \pm a^{2m+1},$$

$\pm$ se prononçant $+$ ou $-$.

La quantité qui a été élevée à une puissance, se nomme *racine* de cette puissance; ainsi la racine du degré m d'une puissance, est cette quantité qu'il a fallu multiplier $m-1$ fois par elle-même, pour avoir la puissance en question. La racine de l'ordre m, ou la racine $m^{ème}$ de a^{mp} sera donc a^p, puisque $(a^p)^m = a^{mp}$, de $a^{mp}b^{mq}$ sera $a^p b^q$; de $\dfrac{a^{pm}b^{mq}}{c^{mr}d^{ms}}$ sera $\dfrac{a^p b^q}{c^r d^s}$. Dans ces exemples, l'exposant de la puissance est exactement divisible par l'indice m de la racine à extraire. On conclut de cette définition d'une racine et des exemples donnés, $1°$. que *la racine d'un produit est le produit de cette même racine de chacun des facteurs*; $2°$. que *la racine d'une fraction est le quotient entre les racines de même ordre du numérateur et du dénominateur.*

Supposons maintenant qu'on ait à extraire la racine $m^{ème}$ de a^p, l'exposant p de la puissance n'étant plus exactement divisible par l'indice m de la racine à extraire. Puisque dans le cas où l'exposant p de a est divisible par m, la racine $m^{ème}$ de a^p est $a^{\frac{p}{m}}$, il paraît fort naturel d'employer encore cette notation dans l'hypothèse présente : alors la racine ne pourra plus s'obtenir exactement, on ne l'aura qu'approchée. Ces exposans fractionnaires indiqueront donc des racines de puissances imparfaites. Pour éclaircir cette notation, supposons qu'on ait à extraire la racine quarrée de 2^3 ou de 8 ; on pourra du moins regarder 8 comme le quarré d'un nombre α ; car si ce nombre α ne peut être assigné exactement, il pourra l'être avec une approximation telle que l'erreur entre 8 et α^2 soit moindre que tout nombre donné, quelque petit qu'il

soit (*Arith.*) : on aura donc sensiblement pour racine $\alpha^{\frac{2}{2}}$, ou

remettant 2^3 pour α^2, on aura la racine $2^{\frac{3}{2}}$. Nous verrons plus loin que ces sortes de racines ne peuvent être exprimées ni par des entiers, ni par des fractions, et qu'elles sont nécessairement des fractions décimales qui ne s'arrêtent pas, et qui sont *incommensurables*.

Pour indiquer une racine à extraire, on est convenu (note 5) d'employer ce signe $\sqrt{}$ qui n'est autre chose que la lettre initiale du mot racine, déformée ; on le place en avant de la puissance, et on écrit dans l'ouverture l'indice m de la racine à extraire. On a donc ces deux expressions synonimes

$$\sqrt[m]{a^p} = a^{\frac{p}{m}}.$$

S'il ne s'agissait que d'une racine quarrée, on écrirait simplement $\sqrt{a^p}$ sans l'indice 2, ainsi que nous l'avons déjà fait.

On aura donc généralement, d'après les conventions faites et la règle donnée, qui s'étend alors aux deux cas,

$$\sqrt[m]{a^p . b^q . c^r} = \sqrt[m]{a^p} \times \sqrt[m]{b^q} \times \sqrt[m]{c^r} = a^{\frac{p}{m}} \times b^{\frac{q}{m}} \times c^{\frac{r}{m}};$$

$$\sqrt[m]{\frac{a^p b^q}{c^r d^s}} = \frac{\sqrt[m]{a^p . b^q}}{\sqrt[m]{c^r d^s}} = \frac{\sqrt[m]{a^p} \times \sqrt[m]{b^q}}{\sqrt[m]{c^r} \times \sqrt[m]{d^s}} = \frac{a^{\frac{p}{m}} \times b^{\frac{q}{m}}}{c^{\frac{r}{m}} \times d^{\frac{s}{m}}}.$$

On déduit de là cette décomposition.

$$\sqrt[3]{378000} = \sqrt[3]{2^3 . 3^3 . 5^3 . 2 . 7} = 2 . 3 . 5 \sqrt[3]{14} = 30 \sqrt[3]{14};$$

ce qui fait voir que l'opération arithmétique pour extraire la racine troisième de 378000, se réduit à celle de la même racine du nombre 14, et que préliminairement on a décomposé le nombre proposé en ses facteurs nombres premiers. On aura de même

$$\sqrt[3]{378000\, a^{10}\, b^{15}\, c^{13}} = 30\, a^3 b^5 c^4 \sqrt[3]{14\, ac}.$$

Deux ou plusieurs radicaux de même indice, sont dits de *même dénomination ;* et ils sont réputés de *dénominations différentes* quand ils portent des indices différens. Dans ce dernier cas, on peut quelquefois les rappeler à une même dénomination ; ce qui a lieu à l'égard des deux suivans $\sqrt{a^3 b^2}$

et $\sqrt[4]{a^6 b^4} = a^{\frac{6}{4}} . b^{\frac{4}{4}} = a^{\frac{3}{2}} . b^{\frac{2}{2}} = \sqrt{a^3 b^2} = \sqrt{a^3 b^2}.$

Les radicaux sont de nouvelles quantités sur lesquelles nous aurons à pratiquer toutes les opérations précédemment effectuées sur les quantités rationnelles : nous commencerons donc par l'addition et la soustraction. Généralement ces opérations ne peuvent qu'être indiquées, ainsi qu'il arrive si l'on

a à faire la somme de $\sqrt{a}$, $2\sqrt{b}$, $5 \sqrt[3]{c}$, qui est $\sqrt{a} + 2\sqrt{b}$

$+ 5 \sqrt[3]{c}$. Mais $\sqrt{a^2 b} + \sqrt{a^2 b} + 2 \sqrt{a^2 b} = 4 \sqrt{a^2 b}$; $5 \sqrt[4]{a\, b}$

$- 3 \sqrt[4]{ab} = 2 \sqrt[4]{ab}$. Dans ces deux derniers exemples, on a pu pratiquer la réduction, parceque les radicaux ont même indice, et qu'ils couvrent les mêmes quantités, auxquels ils sont dits *semblables :* souvent cette similitude ne se découvre qu'après qu'on a simplifié les radicaux, et elle est indépendante des coefficiens. C'est ainsi que dans l'exemple

suivant, $3b \sqrt[3]{2a^5 b^2} + 8a \sqrt[3]{2a^2 b^5} - 7ab \sqrt[3]{2a^2 b^2}$, on a

$$3b\sqrt[3]{2a^5b^2} = 3b\sqrt[3]{a^3 \cdot 2a^2b^2} = 3ab\sqrt[3]{2a^2b^2},$$

$$8a\sqrt[3]{2a^2b^5} = 8a\sqrt[3]{b^3 \cdot 2a^2b^2} = 8ab\sqrt[3]{2a^2b^2},$$

et pour somme effective $4ab\sqrt[3]{2a^2b^2}$. On a de même

$$\sqrt{ab^2} + \sqrt[4]{a^6b^4} = (b + ab)\sqrt{a}.$$

On a démontré (108) cette formule

$$\sqrt[m]{a^p b^q c^r} = \sqrt[m]{a^p} \times \sqrt[m]{b^q} \times \sqrt[m]{c^r};$$

dans laquelle on lit cette règle, pour multiplier entre eux un nombre quelconque de radicaux d'un même indice : *faites le produit des lettres qui sont sous les radicaux facteurs, et couvrez-le du radical commun.*

Supposons que les radicaux portent des indices différens, et qu'on ait à faire, par exemple, le produit $\sqrt[m]{a^p}$ par $\sqrt[m']{b^q}$, ou celui de $a^{\frac{p}{m}}$ par $b^{\frac{q}{m'}}$: on fera rentrer ce cas dans le précédent, en réduisant au même dénominateur les fractions $\dfrac{p}{m}$, $\dfrac{q}{m'}$, et on aura

$$\sqrt[m]{a^p} \times \sqrt[m']{b^q} = a^{\frac{p}{m}} b^{\frac{q}{m'}} = a^{\frac{pm'}{mm'}} \times b^{\frac{qm}{mm'}} = \sqrt[mm']{a^{pm'}} \times \sqrt[mm']{b^{qm}}$$

$$= \sqrt[mm']{a^{pm'}b^{qm}}.$$

On aura de même le produit des trois radicaux

$$\sqrt[m]{a^p} \times \sqrt[m']{b^q} \times \sqrt[m'']{c^r} = a^{\frac{p}{m}} \times b^{\frac{q}{m'}} \times c^{\frac{r}{m''}} = a^{\frac{pm'm''}{mm'm''}} \times b^{\frac{qmm''}{mm'm''}} \times c^{\frac{rmm'}{mm'm''}}$$

$$= \sqrt[m'mm'']{a^{pm'm''} b^{qmm''} c^{rmm'}}.$$

Nous ne relaterons pas ici la règle, parceque l'énoncé en serait fort compliqué, et que d'ailleurs elle est donnée par celle qu'on suit pour réduire plusieurs fractions à une commune dénomination.

La règle pour diviser deux radicaux d'une même dénomination, se lit dans cette formule trouvée,

$$\frac{\sqrt[m]{a^p}}{\sqrt[m]{b^q}} = \sqrt[m]{\frac{a^p}{b^q}},$$

et il reste à l'étendre au quotient de deux radicaux qui n'ont pas même dénomination. Soit donc à diviser $\sqrt[m]{a^p}$ par $\sqrt[m']{b^q}$, ou $a^{\frac{p}{m}}$ par $b^{\frac{q}{m'}}$, en passant des radicaux aux exposans fractionnaires. On a

$$\frac{\sqrt[m]{a^p}}{\sqrt[m']{b^q}} = \frac{a^{\frac{p}{m}}}{b^{\frac{q}{m'}}} = \frac{a^{\frac{pm'}{mm'}}}{b^{\frac{qm}{mm'}}} = \frac{\sqrt[mm']{a^{pm'}}}{\sqrt[mm']{b^{qm}}} = \sqrt[mm']{\frac{a^{pm'}}{b^{qm}}}.$$

On peut d'ailleurs supposer sous les radicaux un nombre quelconque de facteurs, et il sera facile d'assigner le quotient, en opérant d'après ce qui a été dit.

Faisons maintenant $a = b$ dans la formule

$$\sqrt[m]{a^p} \times \sqrt[m]{b^q} = \sqrt[m]{a^p . b^q} :$$

elle deviendra, en passant des radicaux aux exposans fractionnaires,

$$a^{\frac{p}{m}} \times a^{\frac{q}{m}} = \sqrt[m]{a^{p+q}} = a^{\frac{p+q}{m}} = a^{\frac{p}{m}+\frac{q}{m}}.$$

Donc la règle démontrée, à l'égard des exposans entiers positifs, s'étend aux exposans fractionnaires positifs.

Dans la même hypothèse $b = a$, le résultat

$$\frac{\sqrt[m]{a^p}}{\sqrt[m]{b^q}} = \sqrt[m]{\frac{a^p}{b^q}},$$

devient

$$\frac{a^{\frac{p}{m}}}{a^{\frac{q}{m}}} = \sqrt[m]{\frac{a^p}{a^q}} = \sqrt[m]{a^{p-q}} = a^{\frac{p-q}{m}} = a^{\frac{p}{m}-\frac{q}{m}};$$

autre extension de la règle donnée aux exposans fraction-naires positifs.

Dans la supposition permise de $p = 0$, la formule pré-précédente devient

$$\frac{1}{a^{\frac{q}{m}}} = a^{-\frac{q}{m}},$$

transformation démontrée dans le cas de l'exposant entier et qui convient encore à l'exposant fractionnaire. Qu'on pose maintenant les deux égalités

$$\frac{1}{a^{\frac{p}{m}}} = a^{-\frac{p}{m}}; \quad \frac{1}{a^{\frac{q}{m}}} = a^{-\frac{q}{m}},$$

et qu'on les multiplie membre à membre, on aura les produits égaux

$$\frac{1}{a^{\frac{p}{m}} \cdot a^{\frac{q}{m}}} = \frac{1}{a^{\frac{p}{m}+\frac{q}{m}}} = a^{-\frac{p}{m}} \times a^{-\frac{q}{m}},$$

ou bien

$$a^{-\frac{p}{m}-\frac{q}{m}} = a^{-\frac{p}{m}} \times a^{-\frac{q}{m}},$$

On voit donc que les exponentielles à exposans entiers et à exposans fractionnaires négatifs, suivent la même règle dans leur multiplication. La division de $a^{-\frac{p}{m}}$ par $a^{-\frac{q}{m}}$ donne pour quotient

$$\frac{a^{-\frac{p}{m}}}{a^{-\frac{q}{m}}} = \frac{\frac{1}{a^{\frac{p}{m}}}}{\frac{1}{a^{\frac{q}{m}}}} = \frac{a^{\frac{q}{m}}}{a^{\frac{p}{m}}} = a^{\frac{q}{m}-\frac{p}{m}} = a^{-\frac{p}{m}+\frac{q}{m}}.$$

Or l'exposant du quotient, $-\dfrac{p}{m}+\dfrac{q}{m}$, est l'exposant du dividende moins celui du diviseur, ce qui est une généralité de la règle relative à la division des exponentielles.

L'exposant étant un nombre tel que $\sqrt{2}$ qu'on ne peut assigner exactement, on pourra du moins supposer qu'on ait extrait cette racine avec une approximation suffisante et telle que l'erreur soit négligeable, ensorte que cet exposant sera une fraction décimale terminée qu'on pourra remplacer par une fraction ordinaire ; alors ces exponentielles suivront en tout les règles précédemment démontrées.

Passons à l'extraction des racines des radicaux, et soit $\sqrt[n]{a^t}$ dont on demande la racine $m^{ème}$, ce qu'on indiquera de cette manière $\sqrt[m]{\sqrt[n]{a^t}}$: on posera

$$\sqrt[m]{\sqrt[n]{a^t}} = x, \quad \text{d'où} \quad \sqrt[n]{a^t} = x^m, \quad \text{et} \quad a^t = x^{mn},$$

en élevant, 1°. à la puissance m, 2°. à la puissance n. Extrayant la racine $mn^{ème}$ des deux membres de la dernière égalité, on reviendra à cette autre énonciation de x,

$$\sqrt[mn]{a^t} = x = \sqrt[m]{\sqrt[n]{a^t}}.$$

On trouverait par un semblable calcul

$$\sqrt[m]{\sqrt[n]{\sqrt[p]{\sqrt[q]{a^t}}}} = \sqrt[mnpq]{a^t}.$$

Ainsi, par exemple, la racine 12e d'un nombre a, peut être transformée en $\sqrt[3]{\sqrt[2]{\sqrt[2]{a}}}$, c'est-à-dire qu'après avoir décomposé le nombre 12 en ses facteurs nombres premiers, 3, 2, 2, on prendra la racine carrée du nombre, du résultat la racine carrée, et de celui-ci la racine cubique. L'extraction d'une racine 36ème exigera donc au plus celle d'une racine cubique, puisque le plus grand facteur nombre premier de 36 est 3.

Nous verrons bientôt que tout radical imaginaire le devient par $\sqrt{-1}$ qui s'introduit en facteur; il nous suffira donc de donner la règle pour multiplier $\sqrt{-1}$ par $\sqrt{-1}$. Or multiplier $\sqrt{-1}$ par $\sqrt{-1}$, c'est prendre le carré de $\sqrt{-1}$; c'est donc repasser à la quantité qui est sous le radical. On a donc

$$\sqrt{-1} \times \sqrt{-1} = -1.$$

Ainsi, quoique les facteurs soient imaginaires, le produit est cependant réel, c'est-à-dire qu'il est un nombre de l'espèce de ceux que nous connaissons. Nous avons déjà remarqué que l'imaginarité disparaissait dans la somme des nombres $6 + \sqrt{-4}$ et $6 - \sqrt{-4}$. On ne peut pas dire que

$$\sqrt{-1} \times \sqrt{-1} = \sqrt{+1} = \pm 1,$$

comme on pourrait le conclure de la règle pour multiplier deux radicaux d'un même indice; car supposant $x = \sqrt{-1}$, soit, s'il est possible,

$$x^2 = \pm 1;$$

on aurait en prenant le signe supérieur, et extrayant la racine carrée de part et d'autre,

$$x = \sqrt{-1} = \pm 1,$$

ce qui est absurde, puisqu'un nombre imaginaire serait égal à un nombre réel.

Soit l'égalité parfaite

$$(c - b)a = (c - b)a :$$

en extrayant la racine carrée de part et d'autre, on aura celle-ci

$$\sqrt{c - b} \times \sqrt{a} = \sqrt{(c - b)a};$$

et, sous la relation $b > c$, ou dans l'hypothèse, par exemple, $b = c + 1$, elle devient, (note 2),

$$\sqrt{-1} \times \sqrt{a} = \sqrt{-a},$$

transformation utile, et qui fait voir que toute racine imaginaire n'est telle que par le facteur $\sqrt{-1}$. On en déduirait, en y écrivant ab pour a,

$$1^\circ \dots \sqrt{-ab} = \sqrt{ab} \times \sqrt{-1} = \sqrt{a}.\sqrt{b}.\sqrt{-1}$$
$$= \sqrt{-a}\sqrt{b}$$
$$= \sqrt{a}\sqrt{-b};$$
$$2^\circ \dots \sqrt{-a} \times \sqrt{-b} = \sqrt{-1}\sqrt{a}\sqrt{-1}\sqrt{b}$$
$$= \sqrt{-1}\sqrt{-1}\sqrt{ab} = -\sqrt{ab},$$

résultats qu'il faut bien retenir.

Que l'on divise par $\sqrt{b}$ les deux membres de l'égalité absolue

$$\sqrt{-1} \times \sqrt{a} = \sqrt{-1} \times \sqrt{a},$$

on aura

$$\frac{\sqrt{-1} \times \sqrt{a}}{\sqrt{b}} = \sqrt{-1} \times \frac{\sqrt{a}}{\sqrt{b}} = \sqrt{-1} \times \sqrt{\frac{a}{b}};$$

et conséquemment de la première à la dernière transformation,

$$3^o \ldots \ldots \frac{\sqrt{-a}}{\sqrt{b}} = \sqrt{-\frac{a}{b}}.$$

Enfin

$$4^o \ldots \frac{\sqrt{-a}}{\sqrt{-b}} = \frac{\sqrt{a}\,\sqrt{-1}}{\sqrt{b}.\sqrt{-1}} = \frac{\sqrt{a}}{\sqrt{b}} = \sqrt{\frac{a}{b}}.$$

On voit que, dans cet exemple, l'imaginaire $\sqrt{-1}$ disparaît encore, ou qu'elle ne passe pas dans le résultat qui est réel. Ainsi les imaginaires ne doivent pas être rejetées. On conclut encore de ce qui précède qu'il n'y a en Algèbre que la seule imaginaire $\sqrt{-1}$.

Tous les nombres entiers et positifs sont évidemment compris dans l'une de ces quatre formules :

$$4n, \quad 4n+1, \quad 4n+2, \quad 4n+3,$$

parceque tout nombre divisé par 4, ne peut donner que l'un des restes 0, 1, 2 ou 3. Si l'on désigne $\sqrt{-1}$ par x, toutes les puissances de $\sqrt{-1}$ seront donc représentées par l'une de ces quatre formules :

$$(\sqrt{-1})^{4n} = x^{4n} = (x^4)^n = (+1)^n = +1$$
$$(\sqrt{-1})^{4n+1} = x^{4n+1} = x^{4n}.x = x = +\sqrt{-1}$$
$$(\sqrt{-1})^{4n+2} = x^{4n+2} = x^{4n}.x^2 = x^2 = -1$$
$$(\sqrt{-1})^{4n+3} = x^{4n+3} = x^{4n}.x^3 = x^3 = -\sqrt{-1}.$$

On pourrait dire aussi que tous les nombres entiers et positifs sont pareillement représentés par les formules

$$2n, \quad 2n+1; \quad 3n, \quad 3n+1, \quad 3n+2;$$
$$5n, \quad 5n+1, \quad 5n+2, \quad 5n+3, \quad 5n+4;$$
$$\text{etc.}$$

mais on a fait choix des précédentes, parcequ'il n'y a plus à distinguer dans les résultats, entre n nombre pair ou impair.

'Ainsi pour connaître une puissance donnée de $\sqrt{-1}$, il faudra diviser l'exposant de la puissance proposée par 4, et la puissance de $\sqrt{-1}$ indiquée par le reste, sera celle qu'on cherche.

Soient p et p' deux nombres premiers avec π, je dis que chacun de ces nombres n'étant pas divisible par π, leur produit ne le sera pas non plus. En effet, soit, s'il est possible,

$$\frac{pp'}{\pi} = q, \quad \text{d'où} \quad \frac{p}{\pi} = \frac{q}{p'},$$

q étant, par hypothèse, un nombre entier. Or p et π étant des nombres premiers entre eux et inégaux, la fraction $\frac{p}{\pi}$ est réduite à sa plus simple expression ; donc les termes de la fraction $\frac{q}{p'}$ sont respectivement égaux à ceux de la première, ou ils en sont les mêmes multiples : or p' ne peut être multiple de π, donc il ne peut que lui être égal; donc si π, diviseur de pp', n'est pas égal à p, il est nécessairement égal à p'. On étendrait de proche en proche la proposition à un produit $pp'p''\ldots\ldots$ d'un nombre quelconque de nombres premiers.

Il suit de ce théorème dû à M. *Maurice de Genéve*, considéré dans le cas où les nombres p, p', p'', etc, deviendraient égaux, que *si deux nombres* a *et* b *sont premiers entre eux, les fractions* $\frac{a^m}{b^m}$, $\frac{a^m}{b^u}$ *ne pourront se réduire à des nombres entiers.* Car tout facteur de b ne pourra l'être de a, sera premier avec a, et conséquemment ne pourra diviser a^m ; ensorte que la fraction $\frac{a^m}{b}$ ne pourra devenir un nombre entier, d'après le théorème précédent. Je dis maintenant qu'il en sera de $\frac{a^m}{b^2}$; en effet, si l'on pouvait avoir $\frac{a^m}{b^2} = q$, comme on en déduirait

$\frac{a^n}{b}=qb$, a^m serait donc exactement divisible par b, ce qui n'a pas lieu. De là, non divisibilité de $\frac{a^m}{b^2}$ résulte de celle de $\frac{a^m}{b^3}$, $\frac{a^m}{b^4}\dots\dots\frac{a^m}{b^m}$, $\frac{a^m}{b^m}$. Appliquons maintenant ces consé-quences. Par exemple, $\sqrt{2}$ étant >1 et <2, et ne pouvant conséquemment être un nombre entier, supposons $\sqrt{2}=\frac{a}{b}$, d'où $2=\frac{a^2}{b^2}$, $\frac{a}{b}$ étant une fraction réduite à sa plus simple expression : dans l'hypothèse actuelle et d'après la conséquence précédente, $\frac{a^2}{b^2}$ ne peut être un nombre entier ; donc $\sqrt{2}$ ne peut être une fraction ; elle est donc nécessairement une fraction décimale infinie et non périodique. On ferait voir de la même manière qu'il y aurait absurdité à supposer $\sqrt[m]{n}=\frac{a}{b}$, n n'étant pas une puissance de l'ordre m. On peut encore démontrer, d'après ce principe, *qu'une fraction ordinaire ne peut être réduite en une fraction décimale terminée, que lorsque son dénominateur est un multiple de 2 ou de 5, ou de 2 par 5.* Car soit cette fraction réduite à sa plus simple expression $\frac{a}{b}$; on aura, pour exprimer la condition énoncée, $\frac{a}{b}=\frac{n}{10^p}$, n et p étant des nombres entiers et positifs ; donc $n=\frac{a\times 10^p}{b}$. Donc pour que n soit entier, il faut que 10^p soit divisible par b : or 10^p ne peut avoir que les diviseurs 2 et 5, ou des mul-tiples de 2 et 5, ou de 2 par 5 ; donc b doit être un de ces diviseurs.

Les racines des puissances imparfaites, sont donc des fractions décimales infinies et non périodiques. Ces sortes de nombres sont dits *irrationnels* ou *incommensurables*, parcequ'ils n'ont pas de commune mesure avec l'unité. Nous observerons ici qu'une fraction est un nombre commensurable; car, que l'unité soit divisée en neuf parties égales, et qu'on prenne, par exemple, cinq de ces parties, on aura la fraction $\frac{5}{9}$ qui a un neuvième pour commune mesure avec l'unité. Telle est donc la notion qu'on doit se former des nombres *commensurables* et *incommensurables*.

NOTE VIII,

SUR LES CHAPITRES XX, XXI, XXII ET XXIII, Ire SECTION.

Supposons d'abord $x = 0$, on aura $y = 1$; à $x = 1$ correspond $y = a$; donc, 1°. *dans tout système, le logarithme de l'unité est zéro*; 2°. *le logarithme de la base est l'unité.* Ces propriétés appartiennent essentiellement à tous les systèmes de logarithmes.

Changeons $+x$ en $-x$, dans l'équation fondamentale $a^x = y$, et nous aurons

$$\frac{1}{a^x} = y :$$

or l'exposant x augmentant continuellement, la fraction $\frac{1}{a^x}$ diminuera, si cependant la base a surpasse l'unité; cette fraction tendra vers zéro qui en sera la limite; à cette limite correspond une valeur de x, plus grande qu'aucun nombre donné, quelque grand qu'il soit.

Ainsi, *la base a étant plus grande que l'unité, le logarithme de zéro sera l'infini négatif.*

Si la base 10 et le nombre dont on cherche le logarithme, sont des nombres premiers entre eux, je dis que le logarithme est incommensurable.

D'abord ce logarithme ne peut être un nombre entier, puisque le nombre donné n'est pas une puissance exacte de 10;

il reste donc à démontrer qu'il ne peut être fractionnaire ; c'est-à-dire qu'on ne peut avoir

$$(10)^{\frac{m}{p}} = n :$$

car en élevant de part et d'autre à la puissance p, on aurait

$$(10)^m = n^p ;$$

et divisant par 10,

$$(10)^{m-1} = \frac{n^p}{10} :$$

or $\frac{n}{10}$ étant une fraction irréductible, d'après l'hypothèse, $\frac{n^p}{10}$ ne peut être (note précédente) un nombre entier $(10)^{m-1}$. Donc l'exposant de 10, ou le logarithme de n ne peut être fractionnaire ; cependant ce logarithme existe ; il est donc nécessairement incommensurable.

La conclusion précédente a encore lieu lorsque le nombre n n'a de commun avec 10 que les facteurs 2 ou 5.

Soit donc $n = 2^r \times n'$, n' étant premier avec 10, ou ne renfermant plus les facteurs 2 et 5 ; si on posait

$$(10)^{\frac{m}{p}} = 2^r \times n',$$

on aurait

$$(10)^m = 2^m \times 5^m = 2^{pr} \times n'^p,$$

et divisant par $2^{pr} \times 5$, on aurait

$$2^{m-pr} \times 5^{m-1} = \frac{n'^p}{5}.$$

Si m est $> pr$, comme 5 est premier avec n', la fraction $\frac{n'^p}{5}$ ne pourra pas être un nombre entier $2^{m-pr} \times 5^{m-1}$. Si $m = pr$, l'égalité précédente devient

$$5^{m-1} = \frac{n'^p}{5} ;$$

et elle est encore impossible. Enfin, sous la relation $m < pr$, on a

$$\frac{5^m}{2^{pr-m}} = n'^p,$$

et comme 2 et 5 sont des nombres premiers entre eux, la fraction ne peut donner le nombre entier n'^p (*idem*).

Donc *les logarithmes des nombres qui ne sont pas des puissances exactes de* 10, *sont incommensurables.*

Il resulte de la relation $10^x = y$ que les logarithmes des fractions décimales 0,1 ; 0,01 ; 0,001 , etc. sont —1 , —2 , —3, etc., et on remarquera qu'ils indiquent par le nombre d'unités, le rang du premier chiffre significatif à droite de la virgule. Prenons le logarithme d'une fraction entre 0 et 1 , celui de $\frac{21}{27}$: on aura, d'après une des propriétés précédemment démontrées, $\log\left(\frac{21}{27}\right) = \log 21 - \log 27$

$$\begin{aligned} \log 21 &= 1,3222193 \\ \log 27 &= 1,4313638 \\ \hline \text{différ.} &= \overline{1},8908555. \end{aligned}$$

Le trait horizontal qui est au-dessus de l'unité ou de la caractéristique , indique que cette caractéristique seule est négative, ensorte que la partie décimale est positive. Si la caractéristique était zéro, la partie entière du nombre correspondant ne serait que d'un chiffre ; si on le divisait par 10, ce chiffre indiquerait des dixièmes, mais alors il faudrait soustraire une unité du logarithme , et en effet

$$\overline{1},8908555 = 0,8908555 - 1,0000000$$
$$= \log 7,77778 - \log 10 = 0,7777778,$$

nombre cherché.

Généralement , désignons par n' le nombre de zéros qui se trouvent entre la virgule et le premier des chiffres significatifs d'une fraction décimale comprise entre 0 et 1, ensorte que $n'+1$ indique le rang de ce premier chiffre significatif à la droite de la virgule : si, à partir de celui-ci inclusivement, le nombre total des chiffres restans est n , on aura pour logarithme de cette partie considérée comme nombre entier , $n - 1$, d, la lettre d désignant la partie décimale, et $n - 1$ la caractéristique : retranchant de ce logarithme celui de $(10)^{n'+n}$, ce qui revient à diviser par $(10)^{n'+n}$, on trouvera $-n' - 1, + d$ pour logarithme de la fraction décimale, dont la caractéristique $n' + 1$, considérée numériquement, indique effectivement le rang du premier chiffre significatif à la droite de la virgule. Au moyen de ces caractéristiques négatives, on évite l'emploi des complémens arithmétiques dont nous n'avons pas parlé , par cette raison, dans le Traité d'Arithmétique.

Pour faire le carré $\frac{21}{27}$, on prendra le double de son logarithme qui sera

$$2 \times \overline{1},8908555 = \overline{1},7817110 = \log(0,604938).$$

Pour l'extraction de la racine cinquième, on préparera le logarithme ainsi qu'il suit :

$$\overline{1},8908555 = \overline{5} + 4,8908555,$$

ensorte que

$$\tfrac{1}{5} \times \overline{1},8908555 = \overline{1},9781711 = \log(0,95098).$$

Si deux nombres n *et* n' *sont décuples l'un de l'autre, leurs logarithmes ont même partie décimale, c'est-à-dire qu'ils ne diffèrent que par la caractéristique.*

Soit $n' = n \times 10^r$: on aura

$$\log n' = \log n + \log(10^r)$$
$$= \log n + r \log 10 = \log n + r,$$

$\log 10$ étant $= 1$. Donc pour passer du logarithme de n à celui de n', il faut au premier ajouter l'exposant de la puissance de 10 qui multiplie n : comme cet exposant est entier, l'addition ne porte que sur la caractéristique de $\log n$ dont la partie décimale reste la même. Cette propriété abrège encore le travail des tables.

La différence entre les logarithmes de deux nombres successifs, est d'autant plus petite que ces nombres sont plus grands.

Soient, pour le démontrer, les deux équations

$$a^x = n, \quad a^{x+\delta} = n+1 :$$

divisant la seconde par la première, on trouvera

$$a^\delta = 1 + \frac{1}{n}, \text{ d'où } \delta = \log\left(1 + \frac{1}{n}\right);$$

or plus le nombre n est grand, plus la fraction $\frac{1}{n}$ est petite, et moins $\log\left(1 + \frac{1}{n}\right)$ diffère de $\log 1$ ou de zéro; conséquemment plus la différence entre $\log(n+1)$ et $\log n$ devient petite. C'est pour cette raison que, dans les Tables de Logarithmes par *Callet*, les petites tables de différences sont très-multipliées dans les premières pages, et qu'elles deviennent plus rares par la suite.

Lorsqu'on a le logarithme d'un nombre n pour une base particulière a, il est facile d'en déduire le logarithme du même nombre n, pour une autre base e. A cet effet, soient

$$a^x = n, \quad e^{x'} = n; \text{ d'où } x = \log n, \quad x' = l.n,$$

en désignant par log et l les logarithmes de n, rapportés aux bases a et e; on aura donc

$$a^x = e^{x'},$$

et prenant les logarithmes de part et d'autre dans le système dont la base est a, il viendra

$$\log a^x = \log e^{x'}, \text{ ou } x \log a = x' \log e;$$

d'où résulte, à cause de $\log a = 1$,

$$x = x' \log e, \text{ ou } \log n = l.n \times \log e, \text{ et } ln = \frac{1}{\log e} \times \log n.$$

D'où l'on conclut que *pour avoir le logarithme d'un certain nombre dans le système dont la base est* e, *il faut diviser le logarithme de ce nombre, rapporté à la base* a, *par le logarithme de* e, *calculé sur* a.

De la relation précédente, on déduit

$$\frac{\log n}{l.n} = \log e \, ;$$

c'est-a-dire, *qu'il existe un rapport constant entre les logarithmes de deux nombres, pris dans deux systèmes.*

Proposons-nous, par exemple, de trouver le logarithme du nombre $\dfrac{1}{\sqrt{3}}$ dans le système dont la base est 9, ayant des des tables de logarithmes pour la base 10. Reprenons la relation

$$ln = \frac{1}{\log e} \times \log n \, ;$$

d'après l'énoncé

$$l\left(\frac{1}{\sqrt{3}}\right) = \frac{\log\left(\frac{1}{\sqrt{3}}\right)}{\log 9} = \frac{0 - \log \sqrt{3}}{\log 9} = -\frac{\frac{1}{2}\log 3}{\log (3^2)}$$

$$= -\frac{\frac{1}{2}\log 3}{2 \log 3} = -\frac{1}{4}.$$

Ou bien encore, on a

$$9^x = \frac{1}{\sqrt{3}},$$

relation qui ne peut avoir lieu qu'autant qu'on prendra pour x des nombres négatifs : on posera donc

$$\frac{1}{9^x} = \frac{1}{\sqrt{3}} \, ; \ \text{d'où } x = -\frac{1}{4}.$$

On trouvera aisément -2 pour logarithme de 0,81 dans le système dont la base est $\frac{10}{9}$. Ces exemples sont plus que suffisans pour l'intelligence de la règle.

NOTE IX,

SUR LE CHAPITRE V, IIe SECTION.

Cette composition constante des formules successives données n° 291 du texte, est ce qu'on nomme une *loi*. Cette manière de s'élever aux lois générales par la considération des cas particuliers, se nomme *induction*. Elle est, dit *Laplace*, la source de presque toutes les découvertes dans l'analyse et dans la nature dont tous les phénomènes sont les résultats mathématiques d'un petit nombre de lois invariables. C'est ainsi que *Newton*, en suivant la loi des coefficiens numériques dans le carré, le cube, la quatrième puissance, etc. d'un binome, parvint bientôt à la loi générale, c'est-à-dire, à la formule générale qui porte son nom, et qui sera démontrée dans l'un des chapitres suivans. Ce géomètre a soin d'ajouter que, dans cette méthode d'*induction*, il ne faut pas généraliser trop promptement, car il arrive très-souvent qu'une loi qui se soutient dans un assez grand nombre de cas, est démentie dans le cas suivant.

D'après ce qui a été observé sur les résultats successifs, on peut poser généralement

$$\frac{1}{1-a} = 1 + a + a^2 + a^3 + a^4 + \ldots\ldots + a^n + \frac{a^{n+1}}{1-a},$$

n étant un nombre entier positif qui, augmenté d'une unité, donne le rang du terme. En effet, faisant $n = 3$, a^n devient a^3, qui est le quatrième terme du quotient; pour $n = 4$, a^n devient a^4, qui est le cinquième terme. Mais comme rien n'empêche d'éloigner indéfiniment le terme fractionnaire qui termine la suite, c'est-à-dire, d'ajouter toujours un terme à la partie entière, nous pourrons supposer que celle-ci ne se termine pas, et alors on écrira

$$\frac{1}{1-a} = 1 + a + a^2 + a^3 + a^4 + \text{etc.}$$

Nous allons éclaircir ce qui précède par la considération de quelques cas particuliers.

Supposons d'abord $a = 1$, et alors le quotient général deviendra un quotient particulier correspondant à la fraction $\frac{1}{1-1}$. La suite, prise indéfiniment, sera

$$\frac{1}{0} = 1 + 1 + 1 + 1 + 1 + \text{etc.}$$

Pour interpréter ce résultat, supposons qu'on ait à diviser l'unité successivement par les $\frac{1}{10}$, $\frac{1}{100}$, $\frac{1}{1000}$, $\frac{1}{10000}$, etc., on aura des quotiens continuellement croissans, puisque les diviseurs sont décroissans : mais ces diviseurs tendent vers zéro qu'ils ne peuvent atteindre, quoiqu'ils en approchent sans cesse, ou qu'ils en diffèrent de moins en moins; et, en même temps, la valeur croissante de la fraction tend vers celle qui correspond au diviseur zéro, et il est autant impossible que la fraction, dans ses augmentations successives, atteigne $\frac{1}{0}$, qu'il l'est que le dénominateur, dans ses diminutions, arrive à zéro. Ainsi $\frac{1}{0}$ *est le terme ou la limite des accroissemens de la fraction :* à cette époque, elle ne peut plus être augmentée : telle est la notion qu'on doit se faire de ce résultat $\frac{1}{0}$ que les géomètres appellent, par abréviation, *l'infini*, et qu'ils notent par ce caractère ∞ : il est souvent donné comme réponse à une question impossible, ainsi qu'on le verra, et en effet, il est très-propre à annoncer cette circonstance, puisqu'on ne peut assigner le nombre noté par ce signe.

On remarquera encore que si l'on veut ne prendre de la série que les six premiers termes, il faut clorre le développement par le reste correspondant divisé par le diviseur, ce qui donne

$$\frac{1}{1-1} = \frac{1}{0} = 1+1+1+1+1+1+\frac{1}{0};$$

ce qui prouve que six termes de moins n'empêchent pas que la série ne soit indéfiniment prolongée ou ne s'arrête pas. Et en effet, si après avoir ôté six termes de cette série, elle cessait d'être infinie, ou devenait terminée, en lui restituant ces six termes, elle serait composée d'un nombre défini ou assignable de termes, ce qui n'est pas. Donc le surplus de la série doit avoir même somme que la totalité. En Arithmétique, nous avons rencontré une circonstance semblable dans la sommation des fractions décimales périodiques, lorsqu'après avoir fait passer toute une période de la droite à la gauche de la virgule, nous disions que le reste était une fraction décimale périodique encore infinie et la même que la fraction totale.

Qu'on fasse la division indiquée $\dfrac{a}{x-b}$: on trouvera

$$\frac{a}{x-b} = \frac{a}{x} + \frac{ab}{x^2} + \frac{ab^2}{x^3} + \frac{ab^3}{x^4} + \text{etc.}$$

Supposons $a = mb$: cette substitution donnera

$$\frac{a}{x-b} = m\frac{b}{x-b} = m\left\{\frac{b}{x} + \frac{b^2}{x^2} + \frac{b^3}{x^3} + \frac{b^4}{x^4} + \text{etc.}\right\}$$

Ainsi, lorsque le dénominateur d'une fraction sera peu au-dessous de 10, de 100, de 1000, etc., on obtiendra par la série précédente sa valeur en décimales, plus rapidement que par les moyens arithmétiques, en posant $x = 10$, $= 100$, $= 1000$, etc., et prenant pour b la différence du nombre à 10, 100, 1000, etc. Pour avoir le nombre m, facteur de la suite, on comparera mb avec le numérateur de la fraction propo-

sée, et comme déjà le nombre b est connu, il sera très-
facile d'avoir le nombre m, qui doit être tel que multipliant b,
le produit soit mb. C'est ce que les deux exemples suivans
feront mieux entendre.

Soit à réduire en décimales la fraction $\dfrac{56}{999\overline{3}}$. Je décom-

pose cette fraction en $\dfrac{56}{10000-7} = \dfrac{8 \cdot 7}{10000-7}$: comparant

cette dernière avec $\dfrac{mb}{x-b}$, on trouve

$$m = 8, \quad b = 7, \quad x = 10000 ;$$

donc

$$\frac{56}{999\overline{3}} = \frac{8 \cdot 7}{10000-7} = 8\left\{ 0{,}0007 + (0{,}0007)^2 + (0{,}0007)^3 + (0{,}0007)^4 + \text{etc.} \right\}.$$

Si on veut se borner à 7 décimales dans l'évaluation de cette
fraction, on ne prendra que les deux premiers termes du développement, qui sont, $0{,}0007 + 0{,}00000049$, ou $0{,}00070049$,
qu'il faut multiplier par 8, ce qui donne $0{,}00560392$.

Si on avait à évaluer la fraction $\dfrac{48}{99\overline{1}}$, on la mettrait sous

la forme $\dfrac{\frac{16}{3} \times 9}{1000-9}$, pour la comparer avec $\dfrac{mb}{x-b}$.

NOTE X,

SUR LE CHAPITRE VI, IIe SECTION.

Supposons un polynome tout ordonné suivant les puissances
descendantes d'une même lettre, de a, par exemple; et soit
ce polynome

$$Aa^m + Ba^{m-1} + Ca^{m-2} + \text{etc.}$$

A, B, C, etc. étant des coefficiens en nombres et en
lettres. Pour l'élever, soit au carré, soit au cube, on regardera

dera tous les termes qui suivent le premier, comme un seul terme, et alors on n'aura plus à faire que le carré ou le cube d'un binome.

Dans le carré, le terme de plus haute puissance de la lettre a, ne peut être que le carré du terme analogue de la racine, et ce terme ne peut ni se réduire, ni disparaître.

Si donc on s'adresse, dans ce carré, au terme de plus haute puissance de a, et qu'on en prenne la racine, on aura déjà le premier terme de la racine ordonnée; on en fera le carré qu'on soustraira du polynome donné.

Le plus haut exposant de a dans le reste, ne pourra se trouver que dans le double produit des deux termes d'exposans plus élevés de la racine, puisque dans tout produit semblable de deux termes quelconques de cette racine, l'exposant de a serait nécessairement moindre; il en serait de même du carré d'un terme quelconque de la racine. Si donc on divise le terme de plus haut exposant de a dans le reste, par le double de celui qu'on vient d'obtenir à la racine, on aura nécessairement celui de second exposant de cette racine, c'est-à-dire, son second terme. On fera le double produit de ces deux termes, et le carré du second, puis on retranchera cette somme du premier reste.

Il est clair que le terme de plus haut exposant dans ce second reste, ne peut être que le double produit du terme de plus haut exposant de la racine par celui de troisième exposant, ensorte que le divisant par le double du premier terme de la racine, on en obtiendra le troisième terme, et ainsi de suite.

On voit donc qu'en ordonnant le polynome suivant les puissances décroissantes d'une certaine lettre prise d'ailleurs à volonté, les termes qui doivent servir de dividende, se présentent les premiers dans les restes successifs.

Il peut arriver que le terme de plus haut exposant dans l'un des restes, ne soit pas divisible par le double du premier

K k

terme de la racine, ce qui aurait lieu, par exemple, si ce terme avait été combiné par voie d'addition ou de soustraction avec un carré parfait ; dans ce cas, on s'adresserait au terme suivant, c'est-à-dire, à celui d'exposant immédiatement moindre, et si celui-ci n'était pas encore divisible, on essaierait le suivant. Ces sortes de termes qui ne sont pas divisibles, doivent faire partie du dernier reste, puisqu'ils forment l'excédant du polynome proposé sur le plus grand carré qu'il contient.

Si les coefficiens A, B, C, etc. sont des polynomes, ce qui revient évidemment à supposer dans la racine, plusieurs termes des différens exposans de a ; alors l'opération s'exécutera toujours d'après le principe posé précédemment ; mais on observera que la racine de $A^2 a^{2m}$, exigera celle du polynome A^2, qu'il faudra ordonner suivant les puissances d'une lettre prise arbitrairement, pour faciliter l'extraction. Ce premier terme Aa^m obtenu, on aura, pour trouver le second terme Ba^{m-1}, à diviser $2ABa^{2m-1}$ par $2Aa^m$, ce qu'on fera, quant aux coefficiens, suivant les règles données au chapitre de la Division. La recherche des autres termes n'aura pas plus de difficultés que celle du second. Il est inutile de rappeler que les termes qui auraient été ajoutés au carré, composeront ensemble le dernier reste, et qu'ils ne seront employés qu'autant qu'on voudra obtenir une racine approchée ou en série.

Nous appliquerons ces principes à deux exemples. Soit, d'abord le polynome

$$(a^2 - 2ab + 2b^2)x^4 + 2(ac - ad - bc)x^3$$
$$+ (2am - 2an - 2bm + 2bn + 2c^2 - 2dc + d^2)x^2$$
$$+ 2(cm - cn - dm + dn)x + (m^2 - 2mn + 3n^2),$$

dont on demande la racine carrée. Il faut d'abord extraire celle du terme de plus haut exposant de x ; mais comme son coefficient est un polynome, il conviendra d'extraire séparément sa racine carrée qu'on multipliera par celle de x^2 ;

on trouve aisément qu'elle est $(a-b)x^2$, dont le carré retranché donne le reste

$$b^2x^4 + 2(ac-ad-bc)x^3 + (2am-2an-2bm+2bn+2c^2-2dc+d^2)x^2$$
$$+ 2(cm-cn-dm+dn)x + (m^2-2mn+3n^2).$$

Il faut diviser le terme de plus haut exposant dans ce reste par $2(a-b)x^2$, mais b^2x^4 n'est pas divisible; on essaiera donc de diviser le suivant $2(ac-ad-bc)x^3$: le quotient de $2(ac-ad-bc)$ par $2(a-b)$, est $c-d$ avec le reste $-2bd$; ainsi le second terme de la racine, sera $(c-d)x$. Faisant maintenant le double produit de ces deux termes, savoir, $2(ac-ad-bc-bd)x^3$; puis le carré du second, qui est $(c^2-2dc+d^2)x^2$, et retranchant cette somme du carré donné, on aura ce second reste

$$2bdx^3 + (2am-2an-2bm+2bn+c^2)x^2 + 2(cm-cn-dm+dn)x$$
$$+ m^2-2mn+3n^2,$$

dont le terme de plus haut exposant $2bdx^3$ n'est pas divisible par le double $2(a-b)x^2$ du premier terme de la racine. Ce terme doit donc aussi faire partie du reste total, et on essaiera la division du suivant par $2(a-b)x^2$; à cet effet on divisera le coefficient $2am - 2an - 2bm + 2bn + c^2$, par $2(a-b)$, et on trouvera le quotient $m-n$, avec le reste c^2. Ainsi on aura déjà ces trois termes de la racine : ....
$(a-b)x^2+(c-d)x+(m-n)$. Mais on a jusqu'ici retranché du carré proposé, celui de $(a-b)x^2+(c-d)x$; reste donc à faire le double produit de ces deux premiers termes par le troisième, plus le carré de ce troisième terme, somme qui sera $(2am-2an-2bm+2bn)x^2+2(cm-cn-dm+dn)x$ $+(m^2-2mn+n^2)$, laquelle retranchée, donne le reste $c^2x^2+2n^2$. Ensorte que la somme des restes, est ......
$b^2x^4 + 2bdx^3 + c^2x^2 + 2n^2.$

NOTE XI,

SUR LES CHAPITRES X, XI ET XII, IIe SECTION.

Démonstration du binome dans le cas de l'exposant entier positif.

Nous avons annoncé une formule générale qui doit comprendre tous les développemens particuliers des puissances successives, entières et positives d'un binome $x + a$. Nous ferons précéder la recherche de cette formule de quelques notions qui d'ailleurs trouveront leur application par la suite.

Deux lettres a et b ne peuvent être disposées ou arrangées que de ces deux manières :

$$ab, \ ba;$$

et ces deux *arrangemens* ne donnent qu'un produit. Pour en déduire tous les arrangemens de trois lettres a, b, c, il ne faut que donner à la troisième lettre c, toutes les places possibles dans chacun de ces deux arrangemens ; d'où résultent ces six arrangemens de trois lettres

$$abc, \ acb, \ cab, \ bac, \ bca, \ cba.$$

Pour passer aux arrangemens de quatre lettres, a, b, c, d, il faut, dans chacun des précédens, écrire la quatrième lettre à toutes les places possibles, ce qui donnera 4 arrangemens pour un, et 4×6, ou 24, pour quatre lettres. Cinq lettres admettraient 5×24, ou 120 arrangemens et ainsi de suite.

Passons à une autre question, et supposons, par exemple, qu'on ait à arranger quatre lettres a, b, c, d, trois à trois, de toutes les manières possibles : on peut distraire la première lettre a, arranger les trois suivantes b, c, d, deux à deux, de toutes les manières possibles, ce qui donne pour b, c les deux arrangemens bc, cb ; pour b, d les deux arrangemens

bd, *db*, et enfin pour *c*, *d* les deux arrangemens *cd*, *dc*; puis
écrire la lettre *a* en tête de tous ces arrangemens, ce qui en
donnera six qui sont

$$abc, \quad acb, \quad abd, \quad adb, \quad acd, \quad adc,$$

et qui commencent tous par la lettre *a* : on arrangera les trois
autres lettres deux à deux de toutes les manières possibles,
puis on écrira *b* à la première place dans tous ces arrangemens, et on trouvera

$$bac, \quad bca, \quad bad, \quad bda, \quad bcd, \quad bdc :$$

on obtiendra de la même manière ces deux autres lignes d'arrangemens commençant par les lettres *c* et *d*,

$$cab, \quad cba, \quad cad, \quad cda, \quad cbd, \quad cdb,$$
$$dab, \quad dba, \quad dac, \quad dca, \quad dbc, \quad dcb :$$

ce qui fait en total 24 arrangemens. Si l'on propose d'arranger cinq lettres trois à trois, on verra que, pour chacune d'elles
écrite à la première place, les quatre autres doivent être arrangées deux à deux : or ces arrangemens 2 à 2 de 4 lettres,
sont au nombre de 4×3, car pour les obtenir, il faut arranger
trois de ces lettres une à une, ce qui donne 3 arrangemens,
et écrire en avant de chacun la lettre distraite, et en faire
autant pour chacune des quatre lettres qu'on sépare successivement. D'après cela, ceux qu'on cherche seront en nombre
$5 \times 4 \times 3$.

Lorsqu'on veut passer de la somme des produits différens que donnent trois lettres *a*, *b*, *c*, multipliées 2 à 2
(produits qui sont *ab*, *ac*, *bc*, et qu'il ne faut pas confondre
avec les arrangemens dans lesquels les mêmes lettres se repro-
duisent plusieurs fois) à la somme des produits 2 à 2 qu'on
peut faire avec quatre lettres *a*, *b*, *c*, *d*, il ne faut que multiplier chacune des trois premières lettres, par la nouvelle lettre

introdüite, et ajouter ces produits ad, bd, cd aux premiers, ce qui donne

$$ab, \quad ac, \quad bc, \quad ad, \quad bd, \quad cd.$$

Généralement, ayant déjà la somme des produits 2 à 2 qu'on
peut faire avec $m-1$ lettres, pour avoir la somme analogue
pour m lettres, il ne faut qu'ajouter à la première somme
celle des produits des $m-1$ premières lettres, par la nouvelle, ou par la $m^{ème}$ lettre. De même, pour passer de la somme
des produits différens qu'on peut faire avec trois lettres multipliées 3 à 3 (et elles ne peuvent fournir qu'un de ces produits)
à la somme analogue pour quatre lettres, il faut à la première
somme ajouter celle des produits 2 à 2 des trois premières
lettres par la nouvelle lettre introduite; et pour obtenir les
produits analogues pour cinq lettres, il faut augmenter les
précédens, des produits 2 à 2 des quatre premières lettres par
la nouvelle lettre introduite. En général, pour passer des
produits différens de $m-1$ lettres, n à n, aux produits analogues pour m lettres, il faut faire les produits $n-1$ à $n-1$
des $m-1$ premières lettres, les multiplier par la nouvelle
lettre, et ajouter ces produits aux précédens.

Supposons donc qu'on ait effectué les produits des facteurs des binomes $(x+a)(x+b)$; $(x+a)(x+b)(x+c)$;
$(x+a)(x+b)(x+c)(x+d)$, etc. lesquels sont

$$1^{\circ}\ldots x^2+(a+b)x+ab$$

$$2^{\circ}\ldots x^3+(a+b+c)x^2+(ab+ac+bc)x+abc$$

$$3^{\circ}\ldots x^4+(a+b+c+d)x^3+(ab+ac+ad+bc+bd+cd)x^2$$
$$+(abc+abd+acd+bcd)x+abcd,$$

etc.

on fera sur ces produits les remarques suivantes :

1°. Le plus haut exposant de x dans un produit, est égal
au nombre des facteurs binomes multipliés, et il diminue

constamment d'une unité en passant d'un terme à l'autre, jusqu'à devenir zéro.

2°. Les coefficiens de x sont, pour le premier terme, l'unité; pour le second, la somme des seconds termes des binomes; pour le troisième , la somme des produits différens deux à deux de ces seconds termes; pour le quatrième, la somme des produits différens trois à trois, etc. ; enfin le dernier terme est le produit de tous les seconds termes des binomes.

L'analogie conduirait à dire que ces remarques s'étendent au produit d'un nombre quelconque de binomes ; mais une telle *induction* doit être écartée (*). Nous allons prouver que les lois observées ont lieu, quel que soit le nombre des facteurs binomes.

Si on représente par

$$x^m + Px^{m-1} + Qx^{m-2} + Rx^{m-3} + \ldots\ldots + Y$$

le produit d'un nombre quelconque m de facteurs $x+a$, $x+b, x+c, x+d$, etc., et qu'on les multiplie par un nouveau facteur $x+l$, il viendra

$$x^{m+1} + P\left|\begin{matrix}x^m + Q\end{matrix}\right.\left|\begin{matrix}x^{m-1} + R\end{matrix}\right.\left|\begin{matrix}x^{m-2}\end{matrix}\right.\ldots + Y\left|\begin{matrix}x\end{matrix}\right.$$
$$+ l\quad\quad + Pl\quad\quad + Ql\quad\quad\quad\quad + Xl\quad\ldots + lY.$$

Il est évident que, 1°. si P est la somme des m seconds termes des facteurs binomes a, b, c, d, etc., $P+l$ sera celle des $m+1$ seconds termes a, b, c, $d\ldots\ldots l$; parconséquent la composition assignée à ce coefficient, sera vraie pour le produit du degré $m+1$, comme elle l'est pour celui du degré m.

2°. Si Q est la somme des produits différens 2 à 2 des

(*) Pour se convaincre qu'une loi qui se manifeste dans les premiers termes d'un résultat, peut changer, qu'on réduise $\frac{531751}{3093750}$ en fraction décimale, et on trouvera 0, 17 17 17 49 49 etc. dont la véritable période est 49, et non pas 17 comme on l'aurait cru d'abord.

m seconds termes a, b, c, etc., $Q + Pl$ exprimera la somme des produits analogues des $m + 1$ lettres a, b, $c \ldots l$; car P étant la somme des m premiers seconds termes a, b, c, d, etc. Pl sera celle de leurs produits par la nouvelle lettre introduite; donc la composition assignée sera vraie pour le degré $m + 1$, si elle l'est pour le degré m.

3°. Si R est la somme des produits différens des m lettres a, b, c, d, etc. prises 3 à 3, $R + Ql$ sera celle des produits analogues des $m + 1$ lettres a, b, c, $d \ldots\ldots l$, prises aussi 3 à 3, puisque Ql, d'après ce qui précède, exprime la somme des produits différens des m premières lettres prises 2 à 2 par la nouvelle lettre introduite, somme à ajouter à R pour passer aux produits différens de $m + 1$ lettres prises 3 à 3 (*idem*). Donc la composition assignée sera vraie pour le degré $m + 1$, si elle l'est pour le degré m.

On voit que cette manière de raisonner s'étend à tous les termes, d'après leur mode de composition, et qu'enfin le dernier terme lY sera le produit des $m + 1$ seconds termes des facteurs binomes.

Les remarques énoncées étant vraies pour le produit du quatrième degré, le seront, suivant ce qu'on vient de voir, pour celui du cinquième, pour celui du sixième, et puisqu'elles auront lieu en passant d'un produit au suivant, elles seront donc toujours vraies.

En supposant les m seconds termes des facteurs, égaux entre eux, le produit devient la puissance m du binome $x + a$; il prend alors la forme.

$$x^m + max^{m-1} + Aa^2x^{m-2} + Ba^3x^{m-3} + \ldots + a^m$$

les coefficiens A, B, $C, \ldots X$, Y représentant les nombres des produits différens que l'on peut former avec m lettres prises deux à deux, trois à trois, quatre à quatre, etc.

La recherche des coefficiens du développement du binome $(x + a)^m$, se réduit donc à la solution de cette question :

Étant données des lettres en nombre m, *déterminer combien il peut en résulter de produits différens composés de* n *lettres.*

Et la solution de cet énoncé est comprise dans celles des deux problêmes qui suivent.

1°. *Etant données* m *lettres*, a, b, c, d, *etc.*, *déterminer le nombre des arrangemens qui en peuvent résulter, en ne faisant entrer que* n *lettres dans chaque arrangement.*

Soient y le nombre cherché, y' celui des arrangemens de $m-1$ lettres prises $n-1$ à $n-1$: nous chercherons, comme dans la question précédente, à faire dépendre y de y'. En plaçant la lettre a en avant de chacun des arrangemens des $m-1$ autres lettres prises $n-1$ à $n-1$, on aura tous les arrangemens de n lettres, dans lesquels la lettre a occupera la première place, et leur nombre sera y'; de même en plaçant la lettre b en avant de chacun des arrangemens formés avec les $m-1$ lettres a, c, d, etc. prises aussi $n-1$ à $n-1$, on aura tous les arrangemens possibles de n lettres, dans lesquels b occupera la première place, ce qui donnera le même nombre y' d'arrangemens. En faisant le même raisonnement pour chacune des lettres c, d, etc., on obtiendrait à chaque fois y' termes ou arrangemens. Donc, puisque le nombre total des lettres est m, on aura en tout my' arrangemens, et conséquemment la relation

$$y = my'.$$

En représentant par y'', y''', etc. les nombres d'arrangemens de $m-2$ lettres prises $n-2$ à $n-2$, de $m-3$ lettres prises $n-3$ à $n-3$, etc., on aura ces autres relations consécutives,

$$y' = (m-1) y''$$
$$y'' = (m-2) y'''$$
$$y''' = (m-3) y'''',$$
$$\text{etc.}$$

En passant de la première relation à la seconde, de celle-ci à la troisième, la difficulté se réduit continuellement, car le nombre total des lettres à arranger, ainsi que celui des lettres qui entrent dans les arrangemens, vont toujours en diminuant; mais comme le nombre n est $< m$, ce nombre n sera réduit à l'unité plutôt que m, ce qui arrivera lorsque de n lettres on en aura retranché $n-1$; alors m sera réduit à $m-(n-1)$. Si donc on représente par $y^{(n-1)}$ (parceque dans la notation employée, le nombre des accens de y est toujours égal au nombre retranché de m) le nombre des arrangemens de $m-(n-1)$ lettres prises $n-(n-1)$ à $n-(n-1)$, ou une à une, on aura

$$y^{(n-1)} = m - (n-1),$$

puisqu'alors le nombre des arrangemens est précisément égal à celui des lettres à arranger. Ensorte que

$$\begin{aligned}
y &= my' = m(m-1)y'' = m(m-1)(m-2)y''' \\
&= m(m-1)(m-2)(m-3)y^{\mathrm{iv}}\ldots\ldots\ldots\ldots \\
&= m(m-1)(m-2)(m-3)\ldots\ldots(m-(n-1)).
\end{aligned}$$

On peut déduire de cette formule le nombre des arrangemens de n lettres, en les faisant entrer toutes dans chaque arrangement : il suffit d'y faire $n = m$, ce qui donne

$$y = x = m(m-1)(m-2)\ldots\ldots\ldots 1.$$

D'où l'on voit que la question précédente est comprise dans celle-ci.

2°. *Etant données* m *lettres, trouver combien elles donnent de produits différens de* n *lettres.*

Si ces produits étaient connus, en donnant aux lettres qui entrent dans chacun d'eux, toutes les dispositions possibles, on aurait encore tous les arrangemens de m lettres prises n à n. Puisque chaque produit est composé de n lettres, pour un produit, on aurait, d'après ce qui vient d'être démontré, $1.2.3\ldots\ldots n$ arrangemens : donc si l'on représente par P le nombre des produits différens, on aura l'égalité

$$P \times 1.2.3.4 \ldots n = m(m-1)(m-2) \ldots (m-(n-1));$$

d'où l'on tire cette expression de P qui est ici l'inconnue de la question,

$$P = \frac{m(m-1)(m-2) \ldots (m-(n-1))}{1.2.3.4 \ldots n}.$$

Tous les cas particuliers se déduisent facilement de cette formule, en observant, 1°. que, pour les valeurs particulières $n=1, =2, =3, \ldots =m$, le *coefficient général* P devient successivement celui du 2ᵉ, du 3ᵉ, du 4ᵉ, du $(m+1)^{ème}$ terme du développement; 2°. que son numérateur doit être limité par les valeurs du dernier facteur $m-(n-1)$, correspondantes à celles qu'on donne à n; 3°. que son dénominateur doit être terminé par ces valeurs de n. Ainsi pour $n=1$, le coefficient général devient m, c'est celui du second terme; pour $n=2$, il se change en $\frac{m(m-1)}{1.2}$, c'est celui du troisième terme, et ainsi de suite. Enfin, pour $n=m$, P devient $=1$, qui est le coefficient du dernier terme, ou du terme de rang $m+1$ nombre qui indique celui des termes de la formule.

Le développement général

$$(x+a)^m = x^m + max^{m-1} + \frac{m(m-1)}{1.2} a^2 x^{m-2}$$
$$+ \frac{m(m-1)(m-2)}{1.2.3} a^3 x^{m-3} + \ldots + a^m,$$

s'arrête de lui-même pour m nombre entier et positif, et il se change dans les développemens particuliers de $(x+a)^2$, $(x+a)^3$, etc., en y faisant $m=2, =3$, etc. Mais cette formule générale peut être représentée par

$$- \frac{m(m-1)(m-2)(m-3)\ldots\ldots\ldots(m-(n-1))}{1.2.3.4\ldots\ldots\ldots\ldots\ldots\ldots n} a^n x^{m-n},$$

qui en est le $n+1^{ème}$ terme et le *terme général*, puisqu'il devient le 2e, le 3e, le 4e, etc., en y faisant $n=1, =2, =3$, etc. Considérons maintenant le terme qui suit, ou celui de rang $n+2$, et qui est

$$\frac{m(m-1)(m-2)(m-3)\ldots(m-(n-1))(m-n)}{1.2.3.4\ldots\ldots\ldots\ldots n.(n+1)} a^{n+1} x^{m-(n+1)},$$

en divisant celui-ci par le précédent, on obtiendra le rapport entre deux termes consécutifs, qui est exprimé par $\frac{m-n}{n+1} \cdot \frac{a}{x}$; il indique de quelle manière chaque terme se déduit du précédent.

Il nous reste à démontrer que, dans le développement de $(x+a)^m$, deux termes également distans des termes extrêmes, ont même coefficient numérique. Prenons en effet le terme qui a pour coefficient numérique

$$\frac{m(m-1)(m-2)\ldots\ldots\ldots\ldots(m-(n-1))}{1.2.3\ldots\ldots\ldots\ldots\ldots\ldots n};$$

ce terme sera le $(n+1)^{ème}$, à partir du premier inclusivement, c'est-à-dire qu'il y aura n intervalles entre le premier et celui qu'on considère; le nombre total des termes étant $m+1$, puisque l'exposant du binome est m, le terme placé à n intervalles du dernier, et conséquemment à $m-n$ intervalles du premier, aura pour coefficient numérique

$$\frac{m(m-1)(m-2)\ldots\ldots\ldots\ldots(m-(m-n-1))}{1.2.3\ldots\ldots\ldots\ldots\ldots\ldots(m-n)}$$

$$= \frac{m(m-1)(m-2)\ldots\ldots\ldots\ldots\ldots(n+1)}{1.2.3\ldots\ldots\ldots\ldots\ldots\ldots(m-n)},$$

en observant que le nombre des intervalles, diminué d'une unité, est ce qu'il faut retrancher de m dans le dernier facteur du numérateur, et que le dernier facteur du dénominateur est ce nombre même d'intervalles. Il s'agit donc de démontrer qu'on doit avoir cette identité,

$$\frac{m(m-1)(m-2)\ldots(m-(n-1))}{1.2.3\ldots\ldots\ldots\ldots n} = \frac{m(m-1)(m-2)\ldots(n+1)}{1.2.3\ldots\ldots(m-n)},$$

ou, après avoir fait disparaître les dénominateurs, que

$$1.2.3\ldots\ldots(m-n)m(m-1)(m-2)\ldots\ldots(m-(n-1))$$
$$= 1.2.3\ldots\ldots\ldots n.m(m-1)(m-2)\ldots\ldots.(n+1).$$

Or le premier membre est le produit de la suite des nombres naturels depuis m jusqu'à $m-(n-1)$, multiplié par la suite des nombres naturels depuis $m-n$ jusqu'à 1, ou le produit de tous les nombres naturels depuis 1 jusqu'à m inclusivement ; le second membre offre également le produit des nombres depuis 1 jusqu'à n, par celui des nombres depuis $n+1$ jusqu'à m. Donc etc.

Reste à faire voir que la formule

$$(1+x)^m = 1 + mx + \frac{m(m-1)}{1.2}x^2 + \frac{m(m-1)(m-2)}{1.2.3}x^3 + \text{etc.}$$

s'étend aux cas de m nombre fractionnaire positif et négatif : nous en emprunterons la démonstration d'*Euler* lui-même. Pour m et n nombres entiers positifs, on a le développement précédent et celui-ci

$$(1+x)^n = 1 + nx + \frac{n(n-1)}{1.2}x^2 + \frac{n(n-1)(n-2)}{1.2.3}x^3 + \text{etc.}$$

et conséquemment

$$(1+x)^m(1+x)^n =$$
$$\left\{1 + mx + \frac{m(m-1)}{1.2}x^2\right\} \times \left\{1 + nx + \frac{n(n-1)}{1.2}x^2 + \text{etc.}\right\};$$

mais

$$(1+x)^{m+n} = 1 + (m+n)x + \frac{(m+n)(m+n-1)}{1.2}x^2$$

$$+ \frac{(m+n)(m+n-1)(m+n-2)}{1.2.3}x^3 + \text{etc.} :$$

si donc on pose $(1+x)^m = f(m)$, $(1+x)^n = f(n)$, on aura cette propriété

$$f(m) \times f(n) = f(m+n). \ldots\ldots\ldots (1)$$

caractéristique de la fonction ou de l'expression désignée par f, qui consiste en ce que des polynomes tels que ceux qui sont représentés ici par $f(m)$ et $f(n)$, étant multipliés entre eux, donnent un produit composé en $m+n$ exactement de la même manière que chacun des facteurs l'est en m ou en n. Si l'on change dans (1) m en $n+p$, on aura

$$f(m+p) \times f(n) = f(m+n+p),$$

ou

$$f(m) \times f(n) \times f(p) = f(m+n+p). \ldots (2).$$

On aurait une semblable équation, quel que fût le nombre des fonctions multipliées entre elles : comme elle s'établit entre le produit fait et le produit indiqué, elle aura donc lieu pour un nombre k de facteurs tels que $f\left(\frac{h}{k}\right)$, ensorte que

$$f\left(\frac{h}{k}\right) \times f\left(\frac{h}{k}\right) \times f\left(\frac{h}{k}\right) \ldots\ldots = f\left(\frac{h}{k} + \frac{h}{k} + \frac{h}{k} \ldots\right) = f(h),$$

puisque $\frac{h}{k} \times k = k$; donc

$$\left[f\left(\frac{h}{k}\right)\right]^k = f(h),$$

et tirant de part et d'autre la racine k, on obtient

$$f\left(\frac{h}{k}\right) = [f(h)]^{\frac{1}{k}}.$$

Mais h étant un nombre entier et positif, $f(h) = (1 + x)^h$; donc

$$f\left(\frac{h}{k}\right) = (1 + x)^{\frac{h}{k}};$$

et comme le signe f, qui indique la forme du développement, ou sa composition en exposant, n'a pas changé, on conclut que la formule de la puissance $\frac{h}{k}$ de $(1 + x)$ est ce que devient celle de la puissance $m^{ième}$, en changeant dans celle-ci m en $\frac{h}{k}$. On a donc

$$(1+x)^{\frac{h}{k}} = 1 + \frac{h}{k}x + \frac{\frac{h}{k}\left(\frac{h}{k}-1\right)}{1 \cdot 2}x^2 + \frac{\frac{h}{k}\left(\frac{h}{k}-1\right)\left(\frac{h}{k}-2\right)}{1 \cdot 2 \cdot 3}x^3 + \text{etc.}$$

Passons au cas de l'exposant négatif. On a trouvé

$$f(m + n) = f(m) \times f(n);$$

pour $n = -m$, on a $f(m+n) = (1 + x)^{m-m} = (1 + x)^0 = 1$; donc

$$f(-m) \times f(m) = 1, \text{ d'où } f(-m) = \frac{1}{f(m)} = (1 + x)^{-m}.$$

Ensorte qu'en changeant m en $-m$ dans le développement de $f(m)$, on a celui de $(1 + x)^{-m}$. La formule générale s'étend donc à tous les cas, même à celui de l'exposant irrationnel auquel on peut toujours substituer une fraction telle que l'erreur soit plus petite que tout nombre donné.

NOTE XII,

SUR LE CHAPITRE VII, IIIe SECTION.

Recherche du plus grand commun diviseur entre des nombres.

QUOIQUE ce procédé ait été démontré dans les Élémens d'Arithmétique, cependant nous croyons devoir l'exposer ici, en l'étendant au cas de plusieurs nombres, et en partant de principes qui conviennent également aux polynomes.

Pour trouver le plus grand commun diviseur entre un nombre quelconque de nombres A, B, C, etc., il suffit de savoir le trouver entre deux nombres. A cet effet, on cherchera d'abord le plus grand commun diviseur D entre les nombres A et B, puis le plus grand commun diviseur D' entre D et C, et ainsi de suite, et enfin ce dernier plus grand commun diviseur sera celui qu'on demande. Soient, pour le démontrer, trois nombres A, B, C : on aura

$$1^\circ \ldots \left.\begin{cases} A = mD, \\ B = nD, \end{cases}\right\} \quad \text{d'où} \quad \begin{cases} A = mrD', \\ B = nrD', \\ \\ C = qD' ; \end{cases}$$

$$2^\circ \ldots \begin{cases} D = rD', \\ C = qD', \end{cases}$$

m et n sont nécessairement des nombres premiers entre eux, autrement D ne serait pas le plus grand commun diviseur entre A et B ; il doit en être de même des nombres r et q, pour que D' soit le plus grand commun diviseur entre D et C. Donc D' est le plus grand commun diviseur entre A, B et C.

Comme la question de trouver le plus grand commun diviseur entre deux nombres, revient à celle de réduire une fraction $\dfrac{A}{B}$ à sa plus simple expression, puisque divisant A et B par ce plus grand commun diviseur, on a les deux plus

petits

petits quotiens possibles, nous poserons ce dernier énoncé, en supposant $A > B$.

Le plus grand commun diviseur ne peut excéder B; il peut être B lui-même, ce qu'on reconnaîtra en faisant la division qui donne

$$\frac{A}{B} = q + \frac{R}{B} \ldots \ldots (1),$$

q étant le quotient en nombre entier, et R le reste, si la division ne se fait pas exactement. La fraction $\frac{A}{B}$ ne peut se réduire sans que la fraction $\frac{R}{B}$ ou son inverse $\frac{B}{R}$ ne se réduise, puisque q est un nombre entier toujours irréductible : or B étant $< R$, le nombre qui doit réduire $\frac{B}{R}$ ne peut excéder R; il peut être R lui-même, ce qu'on reconnaîtra par la division qui donne

$$\frac{B}{R} = q' + \frac{R'}{R} \ldots \ldots (2),$$

q' étant le quotient en nombre entier, et R' le reste $< R$; on dira encore que la réduction de $\frac{B}{R}$ dépend de celle de $\frac{R'}{R}$, ou de l'inverse $\frac{R}{R'}$, parceque q' est un nombre irréductible; ensorte que continuant de cette manière, on aura les décompositions suivantes :

$$\frac{R}{R'} = q'' + \frac{R''}{R'} \ldots \ldots (3),$$

$$\frac{R'}{R''} = q''' + \frac{R'''}{R''} \ldots \ldots (4),$$

etc.

On voit bien clairement ici que le nombre qui doit réduire $\frac{A}{B}$

est celui qui doit réduire $\dfrac{R}{B}$ ou $\dfrac{B}{R}$, qui doit réduire $\dfrac{R'}{R}$ ou $\dfrac{R}{R'}$,

qui doit réduire $\dfrac{R''}{R'}$ ou $\dfrac{R'}{R''}$. Si, par exemple, $R'''=0$, ce nombre

ne peut excéder R'' : R'' est donc le plus grand nombre qui

puisse réduire la fraction $\dfrac{A}{B}$; conséquemment il est le plus

grand commun diviseur entre A et B.

D'où l'on déduit cette règle : *il faut diviser le plus grand des deux nombres par le plus petit, le plus petit par le premier reste, le premier reste par le second et ainsi de suite, jusqu'à ce qu'on soit arrivé à une division exacte ; alors le dernier diviseur, celui qui fait sa division exactement, est le plus grand commun diviseur cherché.* Les décompositions faites (pag. 468 et 469) rentrent dans cette règle, ensorte qu'il sera bon de revenir sur ce numéro.

Soient $R'''=0$ et $R''=1$: l'unité sera, d'après ce qui a été démontré plus haut, le plus grand commun diviseur entre A et B ; la fraction $\dfrac{A}{B}$ sera donc sa plus simple expression, c'est-à-dire qu'elle sera irréductible. *Réciproquement, le dernier diviseur étant l'unité, on conclura que la fraction proposée est irréductible.*

Si on découvre dans le nombre A des facteurs qui ne soient pas communs à B, et dans B des facteurs étrangers à A, on peut les effacer sans craindre d'altérer le plus grand commun diviseur. En effet, ces deux nombres étant de la forme mna et pqa, on peut supprimer dans l'un le facteur mn, et dans l'autre pq, et a est, après comme avant, le plus grand commun diviseur. Si les nombres étaient $mncN$, $pqcN'$, on pourrait encore, pour simplifier l'opération, supprimer c, quoique facteur commun, en observant cependant, après avoir trouvé le plus grand commun diviseur a, entre les deux quotiens N et N', de le multiplier par ce facteur c qui doit faire partie du plus grand commun diviseur total. Si on introduisait un facteur d dans les deux nombres, il faudrait diviser le plus grand commun diviseur par ce facteur introduit.

N O T E   X I I I,

SUR LE CHAPITRE XI, IIIe SECTION.

Considérons la progression décroissante qui résulte de la proposée, en y changeant b en $\frac{1}{r}$; alors le terme de rang n, que nous désignerons par u, devient

$$u = \frac{a}{r^{n-1}}, \quad \text{et} \quad S = \frac{\frac{u}{r} - a}{\frac{1}{r} - 1} = \frac{ar - u}{r - 1}.$$

Supposons que la progression soit continuée indéfiniment, c'est-à-dire, qu'elle ne s'arrête jamais; alors u sera plus petit qu'aucun nombre donné, quelque petit qu'il soit, puisque u diminue toujours en s'éloignant du premier terme; il s'agit d'examiner ce qu'on doit entendre par la somme totale des termes de cette suite. Pour cela, nous supposerons que le nombre n, qui est le rang du terme u, ait été successivement $= 2, = 3, = 4$, et ainsi de suite indéfiniment; à ces valeurs de n correspondent celles-ci de u,

$$u = \frac{a}{r}, \quad = \frac{a}{r^2}, \quad = \frac{a}{r^3}, \quad = \frac{a}{r^4}, \quad = \frac{a}{r^5}, \quad \text{etc.}$$

fractions qui sont de l'espèce des suivantes :

$$\tfrac{1}{2}, \quad \tfrac{1}{4}, \quad \tfrac{1}{8}, \quad \tfrac{1}{16}, \quad \tfrac{1}{32}, \quad \text{etc.}$$

qui s'approchent de plus en plus de zéro sans pouvoir jamais l'atteindre. En effet, qu'on divise une ligne prise pour unité en 2, 3, 4, etc. parties égales, on ne peut jamais arriver à une sous-division zéro, puisqu'en reprenant cette sous-division autant de fois qu'elle est dans la ligne, on conclurait que la ligne entière est zéro; mais plus on avance dans ces fractions, plus la sous-division correspondante devient petite, plus on approche de zéro qui est *la limite de leurs décroissemens* (not. 9). On conçoit que cette conclusion n'a lieu qu'à l'égard des décroissemens par voie de division. En appliquant ce que nous venons de dire aux valeurs successives de u, qui sont aussi des fractions décroissantes, on aura cet algorithme,

$$0 = \textit{limite de } u,$$

ce qui signifie que la différence entre u et zéro est plus petite que toute quantité assignable. Reprenons maintenant l'expression

$$S = \frac{ar}{r-1} - \frac{u}{r-1};$$

le premier terme de S est indépendant du nombre des termes qu'on somme, c'est-à-dire qu'il reste numériquement le même pour toutes les valeurs de n; donc la somme S s'approche d'autant plus de ce premier terme que le nombre n est plus grand, et à la limite 0 de $\frac{u}{r-1}$ correspond la limite de S, qui est $\frac{ar}{r-1}$; ainsi $\frac{ar}{r-1}$ n'est pas la somme des termes de la progression indéfiniment prolongée, mais une limite supérieure que cette somme ne peut atteindre. C'est pour caractériser cette circonstance, que nous écrirons

$$\textit{limite } S = \frac{ar}{r-1} \ \ldots\ldots\ldots (1).$$

Ainsi $\frac{ar}{r-1}$ est un terme dont on approchera d'autant plus qu'on prendra une plus grande portion de la progression, observant bien qu'il ne peut être pris pour S qu'autant qu'il s'agit de la totalité de la suite qu'on ne peut sommer.

Soit, pour exemple, la progression indéfiniment prolongée

$$1, \; \tfrac{1}{2}, \; \tfrac{1}{4}, \; \tfrac{1}{8}, \; \tfrac{1}{16}, \; \text{etc.}$$

on a $a = 1$ et $r = 2$; donc

$$\textit{limite } S = 2.$$

En effet, si on étend bout à bout deux lignes prises chacune pour unité, et qu'à la première on ajoute la moitié de la seconde, puis à la somme la moitié du reste, à cette seconde somme la moitié de l'excédant, et ainsi de suite, ce qui revient à ajouter 2, 3, 4, etc., termes de la progression, toutes ces longueurs approcheront de plus en plus de la longueur totale des deux lignes, sans pouvoir jamais lui devenir rigoureusement égales, ce qui fait bien voir que 2 est la limite vers laquelle ces sommes tendent sans cesse, sans cependant pouvoir jamais l'atteindre.

Ce qui vient d'être dit aurait encore lieu dans le cas où le facteur serait toute autre fraction $\dfrac{m}{r}$, parcequ'alors on aurait

$$S = \frac{ar}{r-m} - m \frac{u}{r-m};$$

mais la limite de $m \dfrac{u}{r-m}$ étant zéro, celle de S est

$$\textit{limite } S = \frac{ar}{r-m}.$$

Jusqu'ici nous avons considéré la progression dont tous les termes sont positifs; mais il peut arriver que les signes soient alternatifs, ce qui a lieu lorsque le facteur q est négatif, car alors les termes sont

$$a, \; -aq, \; +aq^2, \; -aq^3, \; +aq^4 \ldots, \; \pm aq^{n-1},$$

le signe $+$ du dernier terme se rapportant au cas où n est impair, et le signe $-$ à celui de n nombre pair. Pour sommer cette progression que nous supposerons croissante, on posera encore

$$S = a - aq + aq^2 - aq^3 + \ldots \ldots \mp aq^{n-2} \pm aq^{n-1},$$

et multipliant de part et d'autre par $-q$, parceque le facteur est négatif, on aura

$$-qS = -aq + aq^2 - aq^3 - \ldots \ldots \mp aq^{n-2} \pm aq^{n-1} \mp aq^n.$$

Si on retranche la première égalité de la seconde, la différence sera

$$S(-q-1) = \mp aq^n - a,$$

d'où l'on tire

$$S = \frac{\pm aq^n + a}{q+1} = \frac{\pm uq + a}{q+1} \ldots \ldots \ldots (2),$$

où l'on remarquera la même correspondance entre les signes $+$ et $-$ du terme uq, et l'indice pair ou impair du rang du dernier terme.

Dans le cas de la progression décroissante à signes alternatifs, dont le nombre de termes surpasse tout nombre donné, on trouve

$$\text{limite } S = \frac{ar}{r+1} \ldots \ldots \ldots (3),$$

après avoir fait dans (9) $q = \dfrac{1}{r}$ et supprimé le terme variable suivant la notion de limite donnée plus haut.

Proposons-nous de sommer, par exemple, la suite de termes

$$1, \ -\tfrac{1}{2}, \ +\tfrac{1}{4}, \ -\tfrac{1}{8}, \ +\tfrac{1}{16}, \ - \text{ etc.}$$

prise indéfiniment ; en la comparant avec la formule générale des progressions à signes alternatifs, on trouve $a = 1$, $r = +2$; donc

$$\textit{limite } S = \tfrac{2}{3}.$$

En effet la progression proposée équivaut à la somme des deux suivantes :

$$1,\ \tfrac{1}{4},\ \tfrac{1}{16},\ \tfrac{1}{64},\ \text{etc.} \ ; \ -\tfrac{1}{2},\ -\tfrac{1}{8},\ -\tfrac{1}{64},\ \text{etc.}$$

Faisant pour la première $a = 1$ et $r = 4$, et pour la seconde $a = -\tfrac{1}{2}$ et $r = 4$, dans l'expression limite (1), on trouve les suivantes :

$$\textit{limite } S = \tfrac{4}{3}, \qquad \textit{limite } S = -\tfrac{2}{3},$$

et les ajoutant, on a $\tfrac{2}{3}$ pour somme des limites, résultat trouvé plus haut.

NOTE XIV,

INTRODUCTION A LA SECTION IV.

Dans ce qui précède, les signes $+$ et $-$ ont toujours indiqué, le premier une addition, le second une soustraction : c'est le seul emploi qu'ils avaient à remplir lorsqu'il n'était question que d'opérations à faire sur des représentations de nombres : $+$ et $-$ sont des signes de corrélation : une quantité isolée est celle que l'on considère en elle-même, et sans aucune relation avec d'autres quantités; ainsi une telle quantité précédée soit du signe $+$, soit du signe $-$, implique contradiction. Cependant on est souvent conduit dans la solution des questions, à un résultat tel que celui-ci $x = -n$, n étant un nombre.

Que, par exemple, on ait de 3 à retrancher 5, ce qui revient au cas de $b < a$, distingué (not. 2); la soustraction n'est pas possible; on la remplace par celle de 3 ôté de 5, et la différence 2 est précédée du signe $-$, pour dire qu'on a

changé l'ordre des nombres, à l'effet d'en venir à une opération exécutable. Le reste 2 est ce dont il s'en faut que le
nombre 3 soit tel qu'on puisse en retrancher 5 ; c'est ce qui
manque au nombre 3, pour qu'on en soit à la limite des soustractions possibles lorsqu'on a 5 à retrancher. En effet la dernière de ces soustractions est $5 - 5 = 0$.

C'est dans ce sens qu'il faut interpréter l'exposant négatif
$-d$, trouvé (pag. 472) ; il avertit qu'on est sorti des limites de
la division, ce qui a lieu en effet ici, puisque le diviseur est al-
gébriquement plus grand que le dividende. L'exposant du quotient ayant fonction d'indiquer l'excédant du nombre de facteurs a du dividende, sur celui des facteurs a du diviseur,
doit être noté, dans cette hypothèse, d'après la convention
faite (not. 2). On observera d'ailleurs que la division n'est qu'une
soustraction abrégée.

Prenons pour second exemple, cette question : *Trouver un
nombre qui soustrait de* a, *laisse* b *pour reste*. Désignant ce
nombre inconnu par x, on a cette traduction

$$a - x = b, \text{ d'où } x = a - b \ldots\ldots\ldots (1),$$

en ajoutant x et retranchant b de part et d'autre. Qu'on suppose $a = 10$, $b = 4$, on aura $x = 6$: alors la soustraction
est arithmétiquement exécutable. Mais qu'on ait $a = 10$, $b = 14$,
il faut de 10 retrancher 14, ce qu'on ne peut faire qu'en partie,
ou que par rapport à la portion de 14, égale à 10. L'excédant
4 ne peut être soustrait, puisque cette opération emporte
l'idée de deux nombres ; mais un tel résultat, en tant qu'il
existe soustractivement, indiquera que le nombre x dont il
est la représentation, doit entrer soustractivement dans l'énoncé
où il est déjà retranché du nombre a ; ensorte que par là
l'énoncé se trouve corrigé et ramené à ces termes : *trouver un
nombre qui ajouté à* a, *donne* b *pour somme*. Ce nombre négatif isolé ramène donc à la véritable position de la question,
il avertit que l'énoncé doit être pris dans un sens opposé, il le
redresse dans ce qui est inexact. Telles sont donc l'origine et

l'acception de ces quantités négatives isolées. On voit bien clairement ici que ce signe — n'affecte qu'en apparence le nombre 4, et qu'en dernier résultat, il indique de quelle manière ce nombre ou sa représentation doit entrer dans la combinaison énoncée, ce qui est, ainsi que nous l'avons observé, la véritable fonction des signes.

Cette incertitude de l'opération sous laquelle le nombre inconnu doit être combiné dans l'énoncé, est de même espèce dans la question suivante ; seulement elle a lieu de la multiplication à la division : *trouver un nombre qui multipliant 5, donne pour produit l'unité* : on a donc

$$5 \times x = 1, \text{ d'où } x = \tfrac{1}{5} :$$

ensorte qu'il faudrait dire : *trouver un nombre qui divisant 5, donne l'unité pour quotient.* Mais comme diviser par 5 revient à multiplier par $\tfrac{1}{5}$, l'énoncé peut être maintenu.

Un homme place pour une année un capital à raison de $5^{fr.}$ *pour* $100^{f.}$ *d'intérêt; au bout de l'année, en sus du capital et des intérêts, on doit lui remettre par convention faite, une somme* b , *et le tout doit faire le capital : on demande ce qu'est ce capital ?*

Soit x le capital : puisque $100^{fr.}$ deviennent au bout de l'année $105^{fr.}$, on aura le capital à la même époque, par la proportion

$$100 : 105 :: x : y = \frac{105\,x}{100}.$$

La somme $\dfrac{105\,x}{100} + b$ doit être x ; on a donc l'équation

$$\frac{105\,x}{100} + b = x :$$

prenant 100 fois l'un et l'autre membres, on aura encore une équation qui sera

$$105x + 100\,b = 100x ;$$

et retranchant de part et d'autre $100\,x$ et $100\,b$, on obtiendra les différences égales

$$5x = -100\,b\,;$$

et divisant par 5 ;

$$x = -20\,b.$$

Ainsi le capital serait — $20\,b$. Cette réponse ne paraît pas d'abord intelligible, et cependant si on reporte cette valeur — $20\,b$ de x dans l'équation trouvée, on obtient

$$-\frac{105 \times 20\,b}{100} + b = -20\,b\,;$$

et faisant les opérations indiquées dans le premier membre, il vient

$$-20\,b = -20\,b\,,$$

ce qui est vrai. Cette valeur de x, toute négative qu'elle est, satisfait donc à l'équation, puisque ses deux membres deviennent identiquement égaux par le fait de la substitution. En remontant à l'énoncé, on découvre qu'il est impossible qu'un capital augmenté d'un intérêt, reste égal à lui-même, et qu'à plus forte raison cette impossibilité a lieu, si, outre les intérêts on lui ajoute une somme b; qu'il faut que de ces deux parties, ce qui résulte de l'intérêt à raison de 5 pour cent, ou b, l'une soit soustraite. En effet, si on reporte dans la première équation cette circonstance — x, qui n'est que $x = -$ un nombre, on trouve

$$-\frac{105}{100}\,x + b = -x\,;$$

et changeant les signes de part et d'autre,

$$\frac{105\,x}{100} - b = x\,,$$

traduction de l'énoncé, en supposant l'intérêt additif au

capital, auquel cas la somme b doit être retranchée. Cette équation, traitée comme la précédente, donnerait

$$x = 20\,b.$$

Si l'intérêt de 5 pour cent est soustrait de 100, auquel cas 100 se réduit à 95, on a le capital x au bout de l'année, par la proportion

$$100 : 95 :: x : y = \frac{95\,x}{100};$$

conséquemment

$$\frac{95\,x}{100} + b = x;$$

multipliant par 100, retranchant de part et d'autre $95\,x$, il vient

$$100\,b = 5\,x, \text{ ou } x = 20\,b.$$

Le résultat négatif isolé, valeur de x, annonçait une rectification ou une correction dans les termes de l'énoncé, et la question proposée pouvait être rétablie de deux manières. La résolution des questions dont nous nous occuperons plus particulièrement dans la suite, nous fournira de fréquentes occasions de revenir sur ces considérations et de les compléter.

On lit dans quelques ouvrages élémentaires, que les quantités négatives ou soustractives ne sont pas moindres que zéro, parcequ'il n'y a rien au-dessous de zéro, parceque zéro est la limite des quantités décroissantes, ce qu'il faut cependant entendre des décroissemens par voie de division. Quoi qu'il en soit de cette opinion qui n'est pas celle des géomètres les plus distingués de nos jours, qui notent une quantité négative telle que $-a$, par exemple, de cette manière, $a < 0$, on peut comparer les nombres négatifs aux positifs, et les premiers entre eux sous la relation des grandeurs. A cet effet, posons l'identité

$$4 + 3 = 5 + 2;$$

et retranchons 4 de part et d'autre, en faisant cette soustraction de 4 des nombres 3 et 2, afin d'avoir de ces restes négatifs; on trouvera

$$4 + (-1) = 5 + (-2),$$

or 4 est < 5; donc par compensation -1 est > -2. On démontrerait de cette manière, que *de deux nombres négatifs, le plus grand est le plus petit considéré numériquement, ou abstraction faite du signe*. Dans les deux membres de l'égalité précédente, les nombres négatifs ne sont pas isolés.

Si des deux membres de la première égalité on retranche 4, on aura celle-ci

$$4 + (-1) = 2 + 1 :$$

or 4 est > 2 ; il faut donc que, par compensation, on ait $-1 < +1$. *Ainsi un nombre négatif est plus petit que tout nombre positif, ou que tout nombre absolu.*

On démontre dans la multiplication que — par — donne +, ce qui est, comme on le sait, une manière abrégée de s'exprimer : pour cela, on part de deux facteurs tels que $a - b$ par $c - d$, dans lesquels les quantités b et d sont retranchées des quantités a et c respectivement plus grandes : ainsi on ne prouve pas directement que $-b \times -d = +bd$, ou que $(-b)^2 = b^2$. Cependant, la première règle une fois établie, qu'on pose

$$a - x = b, \text{ d'où } x - a = -b,$$

et qu'on élève chacune de ces égalités au carré ; puisque le produit de $a - x$ par $a - x$, est le même que celui de $x - a$ par $x - a$, on aura

$$(-b)^2 = b^2.$$

Les mêmes principes serviront à expliquer la signification des racines imaginaires. Posons de suite cette question : *trouver le nombre dont le carré soustrait de 3, donne 7 pour reste.* On a

$$3 - x^2 = 7, \text{ donc } x^2 = 3 - 7 = -4.$$

Ici se manifeste une contradiction dans l'énoncé, et nous sommes avertis que le carré, au lieu d'être soustrait, doit être ajouté. On est conduit par cette question à extraire la racine carrée du nombre négatif — 4, ce qui donne l'imaginaire $2\sqrt{-1}$. Mais en redressant d'abord l'énoncé, on a la traduction

$$3 + x^2 = 7, \text{ d'où } x^2 = 7 - 3 = 4, \text{ et } x = \sqrt{4} = 2.$$

Ainsi les résultats négatifs isolés viennent de ce qu'on est conduit à soustraire un nombre plus grand d'un plus petit, et les imaginaires sont données par une nouvelle opération à exécuter sur ces sortes de restes qu'on ne devrait pas rencontrer. C'est effectivement de cette manière que nous avons introduit l'imaginaire (pag. 499) pour démontrer deux transformations très-usitées. Par là nous donnons une origine commune aux restes, aux exposans négatifs et aux imaginaires.

Soit encore proposé *de trouver deux carrés dont la somme soit un carré*. On aura l'équation

$$x^2 + y^2 = a^2, \text{ d'où } x^2 = a^2 - y^2 :$$

cette équation sera visiblement possible tant que l'on aura $y^2 < a^2$; mais sous la relation $y^2 > a^2$, l'énoncé renferme visiblement une contradiction, et on n'a pas besoin d'en être averti par l'imaginaire qui est le résultat du calcul. Le signe — ne se trouverait donc jamais sous le radical du second degré, si l'énoncé était toujours ce qu'il doit être. (*Voyez l'ouvrage de Carnot, Géométrie de position*, page 63.)

187. Considérons deux points M et M' rapportés successivement aux points A et A' origines communes des distances; et désignons par x celles des points M et M' au point A, par x' celles des mêmes points au point A', et par A la distance AA' : on aura

$$AM = AA' + x' = A + x' = x,$$
$$AM' = AA' - x' = A - x' = x.$$

On voit donc que si l'on veut rendre la même formule analytique

$$x = A + x'$$

applicable aux points situés à droite et à gauche du point A', il faut regarder pour ceux-ci, les valeurs de x' comme négatives ; ensorte que les changemens de signes répondent aux changemens de position des points par rapport au point A' origine des distances. Lorsque les deux origines A et A' se confondent au point A', on a $AA' = A = 0$, et

$$A'M = + x', \quad A'M' = - x',$$

ce qui rend plus évidente la conclusion ci-dessus. Si de plus on suppose le point A' en M', on trouve

$$A'M = M'M = + x',$$

et si A' se transporte en M,

$$A'M' = MM' = - x'.$$

Ainsi deux distances comptées à droite et à gauche d'une même origine A', et sur une même droite, doivent être affectées l'une du signe $+$ et l'autre du signe $-$. Il en est de même des deux distances $M'M$, MM' comptées des deux origines M et M' sur la ligne qui le joint, et en allant de l'une vers l'autre. Les signes $+$ et $-$ indiquent donc deux manières d'être, ou deux sens absolument opposés. Telle est la signification qu'ils conservent dans l'application de l'algèbre à la géométrie, laquelle n'est pas une convention nouvelle, et ne répugne pas à celle qu'ils ont dans l'algèbre, puisque la première dérive de la seconde.

Cette acception des signes $+$ et $-$ bien entendue, nous passerons à quelques observations sur les inégalités, à l'effet de prémunir les commençans contre quelques erreurs dans lesquelles il leur arrive quelquefois de tomber.

On a vu qu'on n'altérait pas une égalité en augmentant, diminuant également, multipliant ou divisant de part et d'autre, en un mot, en pratiquant la même opération sur l'un et l'autre membre. L'inégalité ne se comporte pas tout-à-fait de la même manière, au moins dans plusieurs cas. Nous rappellerons d'abord cette conclusion obtenue plus haut, que le plus petit de deux nombres négatifs, est le plus grand pris numériquement, ou abstraction faite du signe, et que tout nombre négatif est plus petit que tout nombre positif.

Les inégalités continuent à avoir lieu dans le même sens, lorsqu'on ajoute de part et d'autre des nombres positifs ou négatifs.

Soient les inégalités,

$$8 > 4; \quad -8 < -4; \quad 8 > -4:$$

elles auront encore lieu dans le même sens, soit qu'on multiplie ou qu'on divise les deux membres par un nombre positif.

Mais qu'on les multiplie ou qu'on les divise par -2, et on aura ces produits

$$-16 < -8, \quad 16 > 8, \quad -16 < 8,$$

et ces quotiens

$$-4 < -2, \quad 4 > 2, \quad -4 < 2.$$

2°. *Donc les inégalités ont lieu dans le même sens, lorsqu'on les multiplie ou qu'on les divise par un nombre positif, et elles ont lieu en sens contraire lorsque le facteur ou le diviseur est négatif.*

Une inégalité n'a plus lieu dans le même sens, lorsqu'on change les signes de part et d'autre, puisqu'alors on multiplie de part et d'autre par -1.

Qu'on ait les inégalités

$$-a < b, \quad -a < -b,$$

il est aisé de voir qu'en les élevant à des puissances impaires, elles auront lieu dans le même sens, puisque, dans ce cas, la puissance conserve le signe de la racine; que si on les élève à des puissances paires, il y aura lieu par rapport à la première, à distinguer les cas de a numériquement plus petit et plus grand que b. Ces indications suffiront à l'élève qui voudra compléter ces considérations.

En cherchant la condition d'où dépendent les intersections de deux cercles dont a, r et r' sont la distance des centres et les rayons, on est conduit à cette inégalité,

$$2ar > a^2 + r^2 - r'^2$$

de laquelle on déduit

$$r'^2 > a^2 - 2ar + r^2,$$

d'où résulte, en extrayant la racine carrée de part et d'autre,

$$r' > a - r.$$

Mais le trinome $a^2 - 2ar + r^2$ a pour racine $a - r$, ou $r - a$, ensorte qu'il faut qu'on ait en même temps

$$r' > a - r, \quad r' > r - a,$$

ou bien

$$r' + r > a, \quad r' + a > r.$$

qui sont les conditions énoncées livre II de la Géométrie de *Legendre*. Si l'inégalité précédente se change dans l'égalité

$$2ar = a^2 + r^2 - r'^2,$$

on trouve alors ces racines

$$a = r + r', \quad a = r - r',$$

conditions dont la première annonce que deux cercles se touchent

touchent extérieurement, et la seconde qu'ils se touchent in-
térieurement.

Voyez page 49 de l'excellent ouvrage qui a pour titre :
*Essais sur la Géométrie analytique, par le François, Offi-
cier d'artillerie.*

NOTE XV,

SUR LES CHAPITRES Ier, IIe ET IIIe, IVe SECTION.

NOUS avons donné dans les préliminaires (note 2) quelques
préceptes généraux dont on pourra s'aider dans la traduction
algébrique d'une question proposée, préceptes dont l'application est plus ou moins facile, suivant la nature des questions,
la capacité et l'exercice de celui qui entreprend de les résoudre. Nous avons dit que l'expression, en symboles algébriques, des deux phrases équivalentes contenues dans l'énoncé
de la question, est ce qu'on nomme une *equation*, laquelle
diffère de l'égalité en ce que la première renferme un nombre
inconnu combiné avec des nombres donnés, tandis que la
seconde n'a lieu qu'entre des nombres connus.

On distingue deux sortes de questions, les unes *déterminées*, et les autres *indéterminées ;* les premières sont celles
qui fournissent une équation à une inconnue, ou, plus généralement, plusieurs équations entre le même nombre d'inconnues, et alors on peut évaluer toutes ces inconnues,
ainsi qu'on le verra dans cette note, les secondes comprennent
plus d'inconnues qu'elles ne fournissent d'équations : dans ce
cas, une ou plusieurs de ces inconnues restent *indéterminées*
ou *arbitraires ;* cependant on peut être assujéti à certaines
conditions qui restreignent le nombre de leurs valeurs (2e sect.).

Les équations déterminées à une inconnue, sont de différens degrés, du premier, du second, etc., selon que la
plus haute puissance de l'inconnue est un, deux, trois, etc.

Les puissances de l'inconnue, subordonnées à la plus haute, n'entrent pour rien dans le degré de l'équation.

Dans la solution d'une question, il y a quatre choses à distinguer : 1°. les données, c'est-à-dire les nombres connus énoncés dans la question, et le nombre qu'il s'agit de découvrir. Il importe en effet de bien examiner d'avance si on a tout ce qu'il faut pour parvenir à la connaissance du nombre inconnu : ces élémens nécessaires sont les nombres qui influent sur la grandeur du nombre cherché, ou qui le font varier lorsqu'ils varient; ils doivent tous entrer dans la traduction; 2°. la traduction de la question en langage algébrique, laquelle se compose des traductions des deux phrases équivalentes, séparées l'une de l'autre par le signe $=$; 3°. la résolution de l'équation, c'est-à-dire, la suite des transformations à faire subir à la traduction immédiate, à l'effet d'arriver à une équation qui contienne dans un membre l'inconnue seule élevée à la première puissance, et dans l'autre la formule d'opérations à faire sur les représentations des nombres donnés ; 4°. enfin l'évaluation numérique, ou la construction géométrique de cette formule.

Pour ne parler que des équations du premier degré à une seule inconnue, on suivra dans leur résolution les règles suivantes : 1°. on fera disparaître les dénominateurs, s'il s'en trouve dans l'équation, en multipliant de part et d'autre par le produit de ces dénominateurs; 2°. on transposera tous les termes sans x dans un membre, et tous ceux affectés de x dans l'autre ; 3°. on rassemblera les coefficiens de x, qu'on écrira en facteur de cette inconnue, puis on divisera de part et d'autre par ce facteur. Après toutes ces opérations qui n'ont pas altéré l'équation, et qui correspondent aux différentes parties d'un raisonnement difficile à faire et à suivre, on parvient enfin à la conclusion

$$x = N,$$

N étant un nombre, ou une formule d'opérations connues à

exécuter sur des nombres. Ce nombre N étant substitué pour x dans l'équation primitive, jouit de la propriété de rendre le premier membre égal au second. Cette valeur de l'inconnue est dite *racine de l'équation*, ce mot n'ayant pas même acception qu'en Arithmétique.

NOTE XVI,

SUR LE CHAPITRE IV, IVe SECTION.

Des deux équations

$$ax + by = c, \qquad a'x + b'y = c',$$

on déduit

$$(1)\ldots\ldots x = \frac{cb' - bc'}{ab' - ba'}, \qquad y = \frac{ac' - ca'}{ab' - ba'} \ldots\ldots(2).$$

Pour parvenir aux valeurs des inconnues x, y, z données par les trois équations

$$\begin{aligned}
ax + by + cz &= d \\
a'x + b'y + c'z &= d' \\
a''x + b''y + c''z &= d'',
\end{aligned}$$

on multipliera la première par m, la seconde par n, m et n étant des quantités indéterminées, et de la somme de ces produits retranchant la troisième équation, on aura

$$(am + a'n - a'')x + (bm + b'n - b'')y + (cm + c'n - c'')z$$
$$= dm + d'n - d''.$$

On disposera de m et de n de manière à faire disparaître les termes de x et de y : à cet effet on posera

$$am + a'n - a'' = 0; \; bm + b'n - b'' = 0,$$

et il restera

$$z = \frac{dm + d'n - d''}{cm + c'n - c''}.$$

or des deux équations en m et en n on déduit

$$m = \frac{a''b' - b''a'}{ab' - ba'}, \quad n = \frac{ab'' - ba''}{ab' - ba'}.$$

Substituant ces valeurs dans celle de z, on trouvera ce résultat

$$z = \frac{d(b'a'' - a'b'') + d'(ab'' - ba'') + d''(ba' - ab')}{c(b'a'' - a'b'') + c'(ab'' - ba'') + d''(ba' - ab')}.$$

En posant

$$am + a'n - a'' = 0; \quad cm + c'n - c'' = 0,$$

on trouverait, après avoir opéré comme ci-dessus,

$$y = \frac{d(c'a'' - a'c'') + d'(ac'' - ca'') + d''(ca' - ac')}{b(c'a'' - a'c'') + b'(ac'' - ca'') + b''(ca' - ac')}.$$

Enfin les deux hypothèses

$$bm + b'n - b'' = 0, \quad cm + c'n - c'' = 0$$

donnent

$$x = \frac{d(c'b'' - b'c'') + d'(bc'' - cb'') + d''(cb' - bc')}{a(c'b'' - b'c'') + a'(bc'' - cb'') + a''(cb' - bc')}.$$

Si on développe ces valeurs de x, y et z, et qu'on change les signes dans les deux termes de x et z, on trouvera ces formules générales

$$x = \frac{db'c'' - dc'b'' + cd'b'' - bd'c'' + bc'd'' - cb'd''}{ab'c'' - ac'b'' + ca'b'' - ba'c'' + bc'a'' - cb'a''} \dots (3),$$

$$y = \frac{ad'c'' - ac'd'' + ca'd'' - da'c'' + dc'a'' - cd'a''}{ab'c'' - ac'b'' + ca'b'' - ba'c'' + bc'a'' - cb'a''} \dots (4),$$

$$= \frac{ab'd'' - ad'b'' + da'b'' - ba'd'' + bd'a'' - d'ba''}{ab'c'' - ac'b'' + ca'b'' - ba'c'' + bc'a'' - cb'a''} \dots (5),$$

Nous n'étendrons pas l'analyse précédente au cas de quatre équations entre quatre inconnues, parceque la marche que nous venons de tracer, est facile à suivre : nous rechercherons plutôt s'il existe une loi au moyen de laquelle on puisse former immédiatement les termes des fractions valeurs des inconnues. A cet effet, nous reprendrons celles-ci :

$$x = \frac{cb' - bc'}{ab' - ba'}; \quad y = \frac{ac' - ca'}{ab' - ba'},$$

dont le dénominateur ne se compose que des lettres qui multiplient les inconnues ; pour le former, on fait d'abord deux arrangemens ab , ba , on affecte le second du signe —, et on accentue une fois la seconde lettre de chaque arrangement. A la seule inspection, on remarque que les numérateurs se forment du dénominateur commun , en changeant a en c pour x, et b en c pour y, ou , plus généralement , en changeant pour x son coefficient dans le terme tout connu , et pour y celui de y dans le même terme.

Passons au cas de trois équations entre trois inconnues : pour obtenir le dénominateur, on forme tous les arrangemens de trois lettres a, b, c, qui sont les coefficiens des inconnues, et on trouve d'après la règle donnée (pag. 516),

$$abc, \quad acb, \quad cab, \quad bac, \quad bca, \quad cba;$$

on les affecte alternativement des signes + et —, en commençant par +, puis on accentue une fois la seconde lettre de chaque arrangement, et deux fois la dernière à droite, ce qui donne le dénominateur

$$ab'c'' - ac'b'' + ca'b'' - ba'c'' + bc'a'' - cb'a''.$$

Les numérateurs se concluraient de ce dénominateur commun en changeant pour x son coefficient a dans le terme tout connu d, pour y son coefficient b en d, et pour z son coefficient c en d.

Passons maintenant à la discussion des racines, et com4
mençons par l'examen de celles-ci :

$$x = \frac{cb' - bc'}{ab' - ba'} ; \qquad y = \frac{ac' - ca'}{ab' - ba'}.$$

Dans les hypothèses

$$a = a', \quad b = b', \quad c = c',$$

on trouve

$$x = \frac{0}{0}, \quad y = \frac{0}{0} ;$$

c'est par ce signe $\frac{0}{0}$ que se manifeste l'indétermination de la
question, ainsi qu'on l'a déjà vu souvent. En effet, sous ces
deux hypothèses, les deux équations

$$ax + by = c ; \qquad a'x + b'y = c'$$

se réduisent à celle-ci :

$$ax + by = c,$$

qui admet une infinité de solutions, parce qu'on peut se donner l'une des inconnues à volonté, comme on le verra dans la
seconde partie où il est question de l'analyse indéterminée.

Réciproquement, si les valeurs de x et de y se présentent
sous la forme $\frac{0}{0}$, la question est indéterminée. En effet, on
a, dans ce cas, les trois équations

$$cb' - bc' = 0, \quad ac' - ca' = 0, \quad ab' - ba' = 0,$$

dont l'une quelconque est la conséquence des deux autres ; car
de la première on déduit $c' = \frac{cb'}{b}$, valeur qui substituée dans
la seconde, donne la troisième

$$ab' - ba' = 0.$$

Qu'on prenne dans la première la valeur de b', et qu'on la reporte dans la troisième, on trouvera la seconde ; qu'on prenne dans la seconde a', pour en substituer la valeur dans la troisième, et on retombera sur la première. Cela posé, les deux premières de ces conditions donnent

$$b' = \frac{bc'}{c}, \qquad a' = \frac{ac'}{c} :$$

reportant ces valeurs dans

$$a'x + b'y = c',$$

on aura, après les réductions,

$$ax + by = c :$$

Les deux proposées se réduisant à une seule qui est la première, la question reste donc indéterminée.

Examinons le cas de

$$c = 0, \quad c' = 0,$$

c'est-à-dire celui où les termes tout connus viennent à manquer ; alors les deux équations sont de la forme

$$ax + by = 0, \quad a'x + b'y = 0,$$

et on a les deux conditions

$$cb' - bc' = 0, \quad ac' - ca' = 0,$$

dont la conséquence est encore

$$ab' - ba' = 0 ;$$

en effet si l'on divise les deux proposées par x, et qu'on pose $\frac{y}{x} = p$, on aura

$$a + bp = 0, \quad a' + b'p = 0 :$$

de la première on déduit $p = -\dfrac{a}{b}$, valeur qui, substituée dans la seconde, donne

$$ba' - ab' = 0, \quad \text{ou} \quad ab' - ba' = 0.$$

Donc encore

$$x = \frac{0}{0}, \quad y = \frac{0}{0}.$$

Dans ce cas aussi, si on substitue dans $a'x + b'y = 0$, sa valeur $\dfrac{ab'}{c}$, déduite de $ab' - ba' = 0$, cette équation devient la première, ensorte que les deux n'en font qu'une. Nous remarquerons encore que, dans les hypothèses actuelles, on ne peut déterminer que le rapport p, ou

$$\frac{y}{x} = -\frac{a}{b} = -\frac{a'}{b'},$$

ensorte qu'il suffit de prendre pour x et y les mêmes multiples de b et de a, ou de b' et de a', ce qui explique autrement l'indétermination de ces inconnues.

Il peut arriver que les deux équations

$$ax + by = c, \quad a'x + b'y = c'$$

soient incompatibles, ou qu'elles expriment deux conditions contradictoires, ce qui aurait lieu sous ces relations :

$$a' = pa, \quad b' = pb, \quad c' = qc;$$

car alors les proposées deviennent

$$ax + by = c, \quad pax + pby = qc:$$

la seconde est en opposition avec la première, puisqu'elle exprimé une égalité entre les produits de deux facteurs égaux par des facteurs inégaux. L'introduction de ces hypothèses sur

a', b', c', dans les formules des racines, donne

$$x = \frac{c(p-q)}{0} = \infty; \quad y = \frac{c(q-p)}{0} = \infty;$$

et ici ce caractère ∞ se produit évidemment comme annonce d'une contradiction dans les termes de l'énoncé.

Réciproquement, lorsque les valeurs de x et y sont infinies, les deux équations sont en contradiction : on a pour exprimer cette circonstance,

$$ab' - ba' = 0, \quad \text{d'où} \quad a' = \frac{ab'}{b};$$

et substituant pour a cette valeur dans

$$a'x + b'y = c',$$

il vient, après la multiplication par b,

$$b'(ax + by) = bc',$$

équation en contradiction avec

$$ax + by = c,$$

puisqu'on ne suppose pas $bc' = b'c$; car alors, à cause de $ab' = a'b$, on aurait la conséquence $ac' = a'c$, et de ces trois équations résulteraient, comme on l'a vu ci-dessus, $x = \frac{0}{0}$, $y = \frac{0}{0}$, résultats qui ne sont pas ceux qu'on a supposés.

Toutes les fois donc qu'un problème à deux inconnues du premier degré, est possible, impossible ou indéterminé ; on est conduit à des valeurs de x *et* y, *finies ou infinies, ou de la forme* $\frac{0}{0}$, *c'est-à-dire indéterminées, et la réciproque a lieu.*

Étendons cet examen aux racines de trois équations entre trois inconnues. En désignant par N, N', N'' les numérateurs des valeurs de x, y et z, et par D le dénominateur commun, si l'on suppose

$$d = 0, \quad d' = 0, \quad d'' = 0;$$

on aura

$$N = 0, \quad N' = 0, \quad N'' = 0,$$

et la conséquence de ces trois équations est $D = 0$. Pour le démontrer, supposons qu'après avoir fait dans les équations proposées

$$d = 0, \quad d' = 0, \quad d'' = 0,$$

on divise chacune d'elles par x, et soient

$$\frac{y}{x} = p, \quad \frac{z}{x} = q;$$

ces équations se transformeront dans les suivantes

$$a + bp + cq = 0,$$
$$a' + b'p + c'q = 0,$$
$$a'' + b''p + c''q = 0,$$

dont les deux premières donnent

$$p = \frac{ac' - ca'}{cb' - bc'}, \quad q = \frac{ba' - ab'}{cb' - bc'},$$

et substituant ces valeurs dans la troisième, on trouvera

$$ab'c'' - ac'b'' + ca'b'' - ba'c'' + bc'a'' - cb'a'' = D = 0.$$

On conclut de ce qui précède que, dans l'hypothèse actuelle,

$$x = \tfrac{0}{0}, \quad y = \tfrac{0}{0}, \quad z = \tfrac{0}{0},$$

et qu'on ne peut évaluer en particulier chacune des inconnues, mais seulement les rapports qui existent entre elles.

Lorsque des équations déterminées du premier degré manquent du terme tout connu, on ne peut assigner que les rapports entre l'une des inconnues et toutes les autres.

Supposons une question qui ait conduit aux trois équations

$$x - 2y + z = 5 \; ; \; 2x + y - z = 7, \; 2x - 4y + 2z = 1 :$$

on trouvera par l'élimination de x, les deux suivantes

$$5y - 3z = -3, \; 5y - 3z = +6,$$

lesquelles étant en contradiction, donnent

$$y = \infty \; , \; z = \infty , \; \text{donc } x = \infty \; ;$$

et en effet la troisième équation est incompatible avec les deux premières.

On peut observer, en général, que les symboles $\frac{\circ}{\circ}$ et ∞ s'introduiront dans toutes les racines, lorsqu'ayant éliminé toutes les inconnues moins deux, on tombera sur deux équations qui se répéteront ou qui seront en contradiction, ce qui ne pourra arriver qu'autant qu'il y aura répétition ou contradiction dans les conditions de la question proposée. Ainsi ces caractères ont tout le degré de généralité desirable.

On aura un exemple d'indétermination dans la question suivante : *Trouver trois nombres tels, 1°. que si de la somme du premier ajouté avec le dernier, on retranche le double du second, le résultat soit 5; 2°. que si au double du premier on ajoute la différence du second au dernier, le résultat soit 7; 3°. que si au triple du second on ajoute le premier, et que de la somme on retranche le double du troisième, on ait pour résultat 2.*

Les équations correspondantes aux trois conditions énoncées sont :

$$x - 2y + z = 5 \; ; \; 2x + y - z = 7 \; ; \; x + 3y - 2z = 2.$$

Si on élimine x entre ces trois équations, on trouve les deux suivantes:

$$5y - 3z = -3, \quad 5y - 3z = -3,$$

qui donnent

$$y = \tfrac{o}{o}, \quad z = \tfrac{o}{o}, \quad \text{d'où} \quad x = \tfrac{o}{o}.$$

En effet, qu'on examine ces trois équations, et on découvrira que la troisième n'est que la différence entre la seconde et la première, qu'ainsi elles se réduisent à deux entre trois inconnues, ce qui rend raison de l'indétermination que donne l'algèbre, puisqu'alors il faut se donner l'une de ces inconnues pour conclure les deux autres, ainsi qu'on le verra dans le chapitre suivant.

NOTE XVII,

SUR LES CHAPITRES VI ET IX, IVe SECTION.

L'équation qui se présente la seconde dans l'ordre de la complication, est

$$x^2 + px = o, \quad \text{où} \quad x(x + p) = o,$$

p étant un nombre donné par la question, et x la représentation de l'inconnue : on voit sur-le-champ que les valeurs de x, propres à rendre le premier membre égal au second, sont

$$x = o, \quad x = -p.$$

En effet, pour chacune d'elles, l'un des deux facteurs du premier membre devient nul, et par là le produit est égal à zéro. La question suivante conduit à une équation de cette seconde classe : *Partager un nombre* p *en deux parties telles que le produit soit égal à zéro.* Soit x l'une des parties, $p - x$ sera l'autre, et on aura pour l'expression de la condition

$$x\,(p - x) = o, \quad \text{ou} \quad px - x^2 = o.$$

x comporte deux valeurs, qui sont $x = o$ et $x = p$. En effet l'une des deux parties étant nulle, l'autre est p ; la somme des deux, est p, et le produit est nul. Pareillement l'une des deux parties étant le nombre tout entier, l'autre sera zéro ; la somme sera encore p, et le produit encore zéro. L'énoncé est donc vérifié par ces deux valeurs de l'inconnue.

On peut se convaincre, *à priori*, que dans l'équation complète du second degré, l'inconnue admet deux valeurs. Supposons, en effet, une première racine x' ; s'il en existe une seconde, elle sera $x' + \delta$, en représentant par δ l'excès soit positif, soit négatif de la seconde racine sur la première. Substituant $x' + \delta$ pour x dans la proposée

$$x'^2 + px' + q = 0, \dots\dots (1)$$

on aura

$$x'^2 + 2\delta x' + \delta^2 + px' + p\delta + q = 0,$$

équation qui se réduit à

$$\delta(2x' + \delta + p) = 0,$$

à cause de $x'^2 + px' + q = 0$: on déduit de la précédente, d'après ce que nous venons de dire,

$$\delta = 0, \quad \text{et} \quad 2x' + \delta + p = 0.$$

$\delta = 0$ ramène à la première racine : on tire de la seconde équation

$$\delta = -2x' - p, \quad \text{et} \quad x' + \delta, \quad \text{ou} \quad x'' = -x' - p.$$

L'équation du second degré ne comporte donc que les deux racines

$$x' = x' ; \quad x'' = -x' - p : \dots\dots (2°)$$

si on les ajoute, on obtient

$$x' + x'' = -p ;$$

si on les multiplie l'une par l'autre, il vient

$$x'x'' = -x'^2 - px' = q, \dots\dots (3°.)$$

d'après (1).

On a donc prouvé, indépendamment de la résolution de la proposée, 1°. *que l'équation du second degré comporte deux racines;* 2°. *que la somme de ces deux racines est égale au coefficient de la première puissance de l'inconnue, pris en signe contraire;* 3°. *que le produit de ces deux racines, est égal au terme tout connu de l'équation;* 4°. *que la seconde racine se déduit de la première en prenant celle-ci en signe contraire, et retranchant le coefficient de* x *dans le second terme,* ce qui revient à dire : *que la seconde racine ne diffère de la première que par le signe du radical, et qu'ainsi il faut prendre le radical avec le double signe* $+$ *et* $-$.

On déduit de (2°.) cette condition de l'égalité des racines

$$2x' = -p, \text{ d'où } x' = -\frac{p}{2};$$

reportant cette valeur dans (1°.), on a cette relation entre les coefficiens

$$\frac{p^2}{4} - \frac{p^2}{4} + q = 0, \text{ d'où } \frac{p^2}{4} = 0,$$

sous laquelle les deux racines de la proposée deviennent égales entre elles, ce qui est évident à l'inspection des formules des racines données précédemment, car alors le radical par lequel diffèrent les racines devient nul.

Dans le cas général où les deux racines x' et x'' ne sont pas égales entre elles, on peut supposer

$$x' - x'' = m;$$

cette égalité combinée par voie d'addition et de soustraction avec la propriété

$$x' + x'' = -p$$

donne

$$x' = -\frac{p}{2} + \frac{m}{4}; \; x'' = -\frac{p}{2} - \frac{p}{2}.$$

telle est donc la forme des deux racines. Pour déterminer m, nous aurons recours à la propriété

$$q = x'x'' = \frac{p^2}{4} - \frac{m}{4};$$

de laquelle résulte

$$\frac{m^4}{4} = \frac{p^2}{4} - q; \text{ donc } \frac{m}{2} = \sqrt{\frac{p^2}{4} - q};$$

conséquemment

$$x' = -\frac{p}{2} + \sqrt{\frac{p^2}{4} - q}; \quad x' = -\frac{p}{2} - \sqrt{\frac{p^2}{4} - q}.$$

Ici nous avons déduit les expressions des racines des propriétés de ces mêmes, découvertes *à priori*.

Nous avons rassemblé dans le tableau suivant les formules des racines pour toutes les hypothèses qu'on peut faire sur les signes des termes de l'équation du second degré.

$$x^2 + px + q = 0\ldots\ldots\ldots x = -\frac{p}{2} \pm \sqrt{\frac{p^2}{4} - q},$$

$$x^2 + px - q = 0\ldots\ldots\ldots x = -\frac{p}{2} \pm \sqrt{\frac{p^2}{4} + q},$$

$$x^2 - px + q = 0\ldots\ldots\ldots x = +\frac{p}{2} \pm \sqrt{\frac{p^2}{4} - q},$$

$$x^2 - px - q = 0\ldots\ldots\ldots x = +\frac{p}{2} \pm \sqrt{\frac{p^2}{4} + q}.$$

Reprenons la formule des racines

$$x = -\frac{p}{2} \pm \sqrt{\frac{p^2}{4} + q},$$

afin de la discuter relativement aux relations entre les coefficiens et aux signes de ces coefficiens.

Si $\frac{p^2}{4} + q$ est un carré parfait, les deux valeurs de x seront commensurables : il est clair qu'elles ne peuvent l'être que dans ce cas, à moins que l'on ait q négatif sous le radical, et $= \dfrac{p^2}{4}$, parcequ'alors

$$x = -\frac{p}{2} \pm 0,$$

c'est-à-dire que les deux racines deviennent égales entre elles. En effet, pour $q = \dfrac{p^2}{4}$, le polynome $x^2 + px + q$ devient $x^2 + px + \dfrac{p^2}{4}$, carré parfait dont la racine est $x + \dfrac{p}{2}$. Lorsque $\dfrac{p^2}{4} + q$ n'est pas un carré parfait, les racines sont incommensurables, et on conclut de là que le problême n'a pas de solution numérique exacte ; mais alors on peut toujours trouver deux nombres aussi approchés qu'on voudra des racines de la proposée.

Il faut surtout remarquer le cas où la somme $\dfrac{p^2}{4} + q$ est négative, ce qui a lieu lorsque q est positif dans le premier membre de la proposée, et que d'ailleurs q est $> \dfrac{p^2}{4}$; on est alors conduit à extraire la racine carrée d'une quantité négative. On voit qu'à cause du double signe $+$ et $-$ dont le radical est affecté, la racine imaginaire est double; ensorte que les racines d'une équation de second degré sont toutes deux réelles, ou toutes deux imaginaires.

Pour mieux connaître en quoi consiste l'impossibilité des questions qui conduisent à des racines imaginaires, nous nous proposerons le problême suivant : *Partager un nombre* p *en deux parties dont le produit soit égal à* q. En désignant l'une de ces parties par x, l'autre sera $p - x$, et leur produit $px - x^2$; on aura donc

$$px - x^2 = q, \text{ ou } x^2 - px + q = 0.$$

Cette

Cette équation renferme toutes celles dont les racines peuvent être imaginaires : en la résolvant, on trouve

$$x = \frac{p}{2} \pm \sqrt{\frac{p^2}{4} - q},$$

valeurs qui seront réelles, tant que $\frac{p^2}{4}$ surpassera q, c'est-à-dire, tant que le carré de la moitié du nombre à partager, sera plus grand que le produit qu'on demande des deux parties qui le composent. Or, de quelque manière qu'on partage le nombre donné, les deux parties pourront être représentées par $\frac{p}{2} + d$ et $\frac{p}{2} - d$, dont le produit est

$$\left(\frac{p}{2} + d\right)\left(\frac{p}{2} - d\right) = \frac{p^2}{4} - d^2 = q :$$

la plus grande valeur de ce produit sera $\frac{p^2}{4}$; et elle corres-pond à $d = 0$, auquel cas chacune des parties devient $\frac{p}{2}$. Il est donc absurde de demander que ce produit soit plus grand que $\frac{p^2}{4}$, et l'algèbre avertit que ce qu'on cherche n'existe pas.

Lors donc que $\frac{p^2}{4}$ sera plus grand que q, les racines de l'équation

$$x^2 + px + q = 0,$$

seront réelles, et je dis qu'alors il sera toujours possible, à l'inspection des signes des coefficiens, de reconnaître ceux des racines. En effet le coefficient q étant égal au produit des deux racines, elles seront de même signe, lorsque q sera po-sitif; et comme p est égal à cette somme prise en signe contraires, elles seront toutes deux positives ou négatives, suivant que p sera négatif ou positif. Si q est négatif, les racines auront des signes différens, et la racine positive sera plus petite ou plus grande que la négative, suivant que p sera positif ou négatif. Comme les racines imaginaires sont de la forme $a \pm b \sqrt{-1}$, le terme tout connu, sera $a^2 + b^2$, c'est-à-dire, essentiellement positif, et p sera $= -2a$; donc le coefficient de x, pris en signe contraire, représentera le double de la partie réelle de chacune des racines imaginaires.

Fin des Notes.

Observation sur la Note XVI.

Je crois nécessaire de faire observer que pour

$$c = 0,\ c' = 0;\ d = 0,\ d' = 0,\ d'' = 0,$$

on n'a pas toujours

$$x = \tfrac{\cdot}{\cdot},\ y = \tfrac{\cdot}{\cdot};\ x = \tfrac{\cdot}{\cdot},\ y = \tfrac{\cdot}{\cdot},\ z = \tfrac{\cdot}{\cdot};$$

que ces déterminations n'ont lieu qu'autant que le dénominateur commun des valeurs de x, y; x, y et z est nul en même temps : que cette condition n'étant pas satisfaite, les racines sont

$$x = 0,\ y = 0;\ x = 0,\ y = 0,\ z = 0.$$

Ainsi, de ce que des équations déterminées du premier degré, manquent du terme tout connu, il ne faut pas inférer que les valeurs des inconnues sont indéterminées ; il faut l'existence d'une condition sans laquelle ces racines sont nulles.

Fautes à corriger.

Pages.	Lignes.	Fautes.	Corrections.
123	4 en remont.		$+ \dfrac{a\,a}{1-a}.$
237	Titre.	Chap. IV........	Chap. XI.
322	Titre.	Chap. IV........	Chap. VI.
399	16	du premier nombre	du premier membre.
479	4 en remont.	$a - b$..........	$a + b.$
526	12	m en $n + p$.......	m en $m + p.$
Idem.	3 en remont.	$\dfrac{h \times k}{k} = k$	$\dfrac{h \times k}{k} = h$
552	6 et 7	$a'x + b'y = 0$, sa valeur $\dfrac{ab'}{}$	$a'x + b'y = 0$ pour a' sa valeur $\dfrac{ab'}{b}.$

www.ingramcontent.com/pod-product-compliance
Lightning Source LLC
LaVergne TN
LVHW021926170726
843501LV00001BA/137